U0903374

Quiet
静谧
Quiet

Silent Nightfall

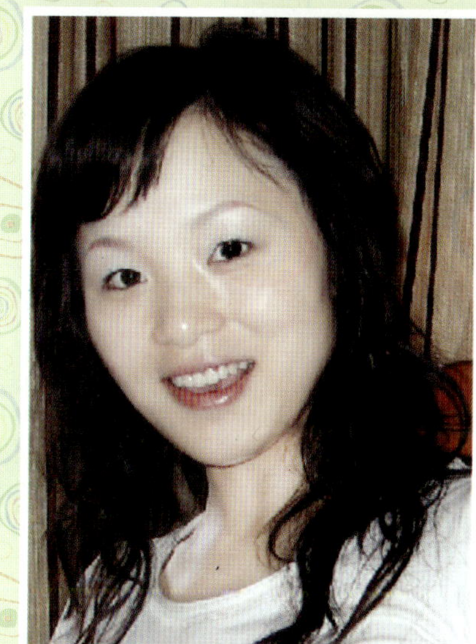

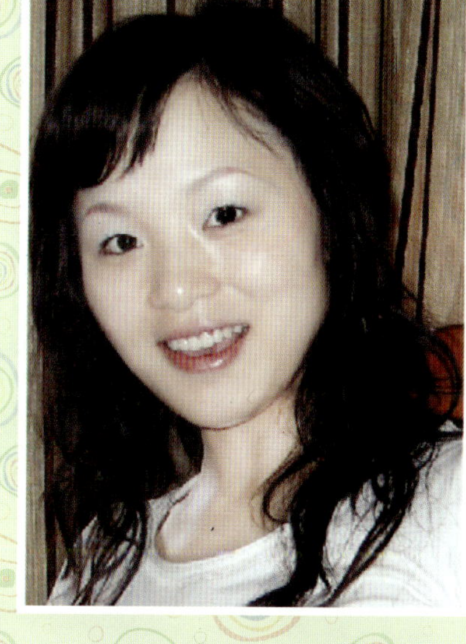

夜半歌声到客船。
姑苏城外寒山寺
江枫渔火对愁眠
月落乌啼霜满天
枫桥夜泊

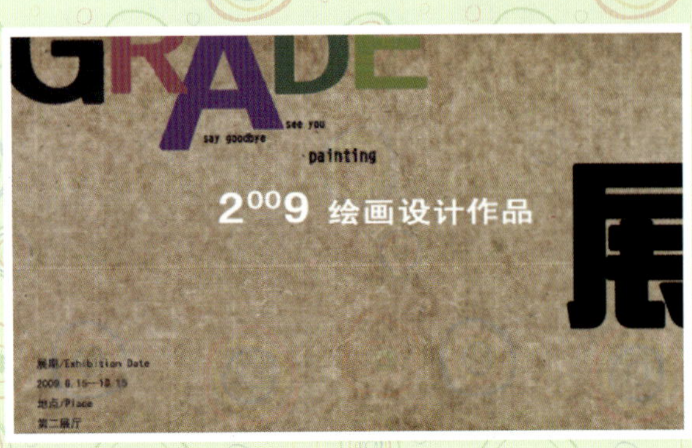
GRADE
see you
say goodbye
painting
2009 绘画设计作品
展
展期/Exhibition Date
地点/Place
第二展厅

沙发.psd @ 66.7% (图层 1, RGB/8)
66.67%
文档:1.32M/2.71M

梦境2.psd @ 66.7% (图层 7, RGB/8#)
66.67%
文档:2.25M/16.0M

未标题-3 @ 66.7%(RGB/8)
66.67%
文档:1.56M/1.56M

MY
Dear Dog

2.4.10 @ 12.5%(RGB/8#)

12.5%

健康

平面设计
Graphic Design

草莓
乳酸饮料

香远益清，
亭亭净植。
宋九年九月
张

平面图像处理 Photoshop CS3

PINGMIAN TUXIANG CHULI PHOTOSHOP CS3

总主编 龙天才
副总主编 何长健 卢启衡
主　编 王 干
副主编 李佳彧
编　者（以姓氏笔画为序）
王 干 刘春艳 李 娟 李艳梅
吴少婷 张 巧 张妙妙 李佳彧

重庆大学出版社

内容提要

Photoshop CS3 是 Adobe 公司推出的图像设计和处理系列软件中的一款主要版本，它是现在平面设计工作中使用最多的软件之一。本书对 Photoshop 中文版进行了全面细致的介绍，既突出了基础性知识，更注重实践性的应用。每部分都巧妙地将案例制作融入到软件功能的讲解过程中，读者通过系统性地学习可全面掌握 Photoshop 的图像处理功能和操作技巧。

全书内容涵盖 Photoshop CS3 软件入门与界面的操作使用、常用修饰图片工具的使用、用不同的方法选择对象、图层的作用与使用、编辑文字、调整对象的颜色、矢量工具的使用与绘制矢量图、通道与蒙版的原理、滤镜处理特殊效果等 9 个方面的知识。

图书在版编目(CIP)数据

平面图像处理 Photoshop CS3/王千主编.—重庆：重庆大学出版社，2011.4(2013.1 重印)
(中等职业教育计算机专业系列教材)
ISBN 978-7-5624-5582-0

Ⅰ.①平… Ⅱ.①王… Ⅲ.①图形软件，Photoshop CS3—专业学校—教材 Ⅳ.①TP391.41

中国版本图书馆 CIP 数据核字(2010)第 138993 号

中等职业教育计算机专业系列教材
平面图像处理 Photoshop CS3
主　编　王　千
副主编　李佳彧
策划编辑：王海琼　李长惠　王　勇
责任编辑：文　鹏　张晓华　　版式设计：迪　美
责任校对：邹　忌　　　　　　责任印制：赵　晟
*
重庆大学出版社出版发行
出版人：邓晓益
社址：重庆市沙坪坝区大学城西路 21 号
邮编：401331
电话：(023)88617183　88617185(中小学)
传真：(023)88617186　88617166
网址：http://www.cqup.com.cn
邮箱：fxk@cqup.com.cn (营销中心)
全国新华书店经销
自贡兴华印务有限公司印刷
*
开本：787×1092　1/16　印张：15　字数：374 千　插页：16 开 2 页
2011 年 4 月第 1 版　　2013 年 1 月第 2 次印刷
印数：3 001—5 000
ISBN 978-7-5624-5582-0　定价：27.00 元

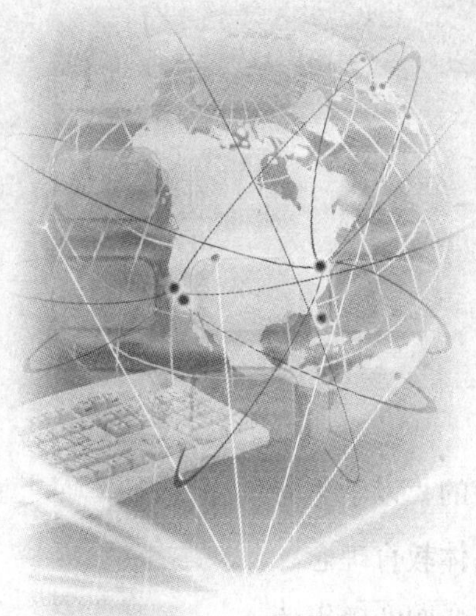

总序

2010年，我国中等职业教育进入了一个新的时期，国家中长期教育改革和发展规划纲要明确指出了我国职业教育的发展方向。国务院要求各地要以落实国家中长期教育改革和发展规划纲要为契机，以服务为宗旨，以就业为导向，以提高质量为重点，改革人才培养模式，实行工学结合、校企合作、顶岗实习，使行业和企业真正参与教育教学环节，促进职业教育与经济社会发展需求更加适应。

经过多年的努力，职业教育有了长足的进步，不少教师已摆脱传统教学方式，采用学生喜欢且易于接受的方式，结合学生就业，将工作过程引入课堂，以“项目”为教学驱动，让学生从感性到理性，先让他们知道怎样做，然后再明白为什么要这样做。

在编写本套系列教材之前，我们召集了四川、重庆、云南、湖南、江西、浙江等省一线教师和教育专家进行了多场座谈，对老师们的教学思想和实际教学经验进行总结。同时邀请企业专业介绍企业对人才的需求，介绍实际工作案例，提升老师们对企业需求的知晓度。

本套系列教材就是根据现代职业教育的“以学生为主体，以能力为主导，以就业为导向”总体教育理念，结合中等职业学校学生学习现状及学生就业职业能力的要求编写的。系列教材采用“项目”—“案例”的方式编写，在设计“项目”和“案例”时尽可能与行业、企业中的实际工作相吻合，同时还涵盖了劳动和社会保障部全国计算机信息高新技术考试大纲的要求，使学生学习后能顺利获取“职业资格证”，并成为企业的合格员工。

本套系列教材编写风格一致，能激发学生学习兴趣，并通过项目分析、实施过程及拓展提高等栏目让学生了解实际工作流程，掌握操作技能，同时培养团队协助精神和终身学习的能力。

由于编者水平有限，加之与行业企业交流深度还不够，不妥之处还请有关专家、教师们指正，争取在教材修订时让教材有新的变化。

编委会

2010年6月

前言

本书是根据全国计算机应用专业“平面图像处理”教学大纲，为计算机中等职业学校编写的教学用书。本书在编写过程中，力求体现职业教育特色，针对中学阶段的教育特点，注意教学与实际相联系，实现培养应用型技能人才的目的。

全书采用流行的职业培训教材编写模式，每个章节的知识点非常明确，目的性强。教材编写的结构特点是：以大量经典案例为线索，用图示配以操作进阶说明，深入浅出地展开各个主要知识点。编写中力求语言精炼，深入剖析的同时减少不必要的理论阐述，再将案例中没有涉及而又非常重要的知识放在案例后的“知识拓展”中进行讲解。本书在每个案例的开始部分设计了学习情景，引导学习者愉快地进入图像处理的广阔领域，轻松体会Photoshop精华与灵魂之所在。在书后附录中有常用命令和快捷键，以方便学习者查找与使用。

本书所需的素材可在重庆大学出版社的资源网站（www.cqup.com.cn，用户名和密码：cqup）下载。

参加本书编写工作的人员有：王干（主编，第1、8章）、刘春艳（第2章）、李娟（第3章）、李艳梅（第4章）、吴少婷（第5章）、张妙妙（第6章）、张巧（第7章）、李佳彧（副主编，第9章）。

本书以图像处理过程本身的需求设计内容的范围与深浅，以大量的图示配与操作进阶图文说明，辅以“知识拓展”深入补充学习内容，使学习内容通俗易懂，帮助读者尽快掌握和提高图像处理技能。本书可作为中等职业学校相关专业的教材，也可以供图形图像的爱好者阅读学习。

由于编者水平有限，书中难免存在疏漏或不妥之处，恳请读者批评指正。

编　者

2009.10于成都

目录

目录

目录

1

初识Photoshop CS3

Photoshop CS3是Adobe公司推出的图像设计和处理系列软件中的一款主要版本，它是现在平面设计工作中使用最多的软件之一。利用Adobe Photoshop CS3，可以对图像进行各种平面图像处理和矢量图形绘制，甚至给黑白图像上色。它还可以进行图像格式和颜色模式的转换，处理图像尺寸和改变图像分辨率。

本章主要介绍Photoshop CS3软件的界面、界面控制、文件的建立与保存，常用工具及其属性的基本操作，图像处理的一些基本的概念等。

学习目标

认识Photoshop CS3界面。

掌握创建图像文件、保存文件的方法。

会调整与控制界面。

会简单使用工具箱中的工具、在工具属性选项栏中设置所选工具的选项。

了解图像文件的基础知识。

案例1.1　创建并保存图像文件

在本案例中，主要学习Photoshop CS3软件的启动与文件的设置、导入位图并作画、文件的保存与格式选择等基本操作。

任务  启动软件并正确设置文件参数

■ 任务要求

◎启动Photoshop CS3。

◎理解“重置默认设置”启动。

◎按要求设置文件属性，打开并了解默认工作区。

■ 任务解析

1.相关知识

（1）启动软件的常用方法

方法1：双击桌面上的Photoshop CS3图标。

方法2：选择并单击“开始”→“程序”→“Photoshop CS3”命令。

（2）重置默认设置的步骤

软件使用并关闭后，会残留改动后的（甚至是混乱的）设置，使用“重置默认设置”启动可以帮助软件恢复到原始安装状态。首先单击启动图标，确认开始启动之后，立即按“Ctrl＋Shift＋Alt”组合键不放，直至询问窗口显示，再单击“是”按钮即可。

2.操作步骤

第1步：启动Photoshop CS3并重置，如图1.1.1和图1.1.2所示。

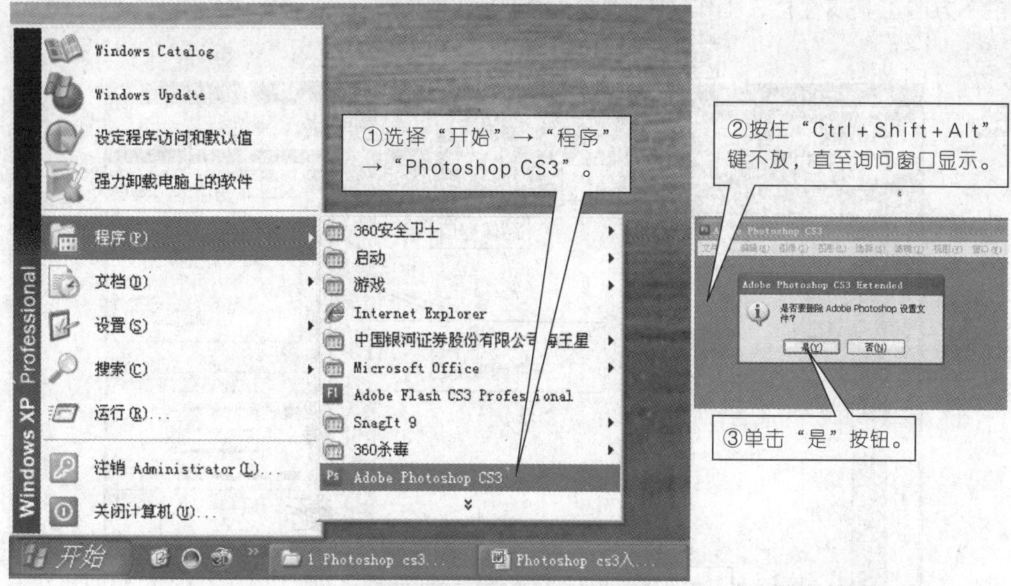

图1.1.1 启动软件　　　　图1.1.2 重置默认选项

第2步：选择“文件”→“新建”命令或按“Ctrl+N”快捷键，弹出“新建”对话框，如图1.1.3所示。

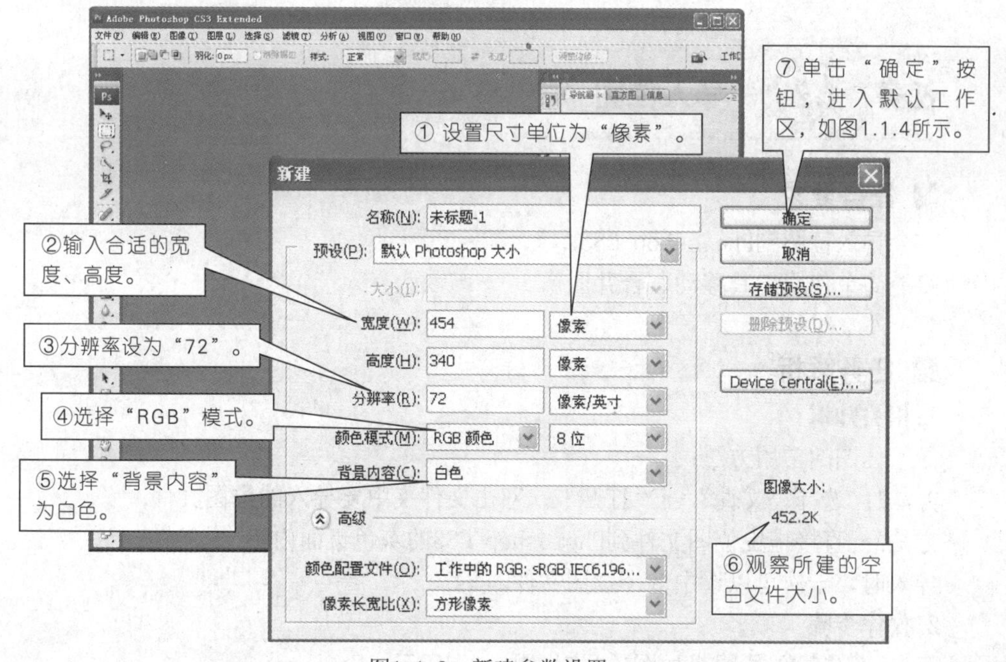

图1.1.3 新建参数设置

第 3 步：认识默认工作区。

Photoshop CS3的默认工作区如图1.1.4所示，它包括工作区顶部的菜单栏、菜单栏下方的工具属性栏、工作区左侧的浮动工具箱等。

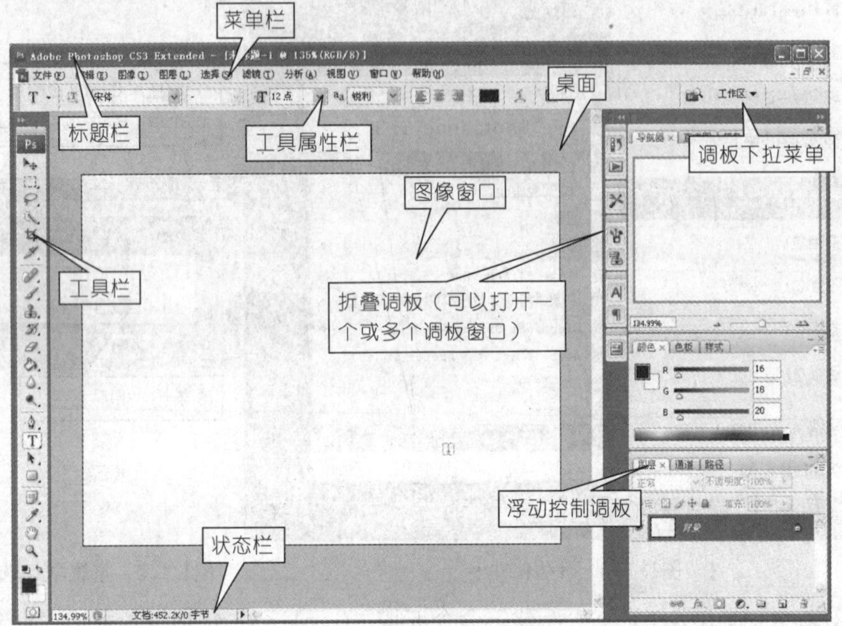

图1.1.4 默认工作区

任务 2 导入位图

■ 任务要求

◎会导入位图到Photoshop CS3。

◎能简单使用工具移动、合并图像。

■ 任务解析

1.相关知识

导入位图的常用方法：

方法1：选择“文件”→“打开”，双击文件夹中要导入的位图文件；

方法2：直接拖曳位图文件到Photoshop CS3的灰色桌面内。

导入时，一次可以选中多个位图文件。

2.操作步骤

第1步：先导入位图，如图1.1.5、图1.1.6所示。

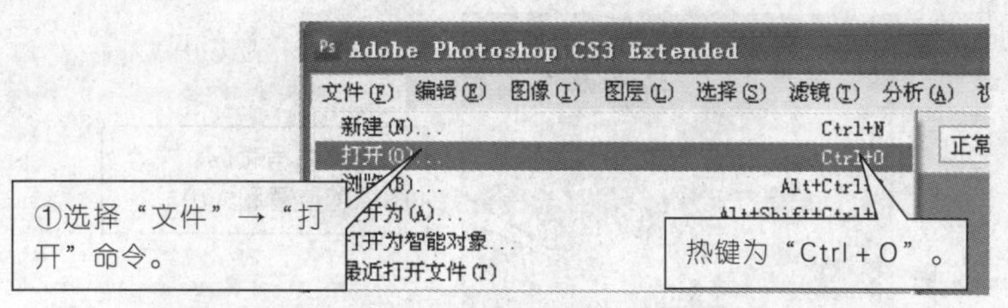

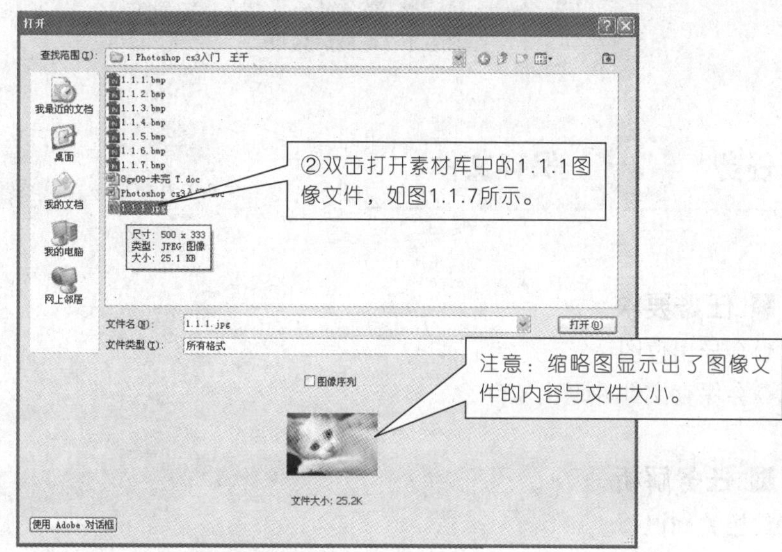

图1.1.5　导入位图

第 2 步：再作适当处理，形成一幅简单的作品（操作步骤详见后续章节所述）。

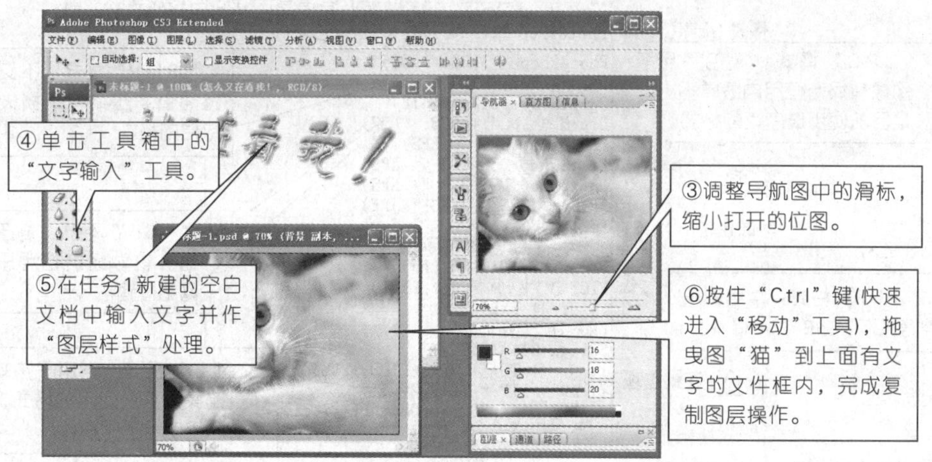

图1.1.6　合成图文

图1.1.7 最后效果

任务 3 保存文件

■ 任务要求

◎会导出位图；

◎会保存文件并退出软件。

■ 任务解析

1.相关知识

常用的保存格式、特点及用途，如图1.1.8所示。

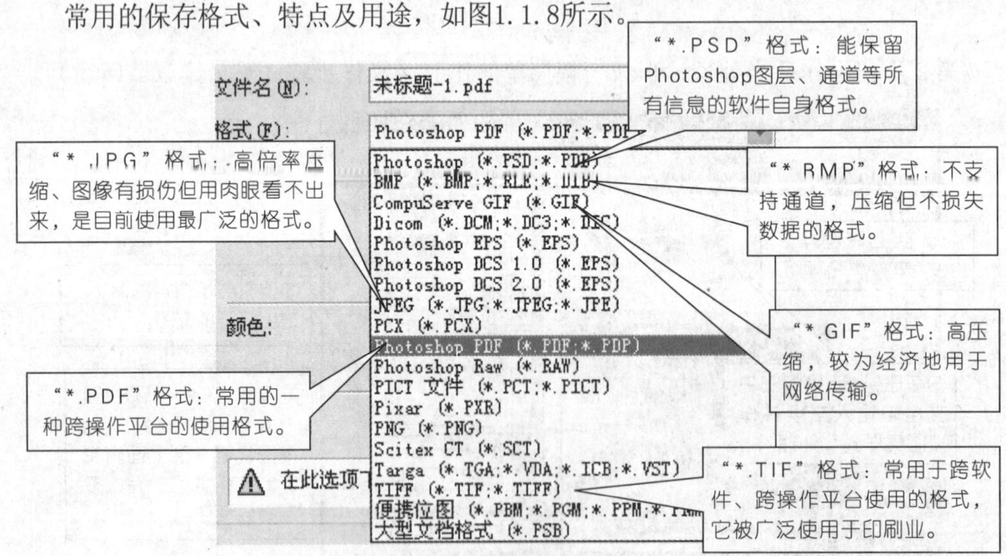

图1.1.8 保存格式

2.操作步骤

第1步：将图1.1.7保存为“*.PSD”格式，便于修改，如图1.1.9所示。

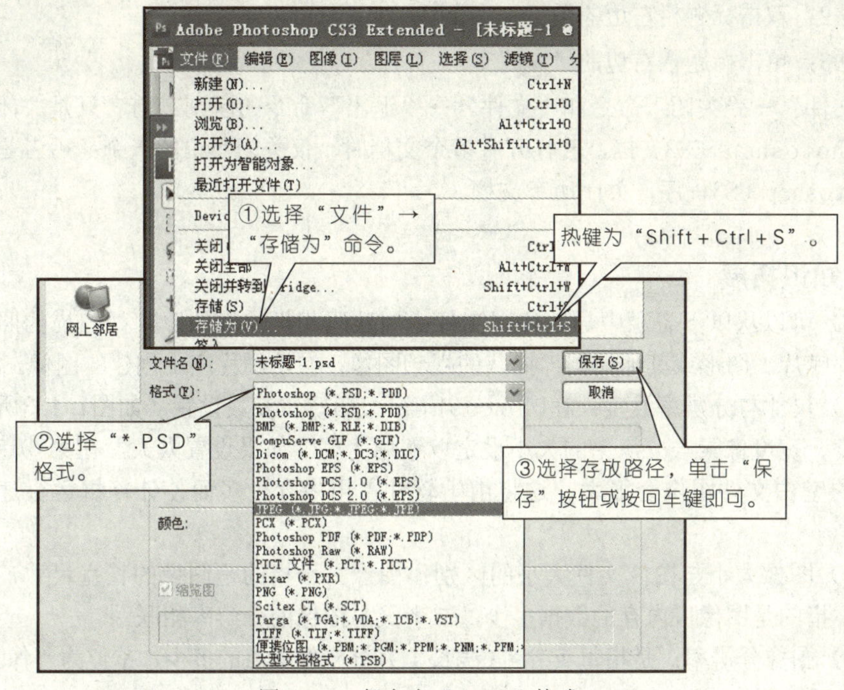

图1.1.9　保存为“*.PSD”格式

第2步：保存为“*.JPG”格式，便于传输与浏览。首先，在图1.1.10中选择“JPG”格式，单击“保存”按钮后，自动弹出图1.1.11所示的对话框，进行如下调整。

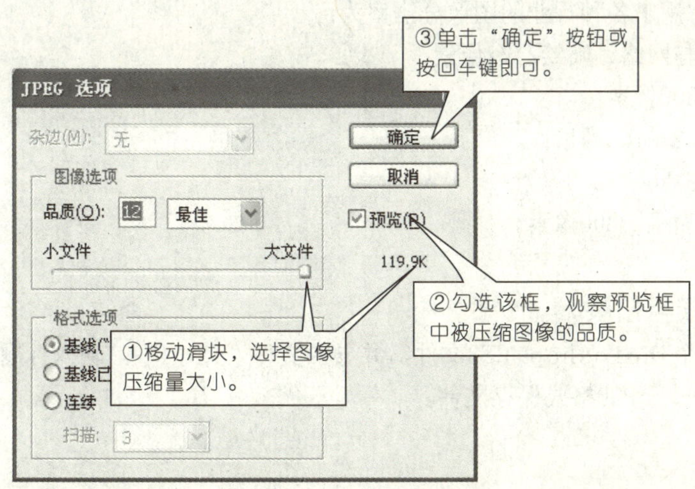

图1.1.10　“JPEG 选项”对话框

第3步：保存文件后，可按以下方法关闭软件：

方法1：使用“文件”→“退出”命令。

方法2：双击标题栏左边的图标。

方法3：单击标题栏右边的“×”。

“文件”→“关闭”命令和“文件”→“退出”命令的区别：前者只是关闭一个打开的Photoshop CS3文档，若打开有多个文档时，仅关闭其中的一个；后者是退出整个Photoshop CS3程序，关闭所有文档。

■ 知识拓展

（1）可以从以下资源中导入位图图像：用数码相机拍摄的照片；扫描的照片、幻灯片、底片、图形或其他文档；捕获的视频图像；在绘画程序中创建的图像。

（2）尺寸与分辨率设定：在Photoshop CS3新建参数设置（如图1.1.3所示）中，高度、宽度像素与分辨率的大小设定以够用为度。如果设置太大，在第⑥点观察到所建的空白文件图像会很大，这将由于软件占用内存过多而使计算机运行速度下降。

（3）图像大小与图像文件大小的区别：图像大小指的是图像的长宽尺寸，图像文件大小指的是图像占内存的数据多少，二者又与图像的分辨率相联系。

（4）图像分辨率：是指每英寸*（线长上）分布像素点的多少，单位为“像素/英寸”，它反映图像的清晰度。

（5）常用图像的长宽尺寸单位有毫米、厘米、英寸、像素等。像素并不是长度单位，但可以代表长度。如果图像的分辨率为72像素/in，图像宽为720像素，那么图像宽度为720像素÷72像素/in ＝10 in。

（6）常用于各种行业的图像分辨率为：

显示器与网络、喷绘：72像素；

印刷：300像素；

报纸：72～150像素；

婚纱照：200～300像素；

家用彩喷机：300像素。

■ 实践与拓展

新建一个Photoshop CS3文件，并导入文件“1.1.1”，输入标题文字，分别以*.JPG、*.BMP、*.PSD格式保存文件。

---

* 1 in=2.54 cm

案例1.2 整理工作区

小张没有重置默认设置就打开Photoshop CS3软件，导入几张图片后，桌面看上去很乱，他不得不学会整理桌面来提高工作效率，然后开始试用Photoshop软件作画。当他打开调板作画时才惊奇地发现，Photoshop软件一层又一层的面板被打开后，内容之多，功能之强大，使用起来非常方便。

在本案例，主要认识并管理好Photoshop CS3的工作区，如图1.2.1、图1.2.2所示，然后打开多层调板并作画。

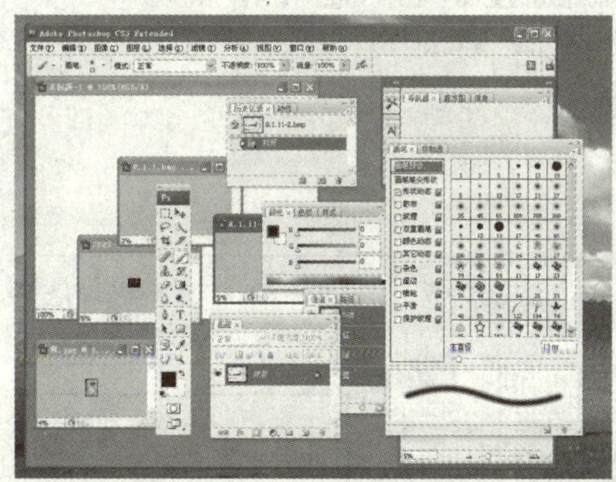

图1.2.1 整理前的工作区图

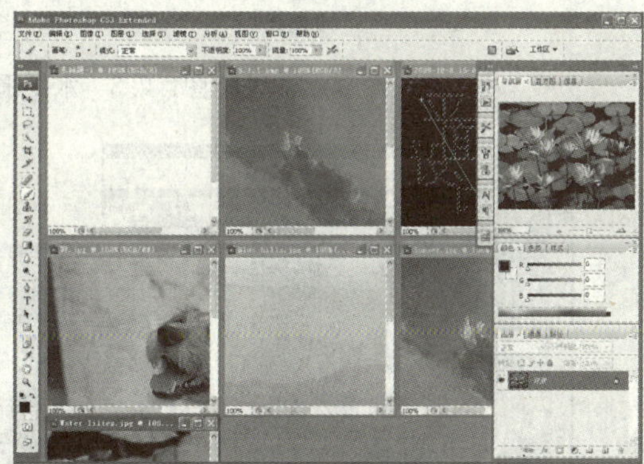

图1.2.2 整理后的工作区

任务  整理工作区

■ 任务要求

◎恢复调板到默认位置；

◎能随心所欲地整理工作区；

◎按需要设置面板。

■ 任务解析

第1步：当我们打开并导入多幅图像后，工作区显得很乱，可按图1.2.3与图1.2.4所示进行整理。

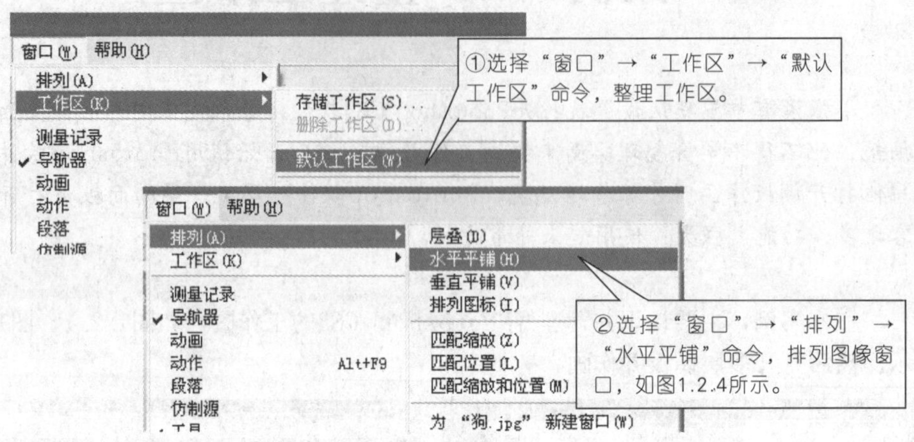

图1.2.3　水平平铺文件

图1.2.4　叠放、调整窗口

第2步：按需要设置面板位置，如图1.2.5所示。

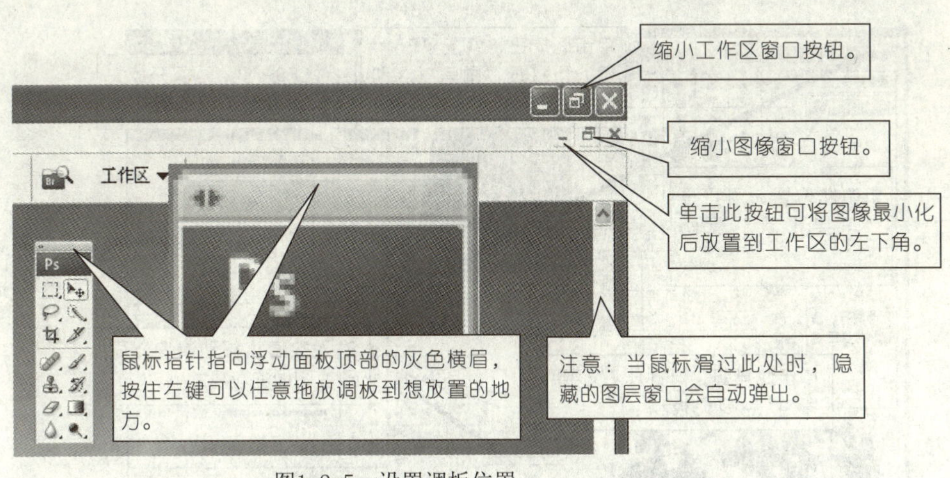

图1.2.5　设置调板位置

■ 知识拓展

全屏模式可以提供宽广的屏幕，能给设计带来方便，但对快捷键使用的熟练度要求非常高，它是衡量操作者是否专业的标准之一。

任务 2 打开浮动面板作画

■ 任务要求

◎了解浮动面板的打开与使用；

◎会改变工具的参数设置；

◎用“预设画笔”工具作画。

■ 任务解析

1.相关知识

（1）工具栏与工具属性栏之间的关系：每当选中一个工具后，属性栏都会改变为与之相对应的按钮与参数选项框，如图1.2.6所示。

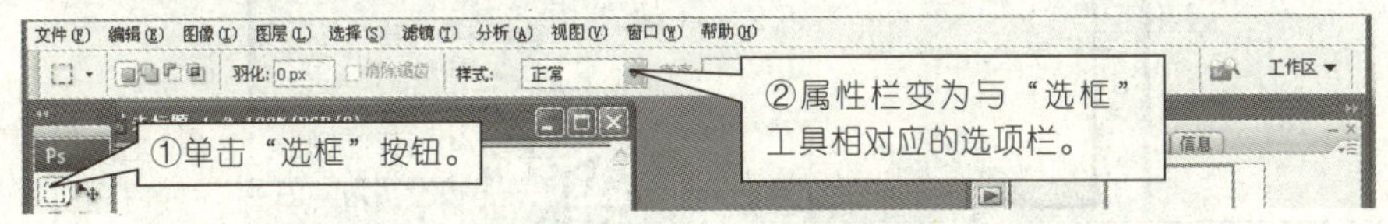

图1.2.6　工具属性栏

（2）在图1.2.7所示的属性栏和浮动面板窗口中，按相关的操作键，可以打开浮动调板窗口，调节参数大小。

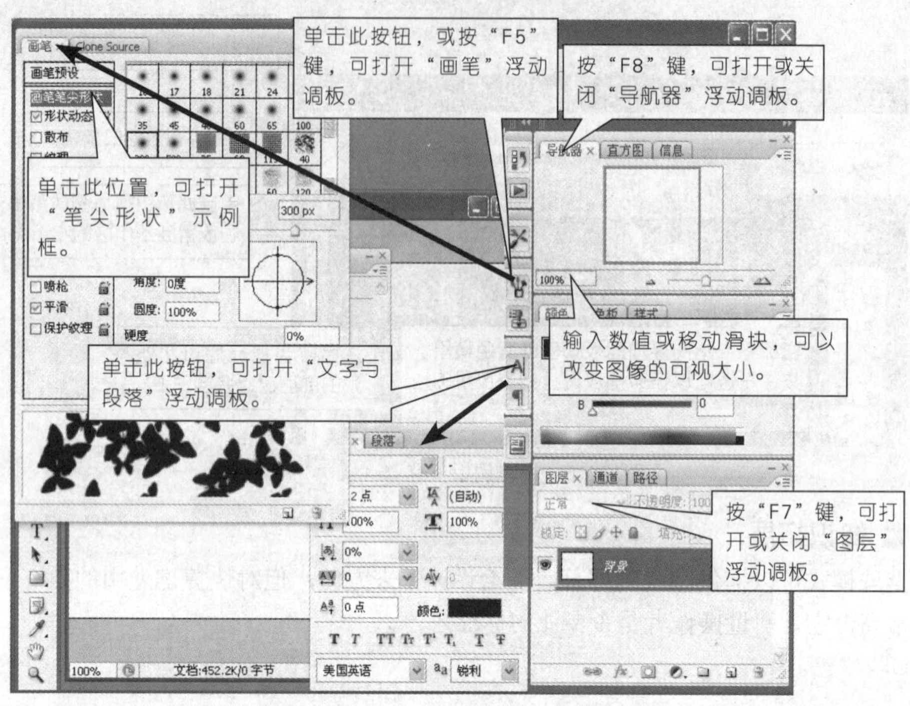

图1.2.7 属性栏与浮动调板

2.操作步骤

第1步：以“恢复默认启动”的方式启动Photoshop CS3软件。

第2步：选择“文件”→“新建”命令或按“Ctrl＋N”快捷键，弹出“新建”对话框，如图1.1.3所示。在“名称”栏中输入“秋”，其他保持默认值不变，单击“确定”按钮后打开工作区，图1.2.8显示出与“新建”设置相关的5点信息。

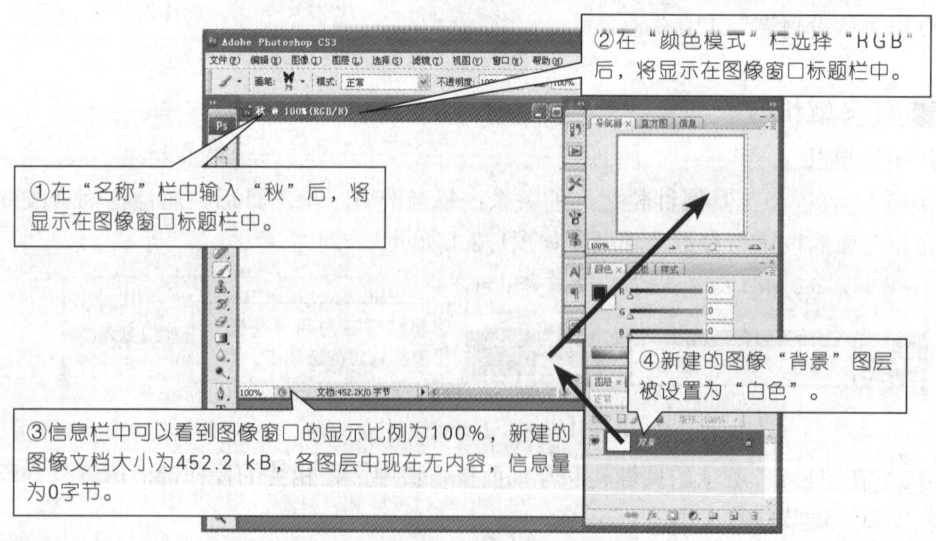

图1.2.8 新建的“秋“文件

第3步：打开多个浮动面板，开始按照图1.2.9～图1.2.11步骤作画。画笔的调整设置详见第2章，操作完成后保存文件。

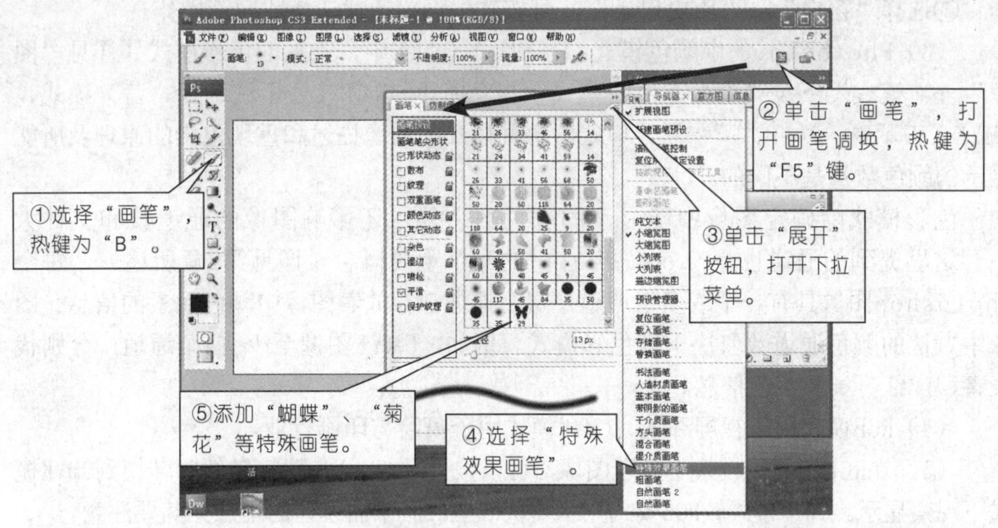

图1.2.9 打开多个浮动面板

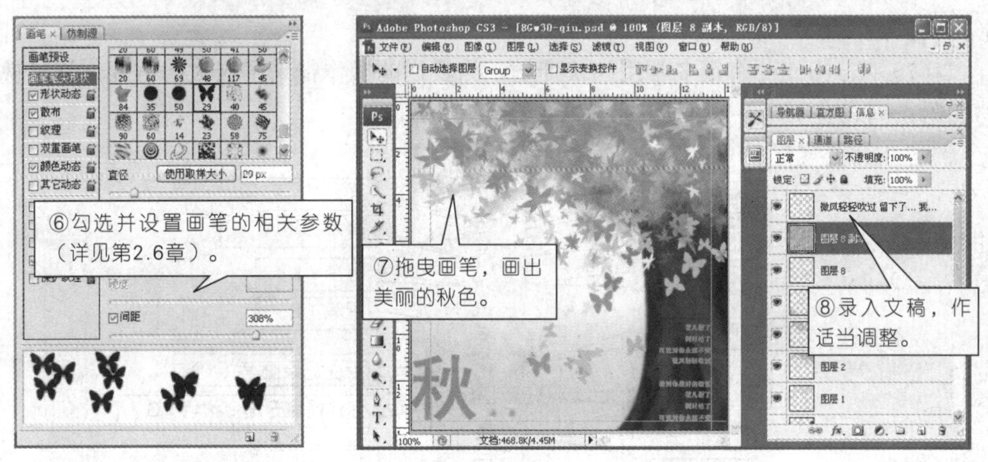

图1.2.10 设置画笔参数

图1.2.11 画出美丽的秋色

■ 知识拓展

（1）在处理图像细部时，要将图像放至很大；但要整体观察比较时又要马上缩小图像。快速放大与缩小图像的操作显得非常重要。常用到的热键有：

①空格+Ctrl+单击鼠标左键，放大；空格+Alt+单击鼠标左键，缩小。

②Ctrl+“＋”，放大；Ctrl＋“－”，缩小；

③Z+单击鼠标左键，放大；Alt+单击鼠标左键，缩小；

④Z＋单击鼠标右键，按出现的操作提示栏放大或缩小图像。

（2）当对所做的操作不满意时，可撤销操作，常用方法有：

①按“Ctrl＋Z”快捷键撤销一次操作；

②按“Ctrl＋Z＋Alt”组合键撤销多次操作。

③选择“窗口”→“历史记录”，可按软件设置的默认步数撤销操作。

（3）Photoshop的中颜色模式：在图1.1.3的④中，常见的色彩模式（详见“图像”→“模式”下拉菜单）有位图模式、灰度模式、RGB（表示红、绿、蓝）模式、CMYK（表示青、洋红、黄、黑）模式，每种模式的图像描述和重现色彩的原理及所能显示的颜色数量是不同的。

色彩模式除确定图像中能显示的颜色数之外，还影响图像的通道数和文件大小。这里提到的通道也是Photoshop中的一个重要概念（详见第8章所述），每个Photoshop图像具有一个或多个通道，每个通道都存放着图像中颜色元素的信息。图像中默认的颜色通道数取决于其色彩模式。例如，CMYK图像至少有4个通道，分别代表青、洋红、黄和黑色信息。

（4）RGB模式用于视屏环境、CMYK模式用于喷绘与印刷行业。

（5）在RGB和其他模式下处理图像，可以按“Ctrl＋Y”快捷键暂时转换到CMYK模式下观察显示。CMYK模式较RGB模式显示要灰一些，做平面设计的用户尤其要注意。

（6）常用工具及热键如图1.2.12所示（按键右下角的黑色三角可展开更多同类形工具）。

（7）Photoshop有很多常用的快捷键，为我们的操作带来了极大的方便，详见教材的附录列表。

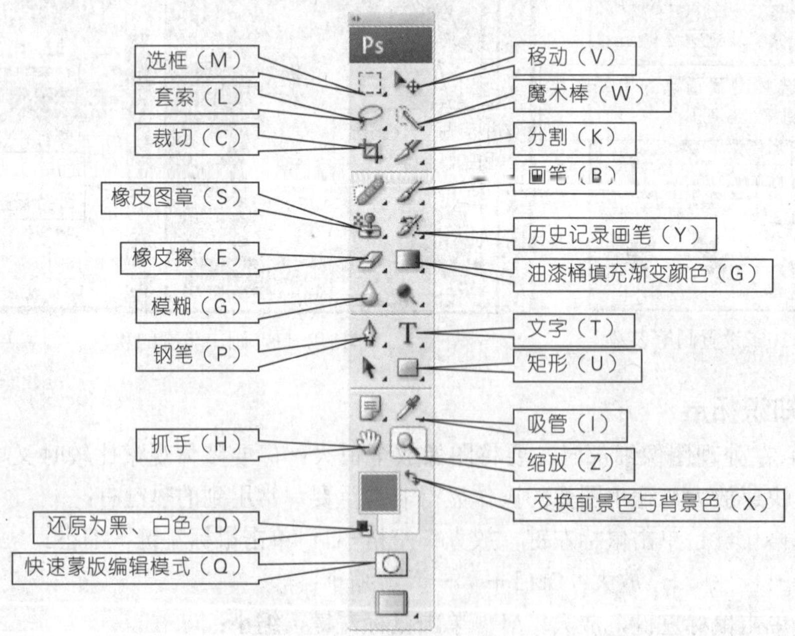

图1.2.12 常用工具的热键

■ 实践与拓展

选择填空题

（1）若一个图像文件需要印刷，在Photoshop中其分辨率应设置为________像素/英寸，图像色彩模式为_______；若一个图像文件需要在网络上观看，其分辨率应设置为_______像素/英寸，图像色彩模式为_______。

（2）在Photoshop中的空白区域中，双击可以实现________。

A. 新建一个空白文档　　B. 新建一幅图片

C. 打开“打开”窗口　　D. 只能打开一幅扩展名为“.psd”的文件

（3）下面会影响图像所占硬盘空间的大小的因素有________。

A. Pixel Dimensions （像素大小）　B. Document Size （文件尺寸）

C. Resolution （分辨率）　D. 存储图像时是否增加后缀

（4）当Photoshop警告内存不够时，其解决方案是_______。

A. 保存后退出，再重新进入　B. 使用内存整理工具

C. 清除历史记录　D. 增大虚拟内存

（5）Photoshop的当前状态为全屏显示，而且未显示工具箱及任何调板，若要恢复为显示工具箱、调板及标题栏的正常工作显示状态，应按的键是_______。

A. 先按“F”键，再按“Tab”键

B. 先按“Tab”键，再按“F”键，但顺序绝对不可以颠倒

C. 先按两次“F”键，再按两次“Tab”键

D. 先按“Ctrl＋Shift＋F”组合键，再按“Tab”键

（6）Photoshop生成的默认文件格式扩展名为______。

A. JPG　B. PDF　C. PSD　D. TIF

（7）图像的分辨率为300像素每英寸，则每平方英寸上分布的像素总数为____。

A. 600　B. 900　C. 60 000　D. 90 000

2. 操作题

试用“画笔”工具完成如下图所示的图画“夏”。

2

修饰图片

Photoshop最强大的功能就是处理图像。在本章中，将通过案例操作步骤详细讲解Photoshop中用于图像修饰和修复的一些常用工具。

学习目标

学习使用修复与润饰工具及其混合校正；
掌握画笔工具和“画笔”调板的使用方法；
学习使用橡皮擦工具；
熟悉“历史记录”画笔工具的使用；
掌握“渐变”的创建与编辑方法。

案例2.1 删除痕迹并做特效处理

在本案例中，主要学习使用“裁切”工具裁切图片、使用“仿制图章”工具去除图中的糟粕、运用“图案图章”工具对花进行特效处理等操作。其原图如图2.1.1所示，操作后的效果如图2.1.2所示。

图2.1.1 原图

图2.1.2 效果图

任务 1 使用“裁切”工具裁切图片

■ 任务要求

◎使用“裁切”工具修改图片尺寸;

◎按需要设置“裁切”工具的参数。

■ 任务解析

1.相关知识

（1）当在裁切调板选项栏中输入数字后（如图2.1.4所示），在文件中不论怎样拖曳裁剪选区的大小和位置，裁切完成后的尺寸和分辨率不变。

（2）在裁切区域中双击鼠标左键即可完成裁切。反之，按“Esc”键即可退出。

2.操作步骤

第1步：选择“文件”→“打开”命令，打开素材库中编号为2.1.1的文件（也可用鼠标双击工作区快速启动“打开”对话框）。

第2步：使用“裁切”工具对图片进行裁切处理，如图2.1.3～图2.1.6所示。

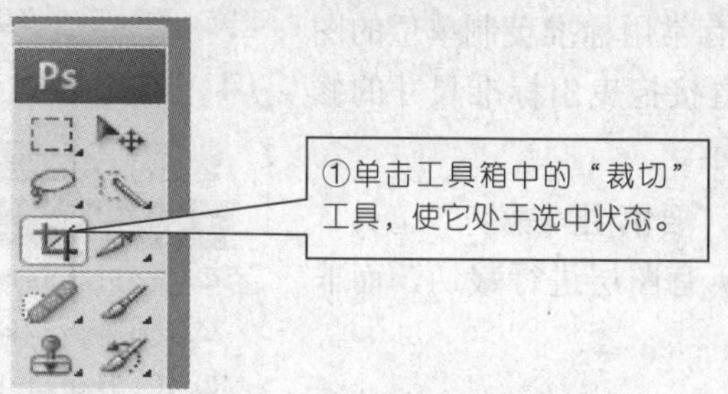

图2.1.3　选择“裁切”工具

图2.1.4　拖曳需要保留的图像区域

图2.1.5　移动选框

图2.1.6　完成裁切

■ 知识拓展

（1）裁切工具栏中有常用标准英制单位的图框尺寸规格，选取后可直接拖曳出标准尺寸的修剪图片框，如图2.1.7所示。

（2）当图层较多时，要慎用“裁切”工具，因为“裁切”工具是对所有图层进行裁切，而非只针对当前层。

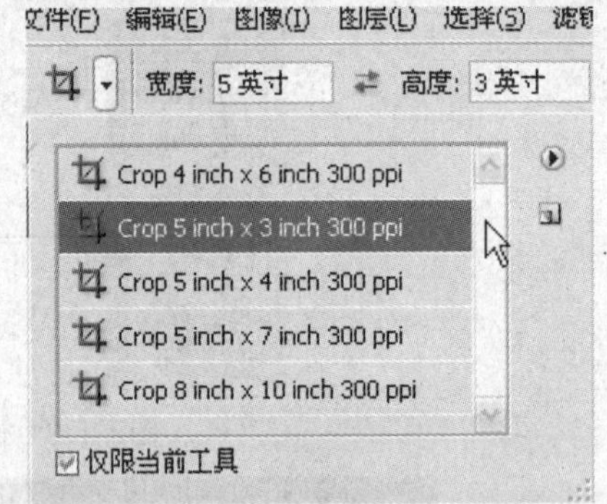

图2.1.7　标准英制尺寸规格选项

任务 2 使用“仿制图章”去除图中的电线

■ 任务要求

◎设置“仿制图章”工具参数；

◎“仿制图章”工具的运用；

◎用“仿制图章”工具去除图像中的电线。

■ 任务解析

1.相关知识

仿制图章工具是将图像中需要调整或修饰的区域用另一区域的像素来替换，从而可以去掉图像中不想要的内容，也可修补图片中存在的一些缺陷。“仿制图章”工具选项栏各参数含义如图2.1.8所示。

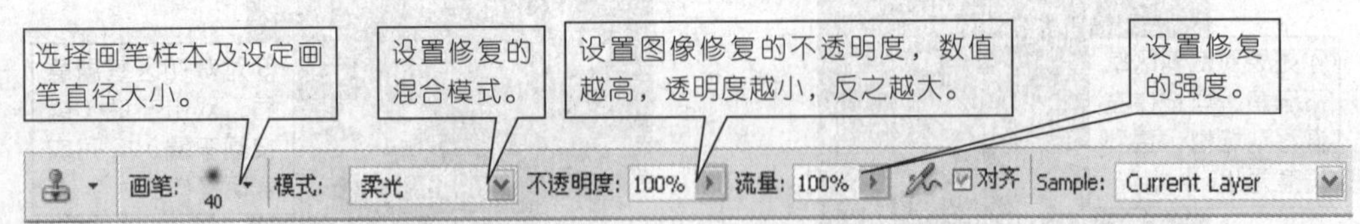

图2.1.8　画笔选项

2.操作步骤

第1步：继续对案例图形进行处理，先选择“仿制图章”工具，设定如下参数，如图2.1.9所示。

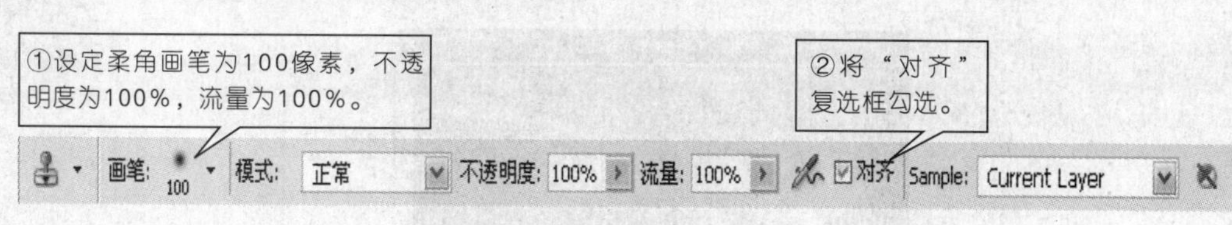

图2.1.9　仿制图章工具选项参数设定

第2步：选择工具箱中的“放大”工具，在图像中单击鼠标左键，将图片放大以便操作，如图2.1.10所示。

第3步：使用“仿制图章”工具修复图像如图2.1.10所示。

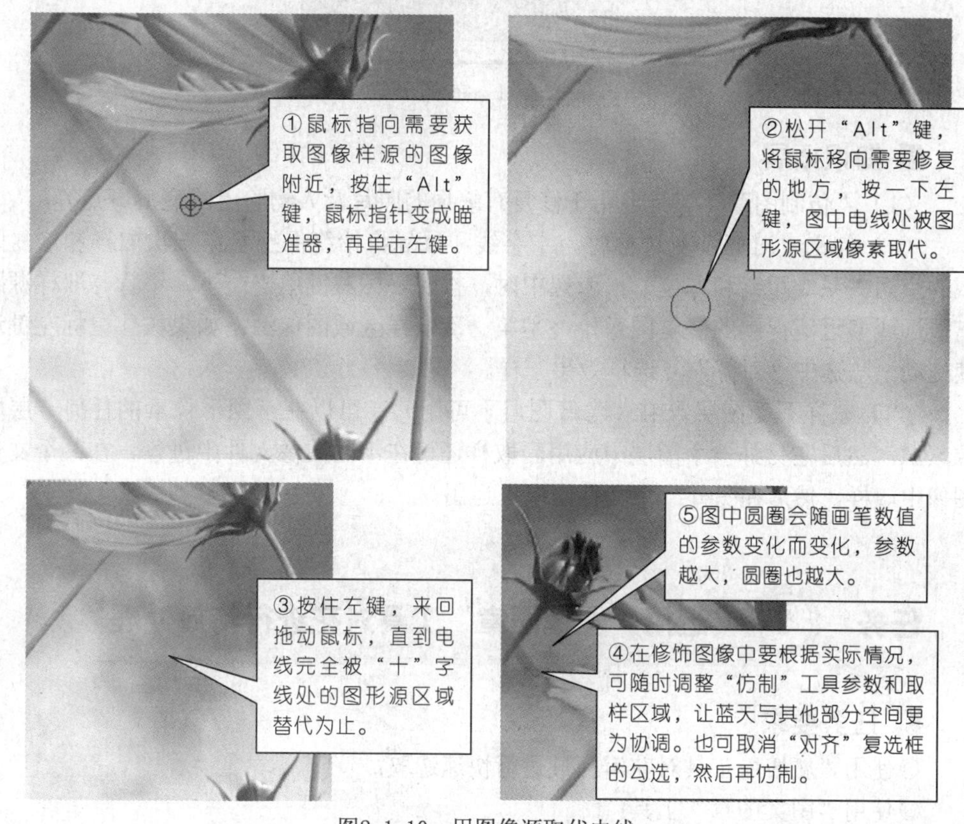

图2.1.10　用图像源取代电线

第4步：选择“文件”→“存储”命令，完成修改工作，其最后效果如图2.1.11所示。

图2.1.11 完成图

■ 知识拓展

（1）“仿制图章”工具多用于修复有缺损的照片及人物脸上的疤痕斑点等。

（2）勾选“对齐”复选框时，十字线和鼠标将始终保持着第一次取样和修复区域的空间关系（距离和方位）；未选中时，按住鼠标左键单击一下，不管与取样源距离多远或多近，得到的修复图像始终是第一次取样区域图像源；如果按住鼠标左键连续拖动，与选中“对齐”复选框效果一样。

（3）取样不受图层影响（隐藏图层不可用），可以在有图形像素的任何一层取像素源，然后在另外一个图层中应用。取样还可在不同图像文件中进行，在某个文件图像中取样，然后在另外一个文件图像上运用。

任务 3 运用“图案图章”工具对花进行特效处理

■ 任务要求

◎使用“魔棒”工具对花瓣区域进行快速选取；

◎使用“图案图章”工具；

◎设置“图案图章”工具参数；

◎对花瓣进行特效处理。

■ 任务解析

1.相关知识

“图案图章”工具可使用图案进行绘画修饰，它可使用Photoshop提供的图案，也可自行定义。使用“图案图章”工具还可以创建图像的特殊效果。

2.操作步骤

第1步：打开刚才修饰好的文件图片如图2.1.11所示，使用“魔棒选择”工具对花瓣进行区域选取，如图2.1.12所示。

使用“魔棒”工具时，按住“Shift”键单击鼠标可添加选区；按住“Alt”键可在当前选区中减去选区；按住“Shift+Alt”快捷键可取得与当前选区相交的选区。

图2.1.12　选择花朵花梗图像

第2步：单击工具箱中的“图案图章”工具，使它处于激活状态。

第3步：设置“图案图章”工具参数，将光标移到花的中间部位，单击左键绘制图案，也可按住左键拖曳，直到对效果满意为止，如图2.1.13所示。

图2.1.13　用柔光处理图案

试试将图案参数栏中的各项参数进行调整，花朵会有什么变化呢？

■ 知识拓展

（1）“图案图章”工具能对图像进行特殊效果处理，运用时，要善于设置“图案图章”工具的参数值。

（2）“图案图章”工具栏的图案下拉列表中有多种预设图案形式，如图2.1.14所示，也可自行创建图案。

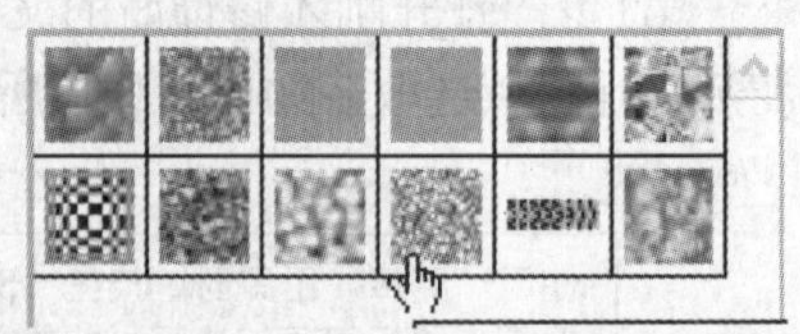

图2.1.14　多种预设图案

■ 实践与拓展

（1）上机完成本案例的操作。

（2）在“仿制图章”工具、“图案图章”工具栏中设置不同参数，并相互比较，体验和掌握各项参数特点。

案例2.2　使用“污点修复”删除瑕疵

在本案例中，将运用修饰图片工具中的“污点修复画笔”工具进行图像修复。“污点修复画笔”工具可以快速去掉图像中的污点和其他不理想或不需要的部分，也可以用于消除本案例图片中的石洞。修复前原图如图2.2.1所示，修复后的效果如图2.2.2所示。

图2.2.1　原图

图2.2.2　效果图

任务　使用“污点修复画笔”工具修饰佛像上的石洞

■ 任务要求

◎使用“污点修复画笔”工具；
◎设置“污点修复画笔”工具参数；
◎去除大佛腿上的石洞，使其更美观。

■ 任务解析

1.相关知识

“污点修复画笔”工具与“修复画笔”工具类似，它使用图像或图案中的样本像素进行绘画，并能将样本像素的纹理、光照等与所修复的像素相匹配。与“仿制图章”工具不同的是，“污点修复画笔”工具不需要指定样本点，而是自动从需要修饰的区域周围进行取样，“污点修复画笔”工具选项栏中参数含义如图2.2.3所示。

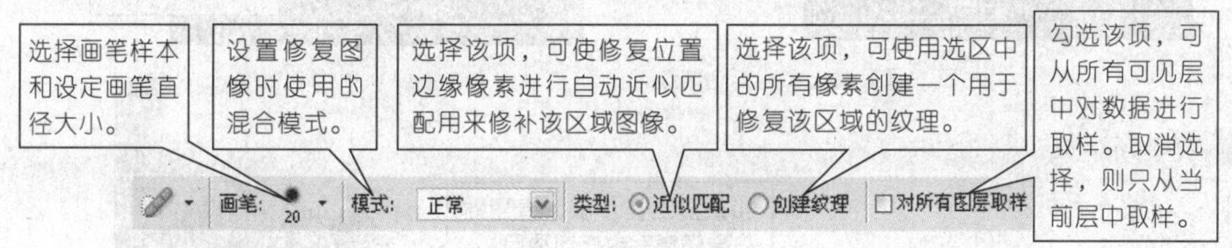

图2.2.3　画笔选项

2.操作步骤

第1步：按下“Ctrl+Shift+Alt”组合键，以恢复默认的方式启动Photoshop CS3，选择 “文件”→“打开”命令，将编号为2.2.1的图片打开。

第2步：选择“污点修复画笔”工具，然后在工具选项栏中设置参数，如图2.2.4所示。

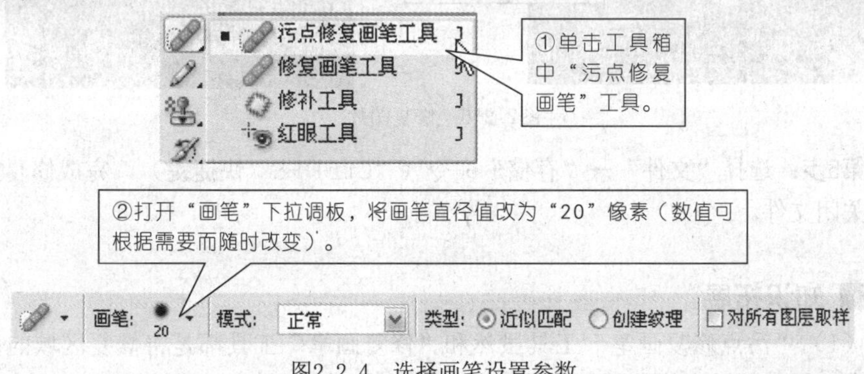

图2.2.4　选择画笔设置参数

第3步：选择工具箱中的“放大”工具，将图片放大以方便操作，如图2.2.5所示。

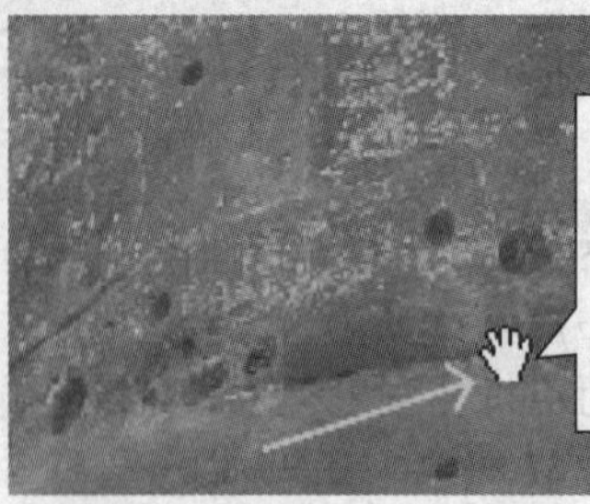

图2.2.5　放大图片

第4步：使用“污点修复”工具对图像进行处理，如图2.2.6所示。

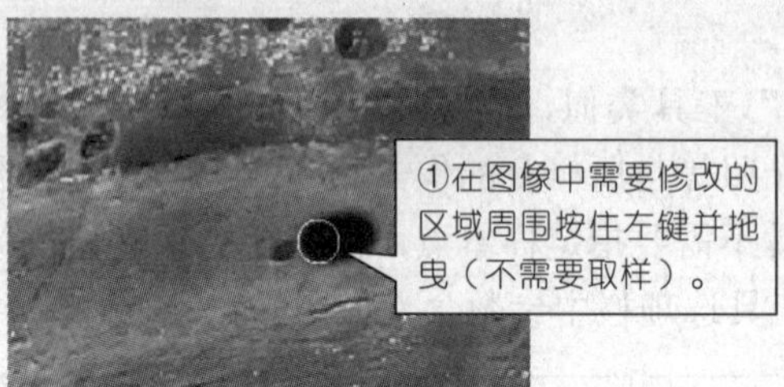

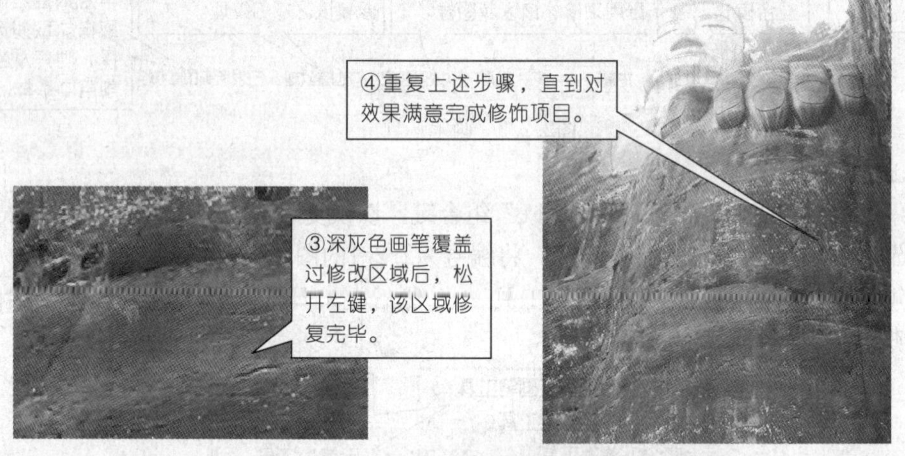

图2.2.6　修复图片

第5步：选择“文件”→“存储”命令（“Ctrl+S”快捷键），完成修复操作，然后关闭文件。

■ 知识拓展

（1）“污点修复画笔”工具虽然和“修复画笔”工具都是将修复区域的像素进行融合，但并不适合修复图像差异比较大的图像(纹理、颜色差异)。

（2）除了使用“文件”→“存储为”命令来保护原始图像外，还可以在原始图像的复制图层中进行修饰，如图2.2.7所示。

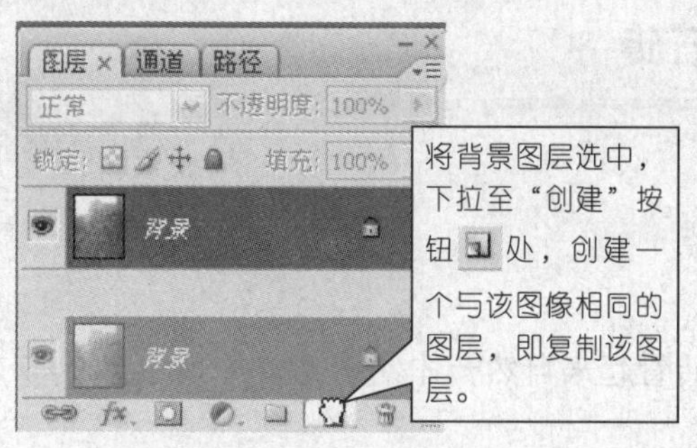

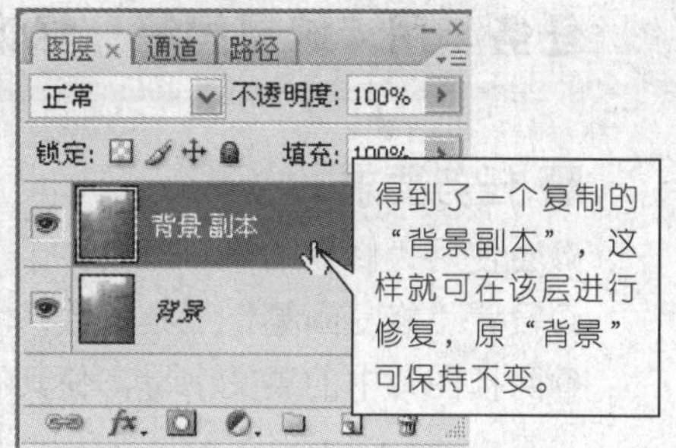

图2.2.7　复制图层为工作图层

■ 实践与拓展

（1）上机完成本案例的操作。

（2）比较“图案图章”工具与“污点修复画笔”工具的使用差别。

案例2.3　使用“修复画笔”除掉瑕疵

使用“修复画笔”工具，可以将一个区域的像素用于另一个区域，同时对这两个区域像素进行融合。对于颜色和纹理不均匀的图像区域，使用此工具能将其修饰得更加自然。在本案例中，将使用“修复画笔”工具，对石砖进行修饰，删除刻在石砖上的英文字母，使其看起来自然且充满历史沧桑感。修复前原图如图2.3.1所示，修复后的效果如图2.3.2所示。

图2.3.1　原始图

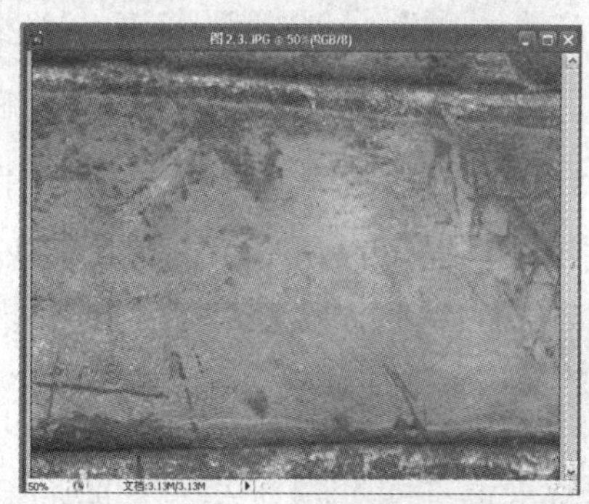

图2.3.2　处理后

任务　用“修复画笔”修饰石砖

■ 任务要求

◎会使用“修复画笔”工具；

◎设置“修复画笔”工具参数；

◎除掉图片中的英文字母，使其石砖看起来自然一体。

■ 任务解析

1.相关知识

“修复画笔”工具可以对需要修改的区域像素进行融合，使其看起来自然又富有生气。“仿制图章”工具对于这类存在纹理、明暗分布不均的图片，在使用上相对困难一些，而“修复画笔”工具将使这类修饰过程变得简单而快捷。

2.操作步骤

第1步：选择“文件”→“打开”命令，将素材库中编号为2.3.1的图片打开。

第2步：选择“修复画笔”工具 并设置参数，如图2.3.3所示。

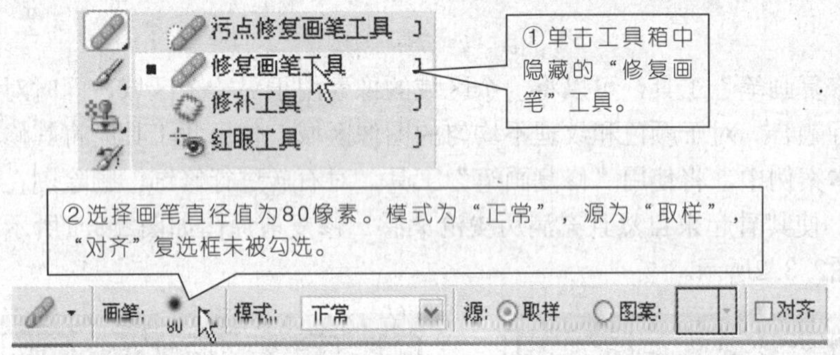

图2.3.3　画笔选项

第3步：使用“放大”工具 将图片放大以方便进行细部处理。为了便于查看该区域和操作方便，可使用“F”键进行转换，将文件满屏放大，如图2.3.4所示。

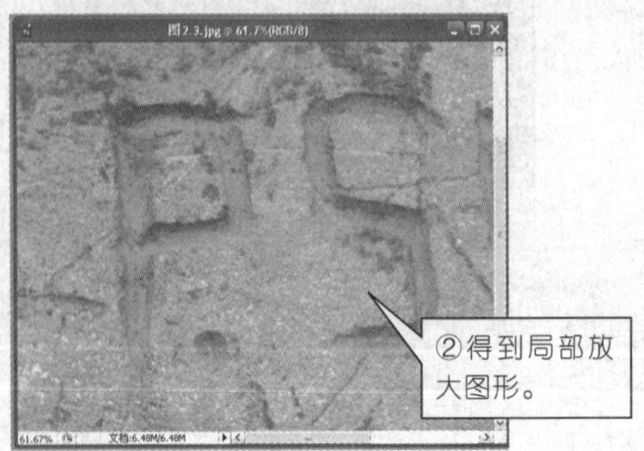

图2.3.4　放大图像

第4步：使用修复画笔工具 对图像进行处理，如图2.3.5所示。

图2.3.5　用“画笔”修饰图片

涂画时，画笔覆盖的区域看起来暂时与周边不太匹配，但是松开鼠标后，该区域将与石砖表面的其他部分就很匹配了。去掉石刻的英文后，仔细检查石砖表面，将发现经过整体修饰后的石砖面得到了恢复，图像看起来比较自然，完成后的效果如图2.3.6所示。

第5步：选择“文件”→“存储”命令保存文件（快捷键“Ctrl+S”），完成修改操作。

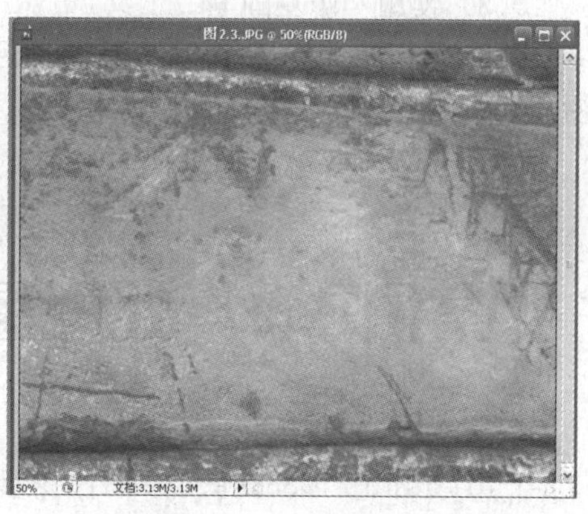

图2.3.6　完成效果图

■ 知识拓展

（1）“修复画笔”工具特别适合修复纹理复杂、色彩明暗不均的图形。修复画笔工具与其他图形修饰工具配合使用，效果更好。

（2）在修饰图像时，难免会做过多的编辑，导致看上去不自然、不真实。这时如果想要回到上一步操作，可以打开“历史记录”面板，如图2.3.7所示。单击上面的项目，可撤销操作。例如单击倒数第4个项目，即可撤销最后的4个操作。

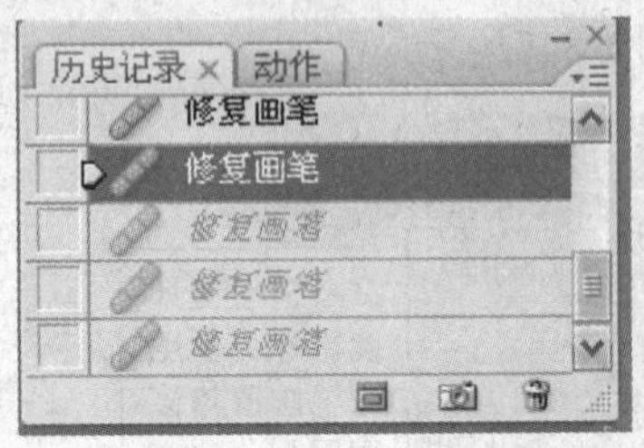

图2.3.7　历史记录面板

（3）“历史记录”面板可保存的最大项目数取决于首选项设置，默认情况下是只记录最近的20次操作。

（4）快照是处理过程中特定阶段的临时记录。由于“历史记录”面板只保存数量有限的操作步骤，一旦超过步骤设定数，那么最早的历史记录将被删除。而在处理过程中，如果你对修复的结果感到满意时可创建该状态的一个快照，还可以以该操作作为起点继续处理。不管你之前进行了多少次修改，都可以保存任何数量的快照。

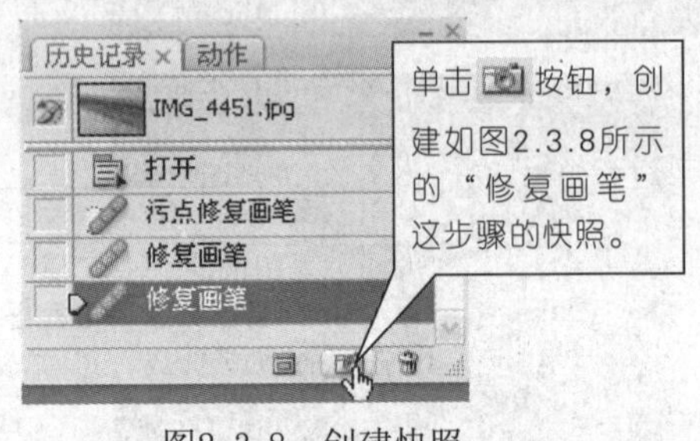

图2.3.8　创建快照

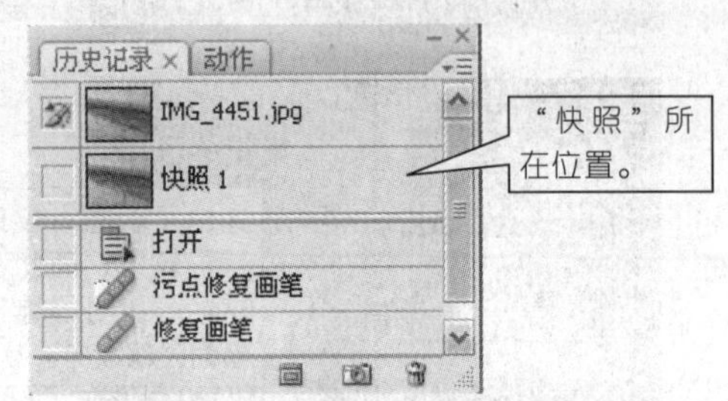

图2.3.9　快照完成

■ 实践与拓展

（1）上机完成本案例的操作。

（2）使用“修复画笔”工具。

（3）混合使用仿制图章工具、“污点修复画笔”工具和“修复画笔”工具处理图片，并熟悉这三者工具的特点和差异。

案例2.4　处理图像中不需要的部分

Photoshop CS3提供了多种图像修复工具，每个工具都有其自身的特点，但“修补”工具融合了“套索”工具的选择行为和“修复画笔”工具的颜色混合特性于一体，在修复图像上，更加方便快捷，效果自然。在本案例中，将使用“修补”工具修复一张有虫洞的叶子图片，修复前原图如图2.4.1所示，修复后的效果如图2.4.2所示。

图2.4.1　原图

图2.4.2　处理后

任务　使用“修补”工具修饰树叶中的虫洞

■ 任务要求

◎使用“修补”工具；

◎设置“修补”画笔工具参数；

◎去除叶子图片上的虫洞，使其叶子表面完整。

■ 任务解析

1.相关知识

“修补”工具是采用套索工具选择区域，并且融合了“修复画笔”工具的特性。使用“修补”工具可以选择源区域（取样的区域）或目标区域（需要修复的区域），然后拖动“修补”工具选框移动到需要修补图像的部分，完成其工作。

2.操作步骤

第1步：以恢复默认的方式启动Photoshop CS3，选择“文件”→“打开”命令，将素材库图2.4.1的图片打开。

第2步：选择工具箱中的修补工具，如图2.4.3所示。

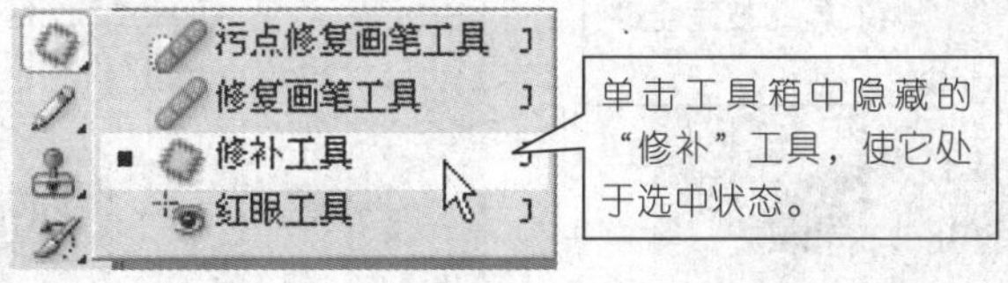

图2.4.3　选择修补工具

第3步：放大图像，设定修补工具栏参数，如图2.4.4、图2.4.5所示。

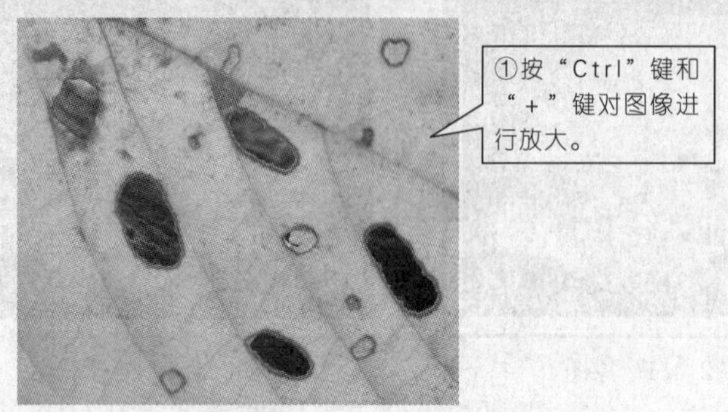

图2.4.4　放大图像

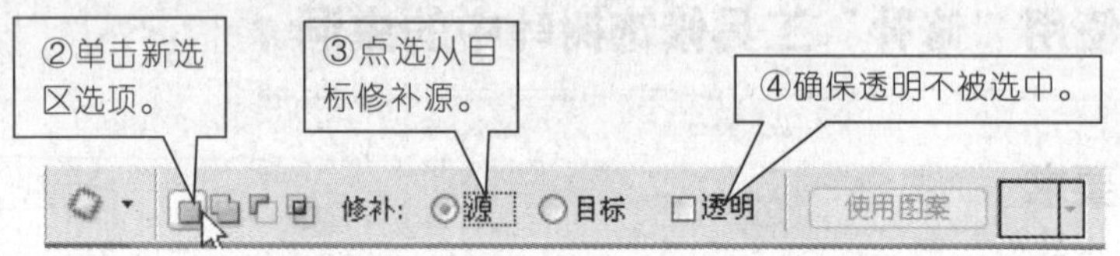

图2.4.5　修补工具选项栏参数设定

第4步：对图像进行修饰，如图2.4.6所示。

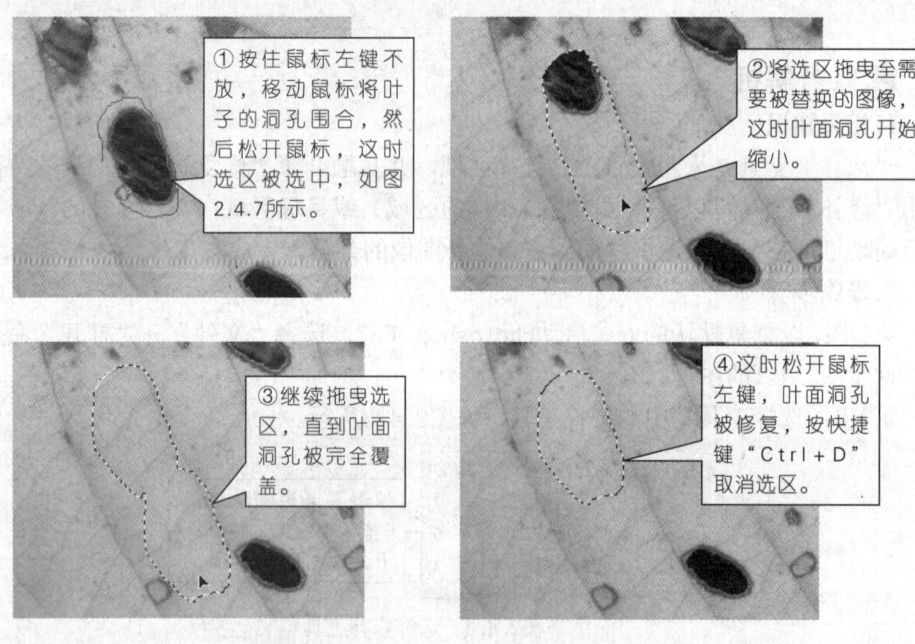

图2.4.6　替换修复图像

对处理的效果满意后，缩小图形，然后选择“文件→存储”命令，完成此次工作。

■ 知识拓展

在修补工具调板栏中，也可选择“目标”选项，即是从源区域中取样后拖曳到目标区域中进行修补，如图2.4.7所示。

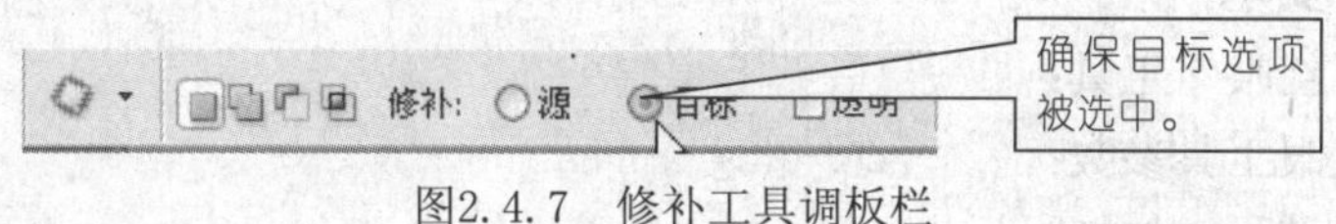

图2.4.7　修补工具调板栏

■ 实践与拓展

（1）上机完成本案例操作。

（2）修补工具的使用。

案例2.5　消除“红眼”现象

Photoshop CS3的红眼工具可以快速简便地消除由于照相机闪光造成的人物红眼现象，也可以移去用闪光灯拍摄的动物照片中的白色或绿色反光。在本案例中，将使用红眼工具红眼反光照片，处理前如图2.5.1所示，处理后的效果如图2.5.2所示。

图2.5.1　原始图

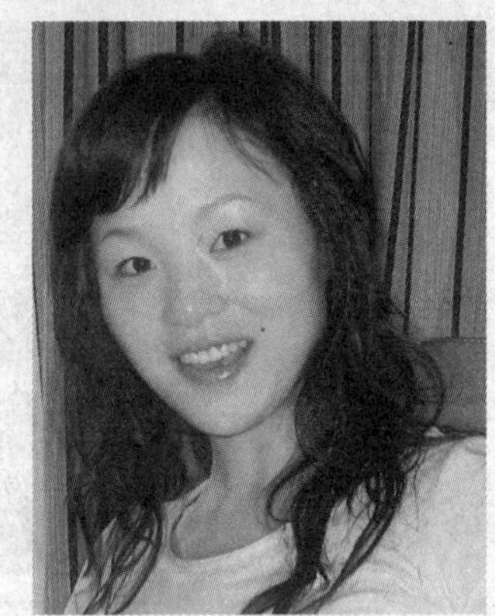
图2.5.2　处理后

任务　使用红眼工具——消除红眼现象

■ 任务要求

◎使用“红眼”工具；
◎设置红眼工具参数；
◎消除女孩眼中的红眼反光。

■ 任务解析

1.相关知识

红眼工具可以快速简便地消除由于照相机闪光造成的人物红眼现象，也可以移去用闪光灯拍摄的动物照片中的白色或绿色反光。红眼工具中的设置选项，要根据图像的具体情况来调整。

2.操作步骤

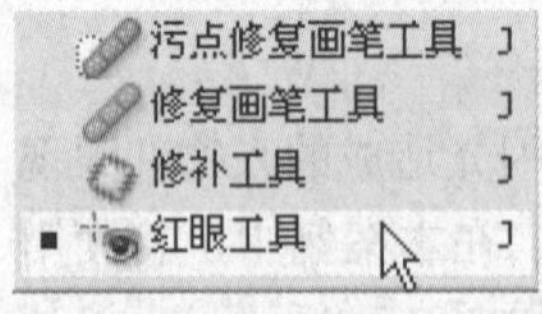

图2.5.3　选择红眼工具

第1步：以恢复默认的方式启动Photoshop CS3，选择“文件”→“打开”命令，将素材库中编号为2.5.1的图片打开，如图2.5.1原始图所示。

第2步：选择工具箱中隐藏在污点修复画笔工具“ ”下的红眼工具“ ”。

第3步：设置红眼工具选项栏参数，如图2.5.4所示。

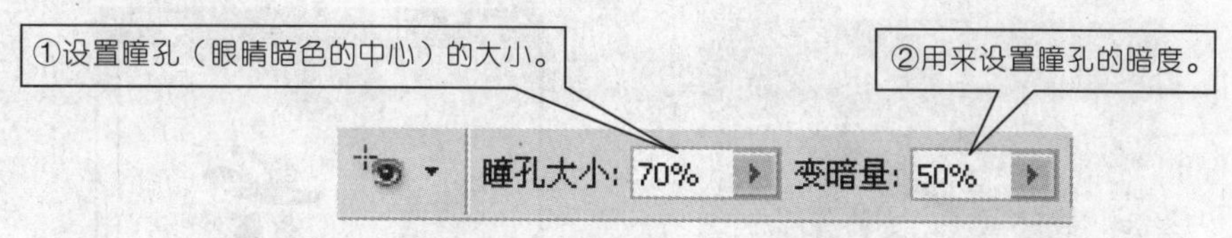

图2.5.4 红眼工具选项栏参数设置

第4步：单击眼睛的红色区域即可去除红眼，如图2.5.5、图2.5.6所示。

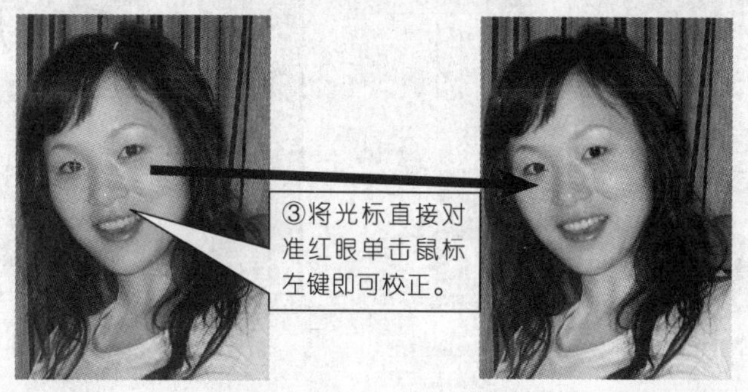

图2.5.5 对准红眼处　　图2.5.6 完成效果图

■ 知识拓展

在校正红眼时，如果对结果不满意，可选择“编辑”→“还原”命令进行还原，然后再调整红眼工具选项数值，进行再次尝试。

■ 实践与拓展

上机完成本案例操作。

案例2.6 创建自定义画笔进行海报设计

Photoshop CS3的画笔面板是非常重要的调板，可以设置各类绘画工具、图像修复工具、图像擦除工具等多种工具的工具属性和描边效果。

在本案例中，将运用自定义画笔工具设计制作一份海报。其草图如图2.6.1所示，设计完成后的效果如图2.6.2所示。

图2.6.1　草图

图2.6.2　效果图

任务 1 添加自定义画笔到画笔面板中

■ 任务要求

◎自定义画笔；

◎将花朵自定义为画笔后添加到画笔面板中。

■ 任务解析

1.相关知识

画笔面板中有功能强大的参数选项设置，可以根据需要选择不同的选项和设置参数，如图2.6.3所示。

2.操作步骤

第1步：选择“文件”→“打开”命令，将素材库中图2.6.4文件打开（也可用鼠标双击工作区快速启动“打开”）。

第2步：选择椭圆选择工具，将花朵框选其中。

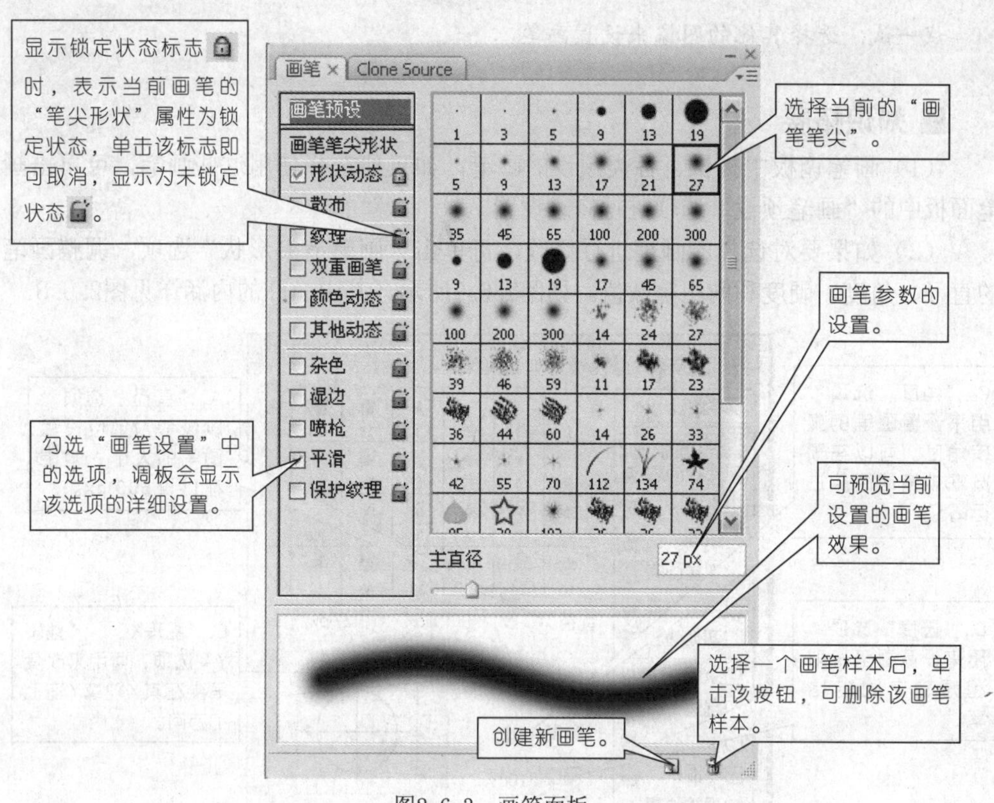

图2.6.3　画笔面板

第3步：选择"编辑"→"定义画笔预设"命令，打开"画笔名称"对话框，输入名称后单击"确定"按钮，完成画笔设置。

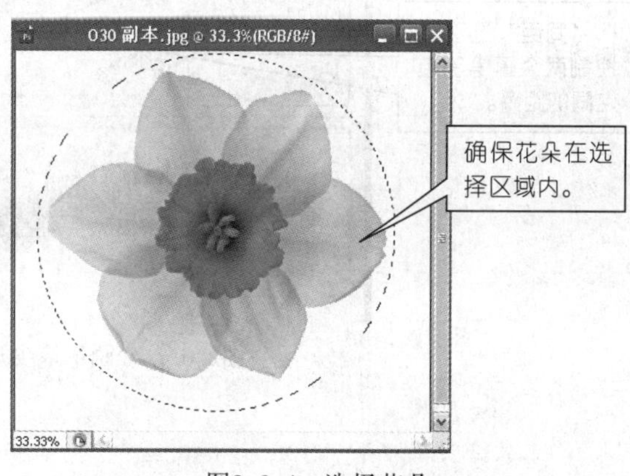

图2.6.4　选择花朵

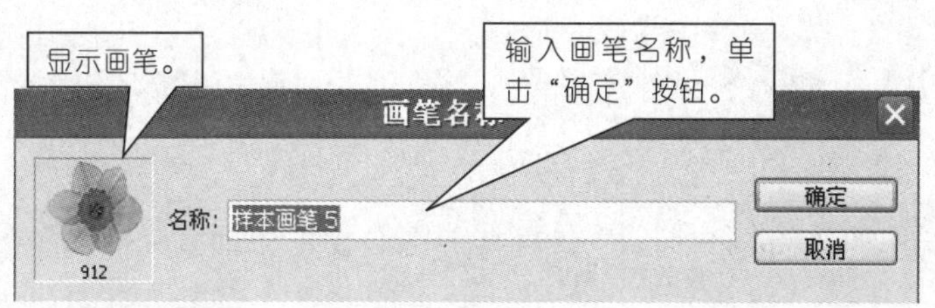

图2.6.5　输入名称

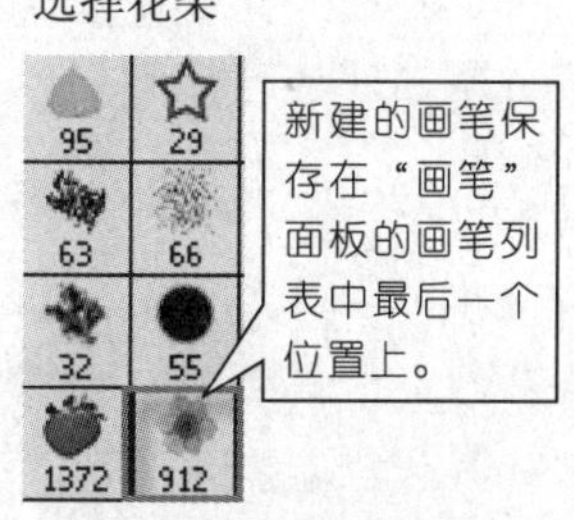

图2.6.6　花朵图标

试一试：选择其他的图像来设置画笔。

■ 知识拓展

（1）画笔调板中提供了各类预设的画笔，如果要选择使用这些画笔，可单击画笔面板中的“画笔预设”选项进行修改设置。

（2）如果要对选择的画笔进行修改，可单击“画笔笔尖形状”选项，调整画笔的直径、角度、硬度和间距等数值。如图2.6.7所示，其中A～F的内涵详见图2.6.8。

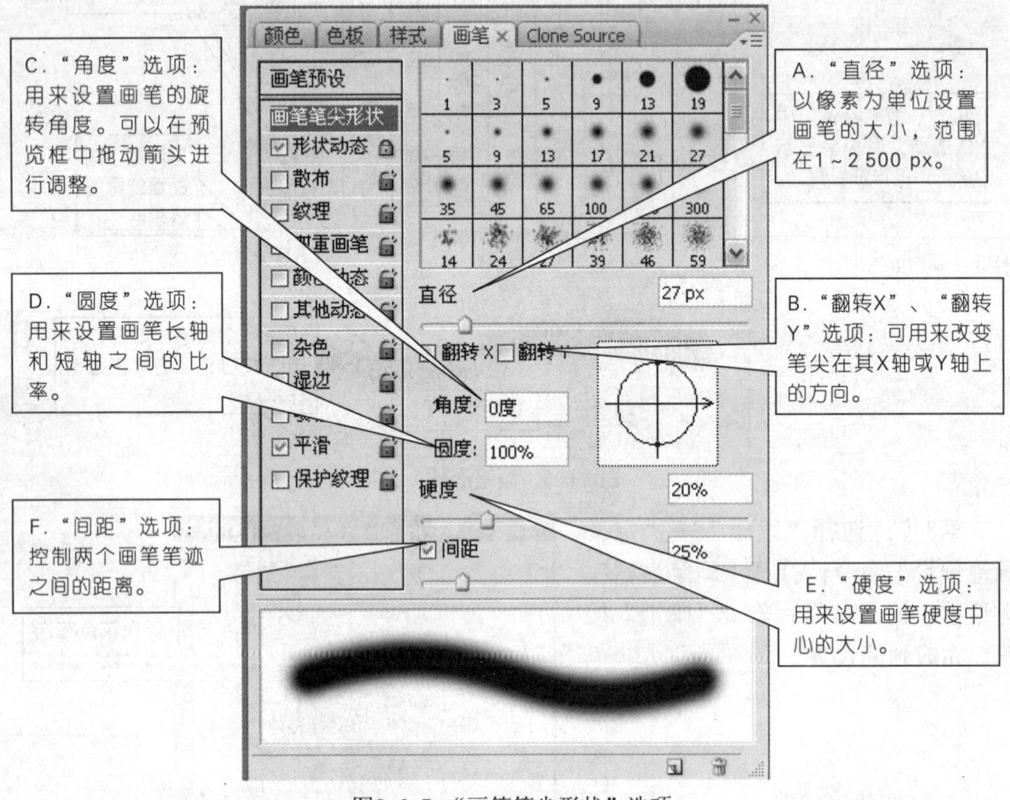

图2.6.7 “画笔笔尖形状”选项

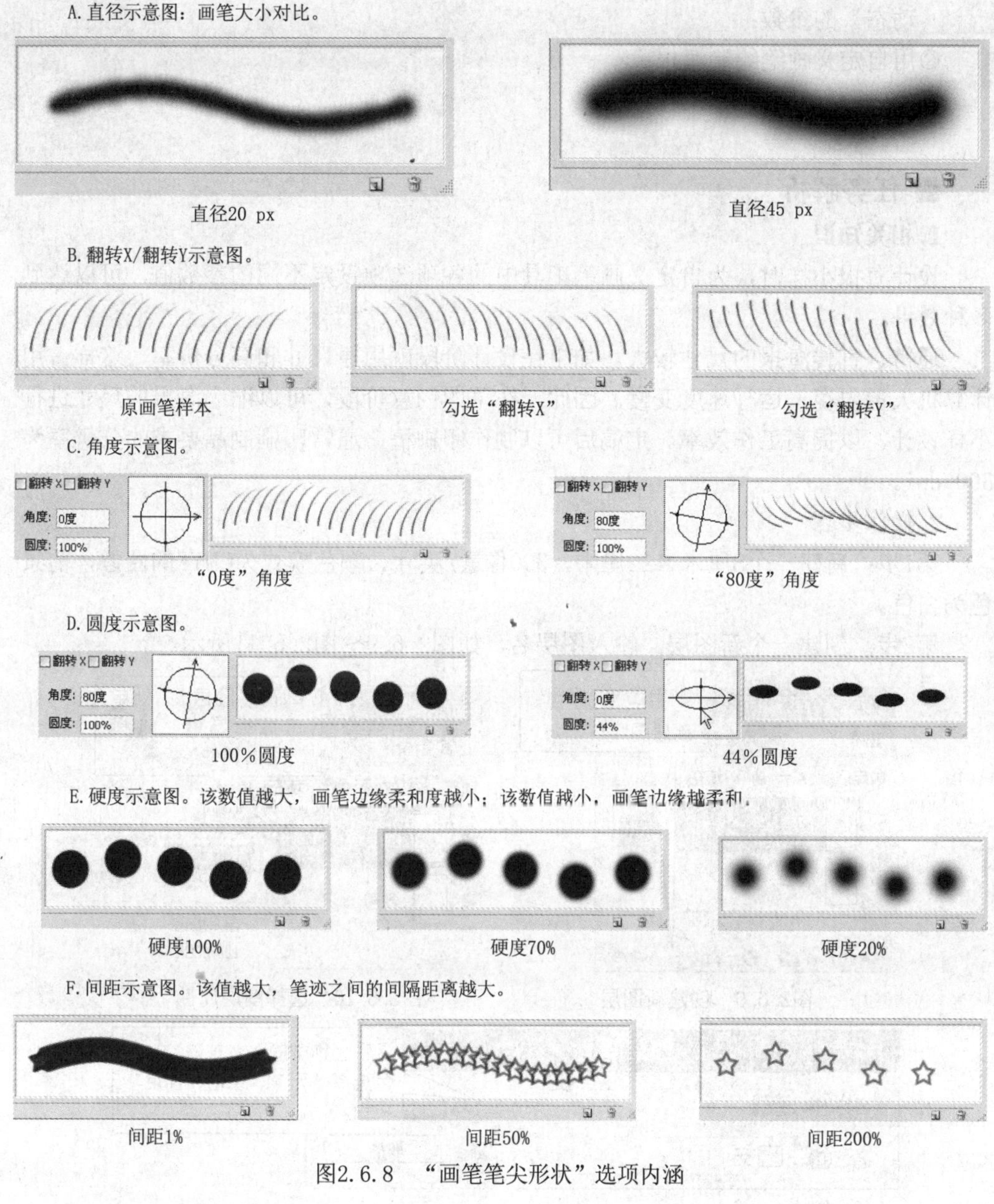

图2.6.8 “画笔笔尖形状”选项内涵

任务 2 用自定义画笔绘制海报花卉图案

■ 任务要求

◎设置画笔调板中自定义画笔工具的“画笔笔尖形状”、“形状动态”、“颜色动态”的参数；

◎用自定义画笔绘制海报；

◎完成海报最后设计工作。

■ 任务解析

1.相关知识

设计海报小样时，为自定义画笔工具中的各项选项设定不同的参数值，可以达到多种效果。

通常、宣传海报的尺寸较大，如果在设计阶段就用原尺寸和高分辨率，这样占用计算机大量内存，运行速度变慢。因此，在草图创意阶段，可以缩小海报的尺寸进行小样设计，以提高工作效率。定稿后可以制作印刷稿，通常印刷制品要求的分辨率为300 dpi。

2.操作步骤

第1步：新建一个8厘米×12厘米，300像素/英寸、颜色模式为CMYK的图像，前景色为白色。

第2步：创建一个新图层，输入图层名，如图2.6.9～图2.6.11所示。

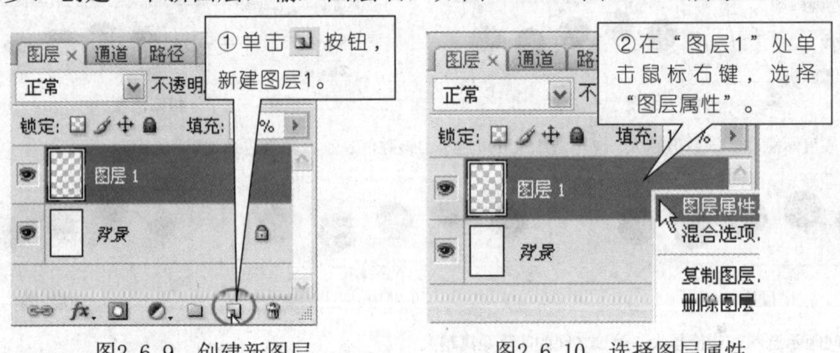

图2.6.9 创建新图层　　图2.6.10 选择图层属性

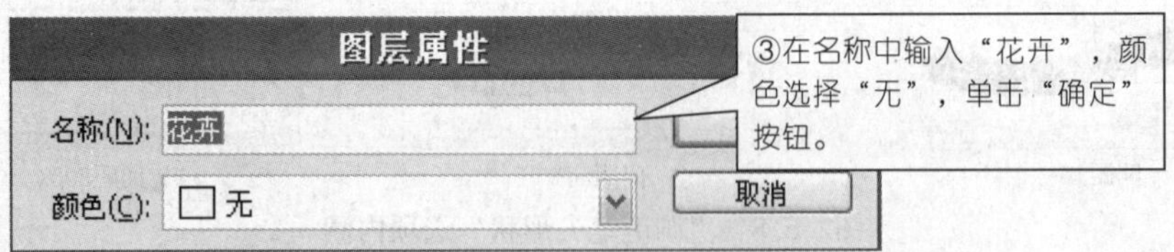

图2.6.11 输入名称

第3步：选择画笔工具，在画笔预设中选择画笔，并作画笔设置，如图2.6.12所示。

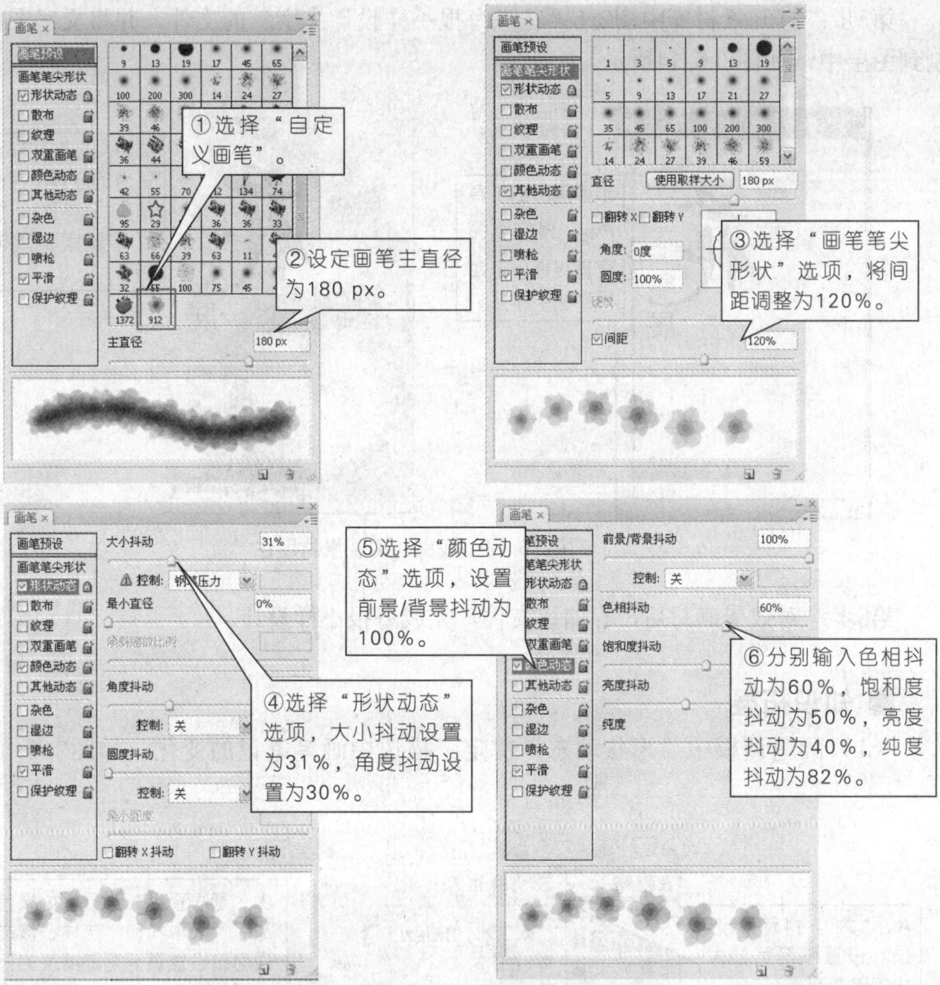

①选择“自定义画笔”。
②设定画笔主直径为180 px。
③选择“画笔笔尖形状”选项，将间距调整为120%。
④选择“形状动态”选项，大小抖动设置为31%，角度抖动设置为30%。
⑤选择“颜色动态”选项，设置前景/背景抖动为100%。
⑥分别输入色相抖动为60%，饱和度抖动为50%，亮度抖动为40%，纯度抖动为82%。

图2.6.12　设置参数

注意：“形状动态”画笔选项决定了描边中画笔笔迹的变化；“颜色动态”选项决定了描边路线中油彩颜色的变化方式。

第4步：在“花卉”图层上按照构思的方案进行绘制，如图2.6.13所示。

①按住鼠标左键拖曳，成“6”字形。
②单击鼠标，在图形上添加花朵，使“6”字形更丰富。
③继续添加花朵。

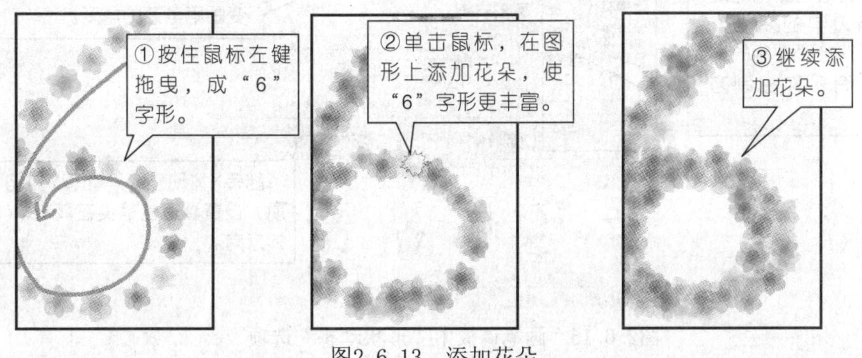

图2.6.13　添加花朵

第5步：打开素材库中图2.6“花卉海报小样设计文字”的文件，并将文字图层复制到图层中，如图2.6.14所示。

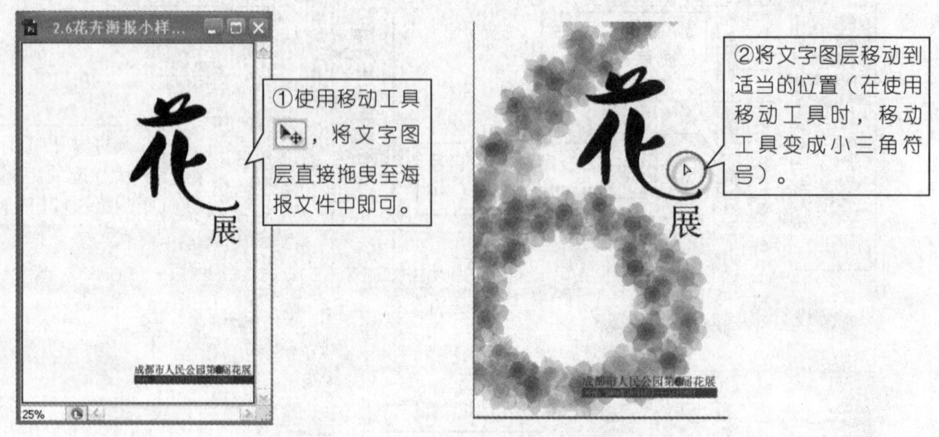

图2.6.14　拖曳、调整素材图像

第6步：对效果满意后，存储该文件，完成海报小样设计。

■ 知识拓展

（1）画笔调板中“形状动态”决定了描边中画笔笔记的变化，如图2.6.15所示。

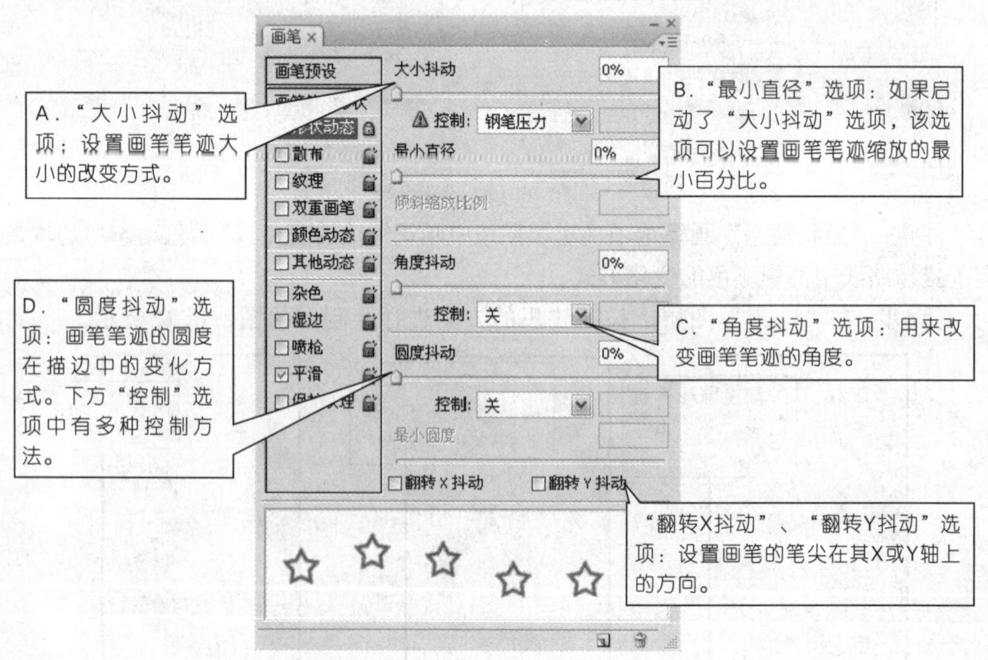

图2.6.15　画笔调板中“形状动态”选项

（2）画笔调板中“散布”选项决定了描边中笔迹的数目和位置，如图2.6.16所示。

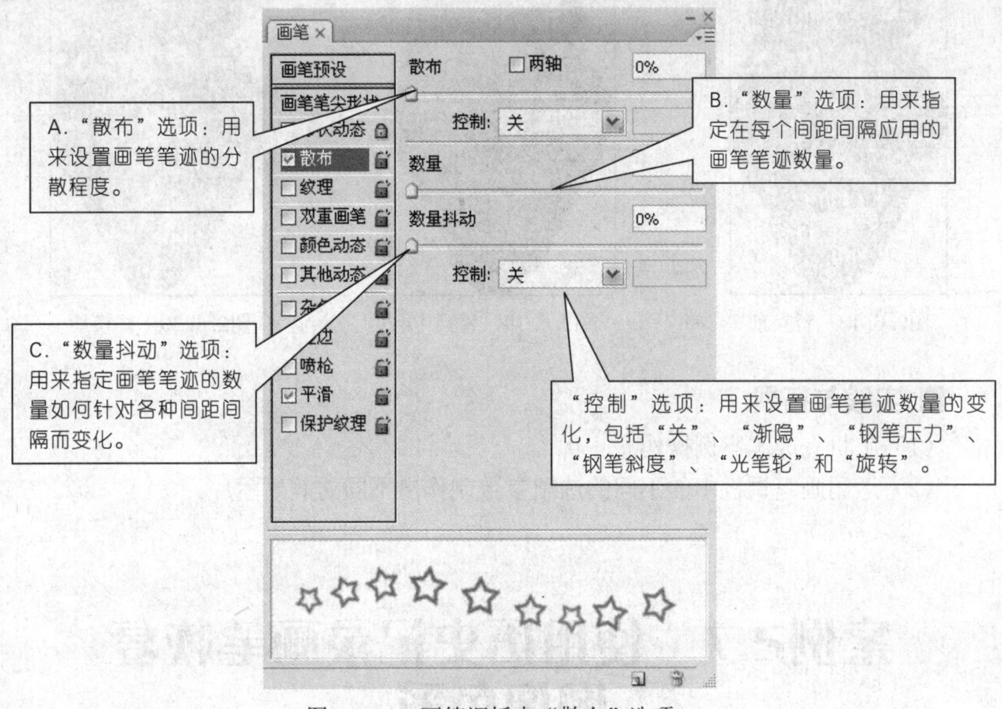

图2.6.16　画笔调板中“散布”选项

（3）颜色替换工具可使用前景色替换图像中的颜色，如图2.6.17所示。

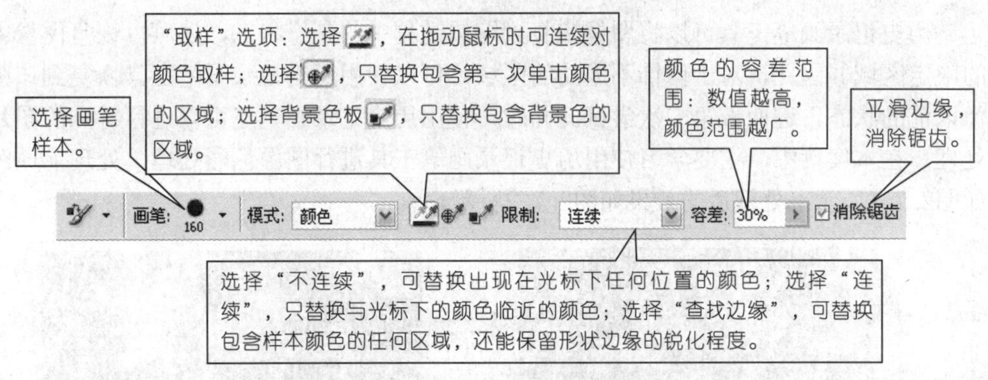

图2.6.17　颜色替换工具选项栏

图2.6.18　替换前

图2.6.19　替换中

图2.6.20　替换后

■ 实践与拓展

（1）上机完成本案例操作。

（2）运用画笔调板中的不同的选项参数制作出不同的效果图片。

案例2.7　使用历史记录画笔恢复图像色彩

历史记录画笔工具可以将图像恢复到编辑过程中的某一状态，还可以恢复图像中的限定区域。因此，对于修饰不成功的区域，可以使用历史记录画笔工具恢复到该图像以前的状态，进而做第二次尝试。同时，使用历史记录画笔还可以进行特殊的图片处理。在本案例中，主要学习使用历史记录画笔工具进行图像色彩处理。处理前原图如图2.7.1所示，处理后的效果如图2.7.2所示。

图2.7.1　原始图

图2.7.2　处理后

任务 用历史记录画笔恢复图像色彩

■ 任务要求

◎会图像的色彩转换模式；

◎会使用历史记录画笔工具及设置参数；

◎将图片处理为四周灰色，中间图像色彩不变。

■ 任务解析

1.相关知识

历史记录画笔工具与仿制图章工具相似，其区别在于仿制图章工具需要将图像中指定的区域用作源，而历史记录画笔工具是使用以前的历史记录调板状态作为源。

2.操作步骤

第1步：以恢复默认的方式启动Photoshop CS3，选择 “文件”→“打开”命令，将素材库中编号为2.7.1的图片打开，按照图2.7.3～图2.7.6所示完成如下操作。

图2.7.3 去掉图像颜色

图2.7.4 框选选区

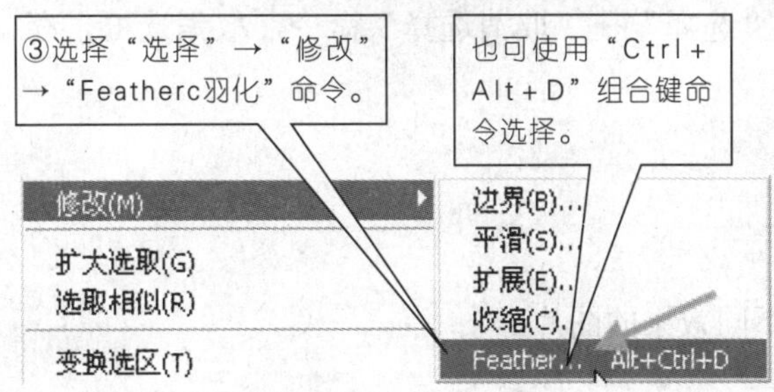

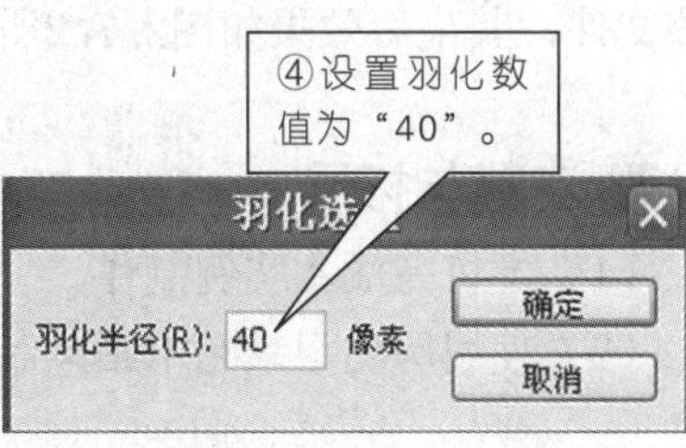

图2.7.5 羽化

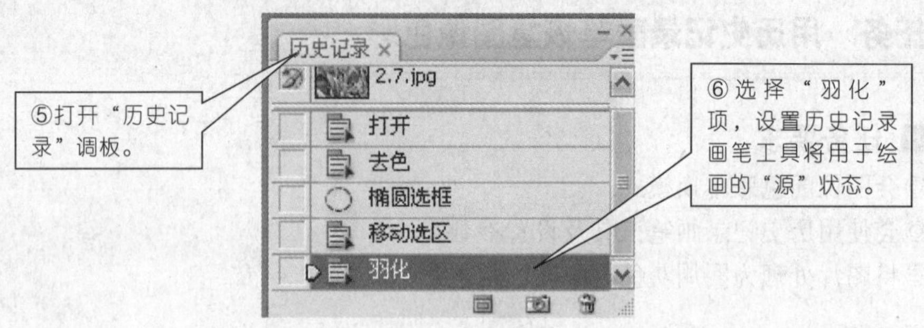

图2.7.6　历史记录面板

第2步：在工具箱中选择历史记录画笔工具，然后在工具选项栏中选择一个柔角画笔，设定适当大小的画笔，模式为正常，不透明度为30%，流量为100%，如图2.7.7所示。

图2.7.7　历史记录画笔工具栏

第3步：使用历史画笔工具恢复色彩，如图2.7.8所示。

图2.7.8　恢复为原来的彩色效果

第4步：对图像处理满意后，选择“选择”→“取消选择”命令，取消选框，存储该文件，其最后效果如图2.7.2所示。

■ 实践与拓展

（1）上机完成本实例制作。

（2）使用历史记录艺术画笔制作不同效果的图片。

案例2.8　使用渐变工具制作海报背景

渐变工具使用范围非常广，在整个文档或选区内填充渐变色彩，通过渐变工具选项栏中的渐变类型，渐变颜色和混合模式的不同设置能产生不同的视觉效果。在本案例中，主要学习使用魔术橡皮擦工具和渐变工具来制作一张草莓酸奶的宣传海报，其设计草图设计效果如图2.8.1、图2.8.2所示。

图2.8.1　设计草图

图2.8.2　设计效果图

任务 1 用魔术橡皮擦工具除去草莓背景

■ 任务要求

◎会使用魔术橡皮擦工具；

◎会设置魔术橡皮擦工具的选项参数。

■ 任务解析

1.相关知识

擦除工具可以通过鼠标的拖曳来擦除图像。使用橡皮擦工具擦除图像时，被擦除的部分会显示为工具箱中的背景色；若使用背景橡皮擦工具和魔术橡皮擦工具，被擦除的部分将显示为透明区域。

魔术橡皮擦工具具有自动分析图像边缘的功能。在背景图层中使用时，被擦除的区域会显示为背景色。在其他图层中使用该工具，被擦除的区域会成为透明区域。魔术橡皮擦工具选项栏中各项含义如图2.8.3所示。

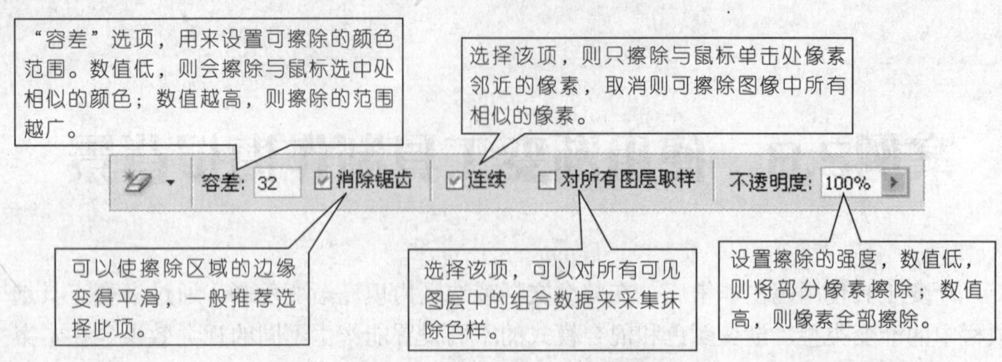

图2.8.3　魔术橡皮擦工具选项

2.操作步骤

第1步：选择　"文件"→"打开"命令，打开素材库中编号为2.8草莓1和编号为2.8草莓2的图片。

第2步：选择魔术橡皮擦工具"　"，并在工具栏设置参数，如图2.8.4所示。

图2.8.4　魔术橡皮擦工具参数设定

第3步：将草莓图片进行抠底处理，如图2.8.5所示。

图2.8.5　用魔术橡皮擦抠底

第4步：存储文件，格式为PSD格式。

■ 知识拓展

（1）橡皮擦工具“ ”可以通过拖曳鼠标来擦除图像中的指定区域，橡皮擦工具的工具选项栏有如图2.8.6所示的选项。

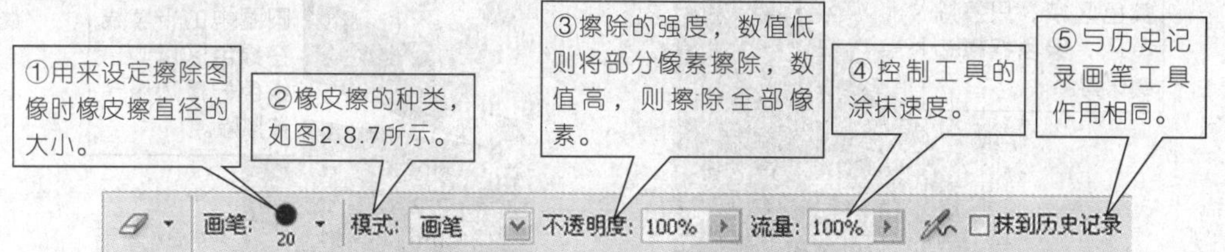

图2.8.6　橡皮擦工具的选项

“画笔”模式

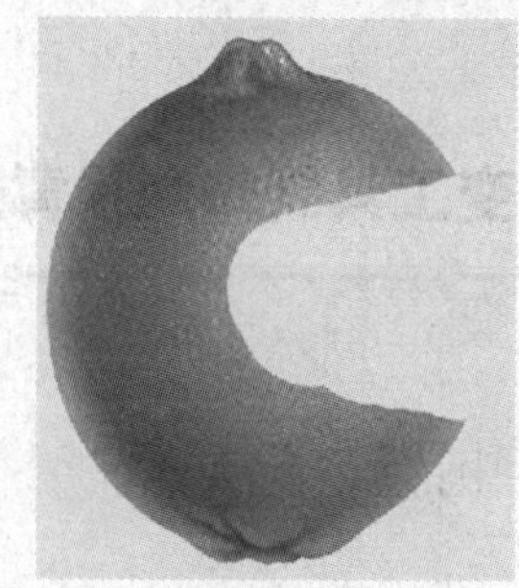
“铅笔”模式

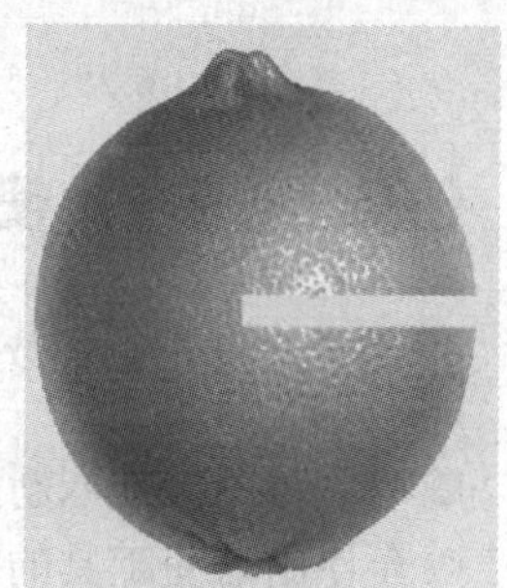
“块”模式

图2.8.7　橡皮擦种类示意图

（2）背景橡皮擦工具 是一种智能橡皮擦，该工具有自动识别对象边缘的功能，它可以采集画笔中心的色样，然后删除在画笔内的任何位置出现的与该色样相同的颜色，使擦除区域透明，背景橡皮擦工具的工具选项栏内有图2.8.8所示的选项。

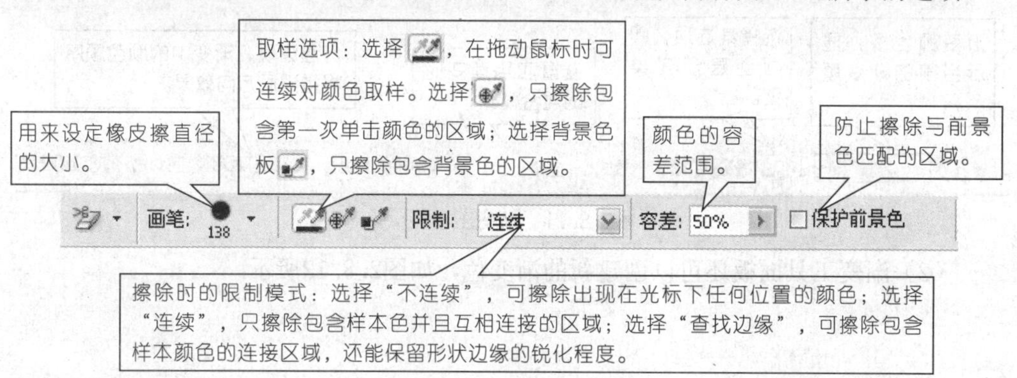

图2.8.8　橡皮擦工具选项栏

（3）使用背景橡皮擦工具，Photoshop会自动采集十字线位置的颜色，并将圆形区域内的类似颜色擦除，所以要注意十字线的位置，以免擦除要保留的图像区域，如图2.8.9、图2.8.10所示。

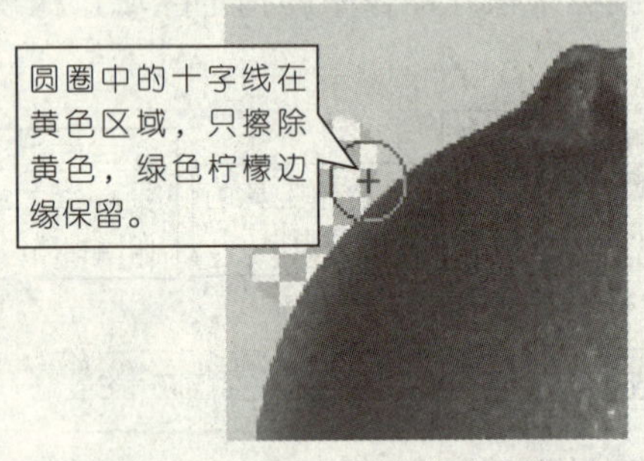

图2.8.9　注意圆圈中的十字线

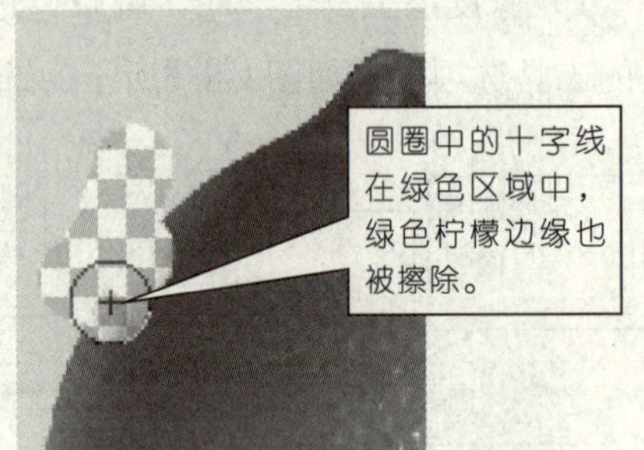

图2.8.10　绿色也被擦除

任务  使用渐变工具制作海报背景

■ 任务要求

◎将草莓图像拖入新建文件中；

◎会使用渐变工具的；

◎将文字加入到海报中，完成小样设计图。

■ 任务解析

1.相关知识

（1）渐变工具栏的初步认识，如图2.8.11所示。

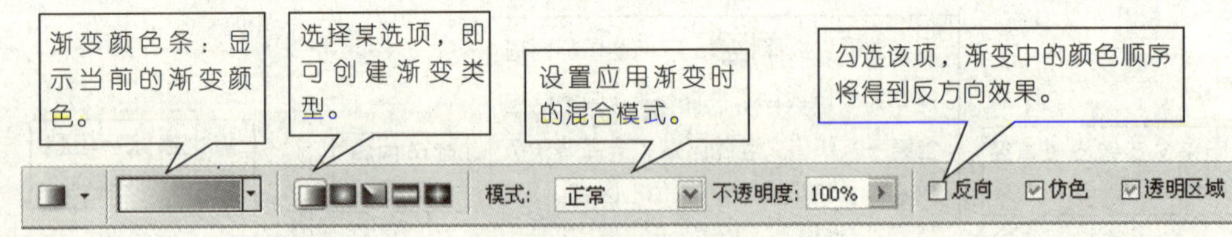

图2.8.11　渐变工具栏

（2）渐变工具面板还可以创建新的渐变色，如图2.8.12所示。

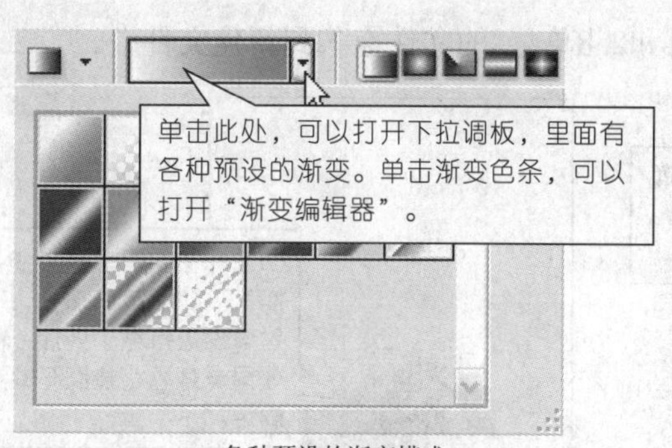

各种预设的渐变模式

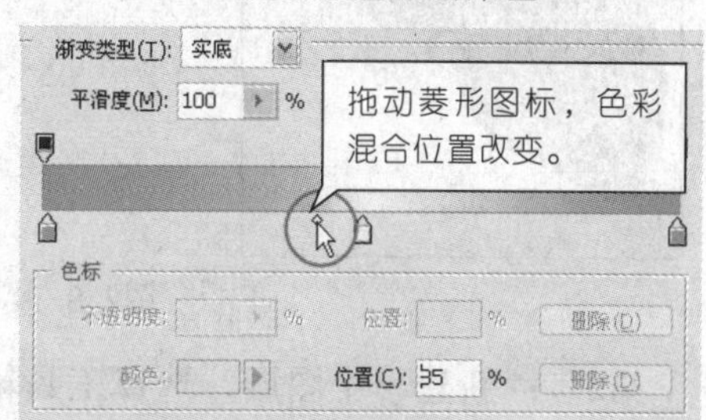

改变渐变色的混合位置

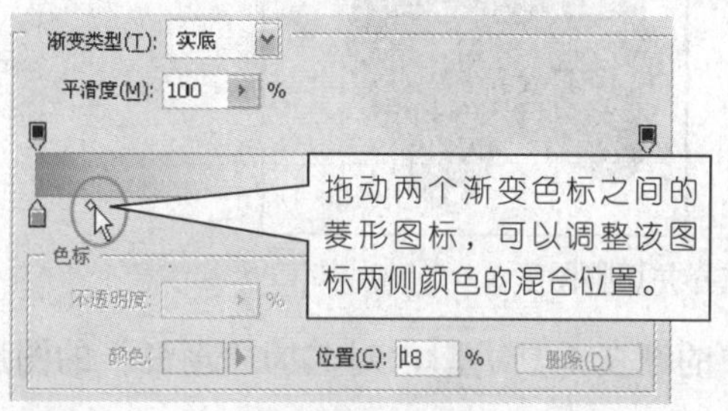

调整色彩混合位置

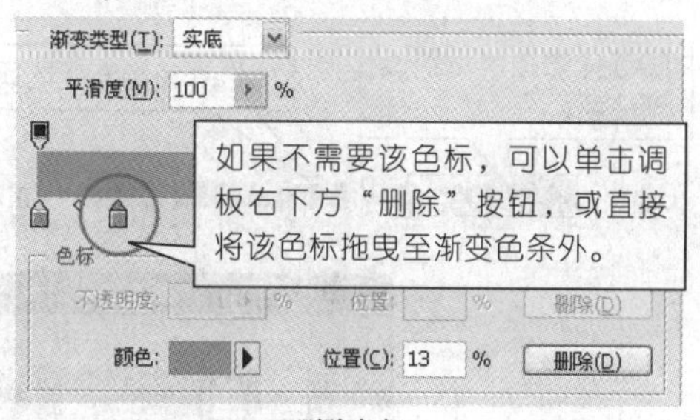

色彩混合位置改变

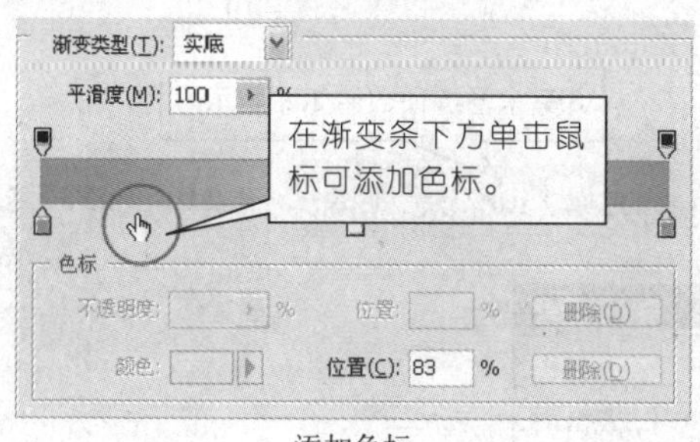

添加色标

删除色标

图2.8.12 “渐变编辑器”选项

（3）不同的渐变类型，如图2.8.13所示。

线性渐变

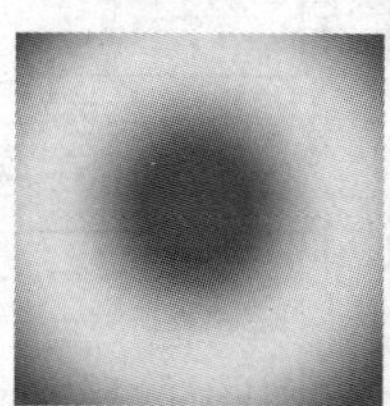

径向渐变

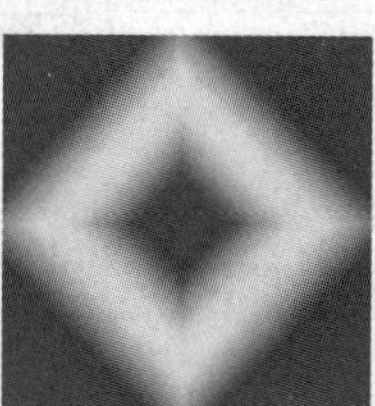

菱形渐变

角度渐变

对称渐变

图2.8.13 各类渐变类型

2.操作步骤

第1步：新建一个8厘米×12厘米，300像素/英寸，颜色模式为CMYK的图像，前景色为白色，文件命名为草莓海报小样。

第2步：将素材库中编号为2.8草莓和2.8草莓2的文件拖入到新建文件中。

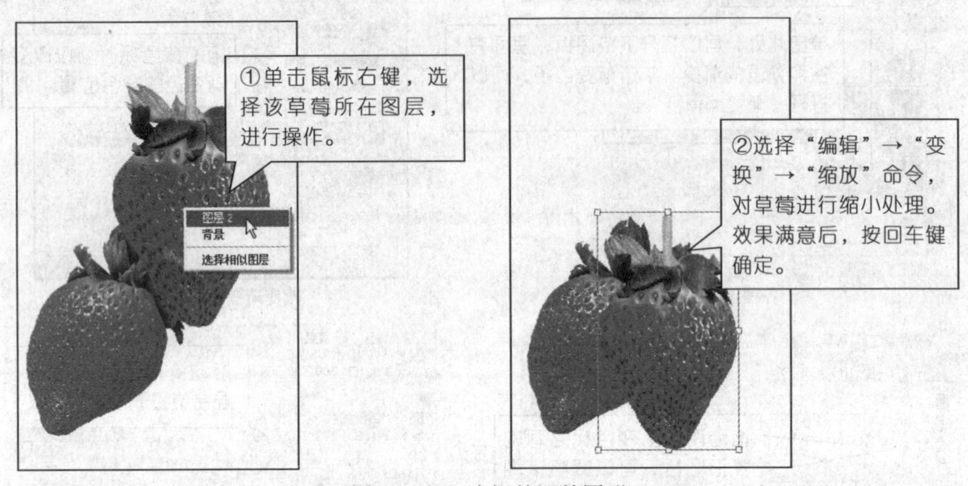

图2.8.14 选择并调整图形

第3步：新建一个图层，选择工具箱中的渐变工具，对名为“渐变”的图层进行渐变色处理，如图2.8.15所示。

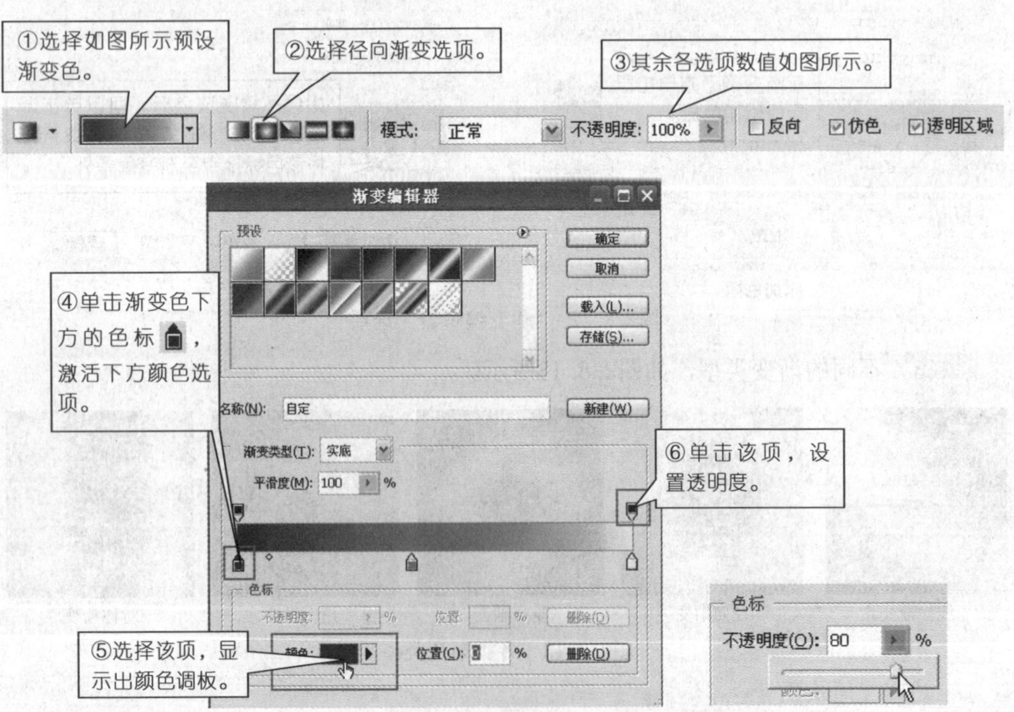

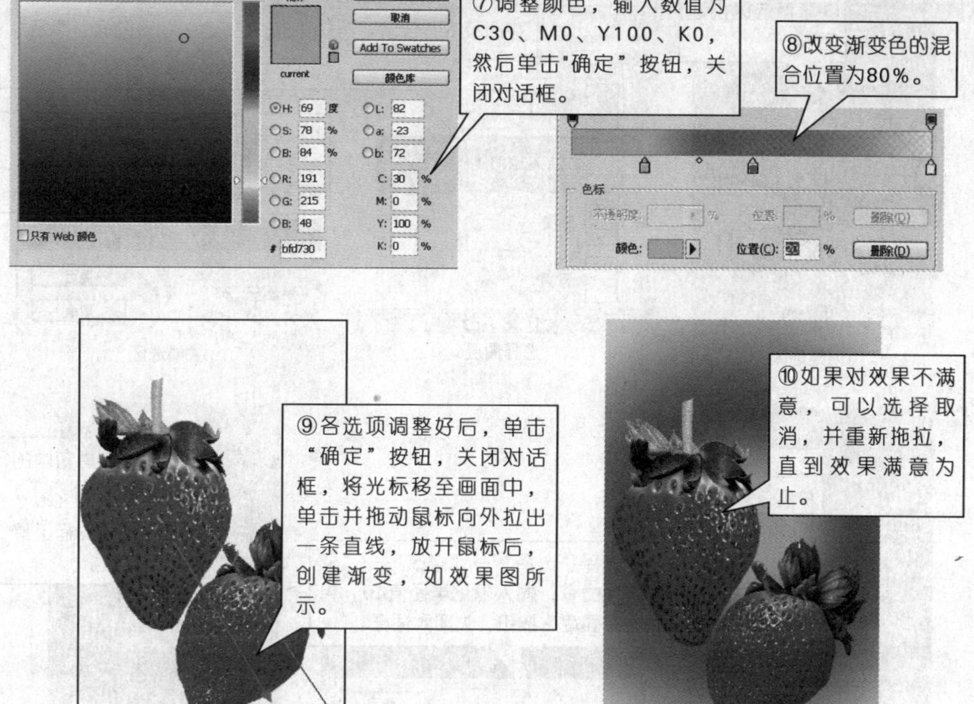

图2.8.15 "渐变色"处理

第4步：为草莓做一个白色晕染底，以衬托出草莓，使画面有层次感，操作步骤如图2.8.16所示。

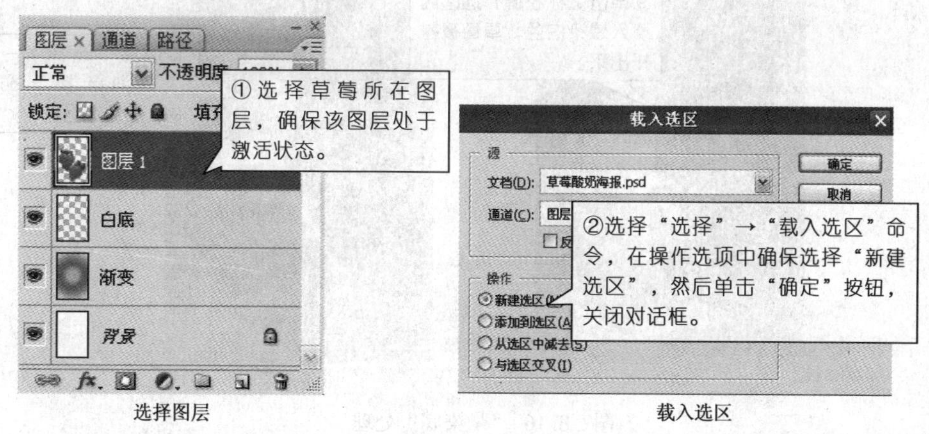

选择图层　　载入选区

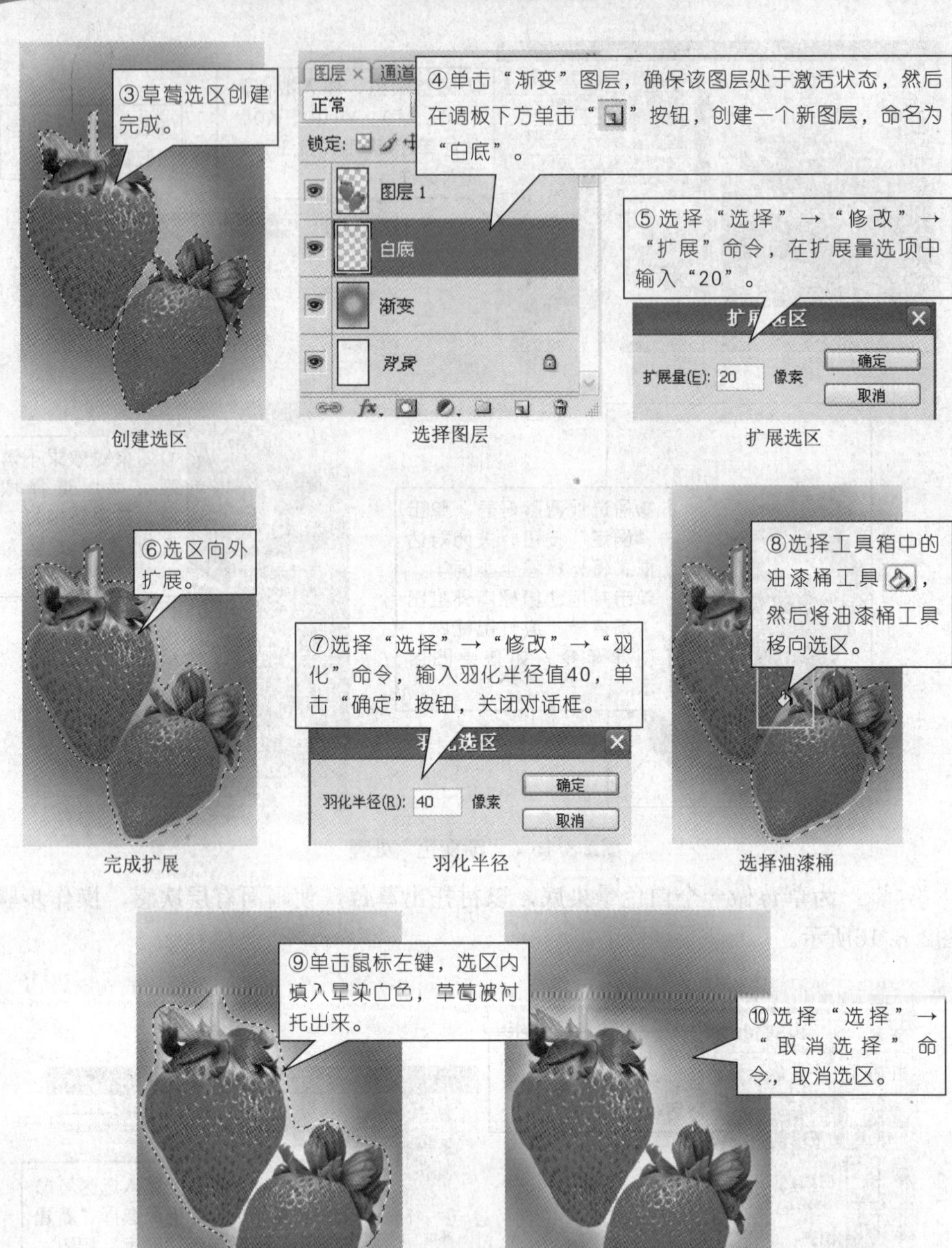
③草莓选区创建完成。
图层 通道
正常
锁定:
图层 1
白底
渐变
背景
④单击“渐变”图层，确保该图层处于激活状态，然后在调板下方单击“ ”按钮，创建一个新图层，命名为“白底”。
⑤选择“选择”→“修改”→“扩展”命令，在扩展量选项中输入“20”。
扩展选区
扩展量(E): 20 像素
确定
取消
创建选区
选择图层
扩展选区
⑥选区向外扩展。
⑦选择“选择”→“修改”→“羽化”命令，输入羽化半径值40，单击“确定”按钮，关闭对话框。
羽化选区
羽化半径(R): 40 像素
确定
取消
⑧选择工具箱中的油漆桶工具 ，然后将油漆桶工具移向选区。
完成扩展
羽化半径
选择油漆桶
⑨单击鼠标左键，选区内填入晕染白色，草莓被衬托出来。
⑩选择“选择”→“取消选择”命令，取消选区。
填色
取消选区

图2.8.16 “晕染底”处理

第5步：打开素材库中编号为图2.8的文件，将里面的文字和图像按照草图样式摆放到“草莓海报小样”文件中，如图2.8.17、图2.8.18所示。

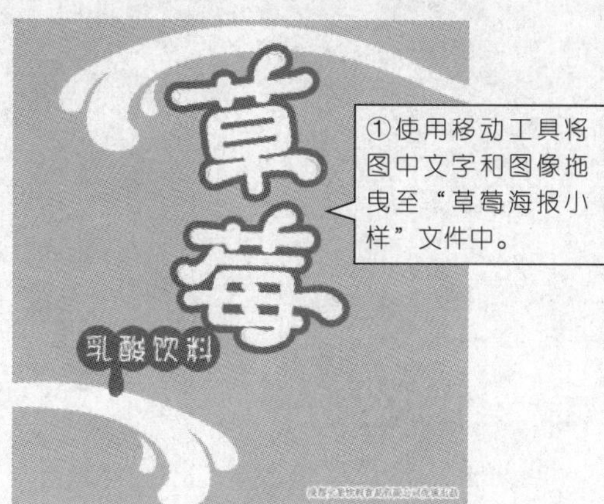

图2.8.17　素材

图2.8.18　完成图

3

图像选择

处理图像时，很多时候可能需要对图像局部区域进行处理，而通常要选取这些区域后才能进行操作。本章主要介绍如何选择图像的局部区域。

学习目标

掌握选框工具的使用方法；
掌握魔术棒工具的使用方法；
掌握套索工具的使用方法；
修改、变换、羽化选区；
载入存储选区。

案例3.1 贴窗花

本案例是一个典型的室内装饰设计效果，主要学习图像局部区域的选取和处理。其原图如图3.1.1所示，完成后的效果如图3.1.2所示。

图3.1.1 原图

图3.1.2 效果图

任务 1 框选图像并羽化、移动

■ 任务要求

◎会框选图像局部区域；
◎会羽化选区；
◎会移动选区。

■ 任务解析

1.相关知识

（1）选择工具如图3.1.3所示。

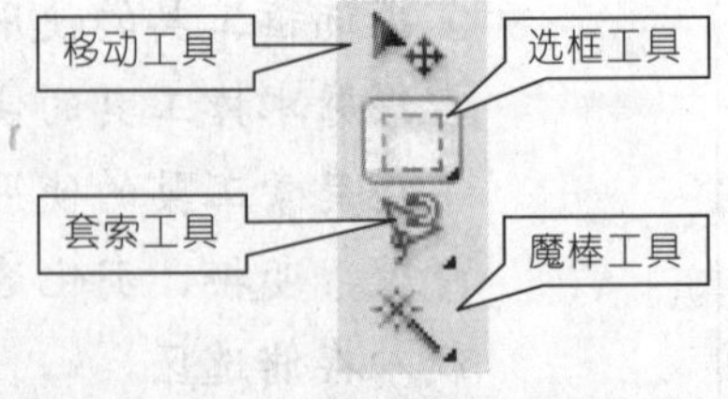

图3.1.3 工具箱

（2）选框工具即为规则选择工具，包括矩形选框工具、椭圆形选框工具、单行和单列选框工具，如图3.1.4所示。使用“Shift+M”快捷键可以在矩形选框工具和椭圆形选框工具中进行切换，或按住“Alt”键用鼠标直接在工具栏选框工具上单击切换。

在拖选框时，按住“Shift”键画正方形或正圆；按住“Alt”键从中心点开始画；也可以将“Shift+Alt”快捷键同时使用。

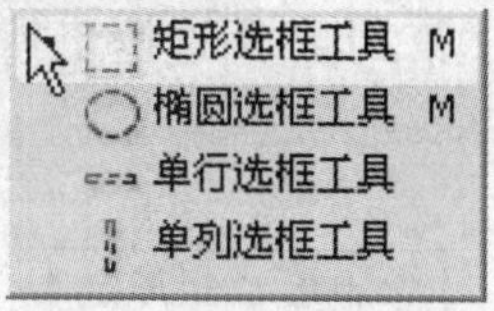

矩形选框工具 M
椭圆选框工具 M
单行选框工具
单列选框工具

图3.1.4 选框工具

（3）选框工具选项栏中各项含义如图3.1.5所示。

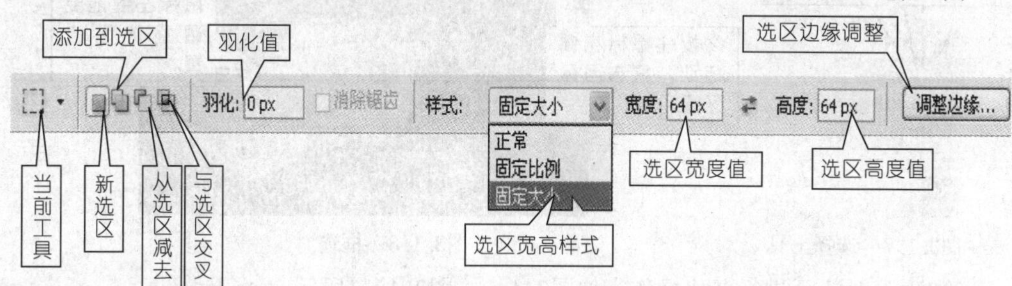

图3.1.5 选框工具选项

“样式”下拉列表中各项含义如下：

◎正常：任意比例、大小；

◎固定比例：锁定宽高比例，大小任意；

◎固定大小：锁定整个选框大小，直接单击。

（4）羽化

羽化的值越大，朦胧范围越宽，羽化的值越小，朦胧范围越窄。

羽化方法1：先在工具栏输入羽化值，如图3.1.5所示，后用选框工具选择，完成选区的羽化操作。

羽化方法2：先用选框工具选择区域，再单击“选择”→“修改”→“羽化”命令，在弹出的“羽化选区”对话框内输入值（也可以使用“Ctrl＋Alt＋D”组合键打开“羽化选区”对话框），完成选区羽化操作。

2.操作步骤

第1步：打开素材库中的图3.1.1、图3.1.6。

图3.1.6 原图

第2步：用选框工具选取红花黄花素材的部分区域，如图3.1.7、图3.1.8所示。

图3.1.7 选择工具　　图3.1.8 框选

第3步：对选区进行羽化操作，如图3.1.9～图3.1.11所示。

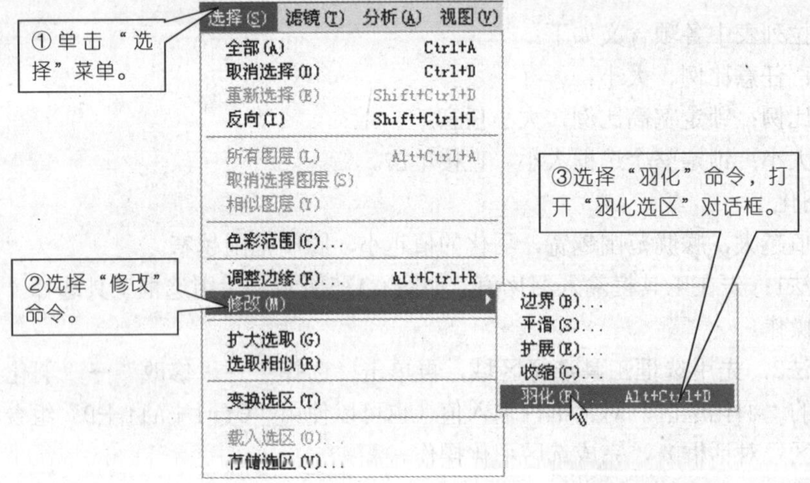

图3.1.9 羽化

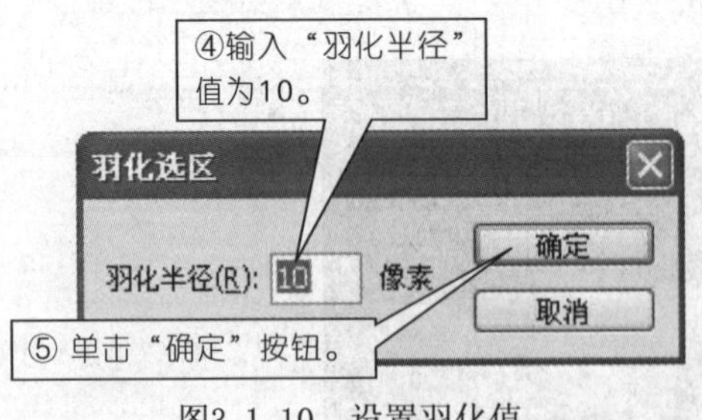

图3.1.10 设置羽化值

羽化后，选区边缘变化为圆角矩形。

图3.1.11 效果图

第4步：将选取部分移入窗户素材中，如图3.1.12所示。

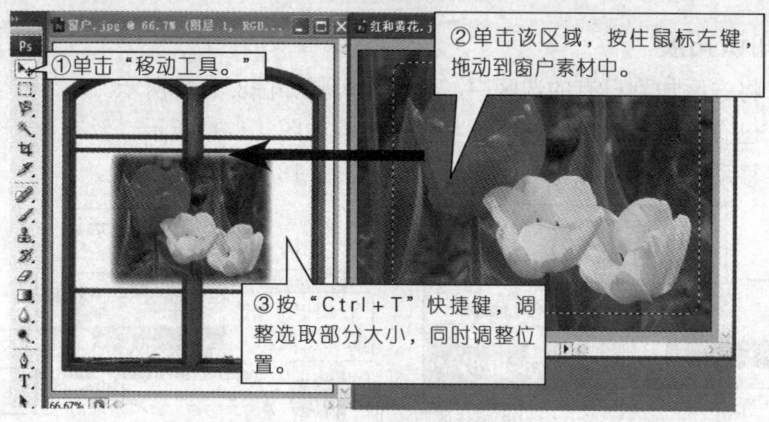

图3.1.12　移动选取部分

在此过程中，也可以使用“复制”、“粘贴”命令完成（其快捷键分别为“Ctrl+C”，“Ctrl+V”）。

第5步：拆分选取部分，调整位置，如图3.1.13～图3.1.15所示。

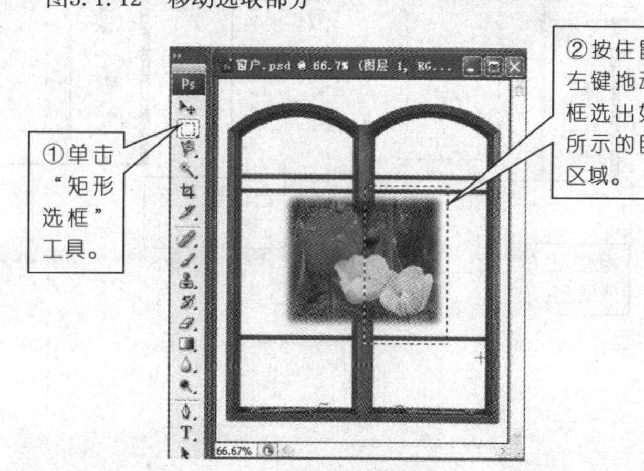

图3.1.13　框选

图3.1.14　移动

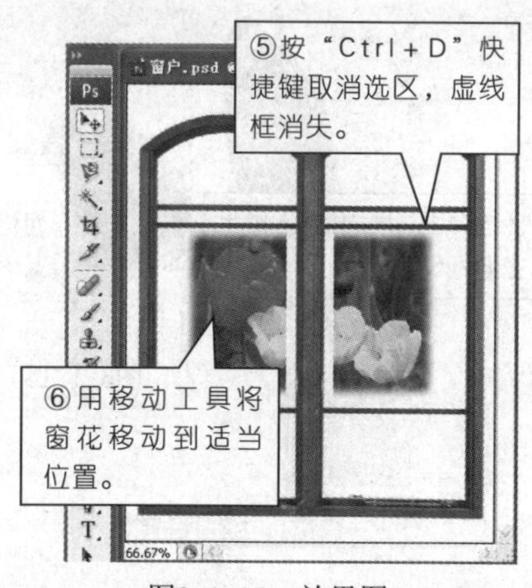

图3.1.15　效果图

在移动选区时按住“Shift”键，可使其沿45°、水平或垂直方向作直线移动。

■ 知识拓展

（1）将选区加到已有的选区中，其操作步骤如图3.1.16所示。

（2）已有选区减去新的选区，其操作步骤如图3.1.17所示。

（3）移动和复制对象，其操作方法如图3.1.18所示。

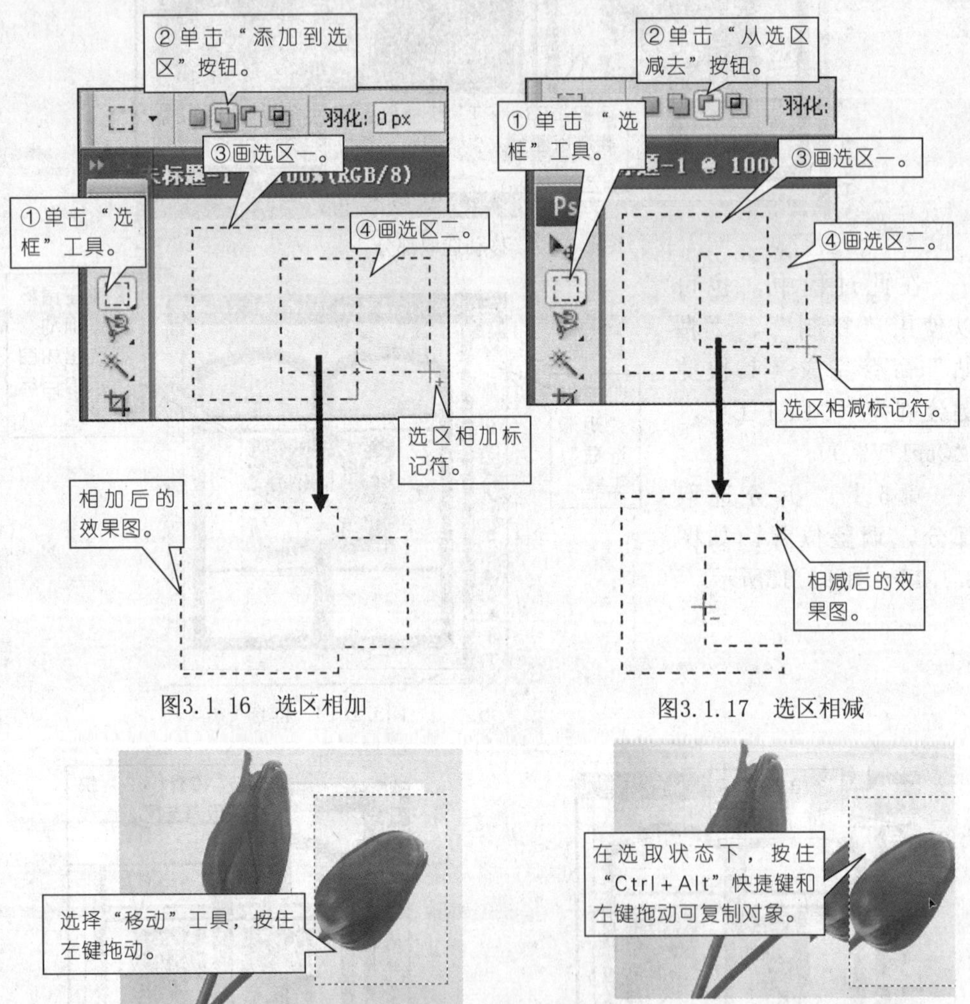

图3.1.16　选区相加

图3.1.17　选区相减

图3.1.18　移动被选中的对象

任务 2 使用魔棒选取“花”并调整颜色

■ 任务要求

选择红色的花并对其进行颜色的调整。

■ 任务解析

1.相关知识

（1）魔棒工具：是基于颜色的选取工具，它包括魔棒工具、快速选择工具，如图3.1.19所示。其快捷键为“W”，使用“Shift+W”键可以在魔棒工具和快速选择工具中进行切换。

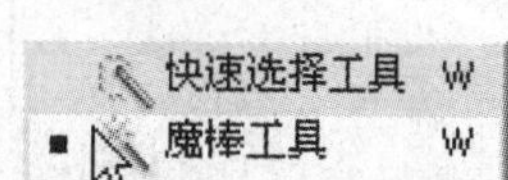

图3.1.19 魔棒工具

（2）魔棒工具可以根据单击点的像素和给出的容差值来决定选择区域的大小，当然，这个选择区域是连续的。在魔棒选择工具面板中有一个非常重要的参数——容差，如图3.1.20所示，它的取值范围是0～255。该参数的值决定了选择的精度，值越大，选择的精度就越小，反之亦然。

图3.1.20 魔棒工具选项

2.操作步骤

第1步：用“魔棒工具”选取图中红花，其操作步骤如图3.1.21、图3.1.22所示。

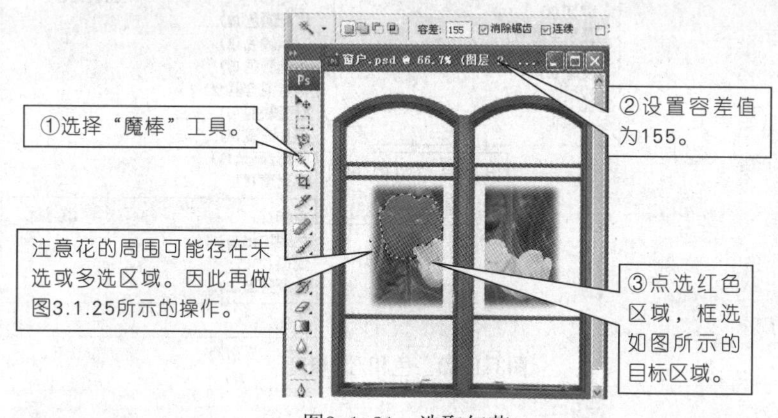

图3.1.21 选取红花

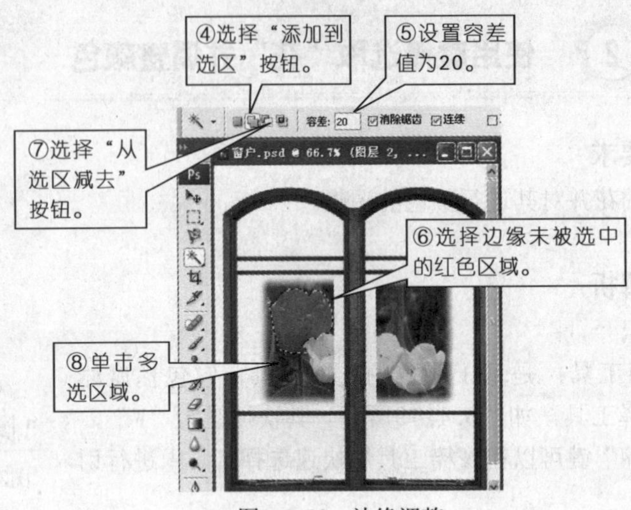

图3.1.22 边缘调整

框选区域时，可以配合“Shift”键，实现添加到选区；配合“Alt”键，实现从选区减去。

第2步：调整选中的红花的颜色，如图3.1.23～图3.1.24所示。

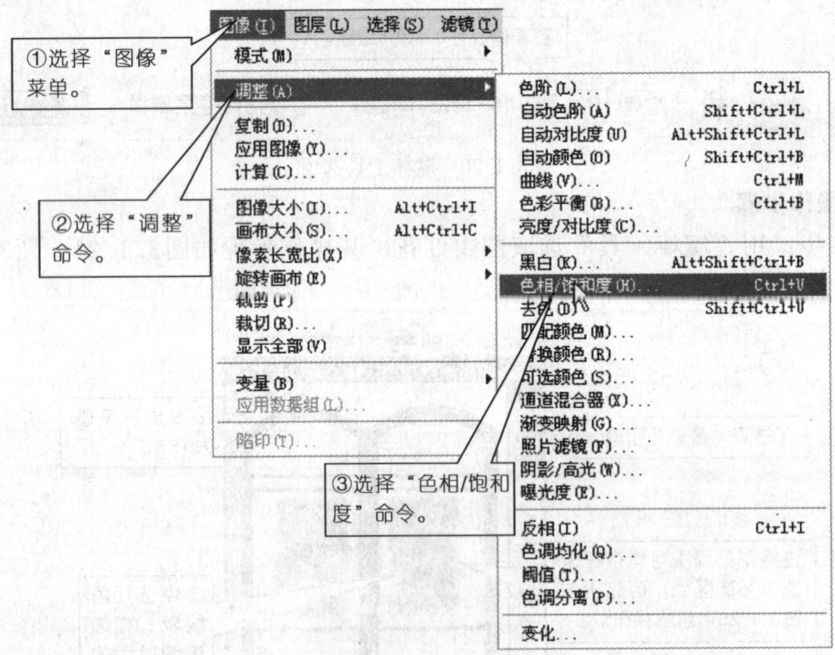

图3.1.23 色相/饱和度

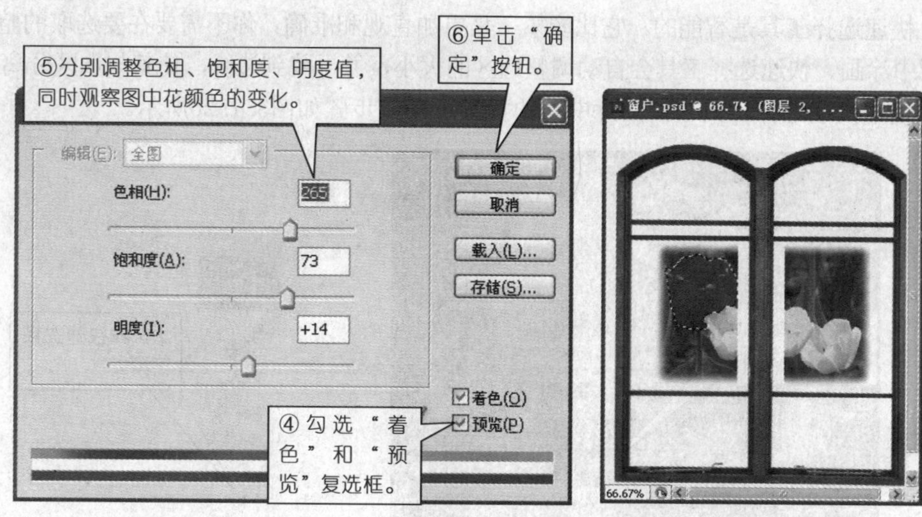

图3.1.24　调整花的色相/饱和度

■ 知识拓展

快速选择工具：Adobe Photoshop CS3新增的“快速选择工具”功能非常强大，给用户提供了难以置信的优质选区创建解决方案。它比魔棒工具功能更为强大。

如同许多其他工具一样，快速选择工具的使用方法是基于画笔模式的。也就是说，你可以“画”出所需的选区。如果是选取离边缘比较远的较大区域，就要使用大一些的画笔；如果是要选取边缘，则换成小尺寸的画笔，这样才能尽量避免选取背景像素。

要更改画笔大小，可以使用快速选择工具选项栏的“画笔”选项栏一侧的下拉列表，如图3.1.25所示，也可以直接使用 “[”或“]” 键来增大或减小画笔大小。

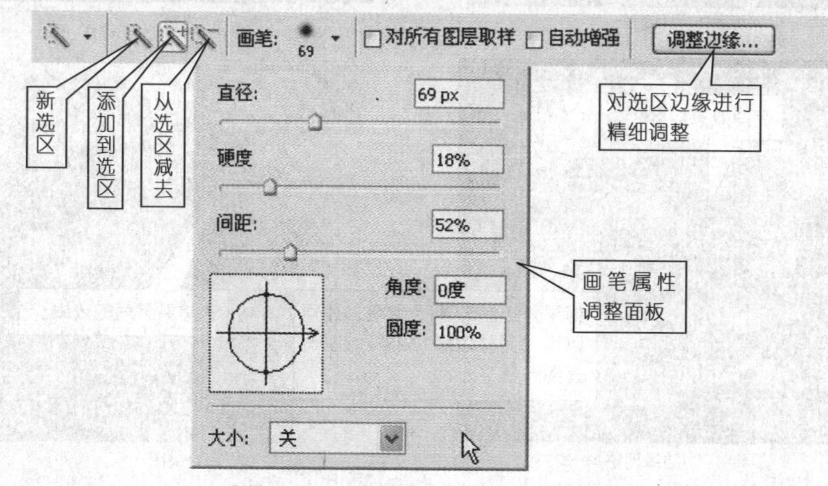

图3.1.25　画笔选项栏一侧的下拉列表

快速选择工具是智能的，它比魔棒工具更加直观和准确。你不需要在要选取的整个区域中涂画，快速选择工具会自动调整选区的大小，并寻找到边缘，使其与选区分离。

使用快速选择工具去掉图片中花的背景，操作步骤如图3.1.26所示。

原图

快速选择工具

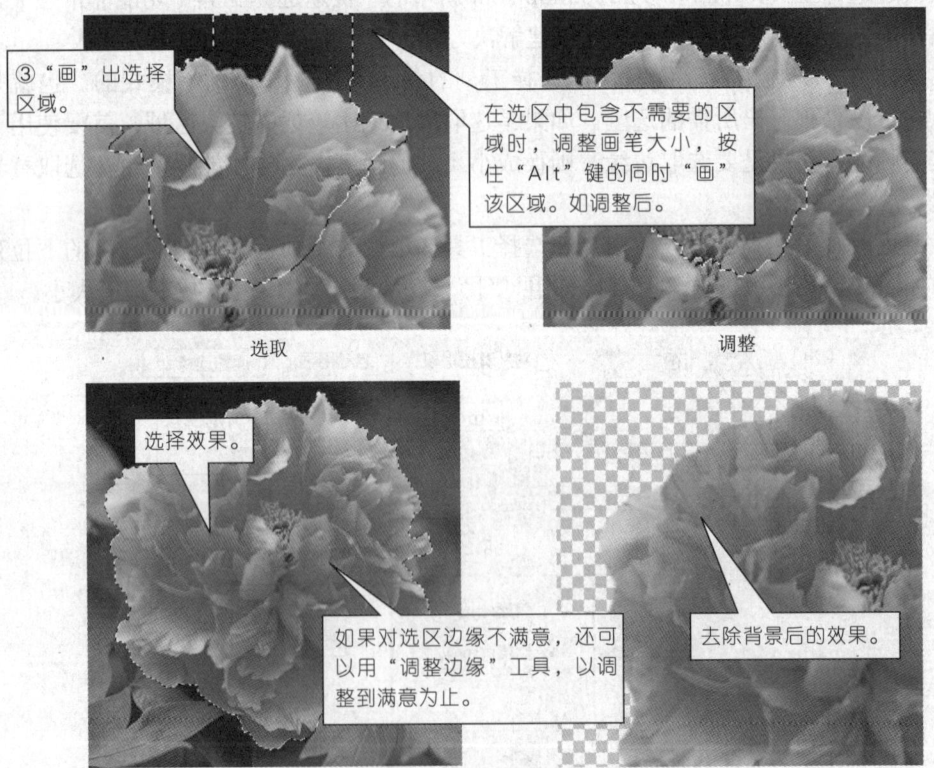

选取　调整

边缘调整　效果图

图3.1.26　去除花的背景

■ **实践与拓展**

(1) 上机完成本案例。

(2) 练习椭圆选框工具的使用。

(3) 练习选择工具的使用，完成知识拓展中的小实例。

(4) 填空：

①选择选框工具可使用________键，画正方形和正圆需要使用________键，从中心点画选区需要使用________键。

②选择魔棒工具可使用________键，调整魔棒工具的大小可用快捷键________和________。

③添加到选区可使用________键，从选区减去可使用________键。

④羽化的快捷键是________________，取消选区的快捷键是________________。

案例3.2 美化婚纱照

本案例是一个典型处理白色背景的婚纱照实例，主要学习图像人物的选取、移动、调整，婚纱的选取、调整操作透明度等。其原图如图3.2.1所示，完成后的效果如图3.2.2所示。

图3.2.1 原图

图3.2.2 效果图

任务 1 使用套索工具选取人物

■ 任务要求

◎会使用套索工具、缩放工具和抓手工具；

◎选择图中的新娘，并将其移入到背景图片中。

■ 任务解析

1.相关知识

（1）套索工具即手绘选取工具，如图3.2.3所示。其快捷键为L，使用“Shift+L”快捷键可以在各种套索工具中切换。

套索工具 L
■ 多边形套索工具 L
磁性套索工具 L

图3.2.3 套索工具

（2）套索工具的使用方法

◎套索工具　按住鼠标左键不放，沿选区边缘拖动，至起始位置。

◎多边形套索工具　沿选区边缘单击，至起始位置。

◎磁性套索工具　沿选区边缘拖动，至起始位置。

（3）缩放工具的使用

单击工具栏中的缩放工具，也可以按“Z”键。在使用中配合“Alt”键，进行放大缩小的切换。双击缩放工具时，将回到100%视图显示方式。

（4）抓手工具的使用

单击工具栏中的抓手工具，也可以按“H”键。在选择其他任何工具时可以配合“BackSpace”键来临时转换到抓手工具。

2.操作步骤

第1步：打开素材库中如图3.2.1、图3.2.4所示的素材。

第2步：用多边形套索工具勾选图3.2.1中的新娘，在选区中配合使用“Shift”键和“Alt”键，对选区边缘未选中和多选区域进行增减，其效果如图3.2.5所示。

图3.2.4 背景素材

图3.2.5 勾选效果

选取时，为了能将边缘勾画得更精确些，还要配合使用缩放工具。若要移动图像，按住空格键拖动即可。

第3步：将选中的新娘移入至背景素材中，则软件自动在背景素材中添加一个新图层，然后调整大小、位置,如图3.2.6所示。

图3.2.6　效果图

■ 知识拓展

（1）磁性套索工具选项栏，如图3.2.7所示。

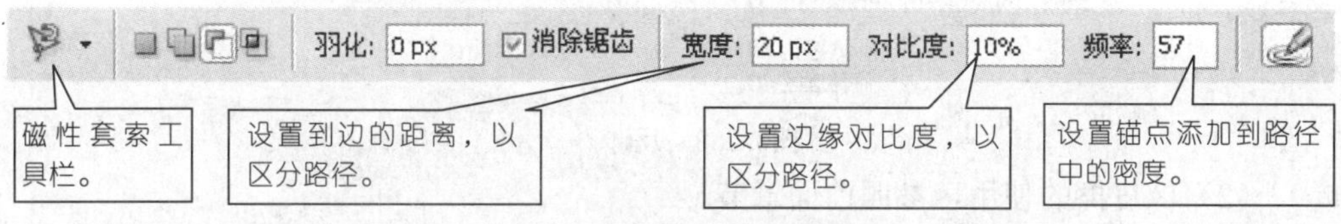

图3.2.7　磁性套索工具属性面

最适合在被选择的区域同周边区域有很强的对比度的情况。

（2）在使用多边形套索工具画直线时，配合使用“Shift”键可以沿45°作直线选择。

（3）消除锯齿，它通过柔化边缘像素和背景像素之间的颜色过渡来使锯齿边缘更光滑。套索工具、多边形套索工具、磁性套索工具、椭圆选框工具和魔术棒工具都可以通过选中消除锯齿来使选区的硬边缘更柔和、光滑。

任务 2 选取婚纱及调整透明度

■ 任务要求

◎会使用橡皮擦工具；

◎选择婚纱并对透明度调整。

■ 任务解析

1.相关知识

（1）反选：选取该图层选区以外的对象。其操作步骤如图3.2.8所示。

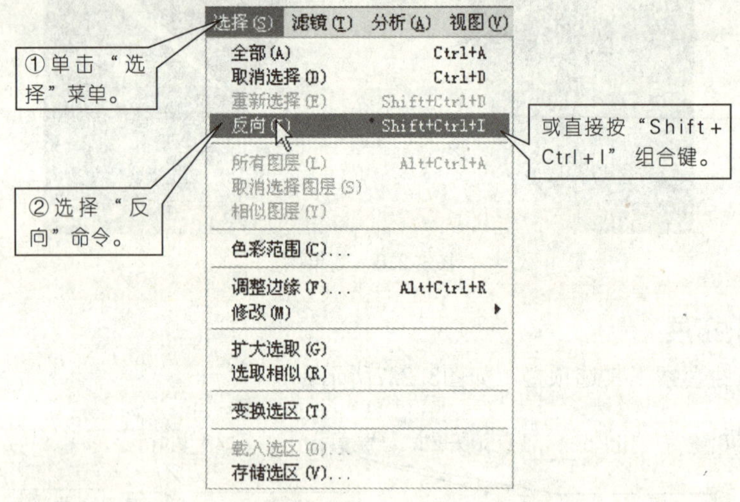

图3.2.8 反选

（2）橡皮擦的使用，参照前面章节。

不透明度值和流量值与前面的画笔工具相似，当不透明度值和流量值越小时，擦除的色彩像素就越少。本案例通过擦除选择的婚纱区域中少部分色彩像素来提高透明度。

2.操作步骤

第1步：选中“新娘”图层，选择需调节透明度的婚纱区域，如图3.2.9、图3.2.10所示。

第2步：用橡皮擦调整透明度，如图3.2.11、图3.2.12所示。

图3.2.9 勾选

图3.2.10 反选

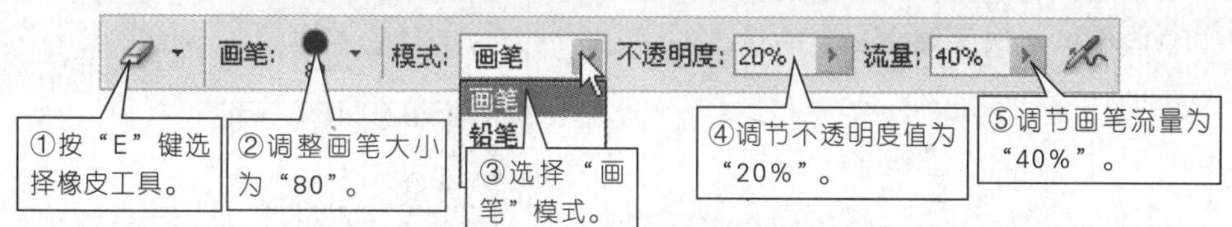

图3.2.11 橡皮擦属性面板

图3.2.12　调整透明度

在调整画笔大小时，同样可以使用“[”和“]”键进行增大或减少画笔。

■ 知识拓展

（1）存储与载入选区。

在实例使用中，为避免选区的丢失或对选区进行修改，我们通常使用存储选区，其操作步骤如图3.2.13～图3.2.15所示。

（2）修改选区。

在实际操作中，经常需要修改选区，有以下几种方法，如图3.2.16所示。

◎边界：选取边界区域，区域大小由设置的宽度决定。

◎平滑：选区边缘变得平滑。

◎扩展：将选区扩大一定的量。

◎收缩：将选区缩小一定的量。

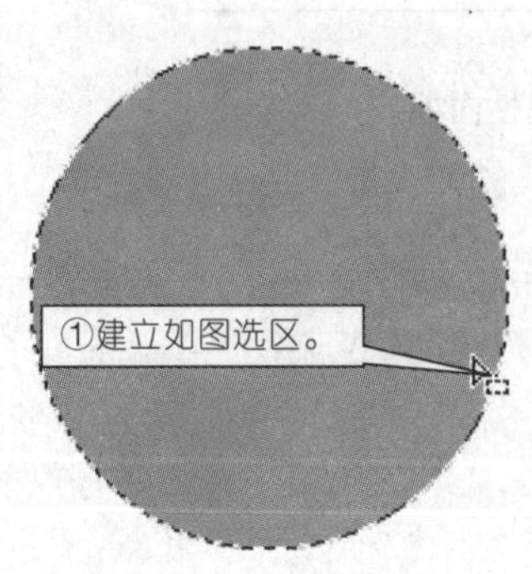

图3.2.13　原选区

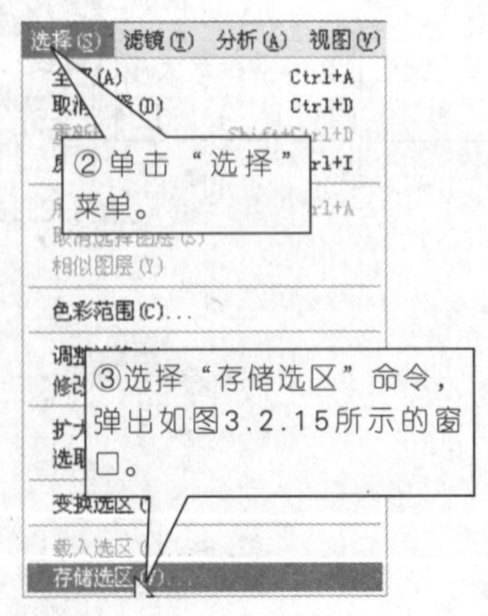

图3.2.14　选择存储选区命令

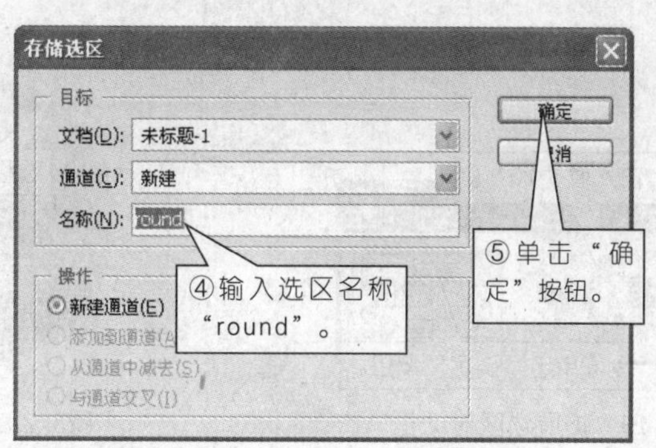

图3.2.15 存储选区对话框

◎羽化：羽化是令选区内外衔接的部分虚化、渐变，从而达到自然衔接的效果。它在设计作图时的使用很广泛，掌握的重点是设置羽化值，其值越大，虚化范围越宽，反之，虚化范围越窄，可根据实际情况进行调节。把羽化值设置小一点，反复羽化是羽化的一个技巧。

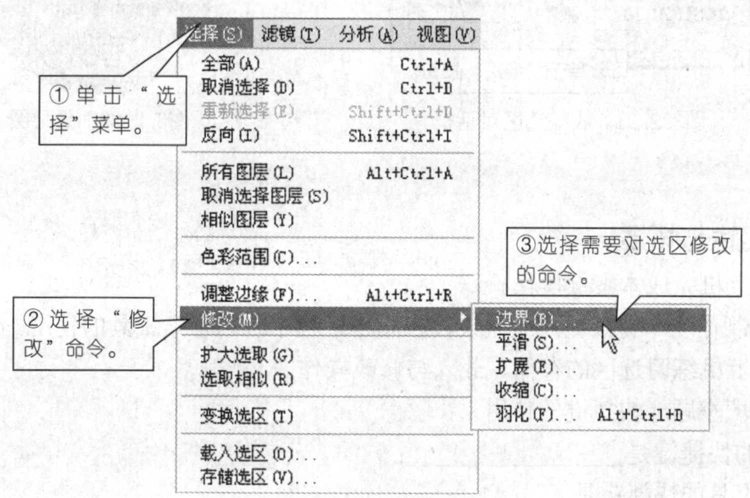

图3.2.16 修改选区菜单选

①边界其操作如图3.2.17所示，选区效果图3.2.18所示。

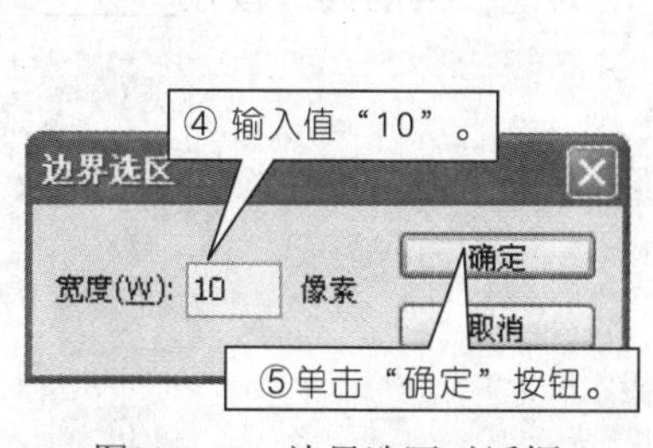

图3.2.17 边界选区对话框

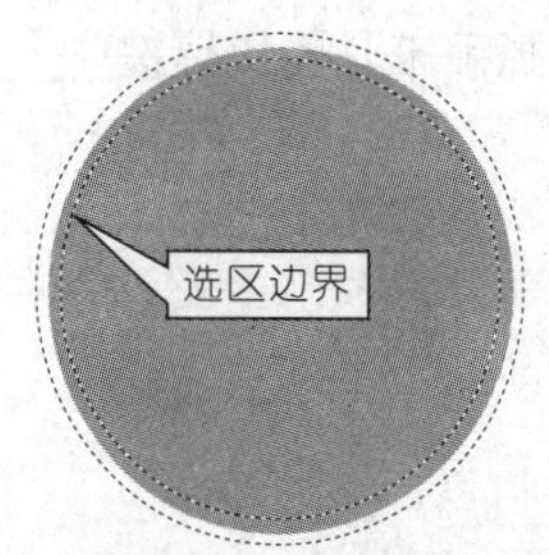

图3.2.18 效果图

②扩展其操作如图3.2.19所示，选区效果图3.2.20所示：

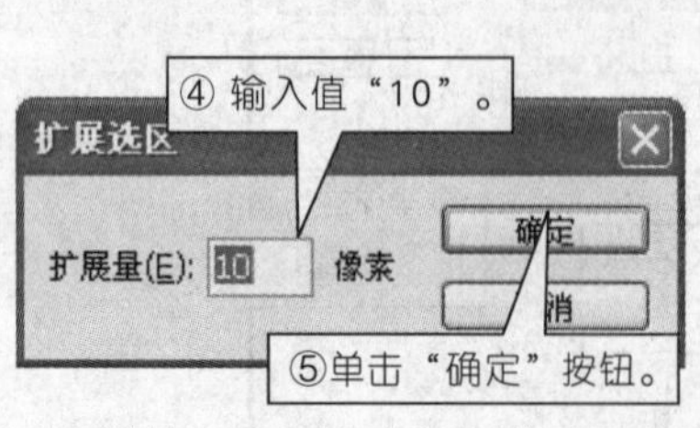

图3.2.19 扩展选区对话框

图3.2.20 效果图

③收缩其操作如图3.2.21所示，其效果如图3.2.22所示。

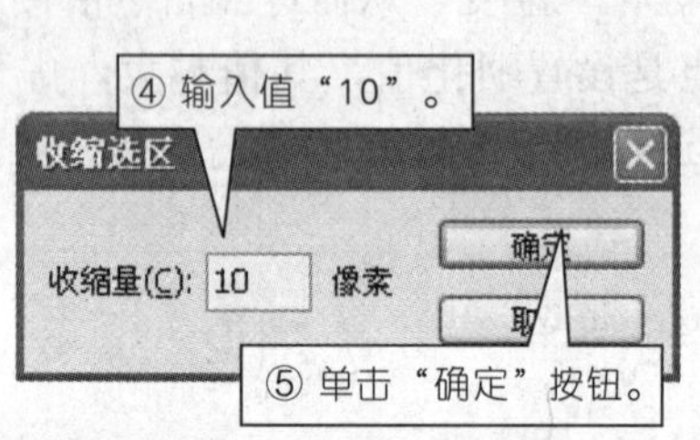

图3.2.21 收缩选区对话框

图3.2.22 效果图

■ 实践与拓展

（1）上机完成本案例操作。

（2）制作一个背景更换的效果，在制作过程中练习套索工具的使用。

（3）上机练习选区的存储、载入与修改操作。

（4）填空题（快捷键的使用）；

反选的快捷键是__________________；

套索工具的快捷键是__________________；

各套索工具的切换使用组合键___________；

缩放工具的快捷键是___________；

抓手工具的快捷键___________或在使用其他工具的同时按住___________键也可。

4

使用图层

图层犹如一张张拥有文字和图像等元素的透明胶片，将这些胶片层层叠放在一起，就组合成了页面的最终效果。因此，图层是Photoshop的基石。用户在进行创作时，合理地使用图层，可以大大提高作品的质量，实现更加丰富的作品视觉效果。

学习目标

理解图层的概念；
掌握6种图层类型；
能对图层进行编辑；
掌握图层组的使用方法；
熟练运用图层样式与图层混合模式编辑作品。

案例4.1 制作卡通场境画

在本案例中，主要学习使用背景层、普通层、形状层创建一张如图4.1.1所示的漫画稿。

图4.1.1 最后效果

任务  1 添加人物图层

■ 任务要求

◎理解背景层的概念；
◎认识“图层”面板；
◎掌握移动图层；
◎会对“图层”重命名。

■ 任务解析

1.相关知识

（1）“图层”面板：

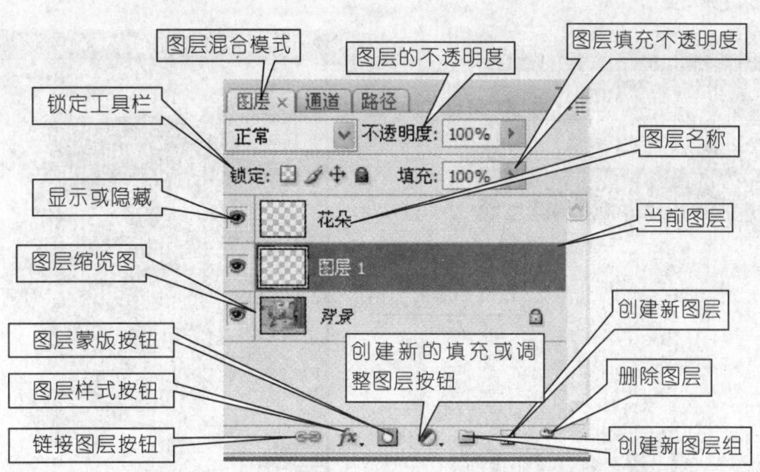

图4.1.2 “图层”面板

（2）背景图层：在Photoshop中新建文件时，如果“背景内容”选择为白色或背景色，在新文件中就会自动创建一个背景图层。并且该图层有一个锁定的标志🔒，背景图层始终在最底层，不能与其他图层调整叠放顺序。

2.操作步骤

第1步：创建一个大小为650像素×450像素的空白文件，如图4.1.3所示。

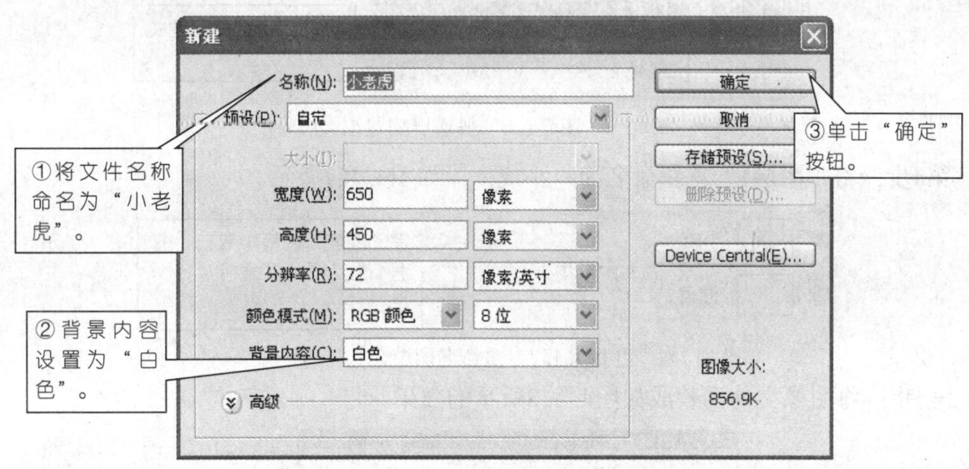

图4.1.3 “新建”对话框

第2步：单击“确定”按钮后，自动在“图层”面板中添加一个背景图层，如图4.1.4所示。

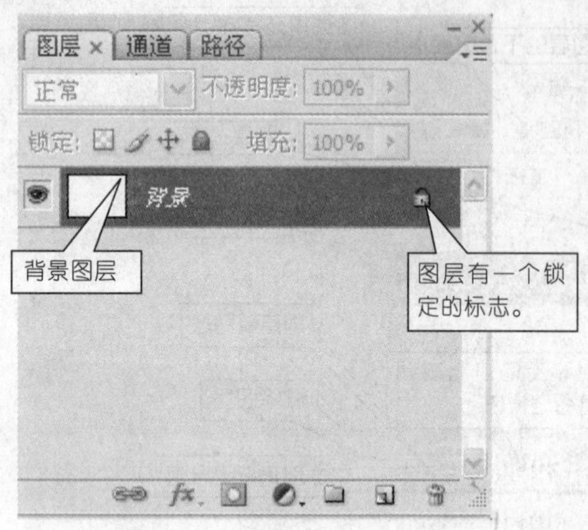

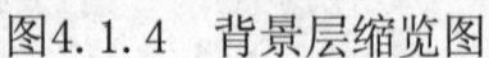

图4.1.4　背景层缩览图

图4.1.5　需要用到的素材

第3步：打开素材库中的图4.1.1，如图4.1.5所示。

第4步：将“小老虎.psd”素材文件中的图像运用移动工具将其移动到刚刚新建的文件中，则在新文件中会自动新建一个名为“图层1”的普通图层，如图4.1.6所示。

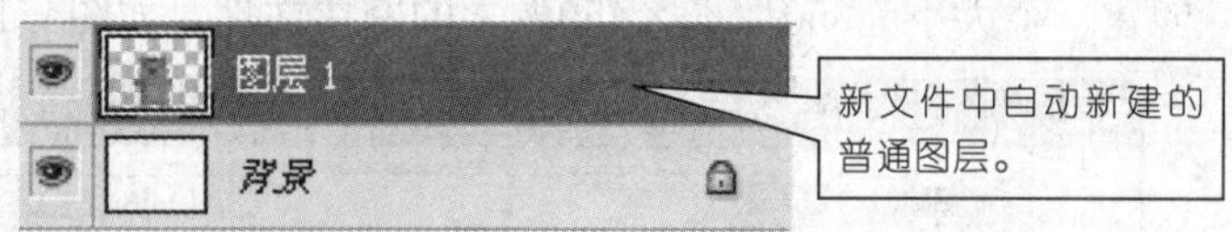

图4.1.6　普通层缩览图

第5步：将“图层1”重新命名为“小虎”，如图4.1.7所示。

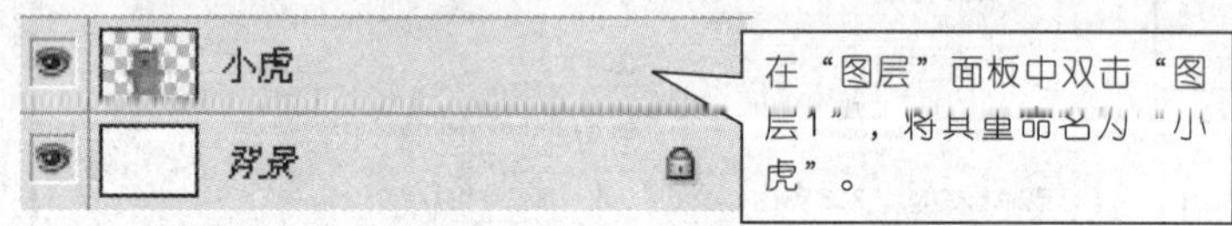

图4.1.7　重命名图层名

第6步：将图像文件调整成如图4.1.8所示的效果。

图4.1.8　调整后效果

■ 知识拓展

（1）一个图层中可以没有背景图层，但最多只能有一个背景图层。

（2）移动图层：

◎同文件中图层的移动方法是按住左键选中并拖动需要移动的图层，就可以对图层进行移动。

◎不同文件中图层的移动方法是将源文件和目标文件同时打开，把源文件中需要移动的图层选择为当前图层，运用鼠标左键直接将图像拖动至目标文件中。

任务  图层的基本应用

■ 任务要求

◎理解普通层、形状层、文字层的概念及区别；

◎掌握图层的链接；

◎掌握图层的合并。

■ 任务解析

1.相关知识

◎普通图层　是一种常用图层，用户可以进行各种图像编辑操作。单击“新图层”按钮后，系统默认新建一个普通图层。

◎形状层　是使用形状工具绘制图形后自动创建的图层。也可以先创建普通图层，在普通图层上绘制图形后，系统自动将普通图层转变成形状层。

◎文字图层　是用于存放、编辑文字信息的图层。

◎合并图层的操作可以选择“图层”→“合并图层”命令，也可直接按“Ctrl+E”快捷键。

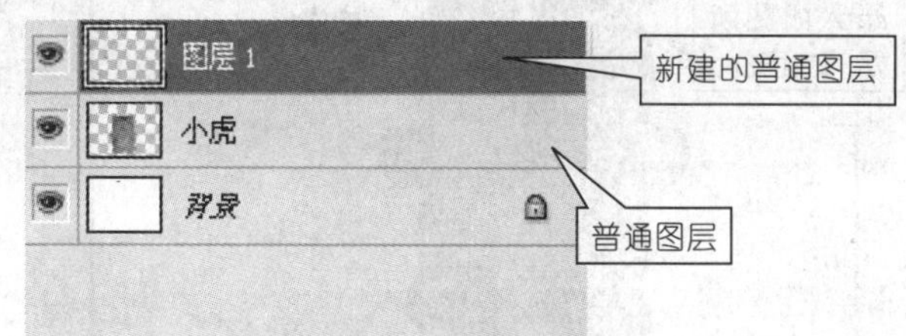

图4.1.9　新建图层

2.操作步骤

第1步：单击“新图层”按钮新建一个普通图层。

第2步：运用矩形工具添加一个台词框，操作步骤如图4.1.10所示。

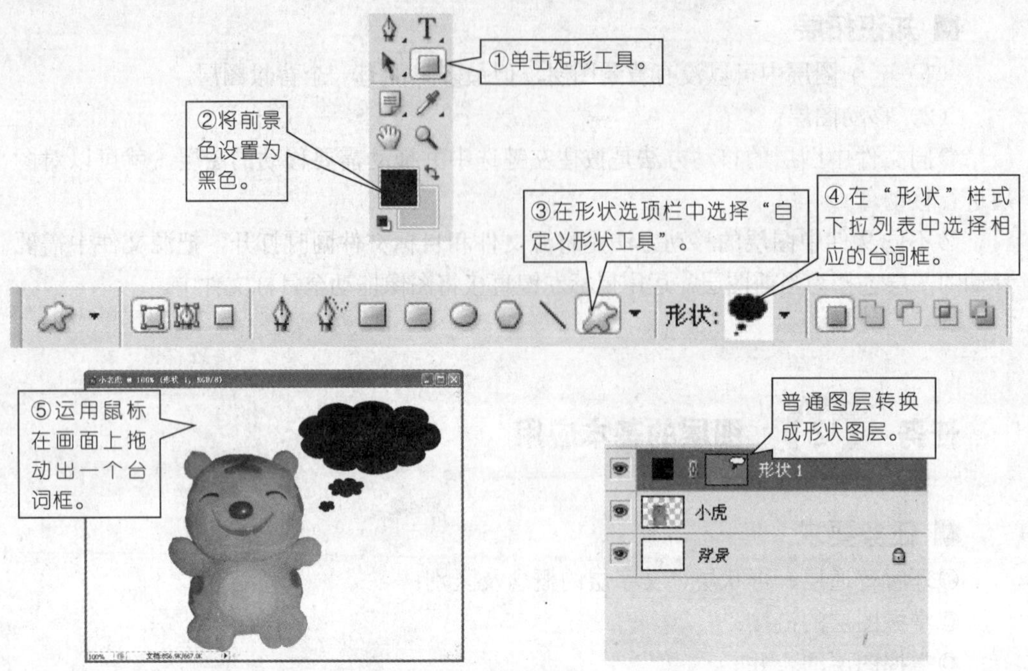

图4.1.10　添加台词框

第3步：使用文字工具在台词框中录入字体大小为"14点"、字体为"宋体"、文字颜色为"白色"的台词，如图4.1.11所示。

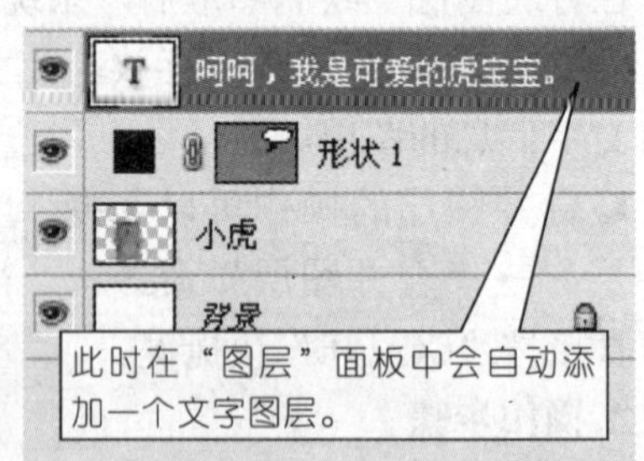

图4.1.11　添加台词

第4步：将刚刚建立的形状层与文字层链接起来，如图4.1.12所示。

第5步：按图4.1.1所示的效果进行调整。

第6步：合并文件中的所有图层，如图4.1.13所示最后保存文件。

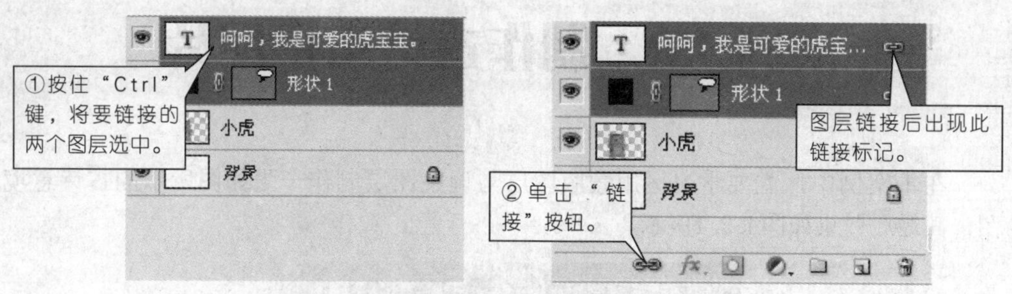

图4.1.12　连接文本层和文字层

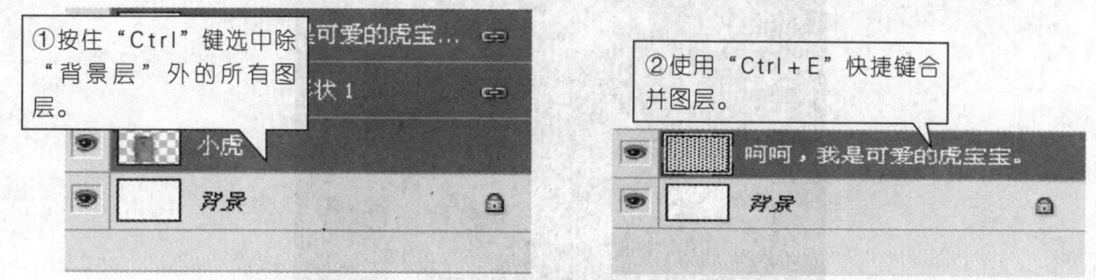

图4.1.13　合并图层

■ 知识拓展

（1）链接图层的目的是为了将相关联的几个图层链接起来，便于编辑。

（2）合并后的图层名称，系统自动默认为合并前最上层的图层名。

■ 实践与拓展

（1）利用本案例中的素材，自行设计一段有意思的对白，制作一幅多图层画。

（2）填空：

①要查看当前图层的效果，需关闭其他所有图层显示，最简便的方法是____________。

②合并图层的快捷键是____________。

③连接图层的目的是____________。

④一个图像中最多可以有____________个背景图层。

⑤在“图层”面板中单击____________按钮可以为图像创建一个新图层。

案例4.2 制作古诗意境图片

在本案例中，主要学习运用蒙版图层与调整图层制作一张如图所示的古诗意境图，其最后效果如图4.2.1所示。

图4.2.1 最终效果

任务 蒙版图层、调整层的应用

■ 任务要求

◎会使用蒙版图层；

◎会使用调整图层。

■ 任务解析

1.相关知识

（1）蒙版图层是用来存放蒙版的一种特殊图层，依附于除背景图层以外的其他图层（在蒙版中所画的黑、白、灰色的作用详见“第8章案例2任务3使用图层蒙版修饰图片”）。

（2）取消蒙版与图层的链接后，可删除蒙版，完全恢复原图层的图像显示。

（3）利用调整图层可以将颜色或色调调整应用于多个图层，而不会更改图像中的实际颜色或色调。

2.操作步骤

第1步：打开素材库中的图4.2和图4.2.1文件。

第2步：利用移动工具将“船.jpg”中的图像文件直接拖动到“雪景.jpg”文件中，此时在“图层”面板中自动生成“图层1”，按图4.2.2～图4.2.4所示进行操作。

图4.2.2 添加素材

图4.2.3 套选目标

图4.2.4 羽化

第3步：给“图层1”添加“图层蒙版”，如图4.2.5所示。

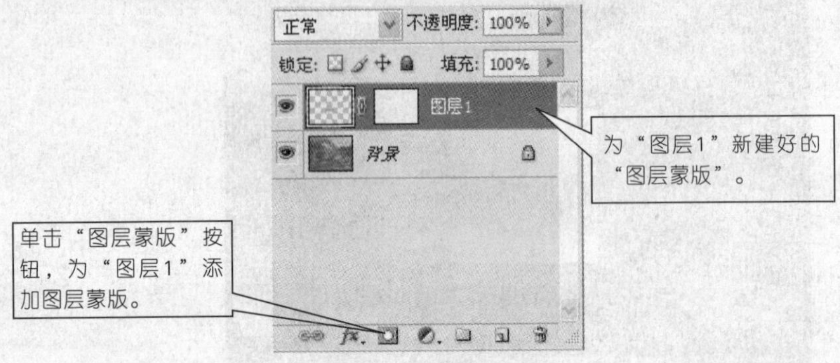

图4.2.5　添加图层蒙版

第4步：利用渐变工具为“图层1”添加垂直的自下而上的渐变效果，如图4.2.6所示。

图4.2.6　渐变后效果

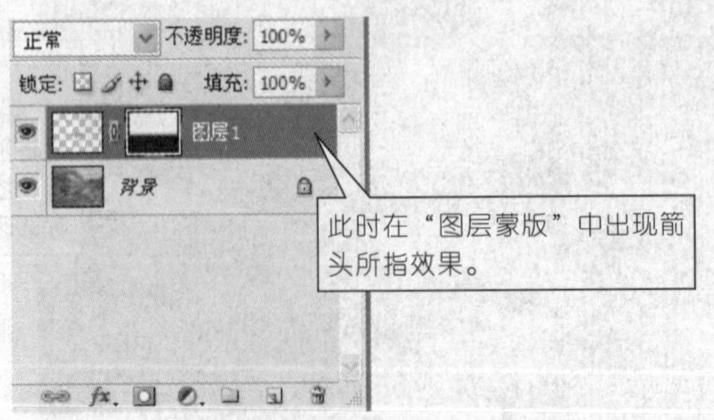

图4.2.7　蒙版的变化

第5步：添加调整图层，调整图层的色调，步骤如图4.2.8、图4.2.9所示。

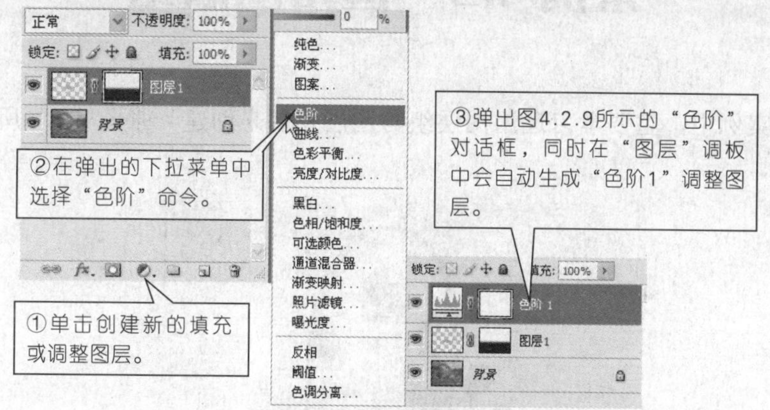

图4.2.8　添加调整层

图4.2.9　最后效果

第6步：运用文本工具为意境图添加“枫桥夜泊”诗句，如图4.2.1所示。最后保存文件，完成本案例的制作。

■ 实践与拓展

结合“静夜思”，自行收集图片资料，然后用调整图层制作一张古诗意境图。

案例4.3　应用图层组

在本案例中，主要学习运用图层组与图层复制来创建一张图4.3.1所示的花篮图片。

图4.3.1　最后效果

任务　运用图层组制作花篮图片

■ 任务要求

◎理解图层组的概念；

◎掌握运用图层组与图层复制来创作作品；

◎明确图层的上下位置关系。

■ 任务解析

1.相关知识

图层组就是Photoshop中允许将多个图层编成组，在对许多图层进行同一操作时只需要对组进行操作，可大大提高了图像的编辑效率。

2.操作步骤

第1步：新建一个大小为600像素×500像素、背景为白色、文件名为“花篮”的空白文件，并将其填充为蓝白渐变的背景，如图4.3.2所示。

第2步：打开素材库中的图4.3.1文件，然后将其移动到新建的文件中，如图4.3.3所示。

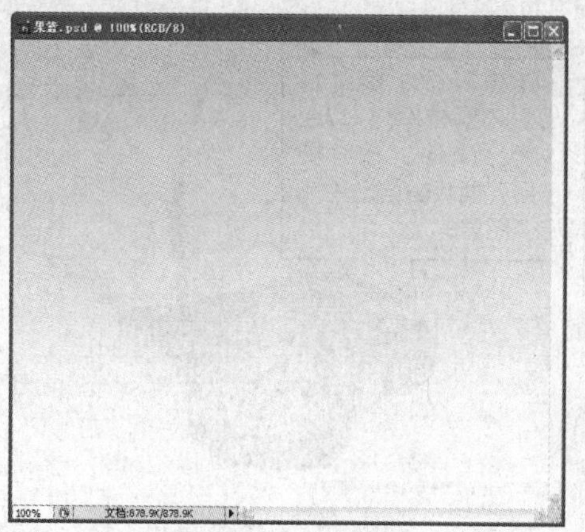
图4.3.2　背景效果

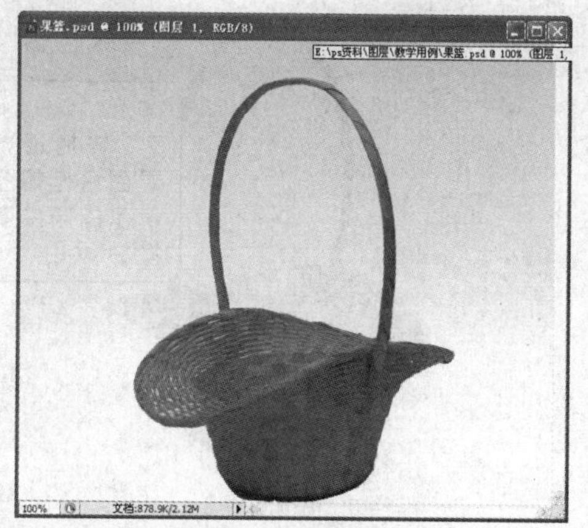
图4.3.3　添加花篮

第3步：打开素材库中的图4.3文件，作图4.3.4的抠图处理，如图4.3.4所示。

图4.3.4　百合花

第4步：重复地将花移动到新建的“花篮.psd”文件中，操作步骤如图4.3.5所示。

移动素材

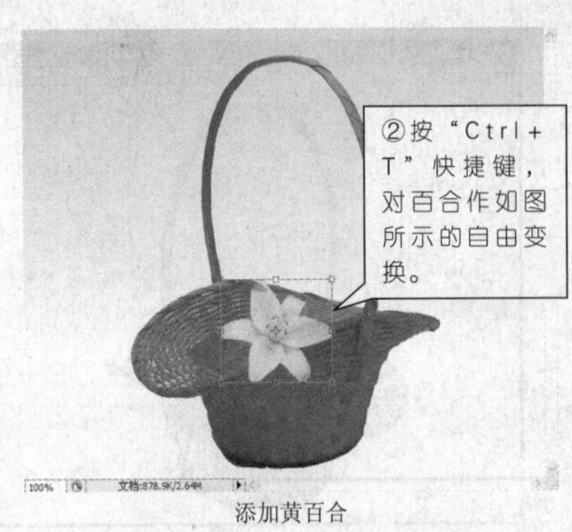

②按“Ctrl+T”快捷键，对百合作如图所示的自由变换。

添加黄百合

③重复第①步，移入“素材库/4.3/百合”文件，在“图层”面板中自动生成“图层3”。

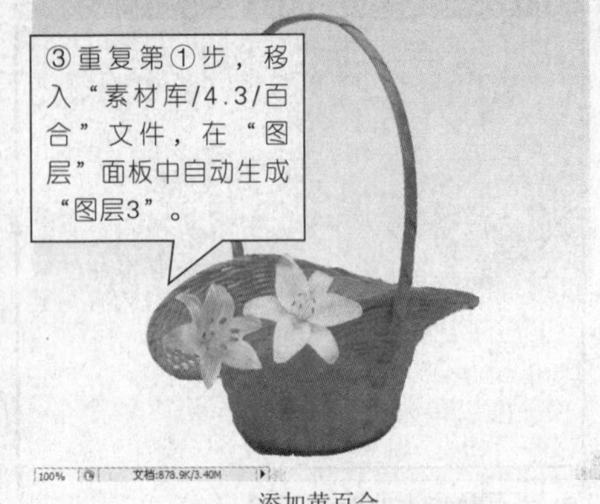

添加黄百合

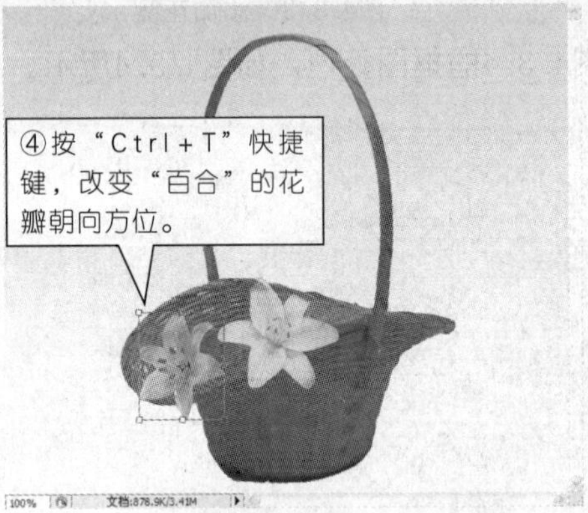

④按“Ctrl+T”快捷键，改变“百合”的花瓣朝向方位。

调整黄百合

⑤重复第①步，移入“素材/4.3/百合”文件，在“图层”面板中自动生成“图层4”。

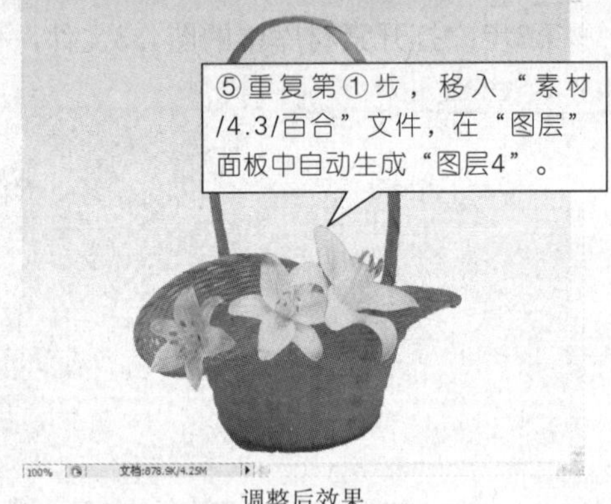

调整后效果

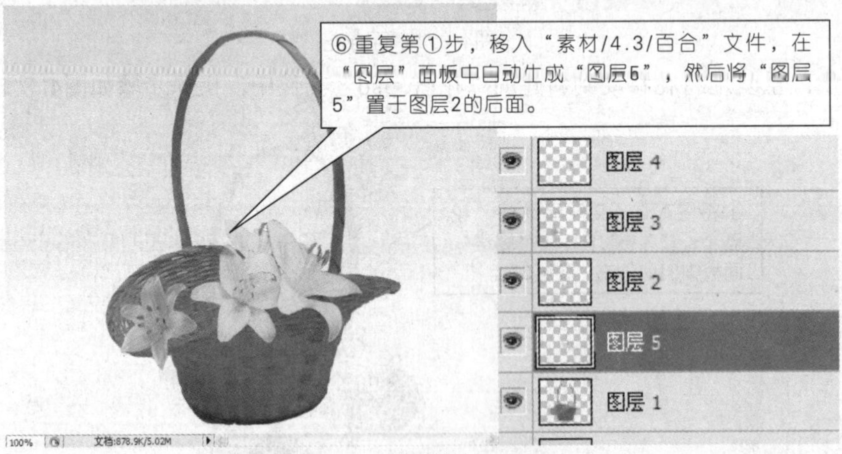

⑥重复第①步，移入“素材/4.3/百合”文件，在“图层”面板中自动生成“图层5”，然后将“图层5”置于图层2的后面。
图层 4
图层 3
图层 2
图层 5
图层 1

调整后效果

图4.3.5　移动百合花到花篮

第5步：在“图层”面板中复制“图层2”，操作步骤如图4.3.6所示。

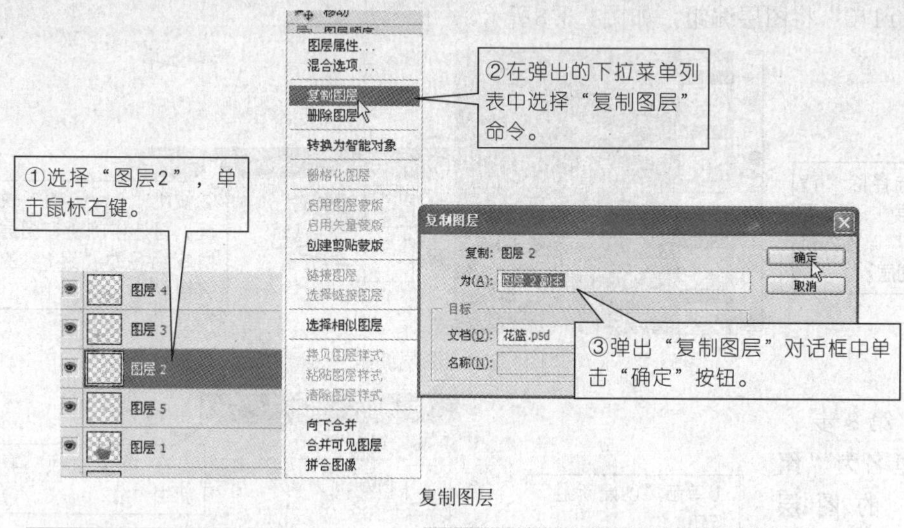

复制图层

调整后效果

图4.3.6　复制“图层2”花朵

第6步：复制“图层3”，将复制出的“图层3副本”放于“图层2”的下面，并利用“自由变换”调整复制出的花朵位置，如图4.3.7所示。

图4.3.7　调整后效果

第7步：选中除“背景层”、“图层1”的所有图层，利用图层编组快捷键“Ctrl+G”将图层编组，如图4.3.8所示。

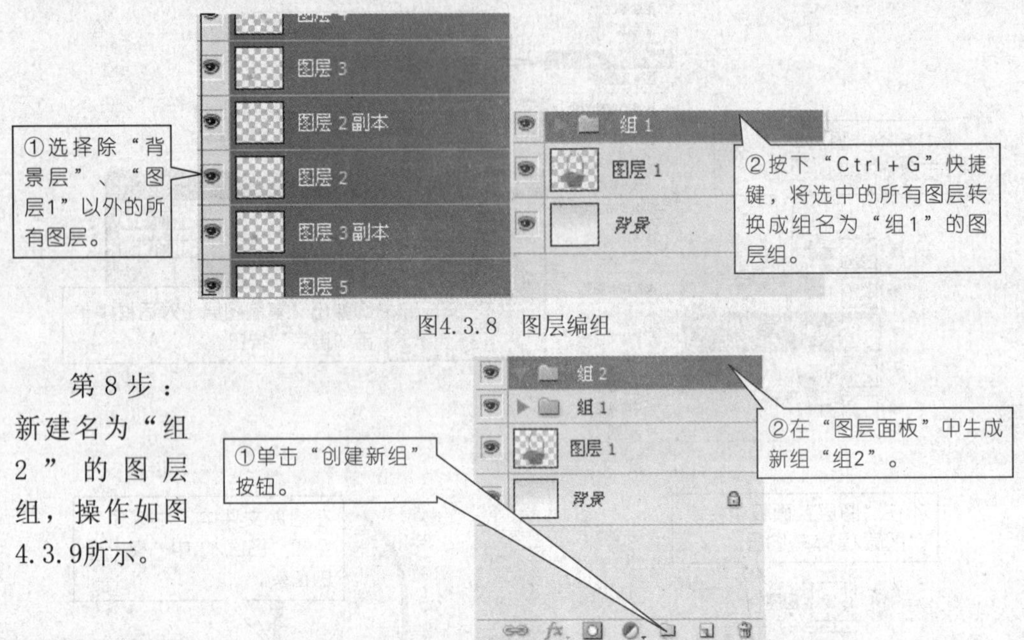

图4.3.8　图层编组

第8步：新建名为“组2”的图层组，操作如图4.3.9所示。

图4.3.9　新建图层组

第9步：选择“组2”，打开素材库中的图4.3.2文件，将其添加到 “花篮.psd”文件，并调整其大小与位置，此时在“组2”中自动生成“图层6”，如图4.3.10所示。

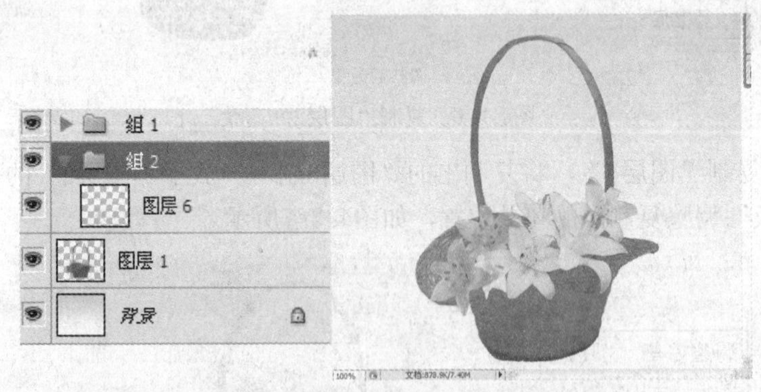

图4.3.10　图层组中建图层

第10步：重复第9步，分别将素材库中的图4.3.3、图4.3.4文件添加到“花篮.psd” 文件中，并调整其大小与位置，如图4.3.11所示。

图4.3.11　添加白百合

第11步：在“组2”下方新建“组3”，将素材库中的图4.3.5、图4.3.6文件添加到“花篮.psd”文件中，分别生成“图层9”和“图层10”，然后复制“图层9”和“图层10”，分别调整其大小与位置，如图4.3.12所示。最后复制并调整多个图层，合并图层并保存文件。

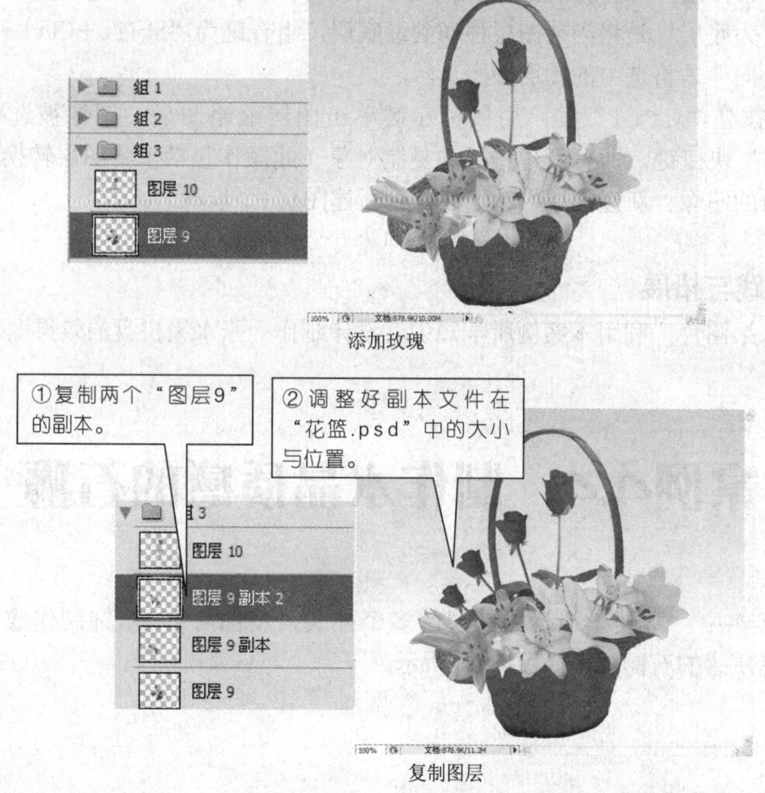

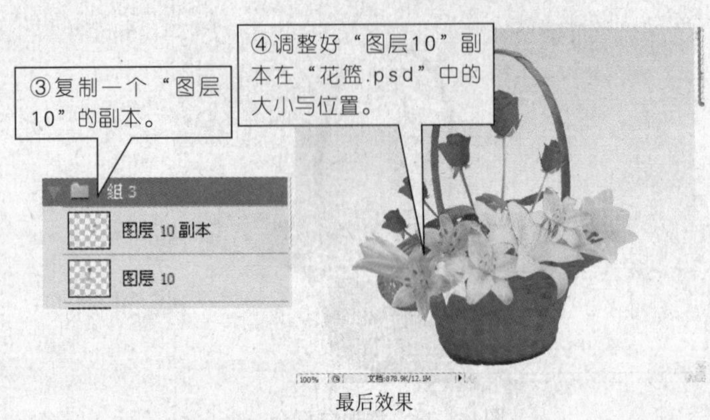

最后效果

图4.3.12　添加玫瑰

■ 知识拓展

（1）Photoshop提供了5种排列方法：

①“置为顶层”是将当前图层移动到最上层，组合键为“Shift++Ctrl+]”；

②“前移一层” 是将当前图层向上移一层，快捷键为“Ctrl+]”；

③“后移一层” 是将当前图层向下移一层，快捷键为“Ctrl+[”；

④“置为底层”是将当前图层移动到最底层，组合键为“Shift+Ctrl+[”；

⑤“反向”是将选中的图层顺序反转。

（2）按住“Ctrl”键，用鼠标左键单击图层缩略图后，图像被选中。再按“Ctrl+J”快捷键，即可新建图层并复制对象（此操作包括了将图层转换为选区、复制选区内的图像、新建图层、粘贴图像到新建图层4个步骤）。

■ 实践与拓展

收集水果图片，利用本案例所学知识，设计制作一张水果拼盘的效果图。

案例4.4　制作水晶质感的石狮

在本案例中，主要学习运用图层的多个样式，将图4.4.1修饰制作成一张漂亮的，有水晶质感的石狮图，如图4.4.2所示。

图4.4.1　素材文件

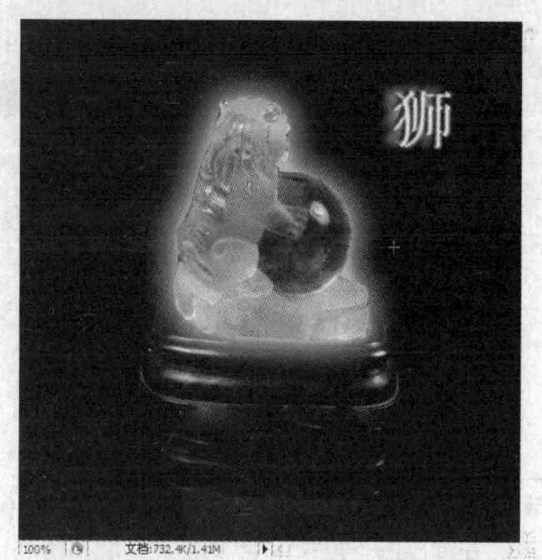

图4.4.2　最后效果

任务  用图层样式制作狮子的发光效果

■ 任务要求

◎理解 “图层样式”概念；

◎能熟练运用外发光效果。

■ 任务解析

1.相关知识

（1）图层样式是多种图层效果的组合。

（2）应用“外发光”可以围绕图层内容的边缘创建外部发光效果。

2.操作步骤

第1步：打开素材库中图4.4.1文件，选取图中的水晶狮，操作步骤如图4.4.3所示。

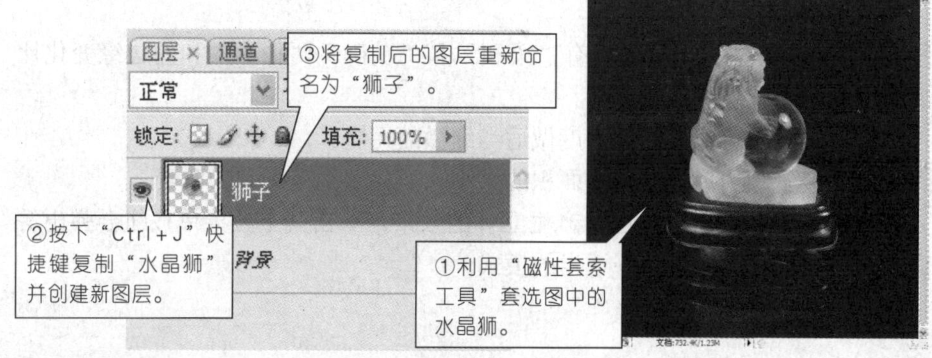

图4.4.3　选中目标

第2步：添加外发光，其操作如图4.4.4、图4.4.5所示。

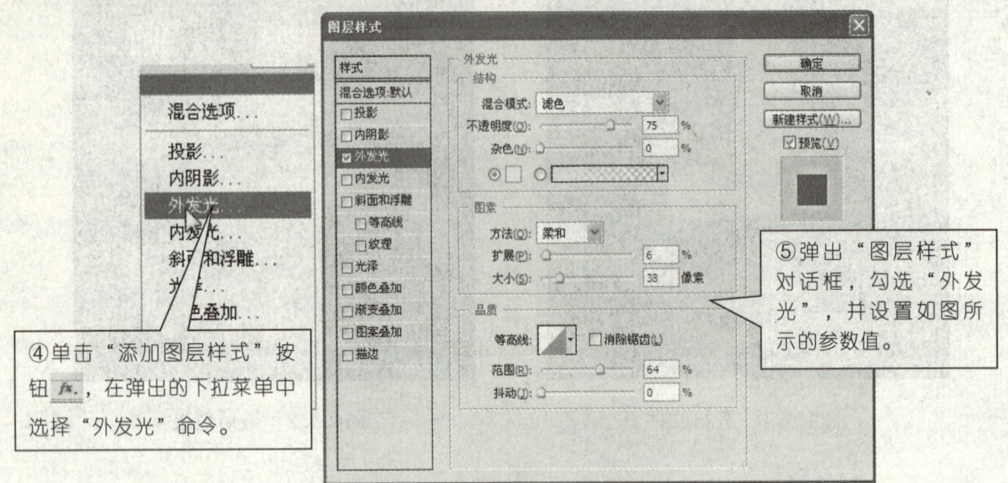

图4.4.4 “外发光”样式对话框

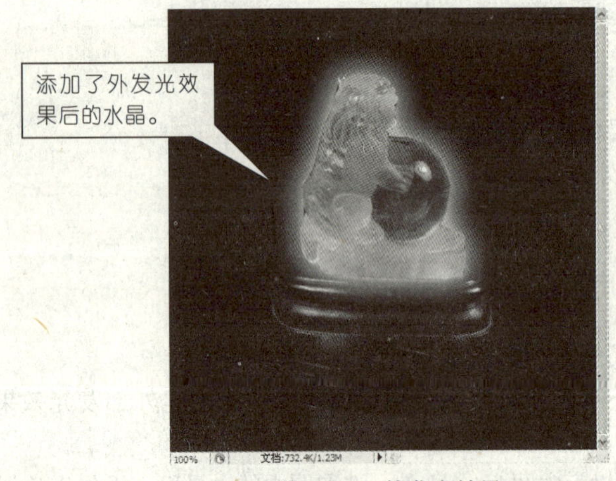

图4.4.5 外发光效果

■ 知识拓展

◎图4.4.4中“方法”下拉列表有“柔和”和“精确”两种。柔和的边缘变化比较模糊，精确的边缘变化则比较清晰。

◎“扩张”设置项可对发光的宽度做适当细微的调整。

◎“大小”设置项用以控制阴影面积的大小，变化范围是0～250像素。

◎“等高线”设置项可以使图像产生立体的效果。单击其下拉菜单按钮会弹出等高线窗口，从中可以根据图像选择适当的模式。

任务 2 用图层的斜面和浮雕样式美化文字

■ 任务要求

◎熟练使用投影、斜面和浮雕与描边效果；

◎初识“栅格化”文字图层。

■ 任务解析

1.相关知识

（1）文字图层的栅格化。

如要运用绘画和修饰工具来绘制和编辑文字图层中的文字，则需栅格化文字图层，被栅格化后的文字将变为位图图像，不能再修改其文字内容。栅格化文字图层就是将文字图层转化为普通图层。

（2）栅格化文字图层的方法。

方法1：选择“图层”→“栅格化”→“文字”命令；

方法2：在“图层”面板中的文字图层上单击右键，从弹出的快捷菜单中选择“栅格化文字”命令，可以将文字图层转换为普通图层。

2.操作步骤

第1步：运用文本工具创建一个大小为“60点”、字体为“宋体”的文字，如图4.4.6所示，将该图层命名为“文字”。

第2步：选中“文字”图层，并对其进行栅格化处理，如图4.4.7所示。

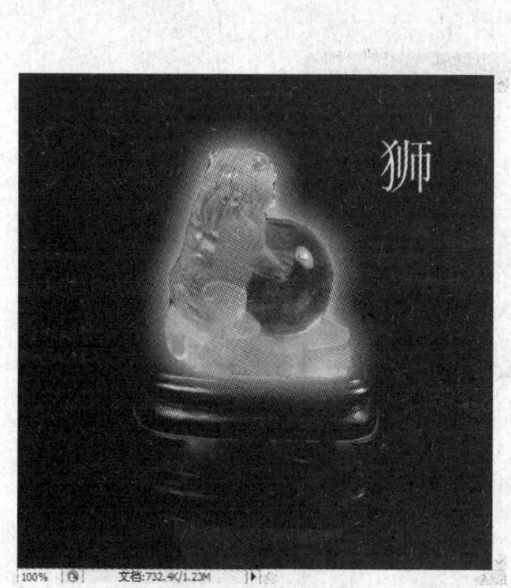

图4.4.6 录入文字

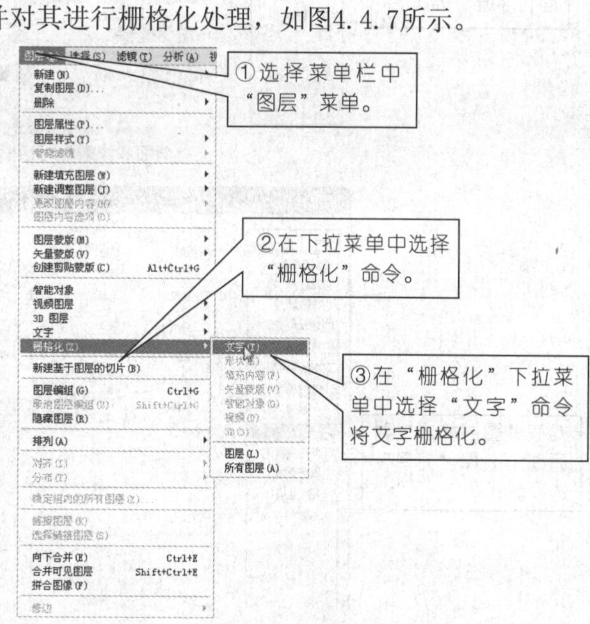

图4.4.7 栅格文字

第3步：单击“图层”面板中的“添加图层样式”按钮，为“文字”图层添加图层样式，如图4.4.8所示。

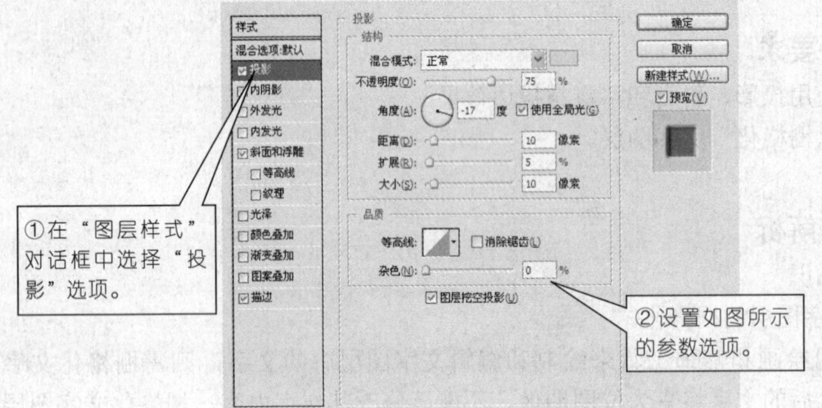

设置“投影”

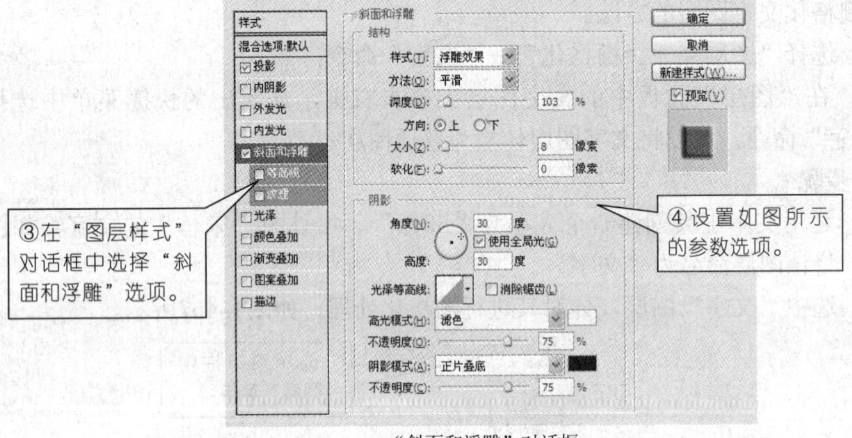

“斜面和浮雕”对话框

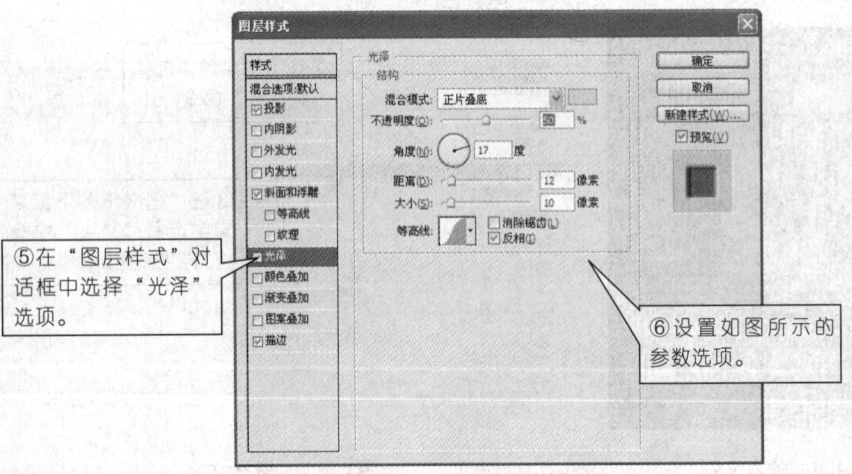

“光泽”对话框

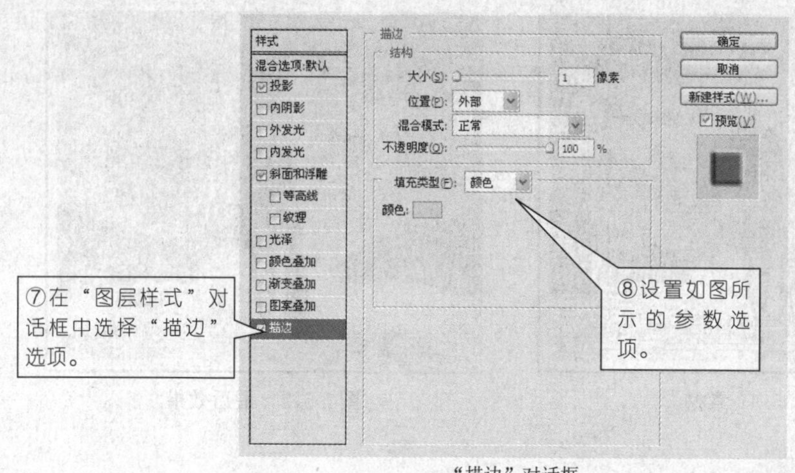

“描边”对话框

图4.4.8　为“文字”添加图层样式

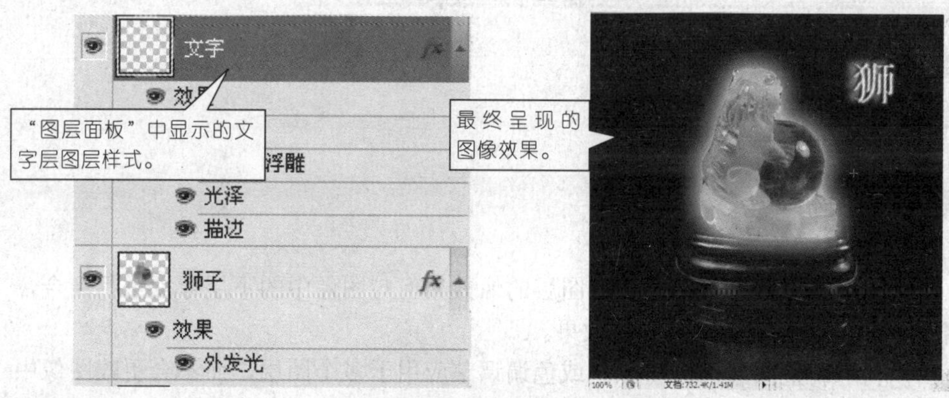

图4.4.9　最后效果

第4步：处理完成后，保存文件退出。

■ 实践与拓展

以“新年快乐”为主题，收集手边的贺卡素材，用图层样式制作一张贺年片。

案例4.5　营造梦境效果

在本案例中，主要运用图层的混合模式将图4.5.1所示的照片处理成图4.5.2所示的效果。

图4.5.1　素材

图4.5.2　最后效果

任务　用图层混合模式为照片营造梦境

■ 任务要求

◎熟练运用图层的各种混合模式。

■ 任务解析

1.相关知识

（1）图层的混合模式决定当前图层的像素如何与图像中的下层像素进行混合，使用混合模式可以创建各种特殊的效果。

（2）利用调整图层可以将颜色或色调调整应用于多个图层，而不会更改图像中的实际颜色或色调。

2.操作步骤

第1步：打开素材库中图4.5.1文件，创建一个名为“图层1”的新图层，为该图层填充色彩值为“#7E795B”的颜色，如图4.5.3所示。

第2步：选择“强光”图层混合模式，其操作如图4.5.4、4.5.5所示。

第3步：创建一个名为“图层2”的新图层，为该图层填充色彩值为“#D1FDBF”的颜色，并将图层混合模式选定为“颜色”，如图4.5.6所示。

第4步：创建名为“图层3”的新图层，运用“Shift+Ctrl+Alt+E”组合键盖印图层，设定图层的混合模式为“滤色”图层的不透明度为“80%”，如图4.5.7所示。

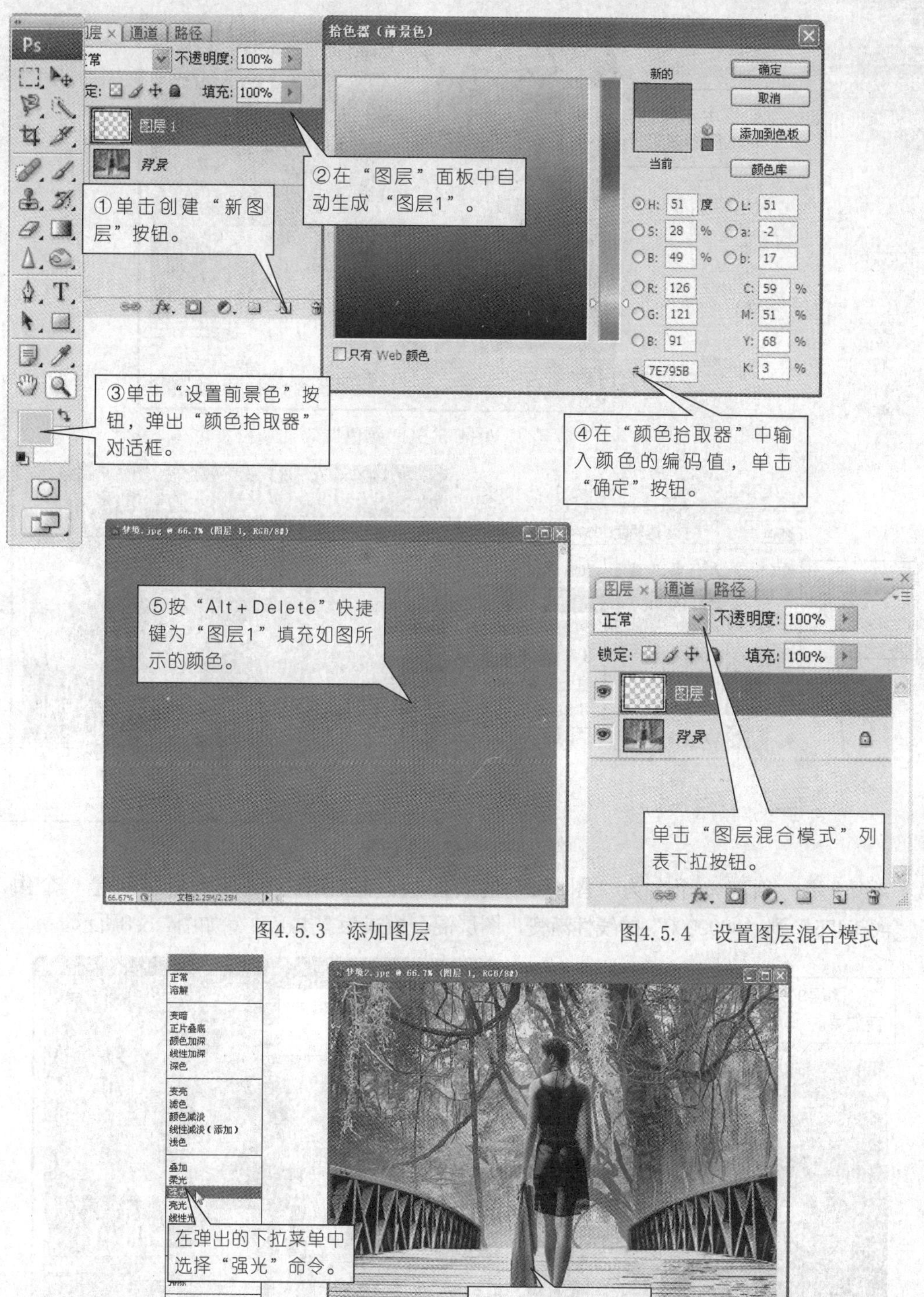

图4.5.3 添加图层

图4.5.4 设置图层混合模式

图4.5.5 “强光”效果

图4.5.6 “颜色”效果

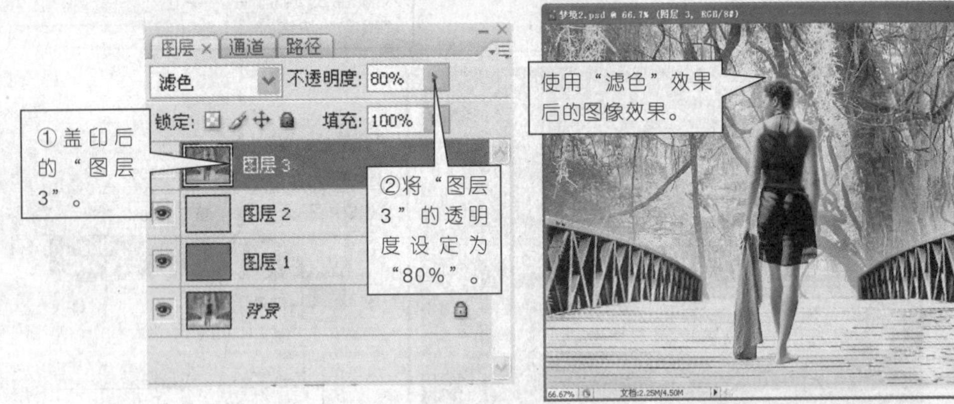

图4.5.7 “滤色”效果

第5步：新建一个名为“图层4”的新图层，运用渐变工具为图层创建一个由“#08C4E5”到“#000000”的线性渐变，图层混合模式为“柔光”，如图4.5.8所示。

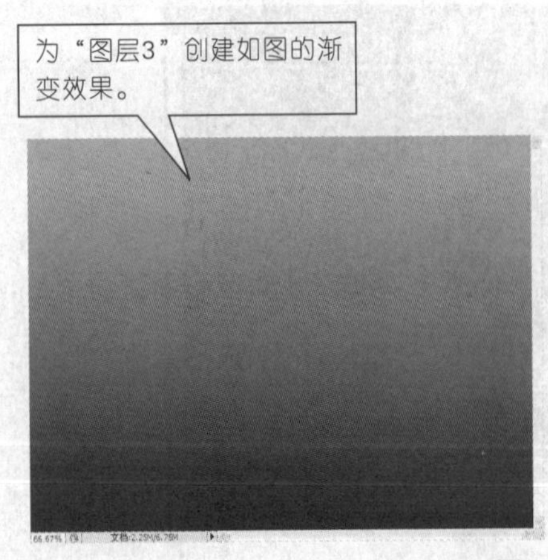

图4.5.8 “柔光”效果

第6步：新建一个名为“图层5”的新图层，创建盖印图层，为“图层5”创建模糊值为10的“高斯模糊”效果，并设定图层混合模式为“滤色”，如图4.5.9所示。

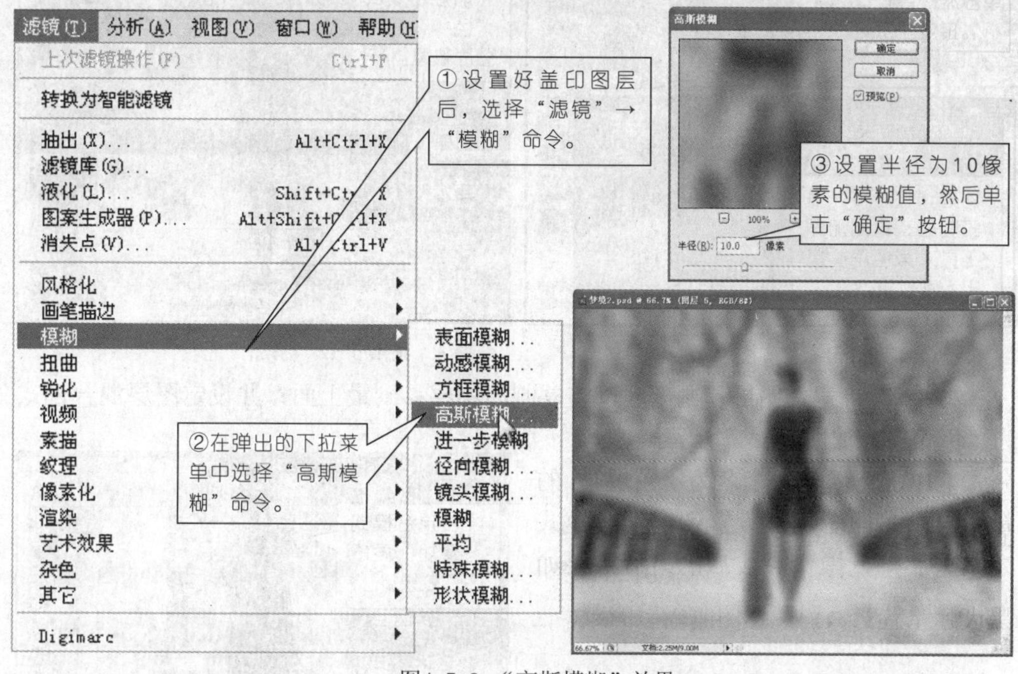

图4.5.9 “高斯模糊”效果

第7步：设定“图层5”的不透明度为“60%”，并为该图层添加图层蒙版，设置笔触颜色为黑色的画笔工具擦出人物效果，如图4.5.10所示。

第8步：新建“图层6”创建盖印图层，并为该图层添加图层蒙板，设置笔触为黑色的加深工具擦出人物效果，如图4.5.11所示。

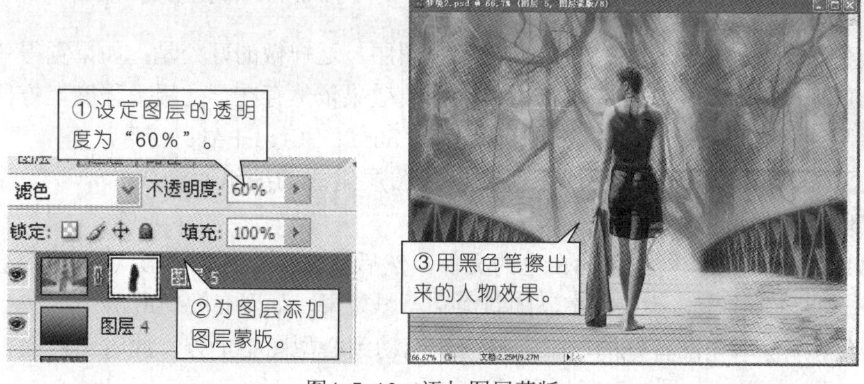

图4.5.10 添加图层蒙版

图4.5.11　加深人物

图4.5.12　添加“色相”

第9步：将背景图层复制一层，将复制的图层移到最上面，并设定图层混合模式为“色相”，如图4.5.12所示。

第10步：新建一个名为“图层7”的新图层，盖印图层，设置图层混合模式为“叠加”，操作完成后的最后效果如图4.5.13所示。

图4.5.13　“工片叠底”效果

■ 知识拓展

（1）盖印图层就是将多个图层的内容效果“盖印”到一个重新自动新建的目标图层中，同时使其他图层保持完好。功能和“合并图层”差不多，不过比合并图层更好用！因为盖印是重新生成的一个新图层，不影响之前所处理的各个图层，这样做的好处是：如果觉得效果不满意，可以删除盖印的图层，之前所做的图层效果依然存在，这极大程度上方便了我们处理图片，也可以节省时间，其组合键为“Shift＋Ctrl＋Alt＋E”。

（2）剪贴组就是由两个或者两个以上图层组成的编组而合成的一种特殊的效果。实现步骤如下：

第1步：新建一个背景色为白色的文件，然后新建一个名为“形状1”的图层，创建一个“心形”图案，为该图案添加斜面和浮雕效果，如图4.5.14所示。

第2步：将事先准备好的一张素材图片拖动到心型图案上方，此时图层面板中自动生成“图层1”，如图4.5.15所示。

第3步：选中“图层1”，按住“Alt”键，将鼠标指针移动到“形状1”和“图层1”两个图层中间的交线上单击，此时便将两个图层建立为剪贴组，如图4.5.16所示。

图4.5.14　斜面和浮雕效果

图4.5.15　拖入图案

图4.5.16　建立剪贴组

■ 实践与拓展

利用“正片叠底”模式，用百合花给主人翁绘制纹身，如4.5.17～图4.5.19所示。

图4.5.17

图4.5.18

图4.5.19

5

编辑文字

文字是信息传播的重要手段，是平面设计的重要组成部分，它不仅可以传达信息，还能起到美化版面、强化主题的作用。Photoshop CS3为我们提供了多种用于创建文字的工具，文字的编辑和修改方法也非常灵活，通过它我们可以方便地对文字进行输入、编辑和转换等操作。

学习目标

了解文字的功能；
掌握文字的创建与设定；
掌握文字的编辑和转换；
了解变形文字和路径文字的使用。

案例5.1 制作画展海报

本案例是某地区绘画展览的海报设计，主要学习文字的一些基本操作。使用的背景素材如图5.1.1所示，最后设计效果如图5.1.2所示。

图5.1.1 背景素材

图5.1.2 效果图

任务  创建文字

■ 任务要求

◎熟练掌握文字的创建方法。

■ 任务解析

1.相关知识

在工具箱中单击文字工具T.下的三角按钮，可显示出如下4种文字创建方法：

T 横排文字工具 T 创建横排文字工具；

T 直排文字工具 T 创建竖排文字工具；

横排文字蒙版工具 T 创建横排文字选区工具；

直排文字蒙版工具 T 创建竖排文字选区工具。

使用“Shift＋T”快捷键可以在文字工具中循环切换。

2.操作步骤

第1步：启动Photoshop CS3，选择“文件”→“打开”命令，将素材库中的“背景.jpg”文件打开，如图5.1.1所示。

第2步：创建文本“展”，操作步骤如图5.1.3所示。

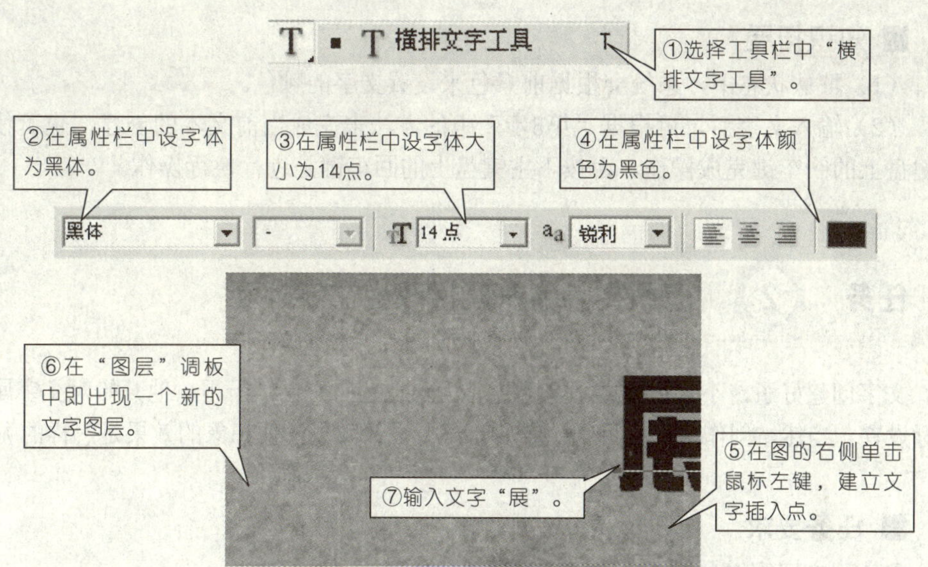

图5.1.3　文本“展”的创建

第3步：按下“Ctrl+Enter”快捷键，或单击工具属性栏右边的“✓”（提交所有当前编辑）按钮，完成文字的创建。在“图层”调板中即出现一个名为“展”的文字图层，如图5.1.4所示。

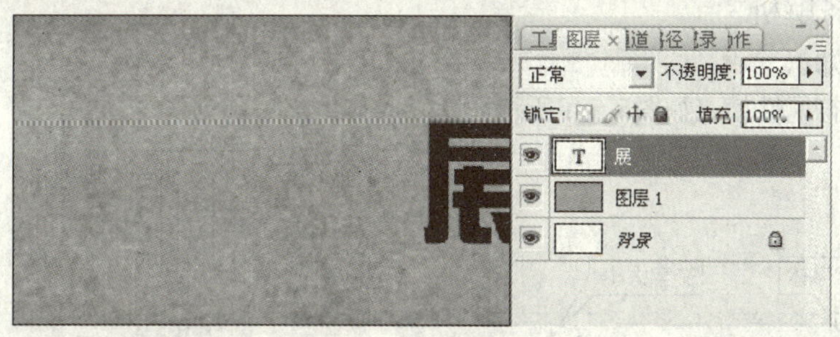

图5.1.4　文本创建效果图

第4步：使用同样的方法分别创建文字　“G”、“R”、“A”、“D”、“E”、“2009”、“绘画设计作品”等字样，生成图层及视图效果如图5.1.5所示。

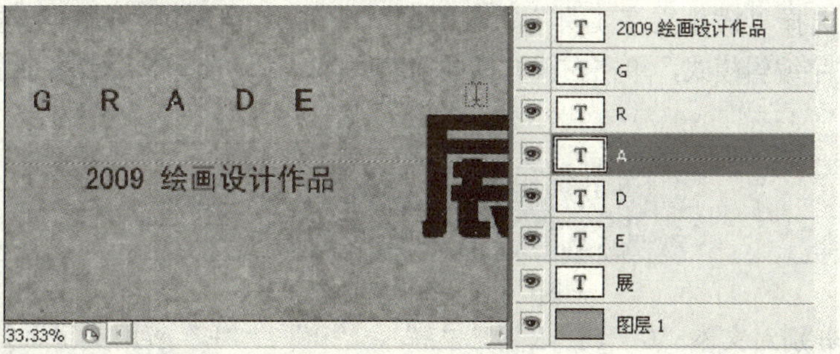

图5.1.5　文本创建效果图

■ 知识拓展

（1）默认状态下，系统会根据前景色来设置文字的颜色。

（2）输入文字后，可根据“第3步”中的方法来完成当前文本的创建，也可使用小键盘上的回车键完成操作，而按下主键盘上的回车键是进行换行操作。

任务 2 应用文字字符属性改变文字外观

文字创建好了，小张希望文字在颜色、大小上有所变化，于是，他开始对文字属性进行设置。当然，创作前在心目中一定要有一个设计效果，你想象的效果是怎样的呢？

■ 任务要求

◎认识文字字符属性栏；

◎掌握文字选择方法；

◎熟练应用文字字符属性。

■ 任务解析

1.相关知识

文字字符属性栏，如图5.1.6所示。

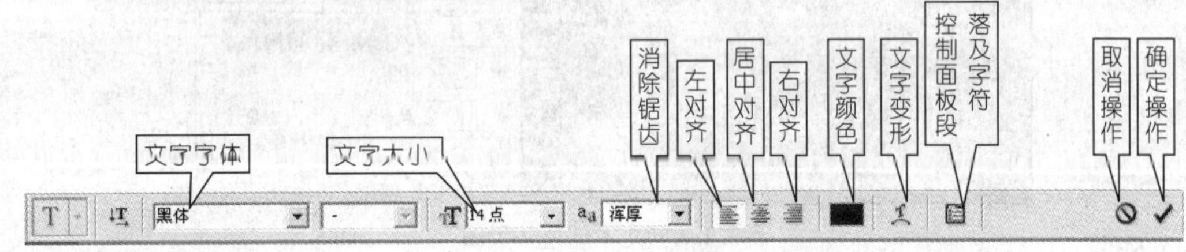

图5.1.6 文字字符属性栏

2.操作步骤

第1步：选择“横排文字工具”，在文本“G”中单击左键，则自动选择文本图层，并进入文字编辑模式，单击左键并横向拖动鼠标，可以选择一个或多个字符，如图5.1.7所示。

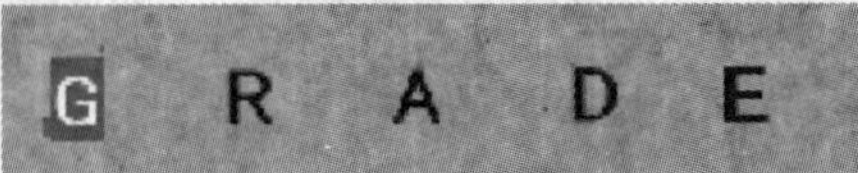

图5.1.7 选择的文字

第2步：分别对文本“G”、“R”、“A”、“D”、“E”应用文字字符属性，如图5.1.8所示。

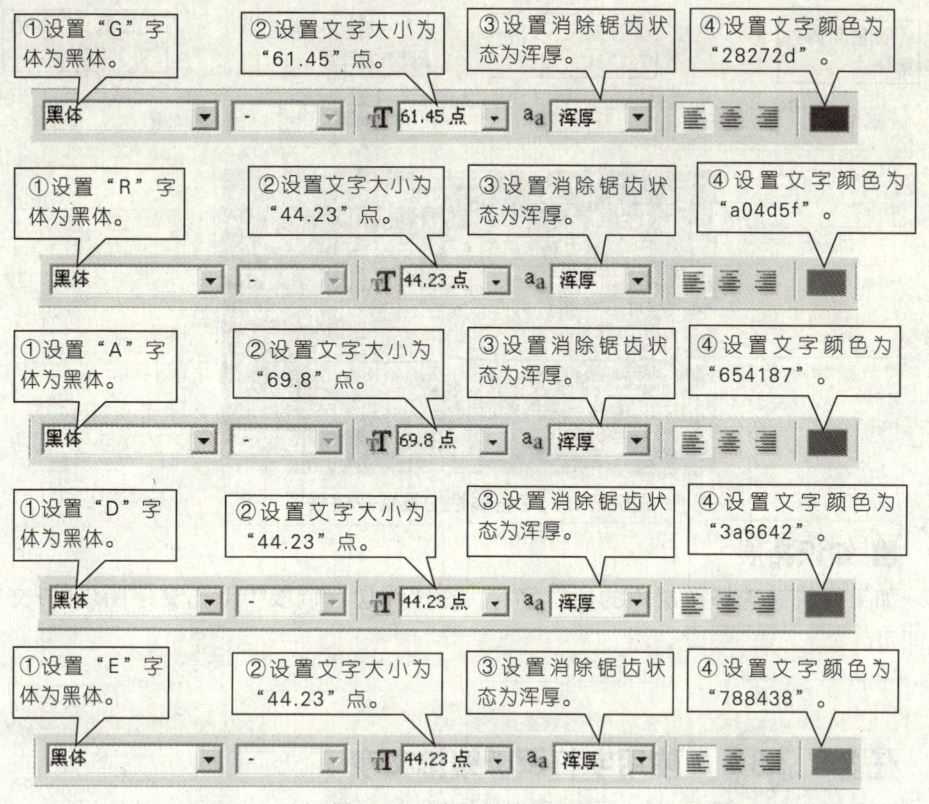

图5.1.8　字符属性的设置

第3步：使用移动工具，将文本“G”、“R”、“A”、“D”、“E”分别移动到图5.1.9 所示的位置。

图5.1.9　文本位置移动的效果

第4步：创建“2009绘画设计作品”文本，应用文字字符属性，其操作步骤及效果如图5.1.10所示。

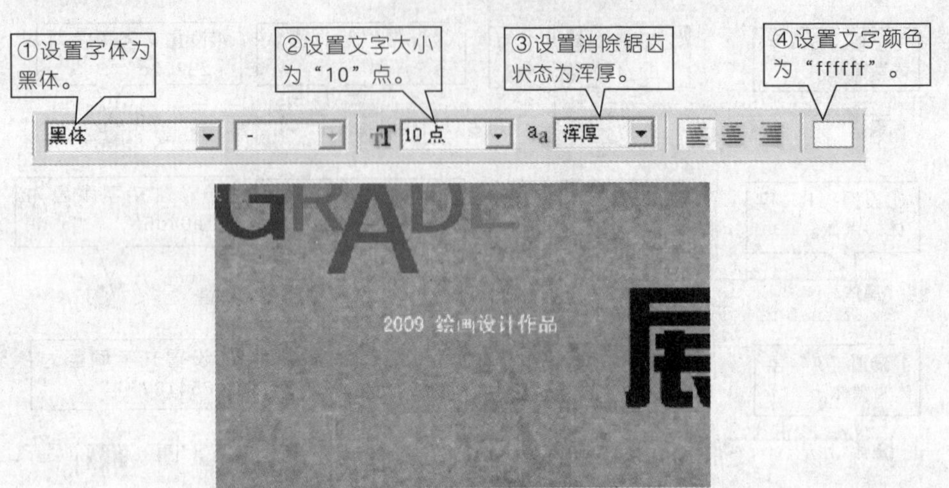

图5.1.10 字符属性的设置及效果图

■ 知识拓展

如果要快速选择图层中的所有字符，在“图层”调板中双击文字图层的T文字图标即可。

任务 3 使用字符调板编排文字

小张在对文字字体、颜色及大小设定好后，仍然对文字间的字距等不太满意，于是他想到了在文字“字符”调板中可以进行设置。

■ 任务要求

◎认识文字字符调板；

◎掌握文字字符设置方法。

■ 任务解析

1.相关知识

文字“字符”调板，各选项含义如图5.1.11所示。

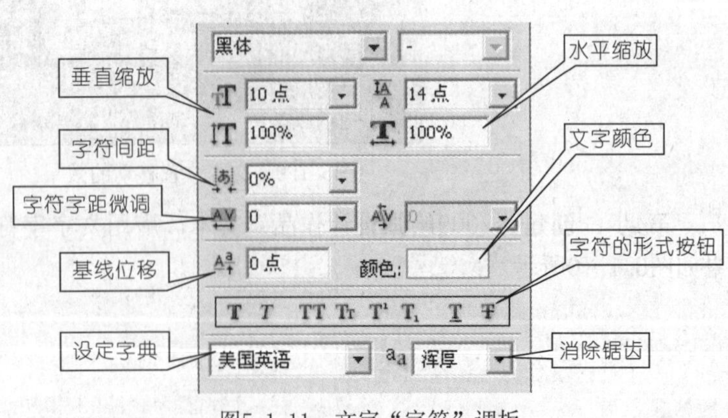

图5.1.11 文字“字符”调板

5 编辑文字

2.操作步骤

第1步：按住“Ctrl”键，将当前所有文字图层选中，并按下“字符”调板中的“加粗”按钮，如图5.1.12所示。

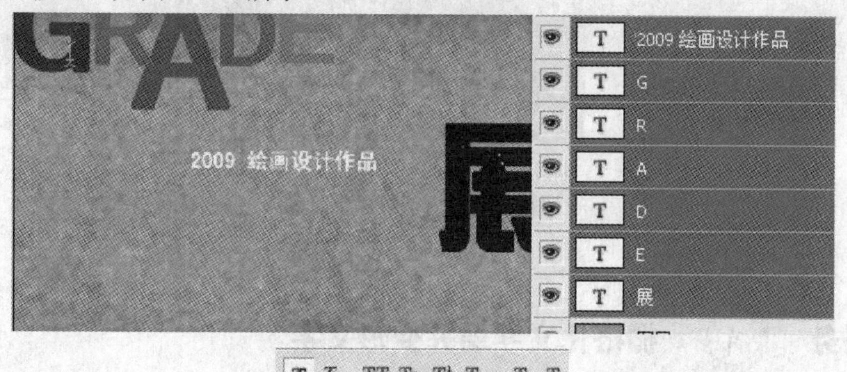

图5.1.12　加粗后的文字效果图

第2步：对“2009绘画设计作品”文字层进行字符设置，操作步骤如图5.1.13所示。

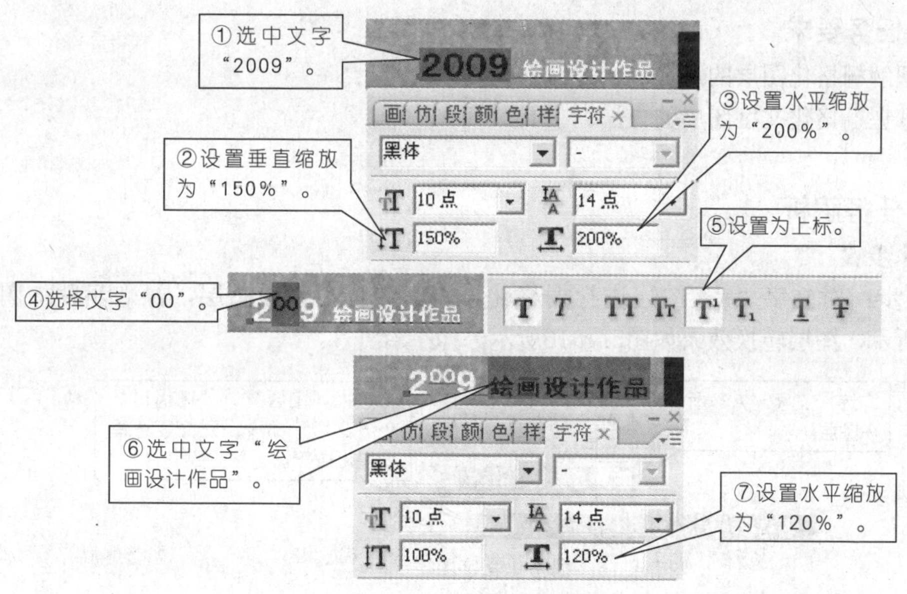

图5.1.13　字符调板的设置

第3步：使用移动工具，将其移动到如图5.1.14所示位置。

图5.1.14　字符调板设置后的效果图

任务 4 栅格化文字层并变形文字

小张编辑文字时发现，在文字图层中不能够对文字局部进行删减，其解决的方法是将文字进行栅格化后转为普通图层，就能对其进行类似图像的编辑。

■ 任务要求

◎理解栅格化图层的意义；
◎掌握栅格化文字图层的方法。

■ 任务解析

操作步骤

第1步：对文字“A”图层进行栅格化，将其转化为普通图层，操作步骤如图5.1.15所示，图层转换效果如图5.1.16所示。

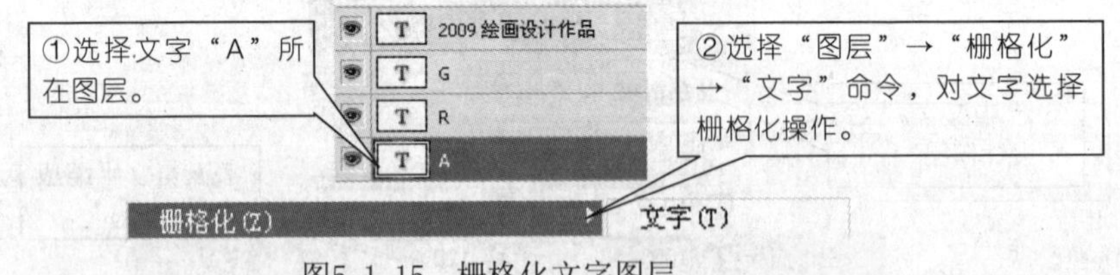

图5.1.15　栅格化文字图层

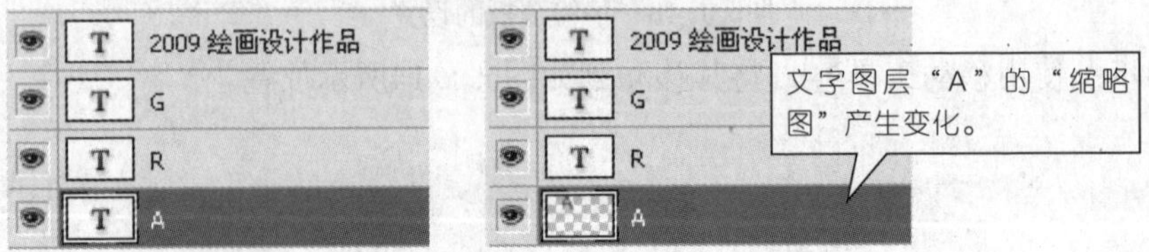

图5.1.16　文字图层转换为普通图层的前后对比

第2步：使用橡皮擦工具，擦除图5.1.17所示的部分。

图5.1.17　擦除文字后的效果图

第3步：分别创建“see you”、“say goodbye”、“painting”文本，设置字体为“黑体”，颜色为黑色，字体大小分别为：4点、4点、6点。使用移动工具将其移动到图 5.1.18所示的位置。

图5.1.18　输入的文字效果

第4步：创建展出时间及地点文本，如图5.1.19所示。

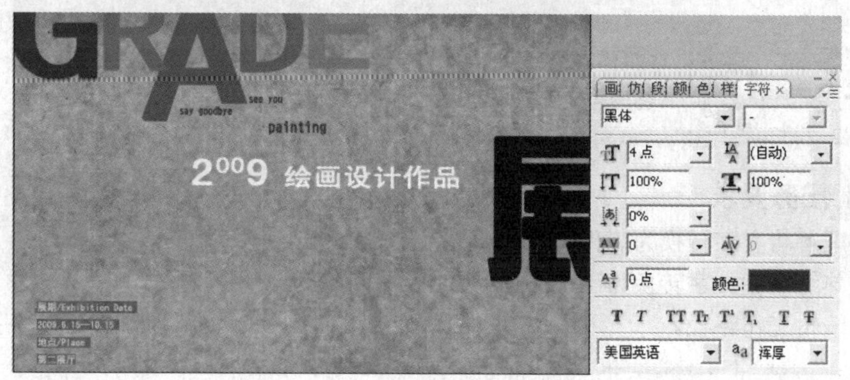

图5.1.19　输入的文字效果

第5步：最后作细微调整，完成画展海报制作。

■ 实践与拓展

使用文字工具，制作一张个人名片。

案例5.2 制作标牌

本案例是设计一个标牌，最终效果如图5.2.1所示，主要学习文字的变形、路径文字的创建、文字转换为路径、转换路径为选区等基本操作。

图5.2.1 最终效果图

任务 1 创建文字并转换文字为工作路径

■ 任务要求

◎理解将文字转换为工作路径的意义；
◎熟练掌握文字转换为工作路径的方法；
◎编辑工作路径。

■ 任务解析

1.相关知识

（1）当文字图层转换为路径后，可使用编辑路径工具，对文字路径进行任意编辑，包括文字的大小、位置和形状等属性。

（2）编辑方法：交替使用工具箱中的路径选择工具和直接选择工具，框选文字路径，按下“Ctrl+T”快捷键，可对路径选择“自由变换路径”命令，同时还可针对其移动位置，单击路径上的锚点，然后使用手柄改变路径的形状，来得到需要的路径形状。

在编辑过程中可使用“Ctrl”键，在路径选择工具和直接选择工具之间进行切换。

2.操作步骤

第1步：选择“文件”→“新建”命令，弹出“新建”对话框，其设置如图5.2.2所示。

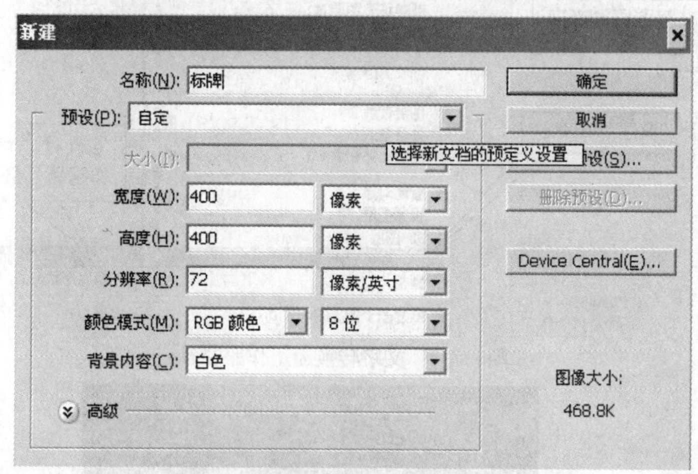

图5.2.2　新建对话框

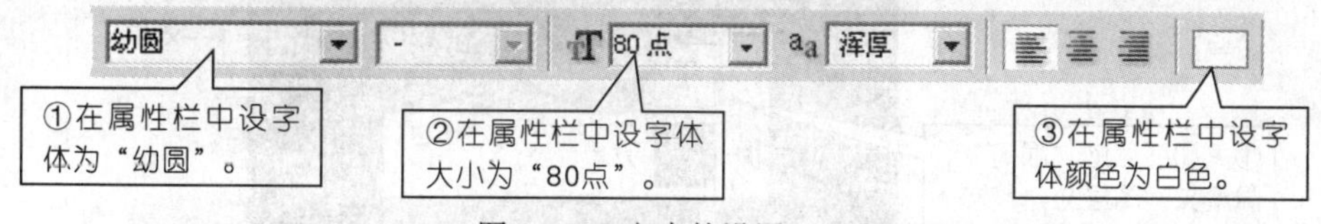

图5.2.3　文本的设置

第2步：填充背景为“黑色”。

第3步：创建文本“平面设计”，文本设置如图5.2.3所示，效果如图5.2.4所示。

第4步：选择文字“平面设计”图层，将文字转换为工作路径，操作步骤如图5.2.5所示。

第5步：隐藏文字图层，如图5.2.6所示。

图5.2.4　输入文字的效果图

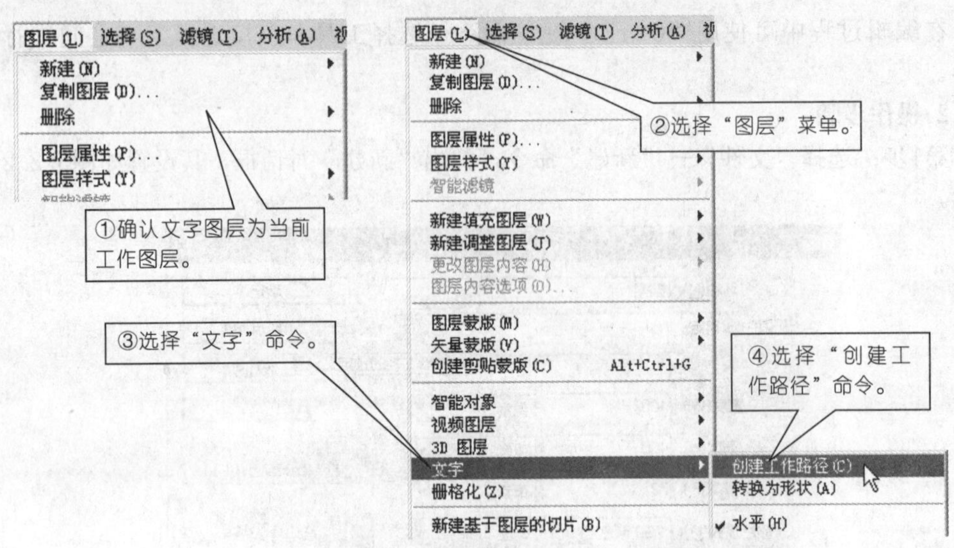

图5.2.5 文字转换为工作路径

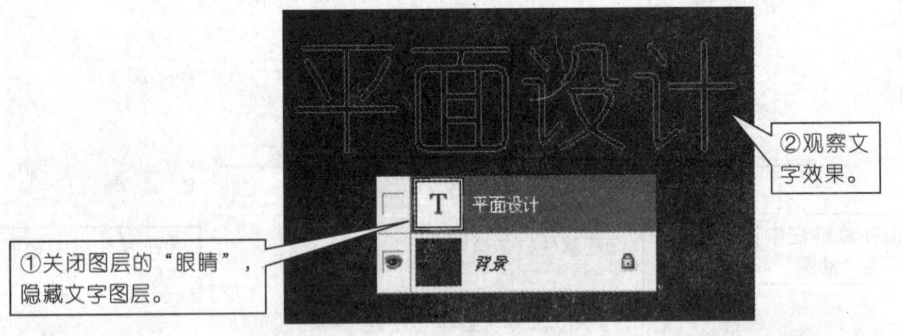

图5.2.6 转换为路径后的效果图

第6步，编辑工作路径，操作步骤如图5.2.7所示。

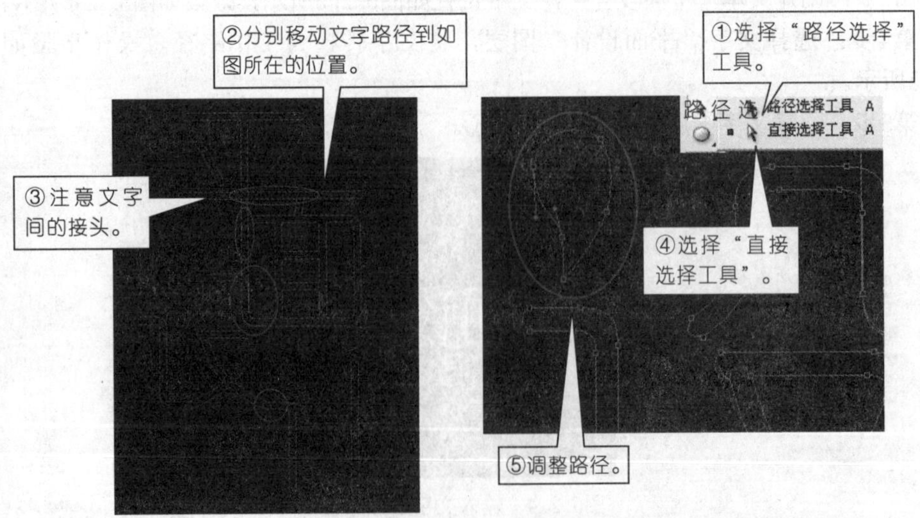

图5.2.7 编辑工作路径的步骤

■ 知识拓展

除了可以将文字转换为路径外，还可将文字转换为形状，对形状的编辑方法详见第9章绘制矢量图。

任务  转换文字路径为选区

■ 任务要求

◎掌握将文字路径转换为选区的方法；
◎编辑文字选区。

■ 任务解析

操作步骤

第1步：将路径转换为选区，操作步骤及效果如图5.2.8所示。

第2步：编辑文字选区，操作步骤及效果如图5.2.9所示。

第3步：文字描边，操作步骤及效果图如图5.2.10所示。

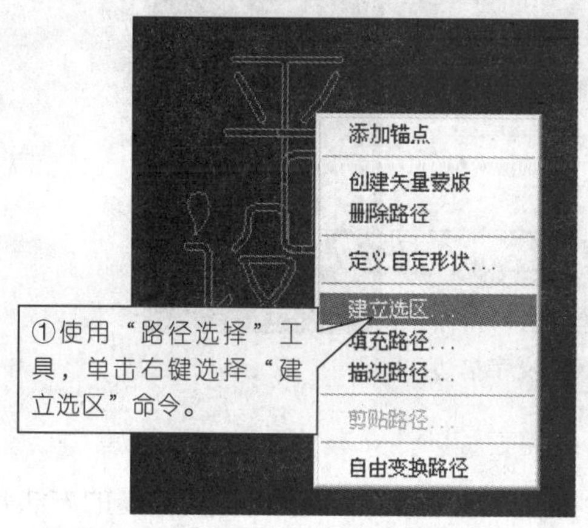

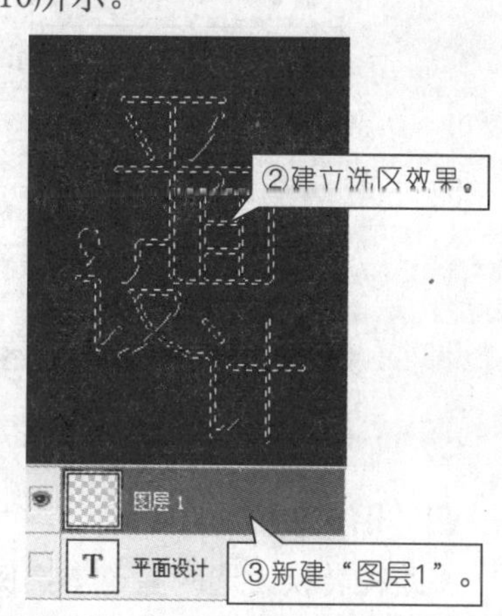

图5.2.8 将路径转换为选区

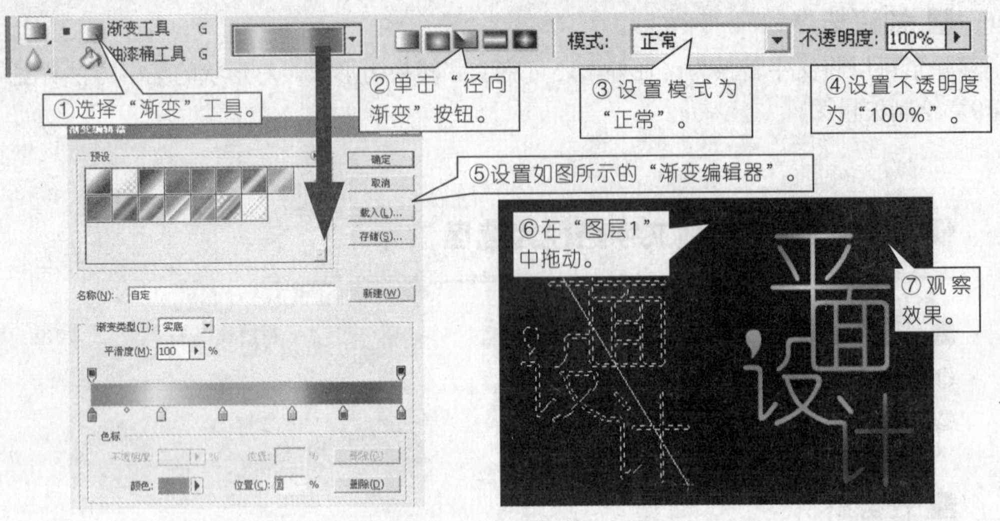

图5.2.9 编辑文字选区步骤

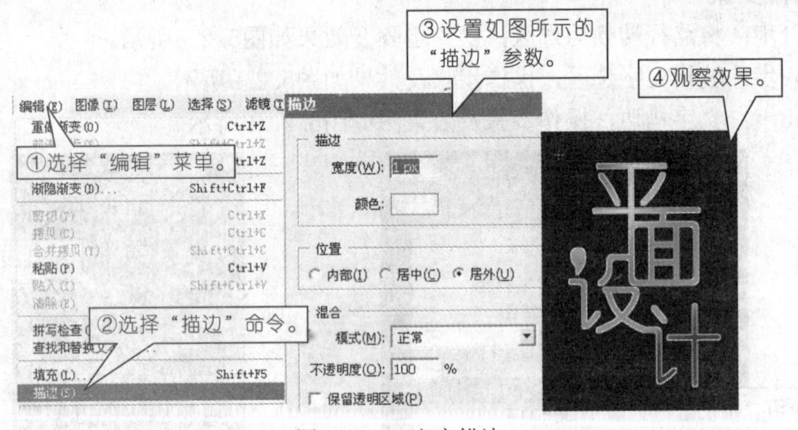

图5.2.10 文字描边

■ 知识拓展

将路径转换为选区除了本案例中介绍到的方法外，还有一个更快捷简便的方法是创建路径后直接按“Ctrl＋Enter”快捷键。

任务  创建路径文字

■ 任务要求

◎认识路径文字；

◎掌握路径文字的创建方法。

■ 任务解析

1.相关知识

（1）在Photoshop CS3中，我们可以输入文字，使其沿着用钢笔或形状工具创建的工作路径边缘排列。

（2）在建立文字路径后，选择文字工具，将鼠标移到路径上，当光标变为 时，则可输入文字。在输入过程中，文字将按照路径的走向排列。

在单击之处会多一条与路径垂直的细线，这就是文字的起点，此时路径的终点会变为一个小圆圈，这个圆圈代表了文字的终点。我们可以使用普通的移动工具移动整段文字，或使用路径选择工具和直接选择工具移动文字的起点和终点。

2.操作步骤

第1步：使用椭圆形状工具 创建椭圆路径，操作步骤如图5.2.11 所示。

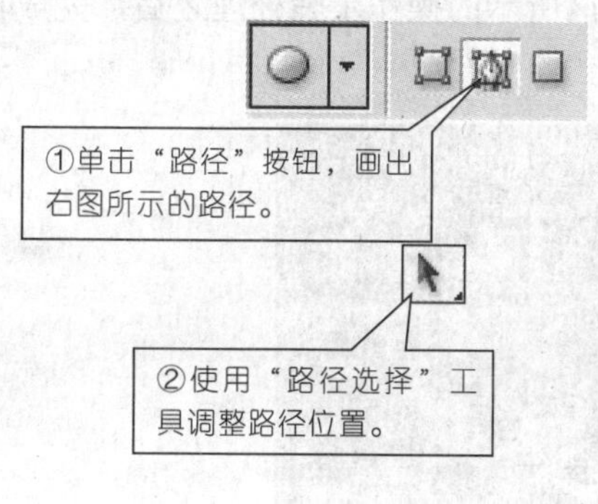

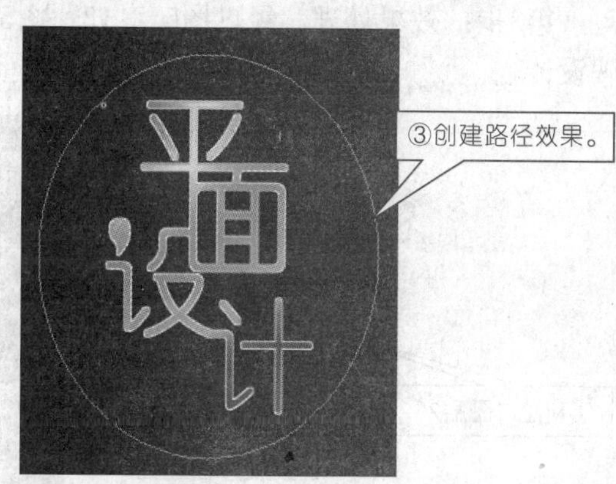

图5.2.11　创建的椭圆路径

第2步：创建沿路径文字，步骤如图5.2.12所示。

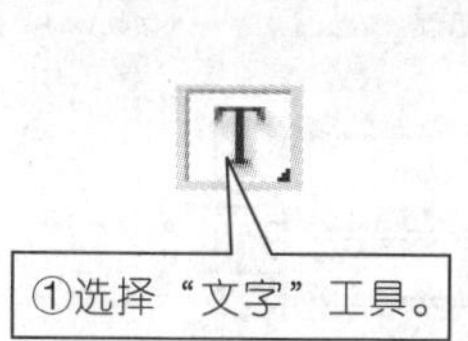

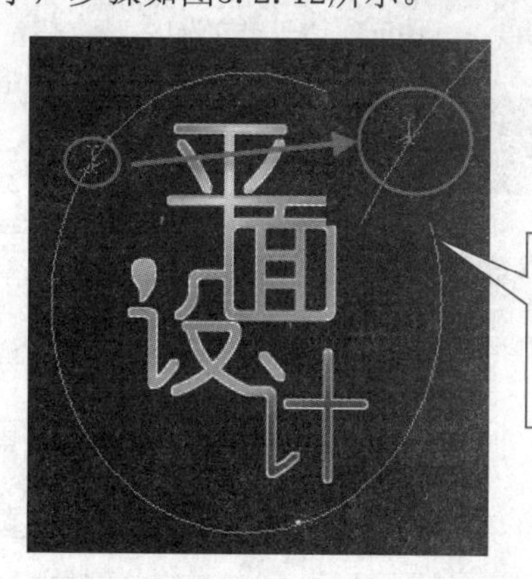

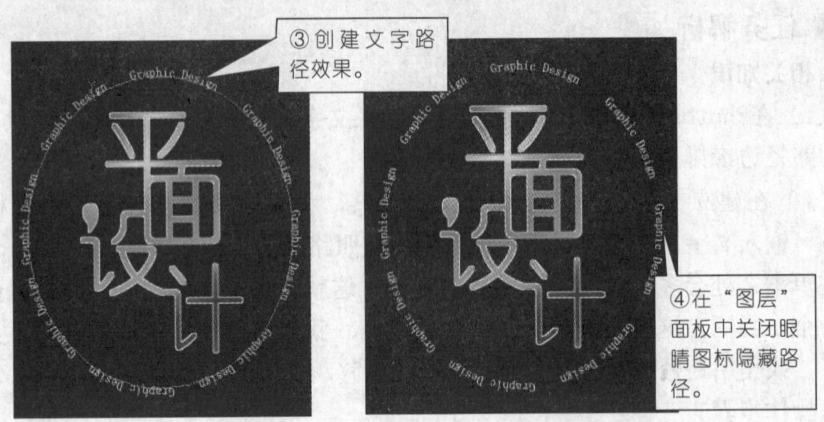

图5.2.12 创建沿路径的文字

第3步：效果处理。经过图5.2.13、图5.2.14所示的操作步骤处理之后，完成标牌设计。

图5.2.13 建立选区

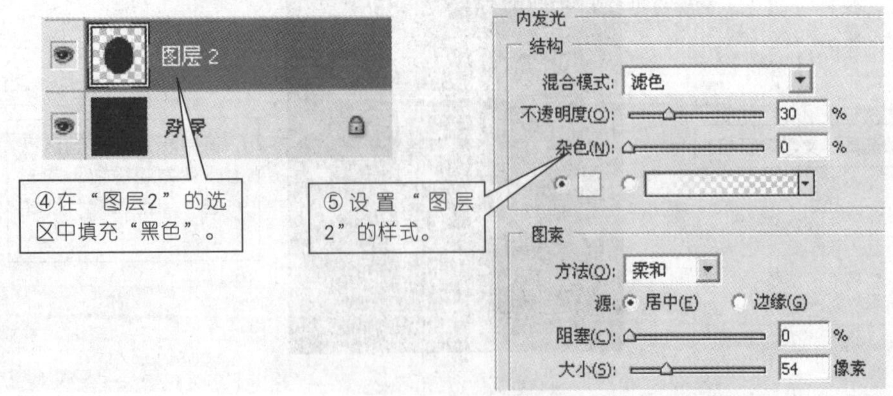

图5.2.14 设置“图层样式”

■ 知识拓展

（1）当沿着路径输入文字时，文字将沿着锚点按添加到路径的方向排列。在路径上输入横排文字会导致字母与基线垂直，在路径上输入直排文字会导致文字方向与基线平行。

（2）使用路径选择工具和直接选择工具，移动路径或更改其形状时，文字将会适应新的路径位置或形状。

（3）如果在终点的小圆圈中显示一个“+”号，则提示所定义的显示范围小于文字所需的最小长度，此时文字的一部分将被隐藏（注意英文是以单词为单位隐藏或显示，不可能显示半个单词）。

（4）文字路径不能在“路径”面板中删除，除非在“图层”面板中删除了对应的文字层。

（5）我们经常在招贴画上看到一些很特别的字体和效果，让我们为这些特殊的字体而感到心动。其实只要有了丰富的字体，就能在PhotoShop中方便地实现这些效果。PhotoShop中所使用的字体是调用Windows的系统字体，我们只需要把字体文件安装在Windows中，就可以使用这些字体。

■ 实践与拓展

使用“文字转换为路径”命令，设计制作自己的艺术签名。

6

调整颜色

Photoshop CS3软件带有强大的调色系统，可以调整颜色，在实际的设计制作任务中会使用调色工具调整图像颜色。

学习目标

从快速调色入手，会使用自动色阶、自动颜色与自动对比度；

掌握色阶与曲线调整、渐变映射、阈值、色彩平衡、色相饱和等自定义调整；

掌握匹配颜色、替换颜色、阴影与高光等调色方法。

案例6.1 使用调色工具调整图片颜色

本案例中，主要学习色彩平衡、自动色阶等快速调色工具，对曝光不足的图6.1.1所示的照片进行调色处理，其最后效果如图6.1.2所示。

图6.1.1 素材

图6.1.2 最终效果

任务 1 用自动色阶和色彩平衡工具调色

■ 任务要求

◎会使用自动色阶调会；
◎了解“色彩平衡”的调色原理；
◎掌握“阴影”→“高光”调板的使用。

■ 任务解析

1.相关知识

（1）自动色阶可以将各个颜色通道中的最暗和最亮的像素自动映射为黑色和白色，然后按比例重新分配中间色调像素值。

（2）色彩平衡是一个操作直观方便的色彩调整工具，如图6.1.6所示。它在色调平衡选项中将图像笼统分为暗调、中间调和高光3个色调，每个色调可以进行独立的色彩调整。

（3）阴影→高光主要是用来修改曝光过度和曝光不足的照片，该工具的主要用途是修复数码照片。

2.操作步骤

第1步：按“Ctrl+O”快捷键打开素材库中图6.1.1文件，然后选择“图像”→

“调整”→“自动色阶”（热键为 Shift+Ctrl+L）命令调色，如图6.1.3所示。

图6.1.3　自动色阶

第2步：自动色彩调整后，整个图片的颜色仍然偏淡，选择“图像”→“调整”→“色彩平衡”命令，对图片颜色再进行调整。操作步骤及效果如图6.1.4所示。

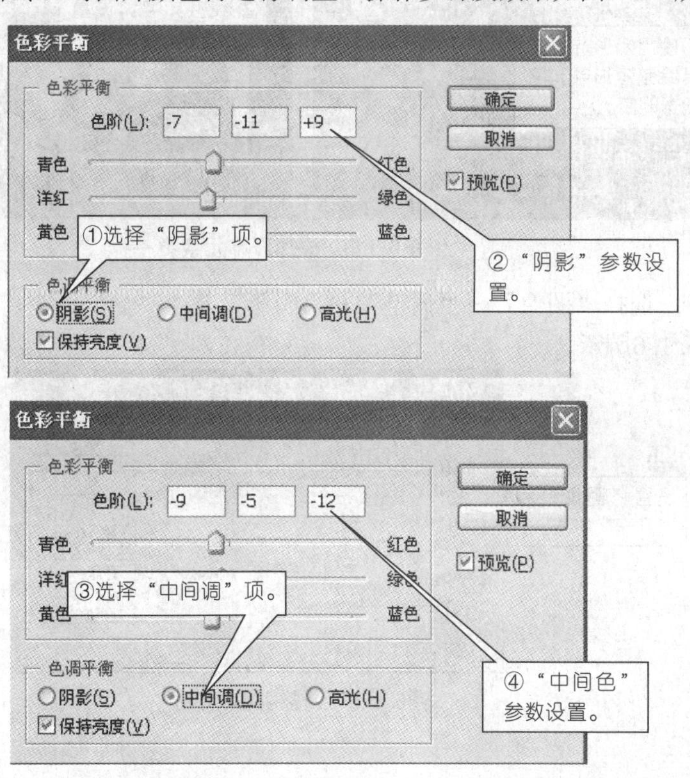

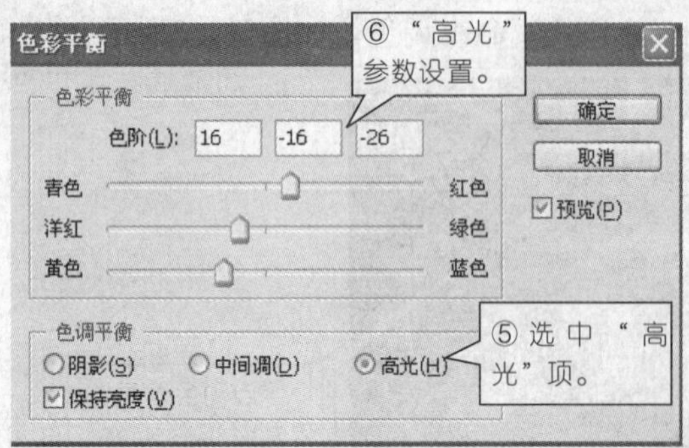

图6.1.4 调整后的效果

第3步：对图片进行修饰处理，如图6.1.5所示。

图6.1.5 添加修饰元素

第4步：选择“图像”→“调整”→“阴影”→“高光”命令，调整图片的清晰度，如图6.1.6所示。

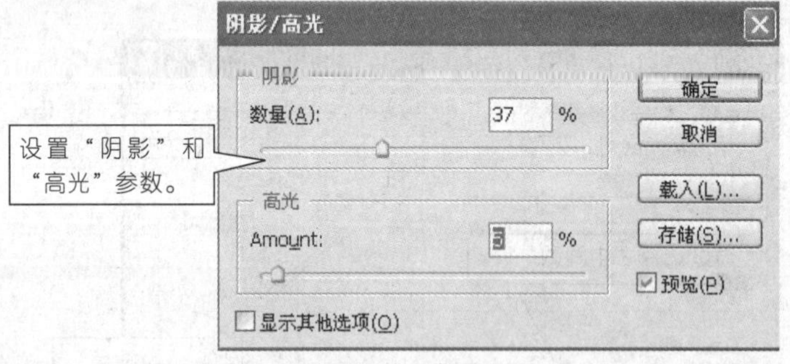

图6.1.6 调整阴影/高光

任务 2 快速调整颜色

■ 任务要求

◎使用“色相”→“饱和度”命令来调整颜色；

◎使用“可选颜色”命令来调整颜色；
◎会使用替换颜色工具；
◎使用“变化”工具。

■ 任务解析

操作步骤

第1步：按 “Ctrl+0”快捷键打开素材库中的图6.1.7文件，如图6.1.7所示。

第2步：使用“图像/调整”→“色相/饱和度”命令调整颜色，操作步骤及效果如图6.1.8所示。

图6.1.7　素材

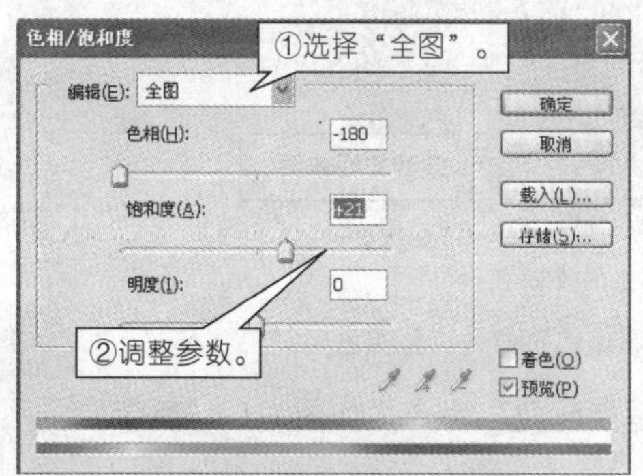

调整色相/饱和度参数

调整后的效果

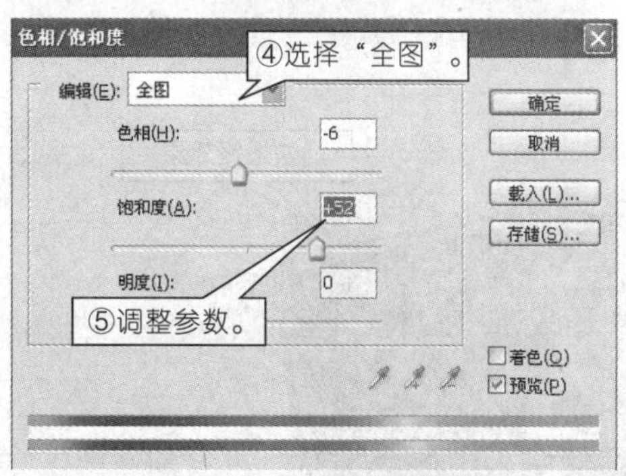

调整色相/饱和度参数

调整后效果

图6.1.8　“色相/饱和度”命令调整颜色

第3步：使用“图像”→“调整”→“可选颜色”命令调整颜色，操作步骤及效果如图6.1.9所示。

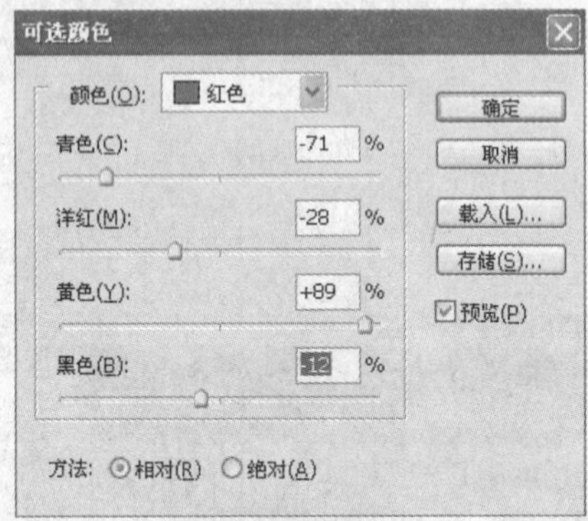

调整红色参数

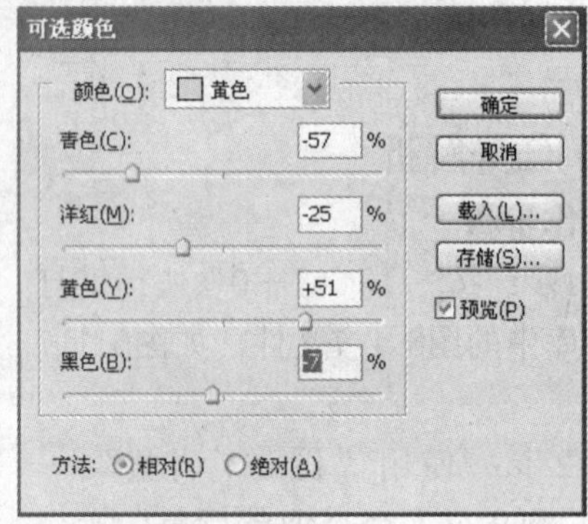

调整黄色参数

调整黄色参数后的效果

图6.1.9 用“可选颜色”命令调整颜色

第4步：使用“图像”→“调整”→“替换颜色”命令，如图6.1.10所示。

图6.1.10 替换颜色后的效果

第5步：选择“图像”→“调整”→“变化”命令，打开“变化”窗口，将色调改为冷色，如图6.1.11所示。

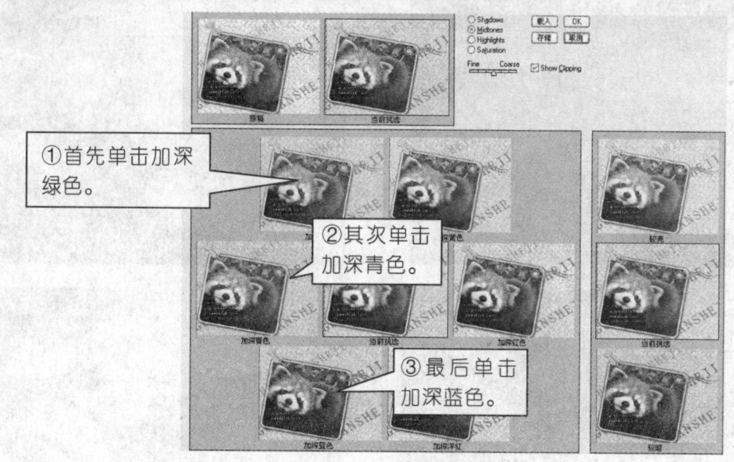

图6.1.11　使用变化命令进行调整

图6.1.12　调整后效果

■ 知识拓展

（1）使用“图像”→“调整”下拉菜单中的“去色”、“曝光度”、“色调分离”、“色调均衡”、“阈值”等命令，可以一步到位地处理照片，非常直观、方便，如图6.1.13所示。

图6.1.13　快速调色后的效果

（2）因为“自动色阶调整”命令是单独调整每个颜色通道，所以在执行自动色阶调整命令时，可能会消除色偏，也可能会加大色偏。

（3）“阈值”命令是将图像转化为黑白两种颜色，可以指定为“0～255”亮度中任意一级。使用时，应反复移动色阶滑块观察效果。在设置像素分布时，要做到亮度级上保留最丰富的图像细节。

案例6.2　使用色阶与曲线制作MTV非主流封面效果

本案例将对普通照片进行加工处理制作出简单非主流照片。主要学习调整色阶、调整曲线、盖印图层、添加图层蒙版、直线工具绘制线条、输入文字等操作，其原图如图6.2.1所示，设计制作后的效果如图6.2.2所示。

图6.2.1　素材

图6.2.2　最终效果

任务 1 调整色阶

■ 任务要求

◎会添加“色阶”面板；

◎掌握“色阶调整”命令的使用方法；

◎会设置黑场、灰点、白场。

■ 任务解析

操作步骤

第1步：打开素材库中的图6.2.1文件，图片整体色调偏暗，需要调亮。添加“色阶”操作步骤，如图6.2.3所示。

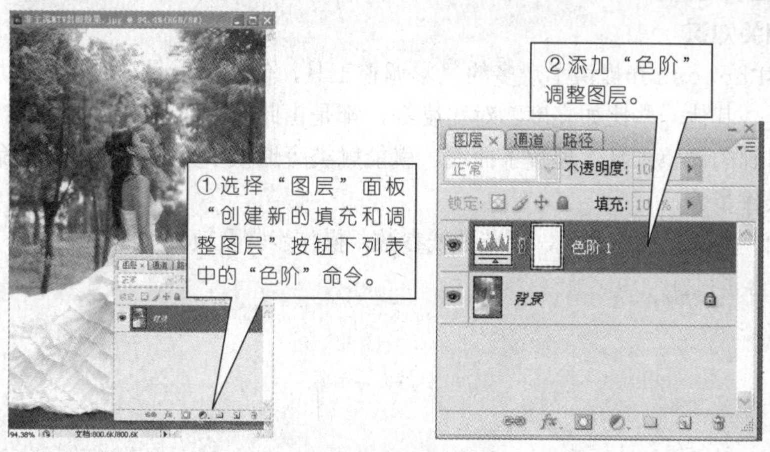

图6.2.3　添加色阶命令

第2步：设置“色阶”调整参数，如图6.2.4所示。

图6.2.4　调整色阶参数后的效果

任务 2 曲线调整

■ 任务要求

◎了解色彩的相关原理；

◎熟悉“曲线”对话框中的参数设置；

◎明确调色方向。

■ 任务解析

1.相关知识

虽然Photoshop提供了众多的色彩调整工具，但实际上最基础、最常用的是“曲线”工具。其他一些比如亮度、对比度等，都是由此派生而来的。曲线是Photoshop中最常用到的调整工具，理解了曲线，就能触类旁通很多其他的色彩调整命令。

2.操作步骤

添加“曲线”调整图层，调整曲线参数，操作步骤及效果如图6.2.5所示。

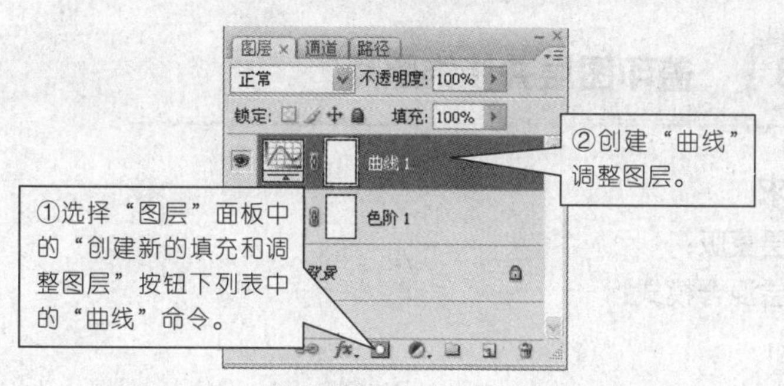

使用图层面板中的曲线命令

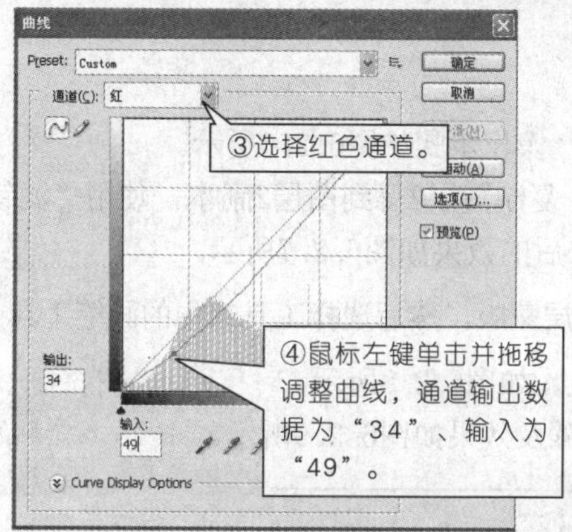

调整红色通道参数

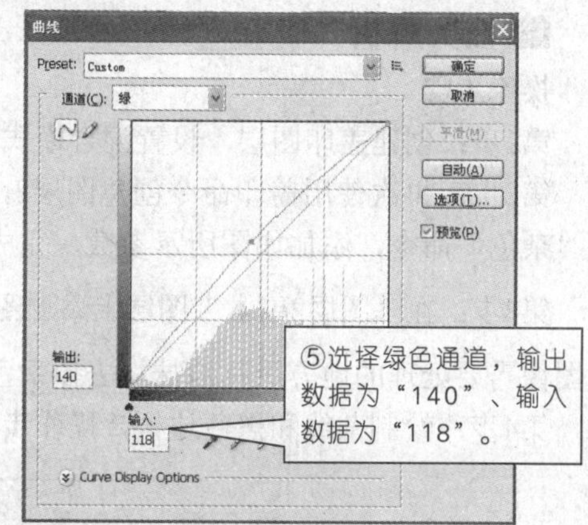

调整绿色通道参数

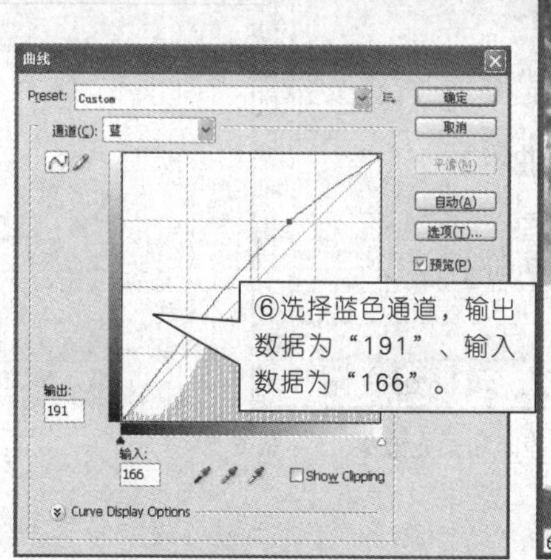

调整蓝色通道参数

调整后效果

图6.2.5　调整曲线参数

任务 3 盖印图层并修饰照片

■ 任务要求

◎会使用图层蒙版；

◎会使用图层混合模式；

◎会修饰照片。

■ 任务解析

操作步骤

第1步：创建盖印图层，设置混合模式，操作步骤如图6.2.6所示。

第2步：再次使用盖印命令创建图层2，复制图层2得到图层2副本，使用“滤镜”→“杂色”命令，添加如图所示参数，完成后的效果如图6.2.7所示。

第3步：在“图层2副本”图层上添加图层蒙版，然后选择工具箱中的画笔工具 对图像需要处理的地方进行涂抹，去掉杂色，如图6.2.8所示。

第4步：绘制杂线和黑色边框，操作步骤及效果如图6.2.9所示。

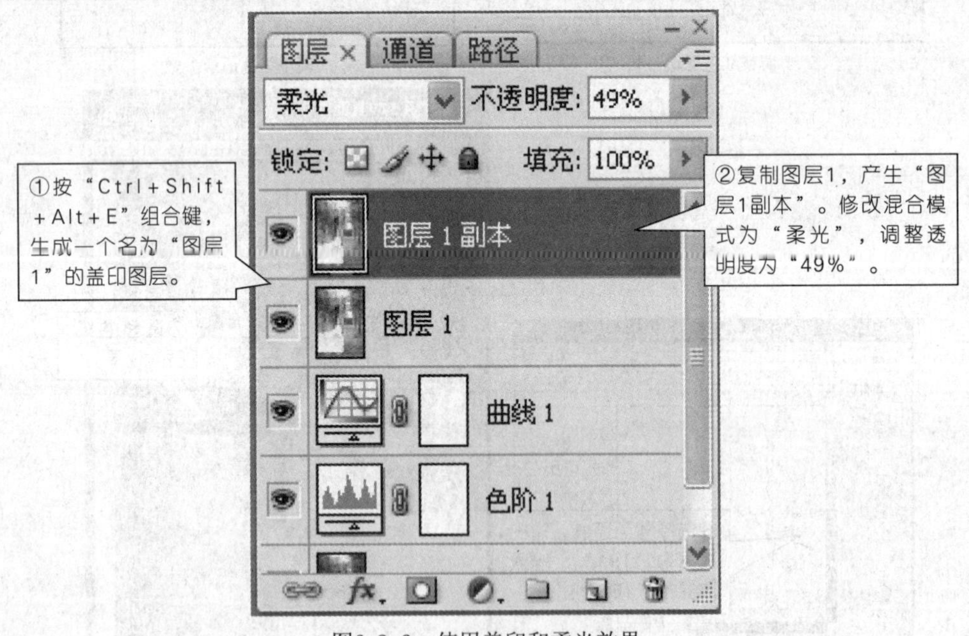

图6.2.6 使用盖印和柔光效果

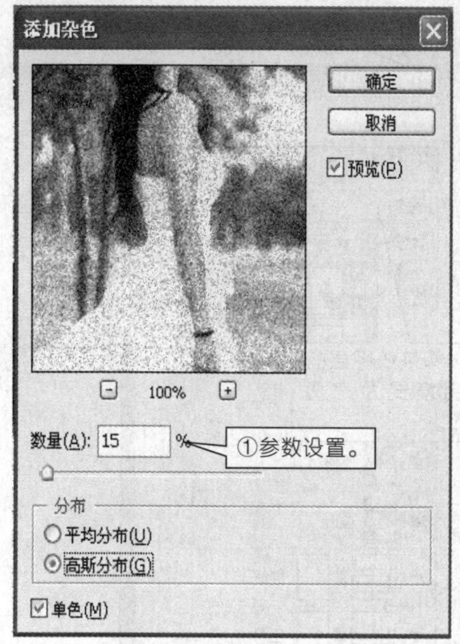

图6.2.7 添加杂色参数后的效果

图6.2.8 使用蒙版命令

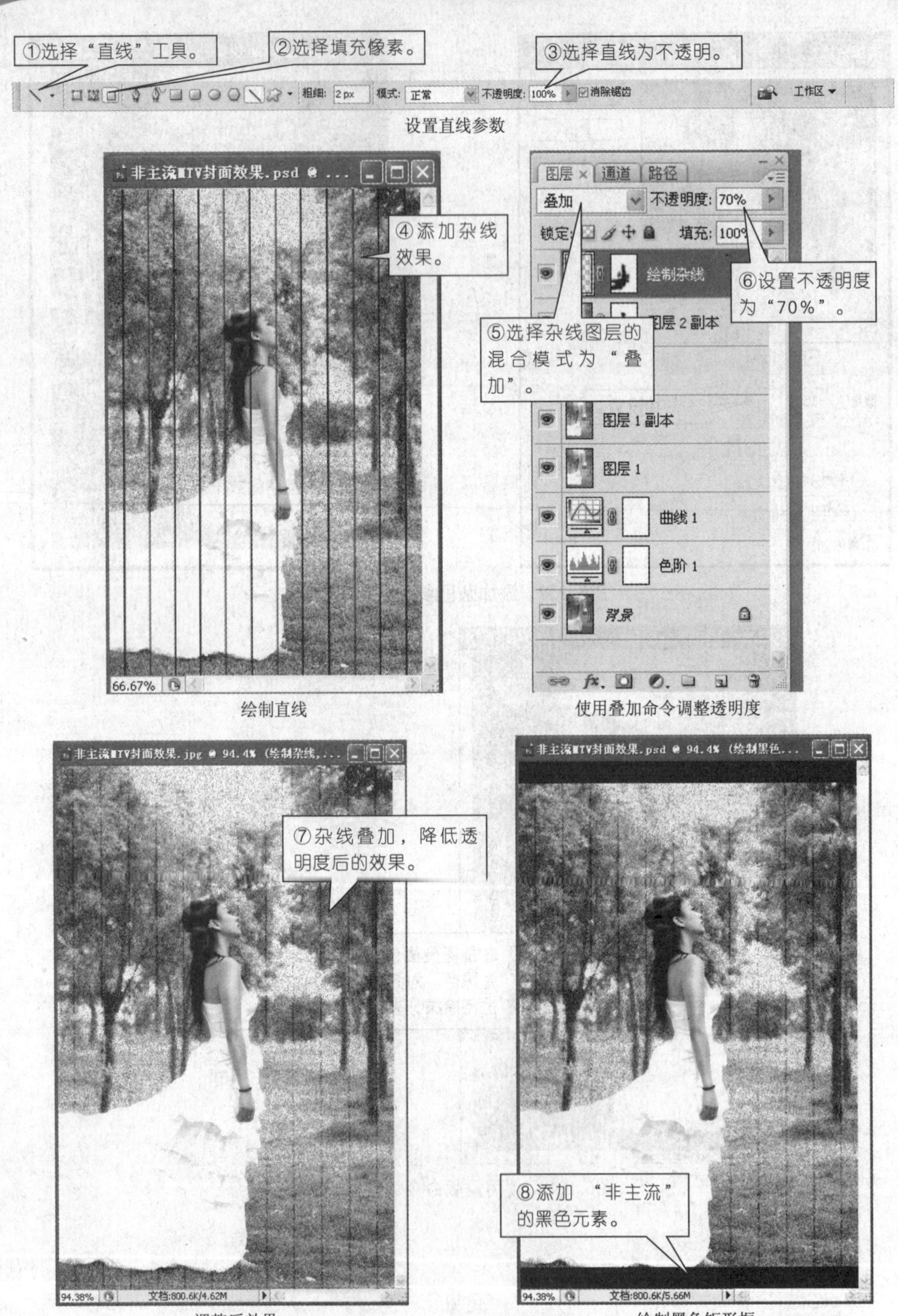

设置直线参数

绘制直线

使用叠加命令调整透明度

调整后效果

绘制黑色矩形框

图6.2.9　绘制杂线和黑色边框

第5步：在处理了众多效果之后，进入最后一个环节，也是比较重要的一个环节，即输入与编排文字。先输入文字，然后调整字体、大小和颜色，最后编排文字和艺术修饰，其效果如图6.2.2所示。

■ **知识拓展**

（1）“图像”→“调整”与“调整图层”的区别：

“图像”→“调整”仅仅只对当前所在图层起到颜色调整的作用，可调整的项目非常多。

“调整图层”是在当前图层的上面加一个调整图层，对当前图层下面的所有图层起颜色调整作用，它的优点在于如果删除调整图层，可以恢复到使用调整图层之前的状况，而“图像”→“调整”颜色之后是不能恢复的（当然，使用“撤消”命令仍然是有效）。

（2）对于一幅既定的图像而言，单独改变某个通道的曲线，会造成偏色。例如曲线调整，如果把红色通道曲线的中间点移往Y轴的值增加方向，就意味着红色在图像中被增加了，那么图像肯定偏向红色。增加绿色就偏绿，增加蓝色就偏蓝。如果减少红色，图像会偏向什么颜色？如果掌握色彩原理，就会很快判断出：减少红色，图像偏青；减少绿色，图像偏粉红；减少蓝色，图像偏黄。这种现象称为反转色的此消彼长。

案例6.3　打造简单的黄昏效果

本案例将图6.3.1所示的素材设计制作成图6.3.2所示的临近黄昏的海边建筑效果。主要学习匹配颜色的配色标准和“匹配颜色”命令的具体使用。

图6.3.1　素材

图 6.3.2　最终效果

任务 使用匹配颜色

■ 任务要求

◎熟悉匹配颜色的配色标准；

◎会使用“匹配颜色”命令。

■ 任务解析

1.相关知识

（1）虽然使用曲线、色阶等命令可以方便快捷而随意改变图像色调，但是，如果要参照另外一幅图片来调整色调，就比较复杂了，特别是在色调相差比较大的情况下，为此Photoshop提供了“匹配颜色”命令。

（2）打开多幅图片时，必须都是RGB颜色模式，在CMYK模式下不可用匹配颜色。

（3）一般情况下，目标图片和源文件要在窗口中同时打开，才能进行颜色匹配。

（4）认识匹配颜色对话框：选择“图像”→“调整”→“匹配颜色”命令，打开“匹配颜色”对话框。

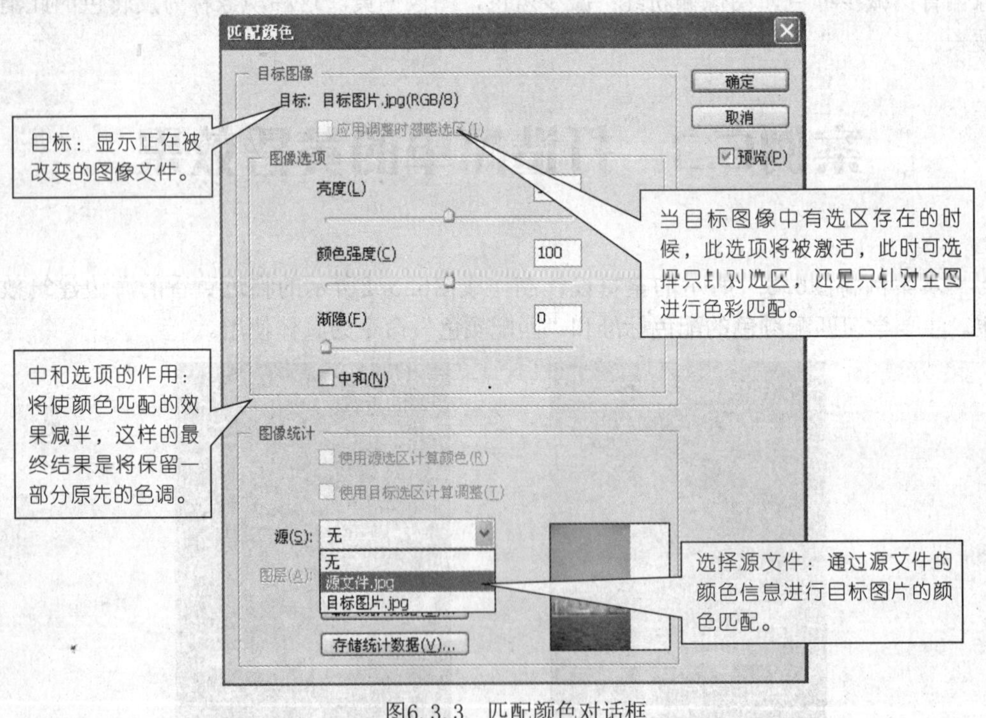

图6.3.3 匹配颜色对话框

2. 操作步骤

第1步：按“Ctrl+O”快捷键打开素材库中的图6.3.1和图6.3.4文件，如图所示。

第2步：选中目标文件，选择“图像”→“调整”→“匹配颜色”命令，打开“匹配颜色”对话框，操作步骤及效果如图6.3.5、图6.3.6所示。

第3步：输入文字，在“图层样式”调板中，添加文字效果，如图6.3.7、图6.3.8所示。

图6.3.4　素材图片

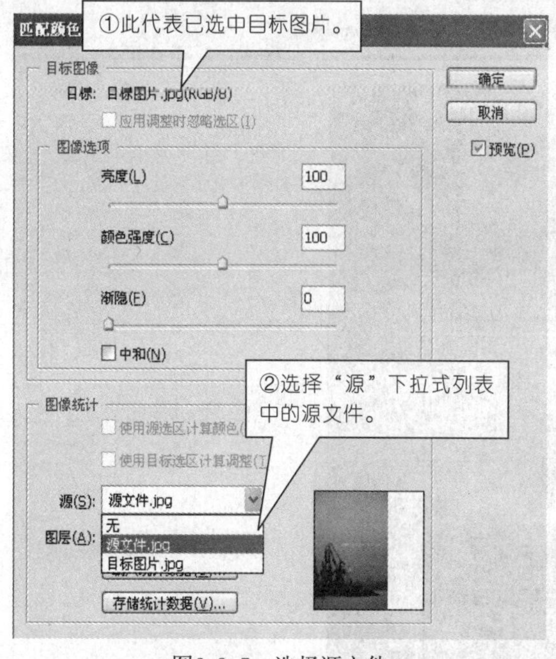

图6.3.5　选择源文件

图6.3.6　使用后效果

6 调整颜色

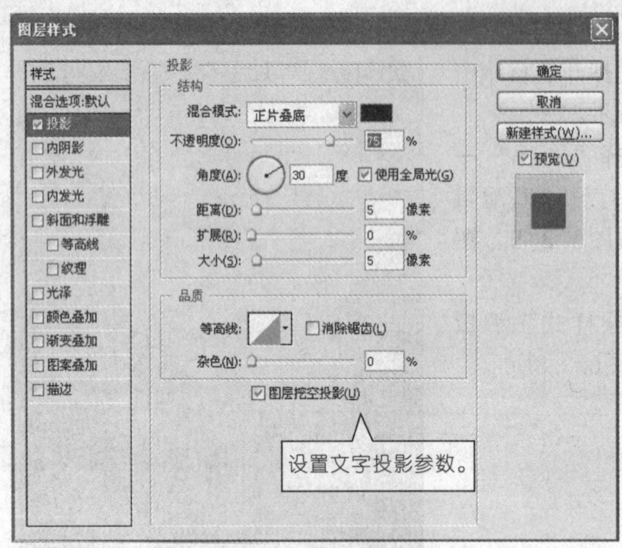

图6.3.7　设置投影参数

图6.3.8　添加投影后效果

第4步：用矩形选框工具绘制白色矩形条，在“图层样式”调板中添加投影效果，然后在矩形的两端使用橡皮擦工具，最后设计效果如图6.3.9所示。

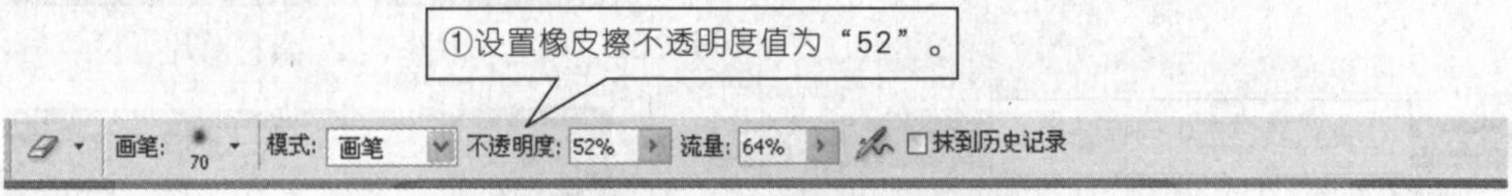

①设置橡皮擦不透明度值为“52”。

画笔: 70 模式: 画笔 不透明度: 52% 流量: 64% 抹到历史记录

②添加矩形条投影后效果。

图6.3.9　最后设计效果

■ 知识拓展

在“匹配颜色”对话框中最下方“存储统计数据”按钮的作用是将本次匹配的色调存储下来，文件扩展名为.sta。下次匹配颜色时，可选择载入这次匹配的数据，而不再需要打开其源文件，也就是说，在这种情况下就不需要再在Photoshop中同时打开其他的图像了。“载入颜色匹配数据”可以被编辑到自动批处理命令中，这样就可以很方便地针对大量图像进行同样的颜色匹配操作。

■ 实践与拓展

（1）如果要参照另外一幅图片来进行色调的调整，能完成的命令是：（　　）。

A.色阶　　B.曲线　　C.自动颜色　　D.匹配颜色

（2）匹配颜色对话框中最下方“存储统计数据”按钮的作用是将本次匹配的色调存储下来，其文件扩展名为（　　）。

A.psd　　B.cdr　　C.sta　　D.jpg

（3）写出“匹配颜色”对话框中的各个选项的含义。

（4）使用“匹配颜色”命令时的颜色模式是____________。

案例6.4　简单制作水墨荷花效果

在本案例中，主要学习去色、调整色阶、图层混合模式调色等调色工具，简单制作一张水墨荷花效果图。其素材如图6.4.1所示，设计后的效果如图6.4.2所示。

图6.4.1　素材

图6.4.2　最终效果

任务 调整素材图片的颜色

■ 任务要求

◎会使用“去色”、“反相”与“调整色阶”等调色工具。

■ 任务解析

1.相关知识

（1）“去色”命令相当于“色相”→“饱和度”中将饱和度设为最低，将图层转变为不包含色相的灰度图像。

（2）“反相”命令是将图像中的色彩转换为反转色，白色转为黑色，红色转为青色，蓝色转为黄色，效果类似于普通彩色胶卷冲印后的底片效果。

2.操作步骤

第1步：按“Ctrl+O”快捷键打开素材库中的图6.4.1文件，然后开始作去色与调整色阶处理，操作步骤及效果如图6.4.3所示。

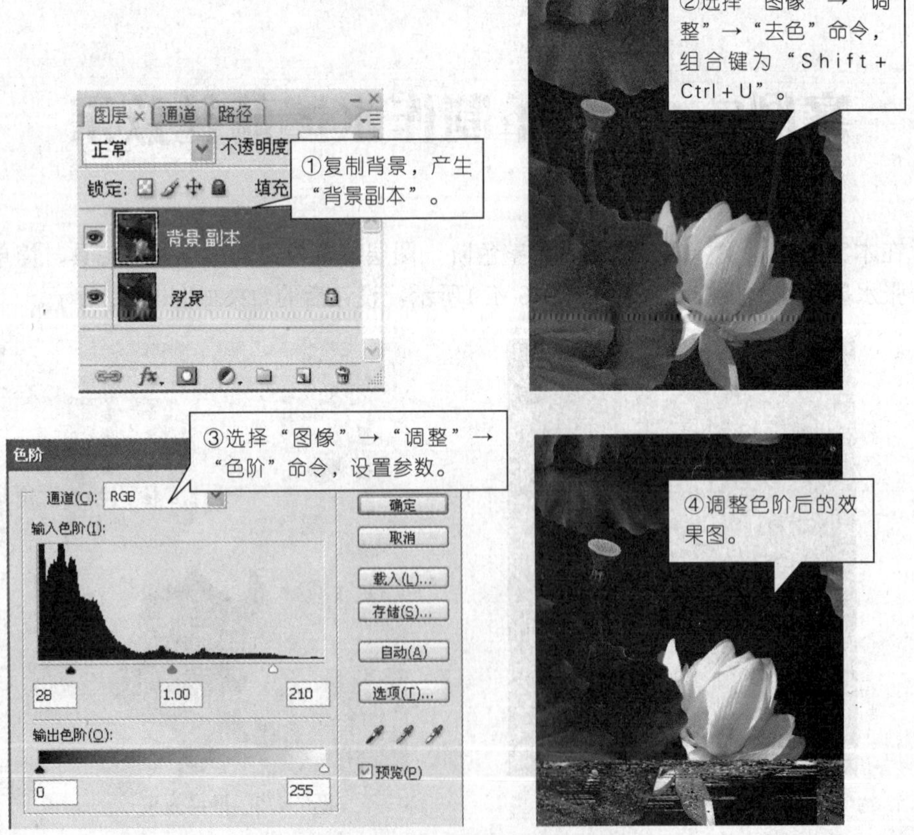

图6.4.3 去色与调整色阶

第2步：对图像作“反相”、“滤镜”处理，操作步骤及效果如图6.4.4所示。

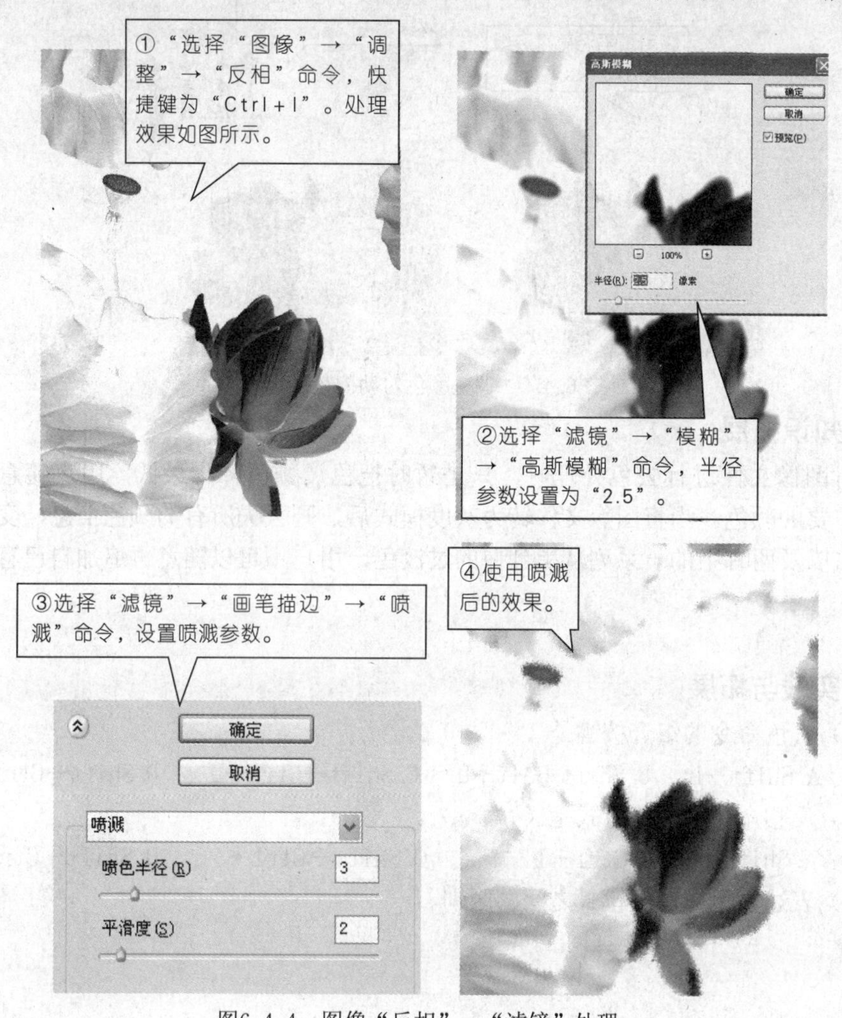

图6.4.4 图像“反相”→“滤镜”处理

第3步：新建一个图层，用画笔工具随着荷花边缘着颜色。操作步骤及效果如图6.4.5所示。

图6.4.5　调整颜色勾勒荷花

■ **知识拓展**

当对图像文件进行去色处理时，只是暂时把色调颜色降到最低，用户随意可以追加上需要的颜色。当将图像文件转为灰度模式后，则丢失所有的颜色信息，变为纯黑、纯白以及两者中的一系列从黑到白的过渡色，用户不可以随意再追加自己喜欢的颜色。

■ **实践与拓展**

（1）去色命令的组合按键是（　　）。

A. Shift＋U　B. Shift＋Alt＋U　C. Shift＋Ctrl＋U　D. Shift＋Ctrl＋I

（2）反相命令的快捷方式是（　　）。

A. Shift＋I　B. Ctrl＋I　C. Shift＋Ctrl＋I　D. Shift＋Ctrl＋M

（3）表述去色与灰度模式之间的区别。

案例6.5　打造暖色调图片效果

在本案例中，主要学习使用“图像调整”菜单下的“照片滤镜”命令、使用滤镜上色原理打造暖色调图像效果。其原图如图6.5.1所示，设计后的效果如图6.5.2所示 。

图6.5.1 素材

图 6.5.2 最终效果

任务 使用照片滤镜

■ 任务要求

◎会使用照片滤镜。

■ 任务解析

1.相关知识

照片滤镜相当于传统摄影中使用的有色滤镜，可改变图像的色调，效果等同于色彩平衡或曲线调整的效果。

2.操作步骤

第1步：按“Ctrl+O”快捷键打开素材库中的图6.5.1文件，如上图所示。

第2步：选择“图像调整”菜单中的“照片滤镜”命令，弹出“照片滤镜”对话框，设置如图6.5.3所示的参数。

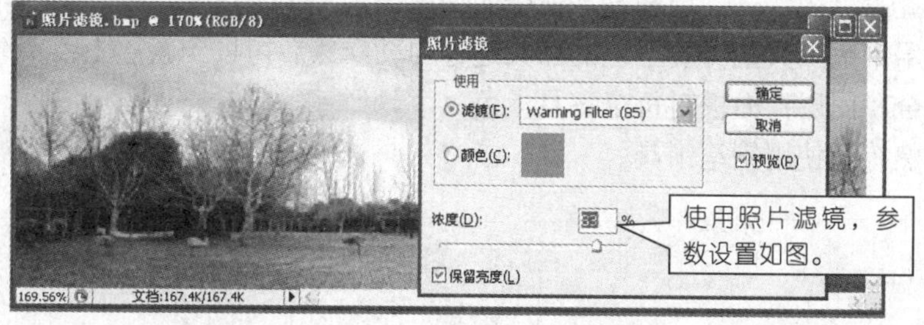

图 6.5.3 设置照片滤镜参数

第3步：置入标志，添加文字，其最终效果如图 6.5.2所示。

■ 知识拓展

“照片滤镜”→“Photo Filter”命令模仿的方法是在相机镜头前面加上彩色滤镜，以便调整通过镜头传输入光的色彩平衡和色温，使胶片曝光。照片滤镜还允许选择预设的颜色，以便向图像应用色相调整。如果想应用自定颜色调整，则照片滤镜允许使用拾色器来指定颜色（即自定义滤镜颜色）。

关于用来调整图像的各种滤镜，请爱好者查阅相关资料。

案例6.6　炫丽上色打造室内效果图

在本案例中，主要学习使用“图像调整”菜单下的“色相”→“饱和度”命令为家装后期效果图上色。其原图如图6.6.1所示，处理后的效果如图6.6.2所示。

图6.6.1　素材

图 6.6.2　最终效果

■ 任务要求

◎掌握“色相”→“饱和度”命令的使用；

◎使用钢笔工具把需要上色的家具进行勾勒，然后拷贝到新层上；

◎结合“图层”面板对每个家具上色；

◎会熟练地使用钢笔工具。

任务　为黑白素材图片上色

■ 任务解析

1.相关知识

“色相/饱和度”对话框，如图6.6.3所示。

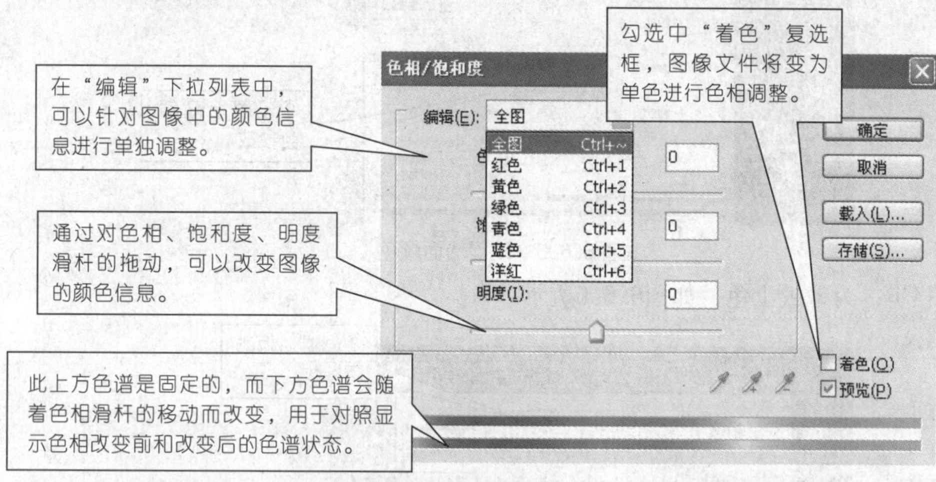

图6.6.3　解析“色相/饱和度”对话框

2.操作步骤

第1步：按“Ctrl+O”快捷键打开素材库中图6.6.1文件，如前所示。

第2步：先使用钢笔工具勾勒室内每个家具的外形，分别放在不同的图层上，然后再分类放到图层组中，如图6.6.4所示。

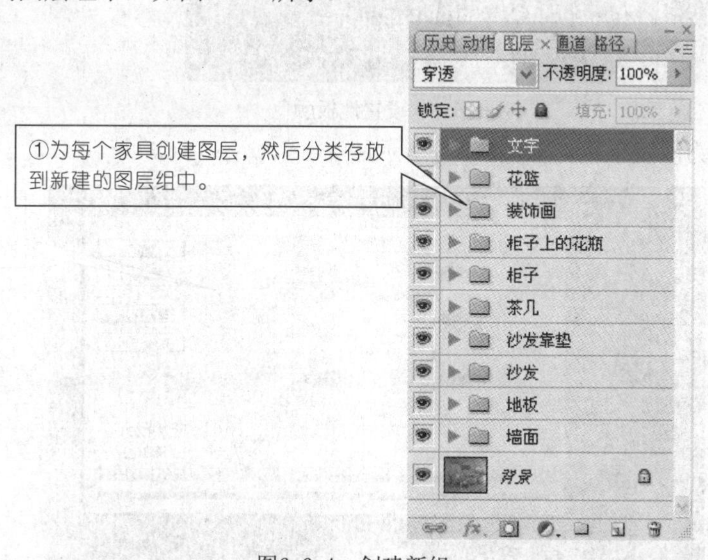

图6.6.4　创建新组

第3步：从墙面开始，分析并调整每个家具的颜色值，如图6.6.5所示。

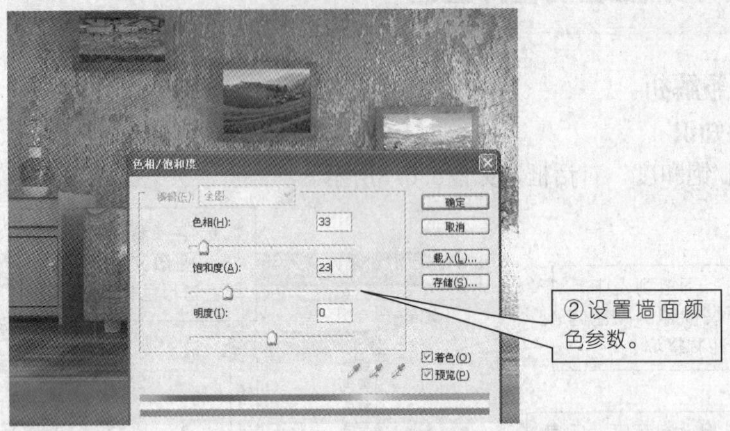

图6.6.5　设置墙面颜色

第4步：为地板上色，如图6.6.6所示。

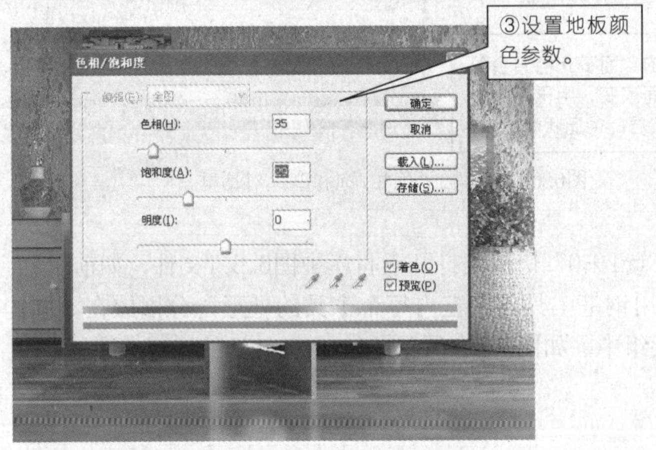

图6.6.6　设置地板颜色

第5步：为沙发上色，如图6.6.7所示。

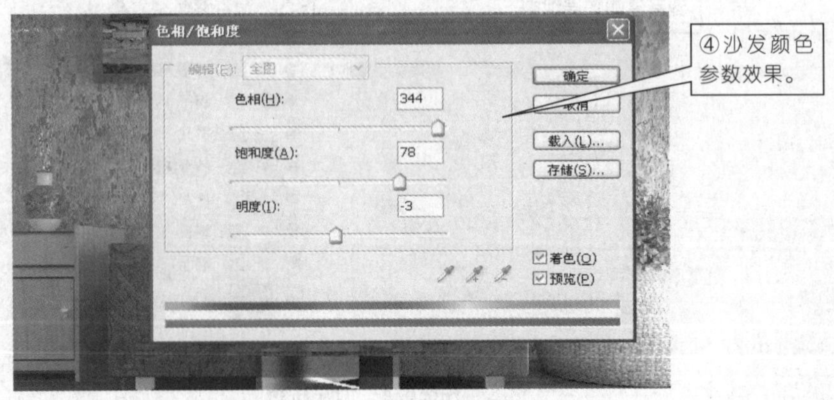

图6.6.7　设置沙发颜色

第6步：为3个沙发靠垫上色，如图6.6.8所示。

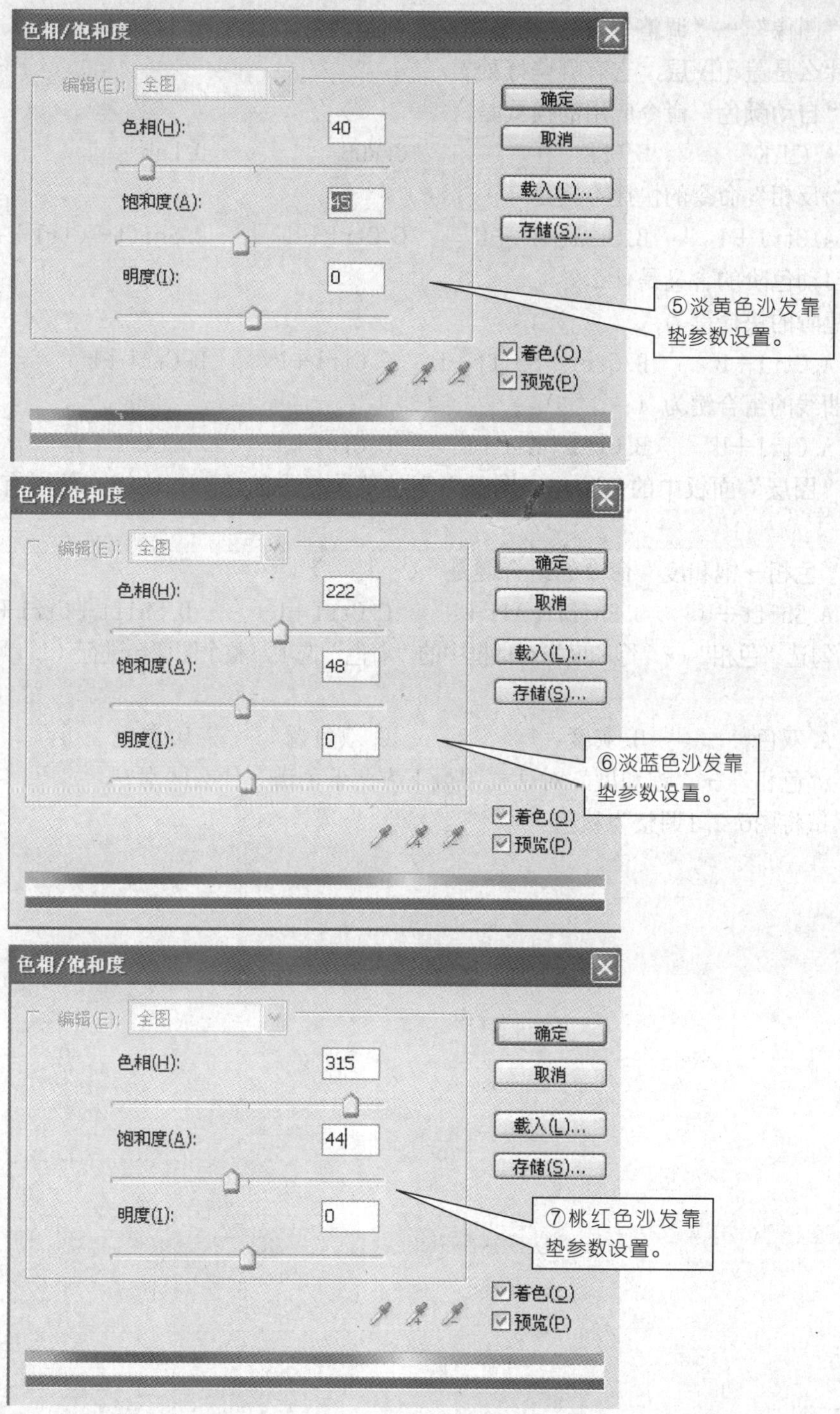

图6.6.8　设置沙发靠垫颜色

实践与拓展

（1）“图像”→“调整”与“调整图层”都是调色，二者之间有何区别？

（2）什么是盖印图层，它有哪些好处？

（3）“自动颜色”命令应用的模式是（　　）。

A. CMYK　　B. HSB　　C. RGB　　D. Lab

（4）“反相”命令的快捷方式是（　　）。

A. Ctrl＋I　　B. Ctrl＋I ＋U　　C. Ctrl＋U　　D. Shift＋Ctrl＋I

（5）自动色阶的含义是什么？

（6）色阶的快捷键为（　　）。

A. Ctrl＋B　　B. Ctrl＋Shift＋L　　C. Ctrl＋L　　D. Ctrl＋k

（7）曲线的组合键为（　　）。

A. Ctrl＋U　　B. Ctrl＋Alt＋D　　C. Ctrl＋I　　D. Ctrl＋M

（8）“图层”面板中的色阶与“图像”下拉菜单栏中的色阶相比较，两者有何区别？

（9）“色相→饱和度”命令的组合键是（　　）。

A. Shift＋U　　B. Shift＋Alt＋U　　C. Ctrl＋U　　D. Shift＋Ctrl＋I

（10）勾选“色相”→“饱和度”对话框中的“着色”选项，整个图像会进行（　　）调整。

A. 双色　　B. 灰度　　C. 双色调　　D. 单色

（11）“色相”→“饱和度”对话框中最下方两条色谱有什么区别？

（12）试将图6.2.1调整为秋色。

7

绘制矢量图

计算机中显示的图形一般分为矢量图和位图两大类。本章重点讲解Photoshop CS3钢笔工具绘制矢量图的方法，尽管其操作方式不像画笔的描绘方式那样直觉，操作上比较复杂，但是可以做出比一般画笔更流畅的轮廓。

学习目标

区分矢量图和位图的概念；
学会用钢笔工具绘制矢量图；
认识“路径”面板；
学会用钢笔工具抠图；
了解自定义形状工具的用法。

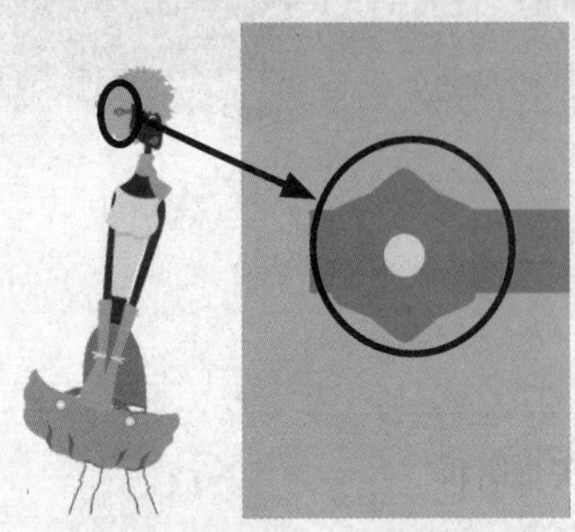
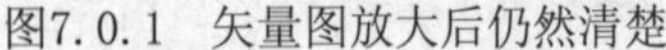
图7.0.1　矢量图放大后仍然清楚

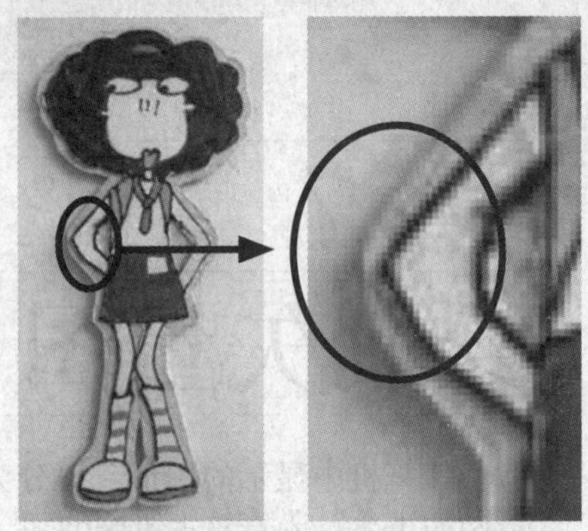
图7.0.2　位图放大后有像数块

矢量图又称向量图，由一系列由点、线、面等子图组成，它所记录的是对象的几何形状、线条粗细和色彩等，放大后仍然清楚，如图7.0.1所示。矢量图只能表示有规律的线条组成的图形，其文件存储量很小，特别适用于文字设计、图案设计、版式设计、标志设计、计算机辅助设计（CAD）、工艺美术设计、插图等。另外，矢量图像无法通过扫描获得，它们主要是依靠设计软件生成。常见的矢量图处理软件有CorelDraw、AutoCAD、Illustrator、FreeHand等。

位图又叫点阵图或像素图，由多个像素的色彩组合形成。位图在放大到一定限度时会发现它是由一个个小方格组成的，这些小方格被称为像素点，一个像素是图像中最小的图像元素，如图7.0.2所示。位图的大小和质量取决于图像中的像素点的多少，每平方英寸中所含像素越多，图像越清晰，颜色之间的混和也越平滑。位图图像的主要优点在于表现力强、细腻、层次多、细节多，可以十分容易地模拟出像照片一样的真实效果。由于是对图像中的像素进行编辑，所以在对图像进行拉伸、放大或缩小等处理时，其清晰度和光滑度会受到影响。

案例7.1　绘莲花图

在本案例中主要学习使用钢笔工具绘制一幅莲花效果图，如图7.1.1所示。

任务 1 用钢笔工具绘莲花的花瓣

■ 任务要求

◎学会使用钢笔工具建立形状;
◎认识钢笔工具属性栏;
◎掌握转换点工具调整节点的方法;
◎了解将路径转化为选区的方法。

图7.1.1 最终效果图

■ 任务解析

1.相关知识

(1)钢笔工具,如图7.1.2所示。

(2)钢笔工具属性栏,如图7.1.3所示。

钢笔工具 P
自由钢笔工具 P
添加锚点工具
删除锚点工具
转换点工具
鼠标移至钢笔工具,单击右下角的三角按钮,弹出如图所示的工具列表。

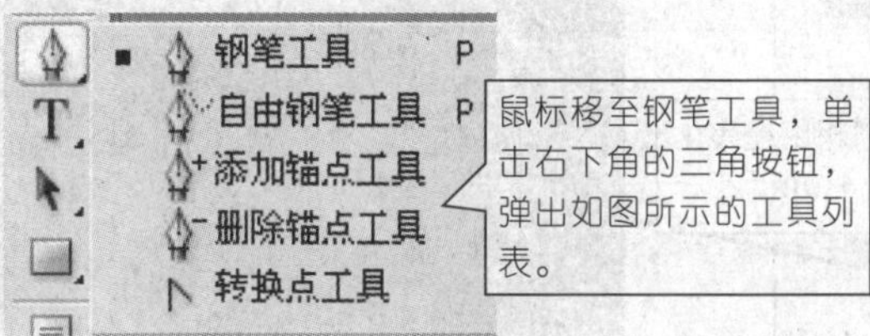

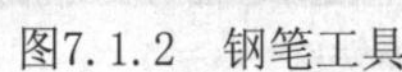

图7.1.2 钢笔工具

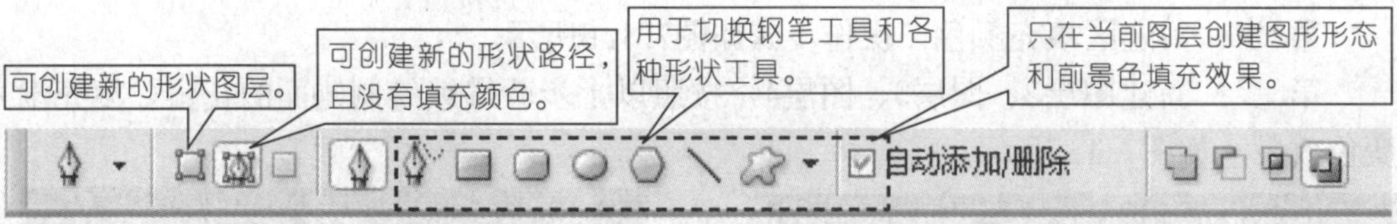

可创建新的形状图层。
可创建新的形状路径,且没有填充颜色。
用于切换钢笔工具和各种形状工具。
只在当前图层创建图形形态和前景色填充效果。
自动添加/删除

图7.1.3 钢笔工具属性栏

(3)转换点工具使用图解,如图7.1.4所示。

锚点
曲度控制点

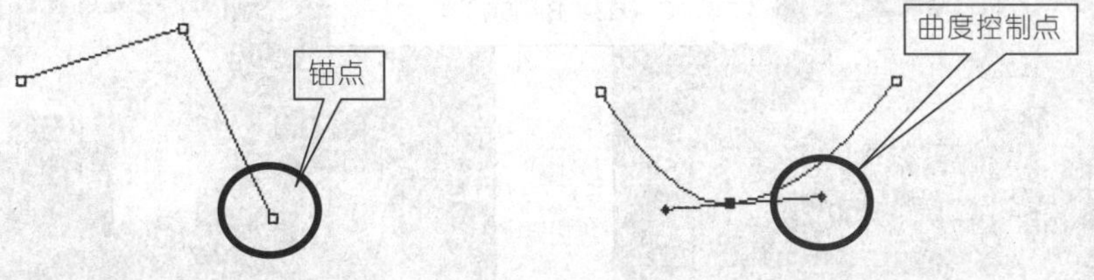

图7.1.4 锚点的用法

2.操作步骤

第1步:创建文件,填充背景为黑色,创建新路径,并将花瓣形路径转换为选区,如图7.1.5所示。

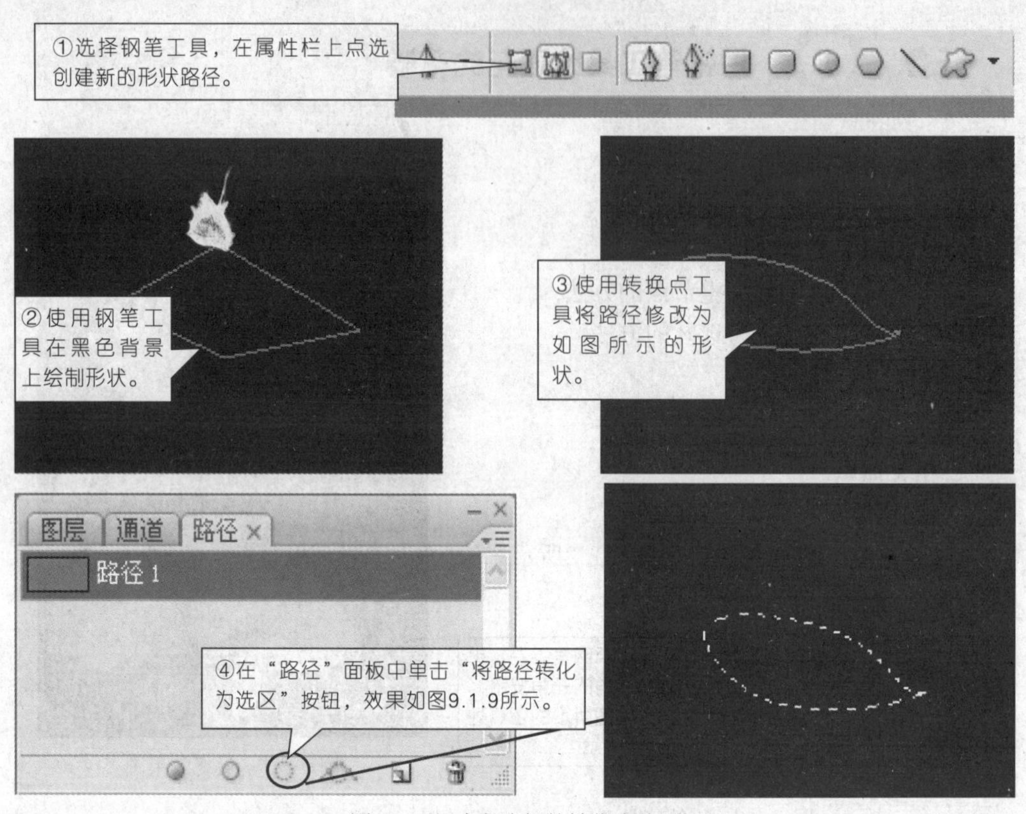

图7.1.5　建立路径并转化为选区

第2步：为选区填充颜色，操作步骤如图7.1.6所示。

第3步：新建图层2、图层3、图层4，按照以上步骤继续绘制侧面的花瓣，填充渐变色效果，如图7.1.7所示。

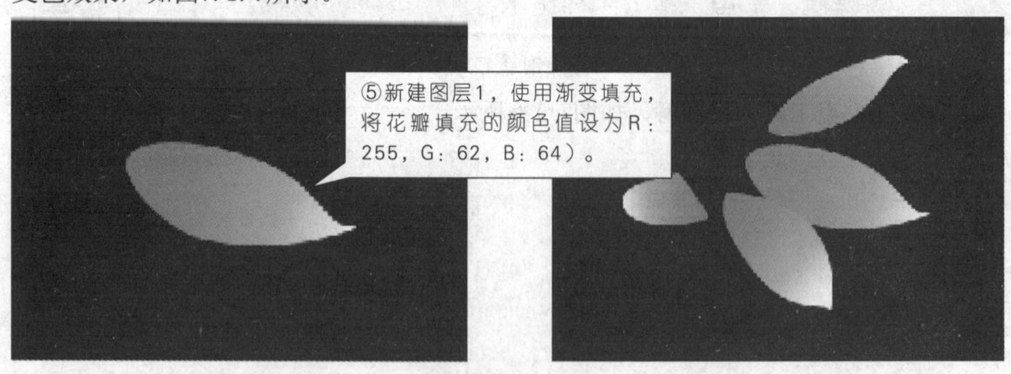

图7.1.6　填充颜色　　图7.1.7　填充颜色

■ 知识拓展

转换点工具使用方法：

◎移动锚点　按住“Ctrl”键选择要移动的锚点，用鼠标左键拖动即可移动锚点。

◎控制曲度　在选择钢笔工具画线的状态下按住“Ctrl”或“Alt”键不放，用鼠标左键拖动“锚点”两侧的句柄移动，可调整曲度，如图7.1.8所示。

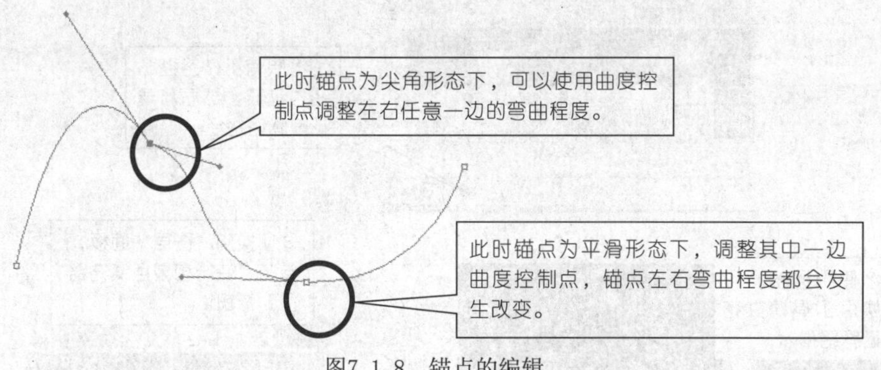

图7.1.8　锚点的编辑

任务 2 用路径画花瓣的脉络及花蕊

■ 任务要求

◎认识“路径”面板；

◎掌握路径的复制和自由变换方法。

■ 任务解析

1.相关知识

（1）“路径”面板，如图7.1.9所示。

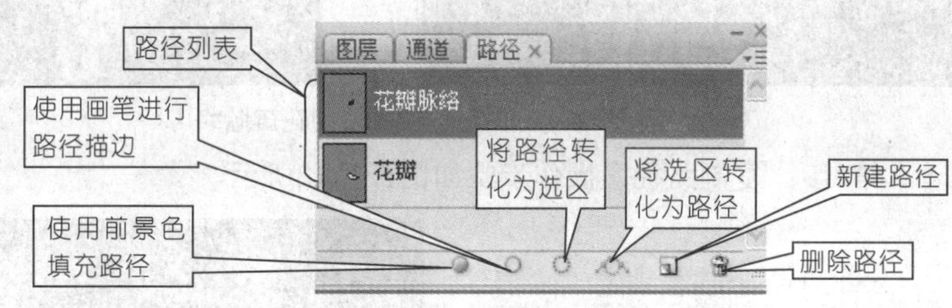

图7.1.9　路径面板小图标

（2）复制路径的操作如图7.1.10所示。

图7.1.10　复制路径

2.操作步骤

第1步：使用“路径”面板，绘花瓣脉络。其操作步骤如图7.1.11所示。

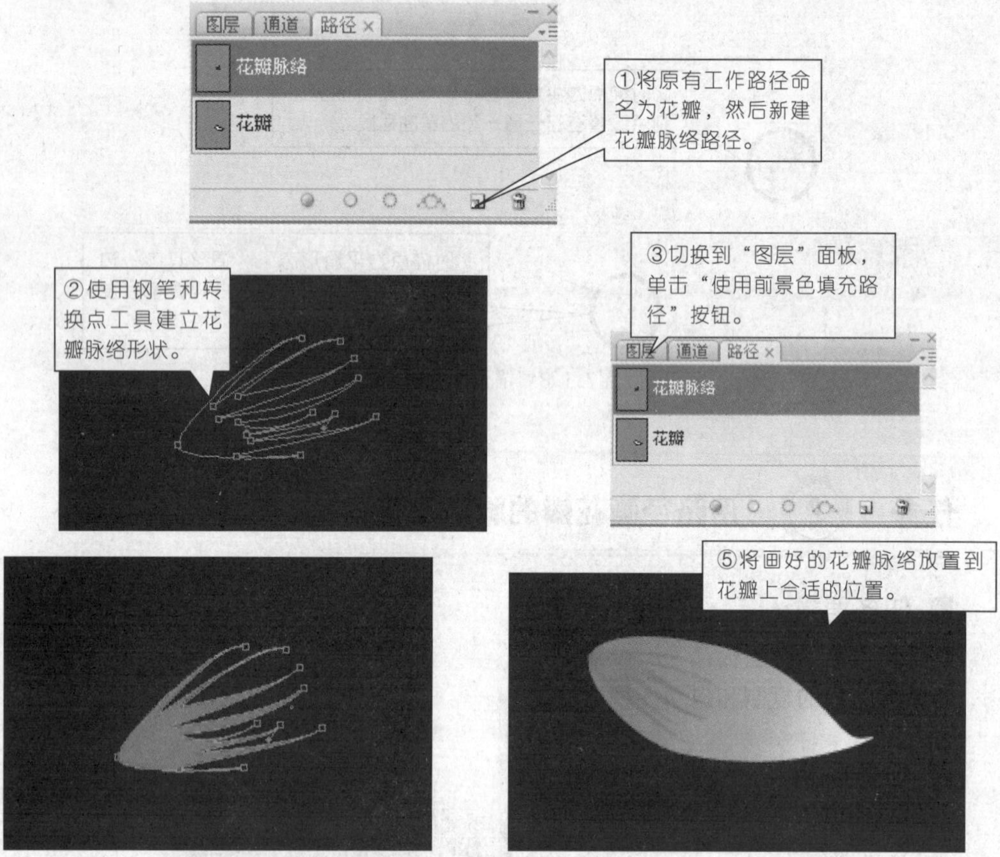
图层 通道 路径
花瓣脉络
花瓣
①将原有工作路径命名为花瓣，然后新建花瓣脉络路径。
②使用钢笔和转换点工具建立花瓣脉络形状。
③切换到“图层”面板，单击“使用前景色填充路径”按钮。
图层 通道 路径
花瓣脉络
花瓣
⑤将画好的花瓣脉络放置到花瓣上合适的位置。

图7.1.11 绘制花瓣脉络

第2步：复制路径，操作步骤如图7.1.12所示。

①按住“Alt”键拖动花瓣脉络路径，将其复制，并填充颜色，然后摆放到其余花瓣的合适位置。

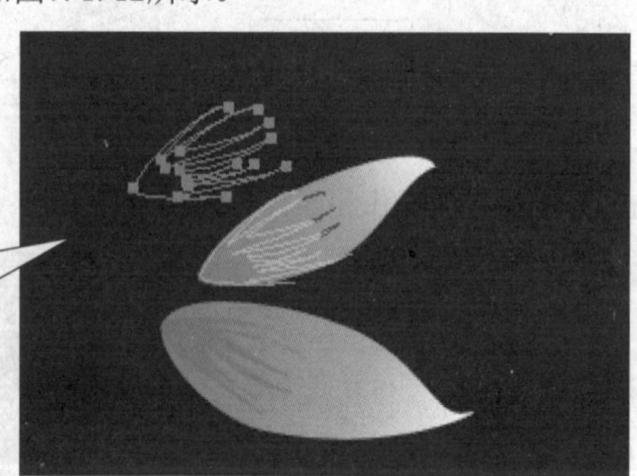

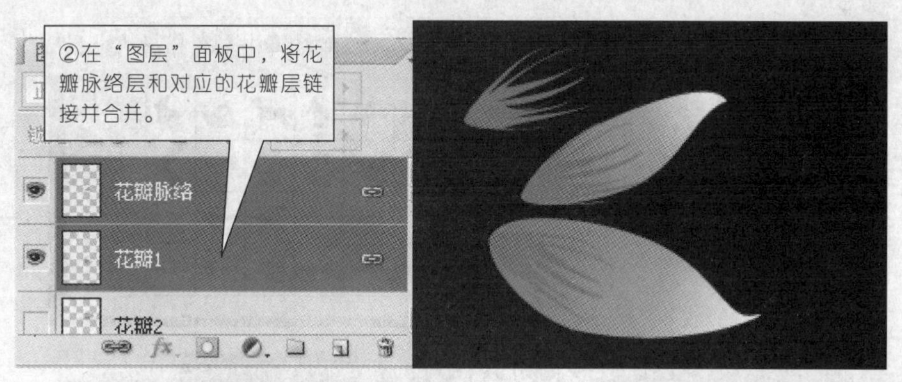

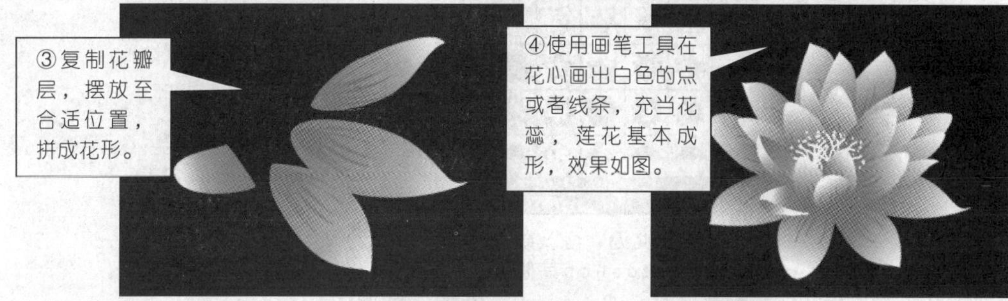

图7.1.12 组合花朵

■ 知识拓展

（1）使用前景色填充路径时一定要新建图层。

（2）图案或图层的移动和修改是使用移动工具，路径的移动和修改是使用路径选择工具。

任务 3 用自定义形状工具画叶片及花茎

■ 任务要求

◎灵活应用路径工具造型并填充颜色的；

◎使用自定义形状工具。

■ 任务解析

1.相关知识

自定义形状工具，如图7.1.13所示。

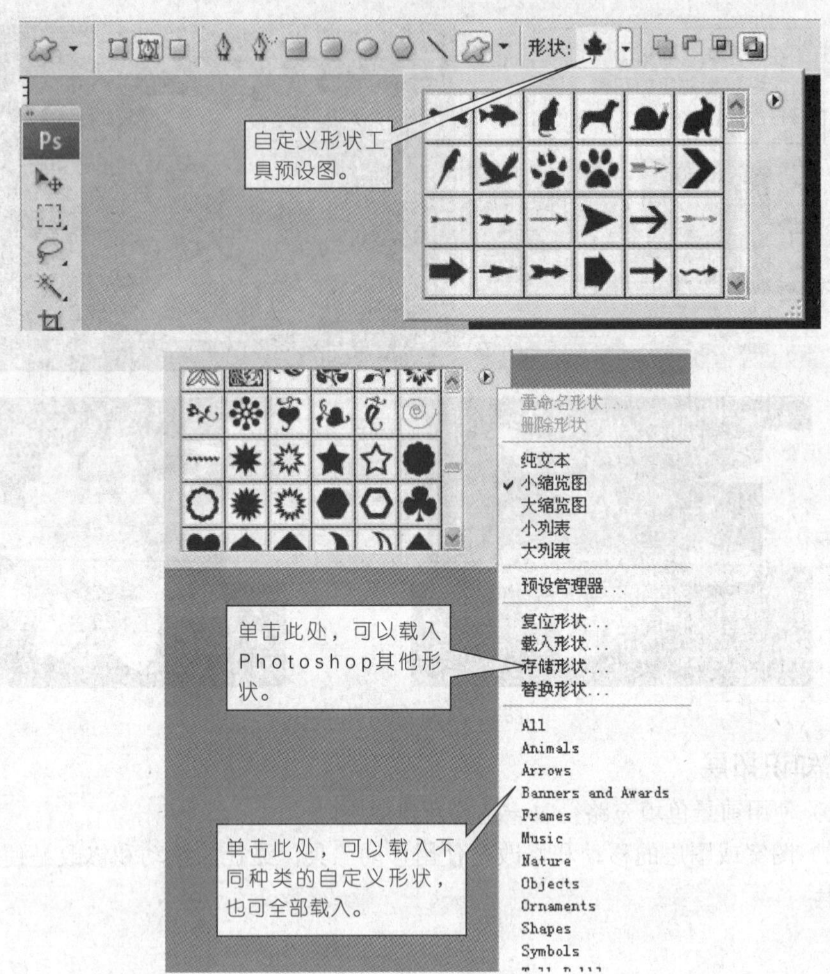

图7.1.13　自定义形状属性

2.操作步骤

第1步：使用自定义形状工具绘制叶片形状。操作步骤如图7.1.14所示。

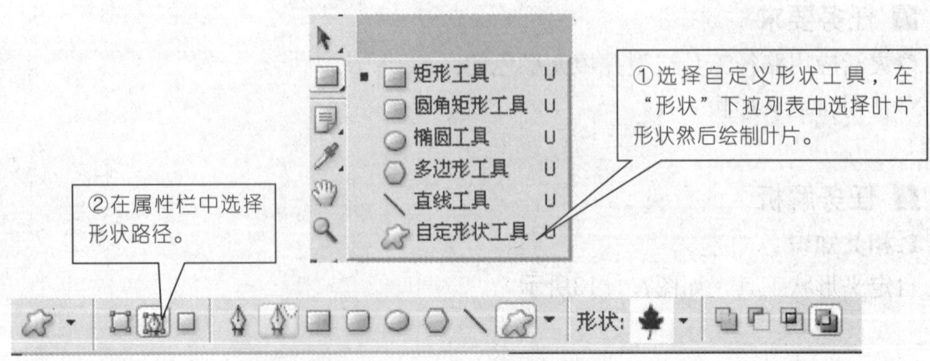

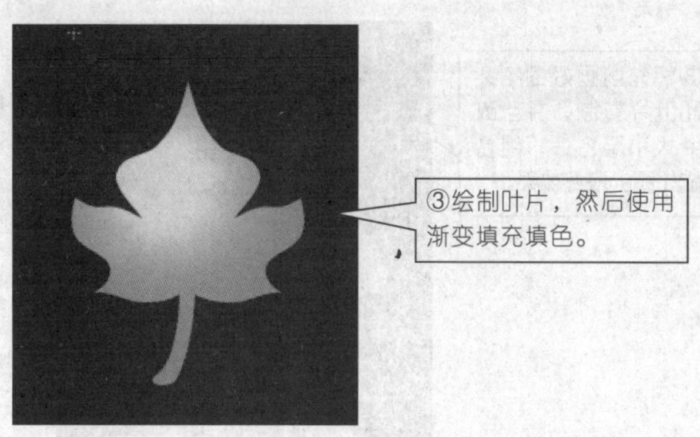

图7.1.14　绘制叶片

第2步：使用路径工具绘制另外一种叶片形状。操作步骤如图7.1.15所示。

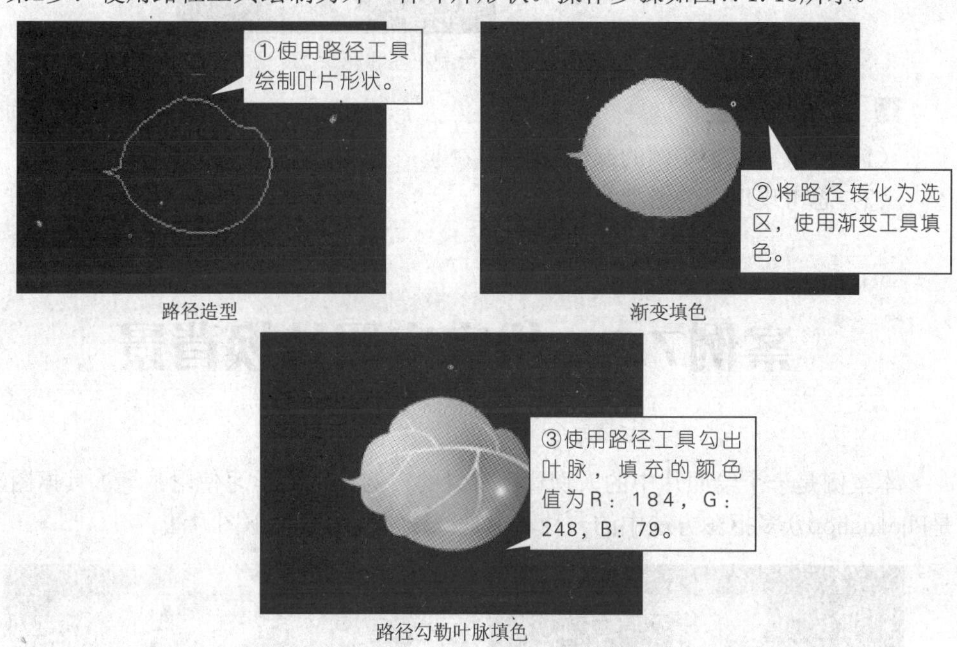

图7.1.15　绘制另一叶片

第3步：使用路径工具绘制、复制花茎，并组合花的图形，操作步骤如图7.1.16所示。

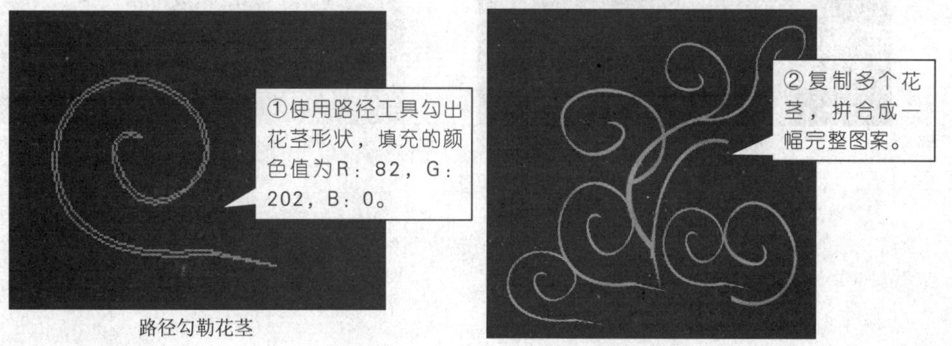

图7.1.16　绘制花茎和花朵

■ 实践与拓展

（1）上机完成本实例的操作。

（2）思考玫瑰花的造型及画法。

案例7.2　给宝宝照片换背景

本案例是一个给照片中的人物置换背景的实例，主要学习使用钢笔工具抠图，它是Photoshop众多抠图方法中的一种，也是比较常用的一种抠图方法。

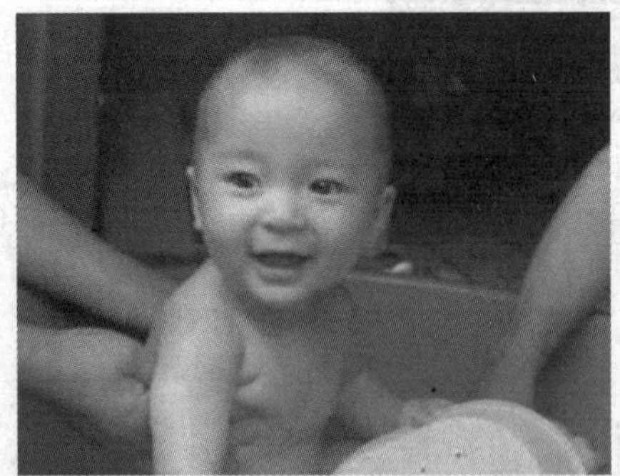

图 7.2.1　原图

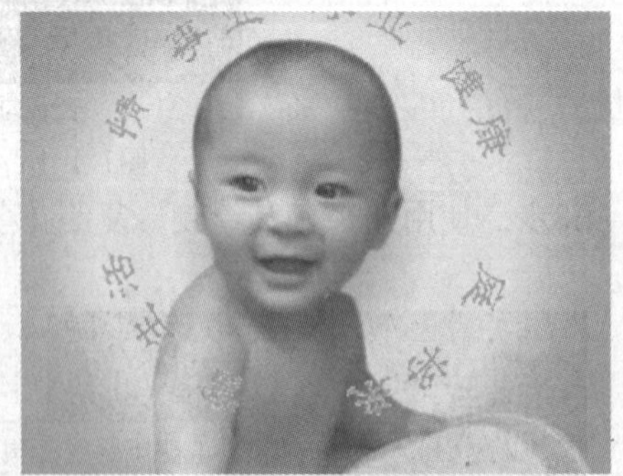

图 7.2.2　效果图

任务　使用钢笔工具抠图

■ 任务要求

◎熟练应用钢笔工具抠图；
◎会将路径转化为选区、存储路径；
◎会将选区转化为图层；
◎会将psd格式文件导入CorelDraw。

■ 任务解析

1.相关知识

（1）建立选区的相关工具，如图7.2.3～图7.2.6所示。

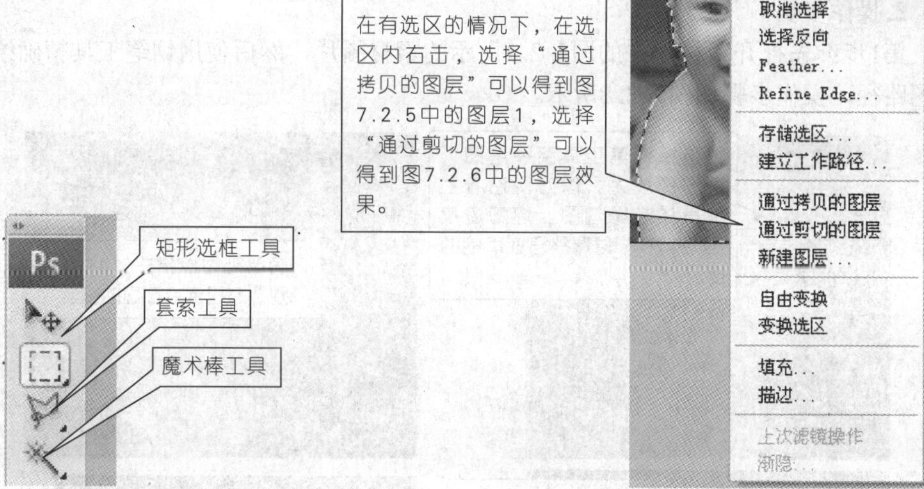

图7.2.3　建立选区的工具　　　图 7.2.4　在选区中单击右键

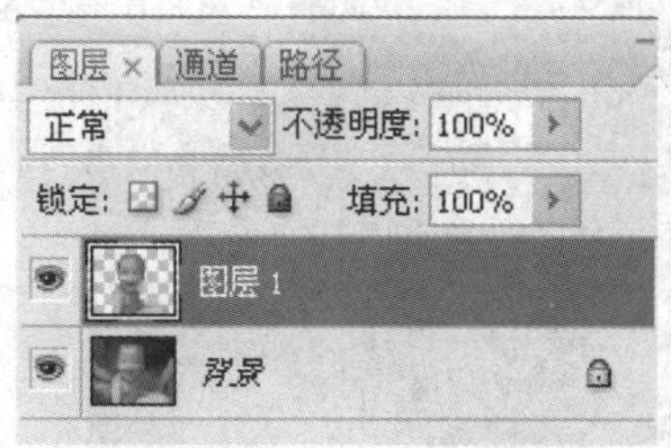

图 7.2.5　复制的图层

图 7.2.6　剪切的图层

（2）存储路径，操作步骤如图7.2.7所示。

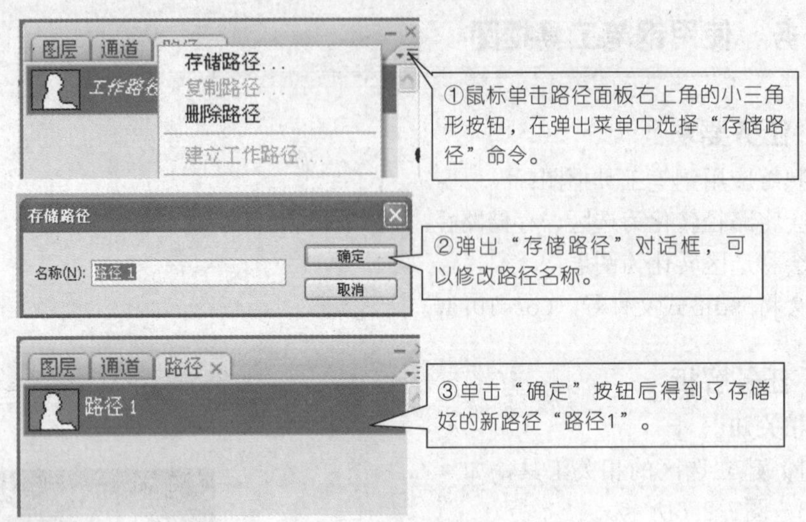

图 7.2.7　设置存储路径

2.操作步骤

第1步：先打开素材库中的图7.2.1所示的素材图片，然后使用钢笔工具精确绘制抠图路径，操作步骤如图7.2.8所示。

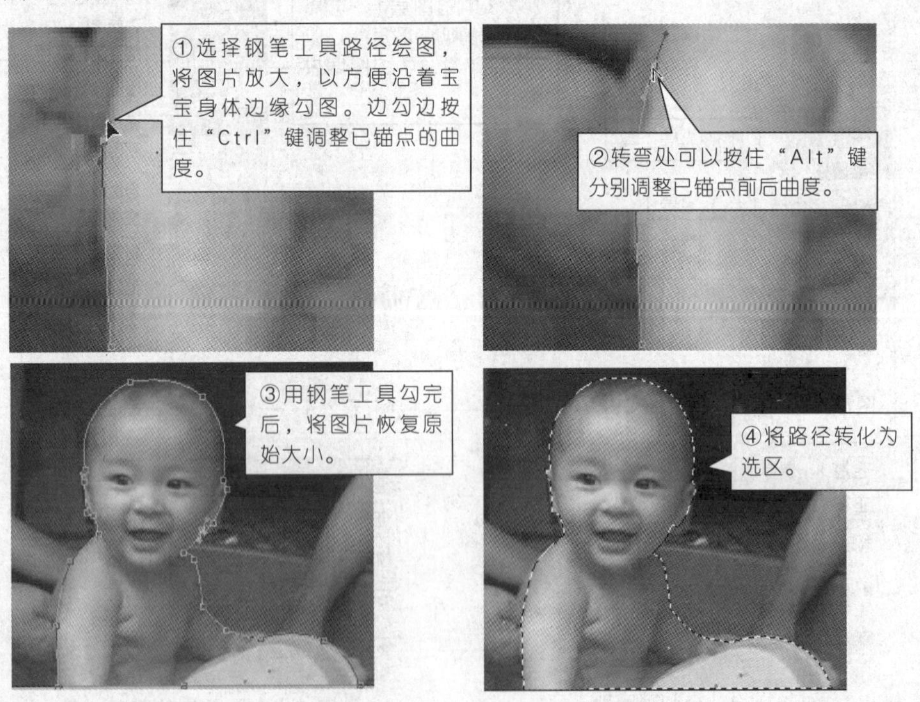

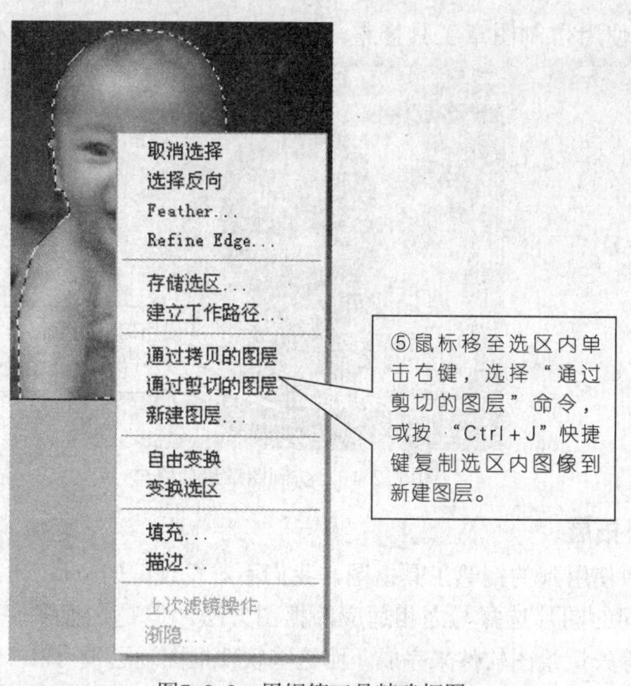

图7.2.8 用钢笔工具精确抠图

第2步：新建图层，为抠出的人像添加背景，如图7.2.9所示。

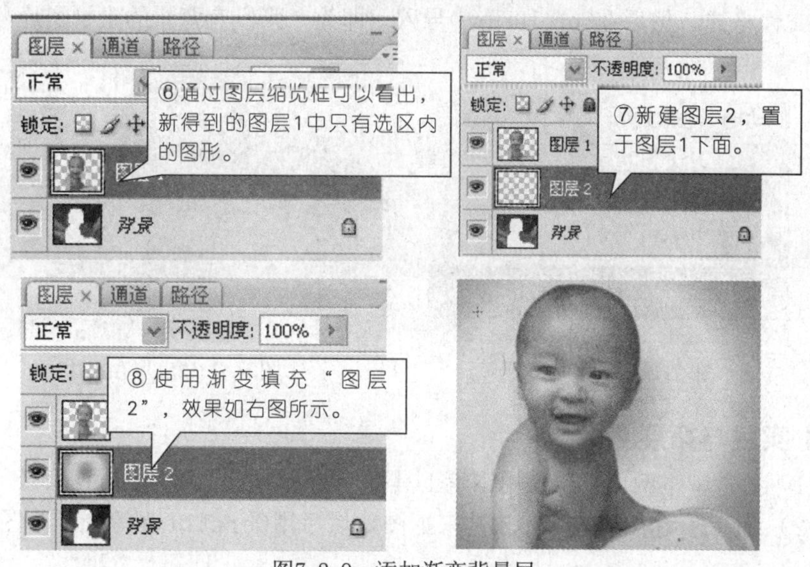

图7.2.9 添加渐变背景层

第3步：使用仿制图章工具修整，还可以添加花边图案等素材，最终效果如图7.2.10所示。

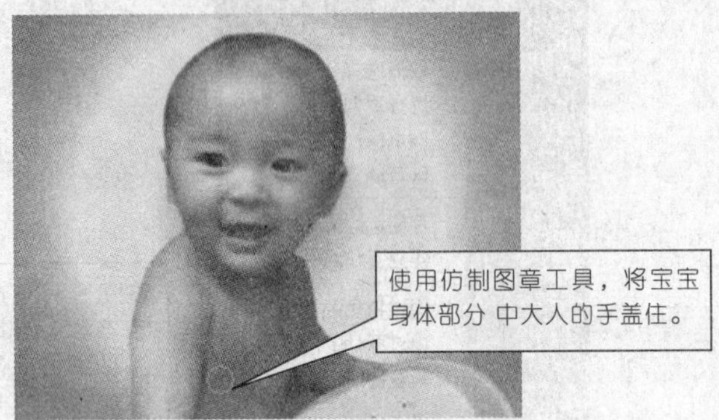

图 7.2.10 仿制图章最后修整

■ 知识拓展

从本例中使用到的钢笔工具抠图，我们不难发现，Photoshop抠图方法很多，可以根据不同的图片选择与之相适应的抠图方法。但是，很多广告后期制作都是用CorelDraw等矢量绘图软件来完成，而这些软件抠图远远没有Photoshop方便，所以我们可以先用Photoshop抠图，然后再转换到其他矢量软件里面做效果。结合本例，先将背景层隐藏，效果如图7.2.11与图7.2.12所示，单击“文件/保存”命令，保存为.psd文件格式，然后在CorelDraw中导入，即为一张没有背景的素材图片。

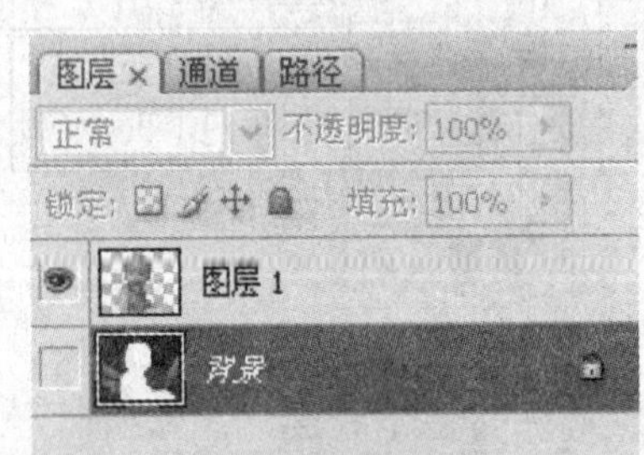

图 7.2.11 隐藏背景

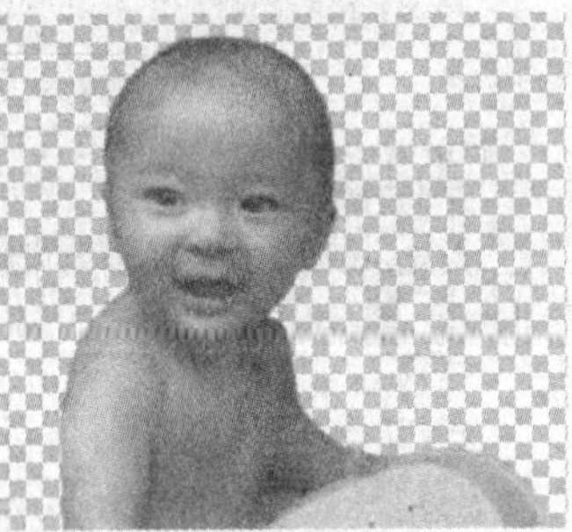

图 7.2.12 保存图片

■ 实践与拓展

（1）参考本案例，尝试使用钢笔工具抠一副人物图片，并且置换背景。

（2）练习使用Photoshop软件来抠图，然后用CorelDraw等矢量绘图软件来做效果。

8

通道与蒙版

通道与蒙版是Photoshop的核心知识，也是Photoshop最有用的高级工具。读者在本章主要学习通道与蒙版工具的部分运用，以达到能对这些技术融会贯通、灵活应用的目的，并且知晓通道是保存原色的，快速蒙版和Alpha通道是创建和保存选区的，用图层蒙版遮罩所在的图后可以帮助完成非常复杂的操作。

学习目标

理解通道的用途并会用通道调整图像色彩；
会用Alpha通道创建选区；
会用图层蒙版遮罩技术修整图像；
会用快速蒙版创建选区；
理解Alpha通道、图层蒙版、快速蒙版与选区的关系。

案例8.1 调整图片颜色

本案例是一个典型的照片校色实例，从中可学习使用通道调板调整图片的色调、用Alpha通道来更改局部区域色彩。其原图如图8.1.1所示，调整后的效果如图8.1.2所示。

图8.1.1 原图

图8.1.2 效果图

任务 1 使用分色通道调整照片的色偏

■ 任务要求

◎掌握“通道”面板的使用；

◎理解R、G、B通道的属性；

◎用灰度图调整色偏。

■ 任务解析

1. 相关知识

（1）“通道”面板，如图8.1.3所示。

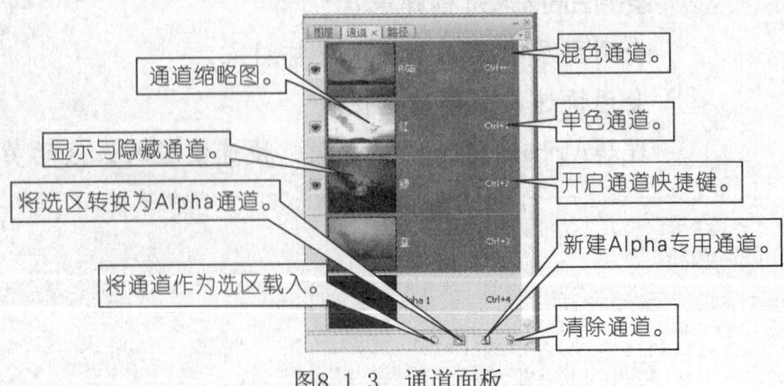

图8.1.3 通道面板

（2）对R、G、B通道属性的认识。在图8.1.3所示的通道缩略图中，RGB通道为红、绿、蓝光同时照射屏幕时的彩色画面。红、绿、蓝通道是用灰度分别显示图像中红、绿、蓝光强弱的通道。某种通道成像越亮，反映某种光照越强。例如：图8.1.1的色彩偏红，说明红光强，因而红色通道很亮：反之，该图中绿、蓝色偏弱，绿、蓝通道较红色通道亮度偏暗。

2.操作步骤

第1步：打开素材库中图8.1.1所示的素材文件，只显示红色通道，如图8.1.4所示。

图8.1.4　红色通道

第2步：选择绿色通道，执行“图像”→“调整”→“亮度”→“对比度”命令，打开“亮度/对比度”对话框，设置如图8.1.5、8.1.6所示的参数。

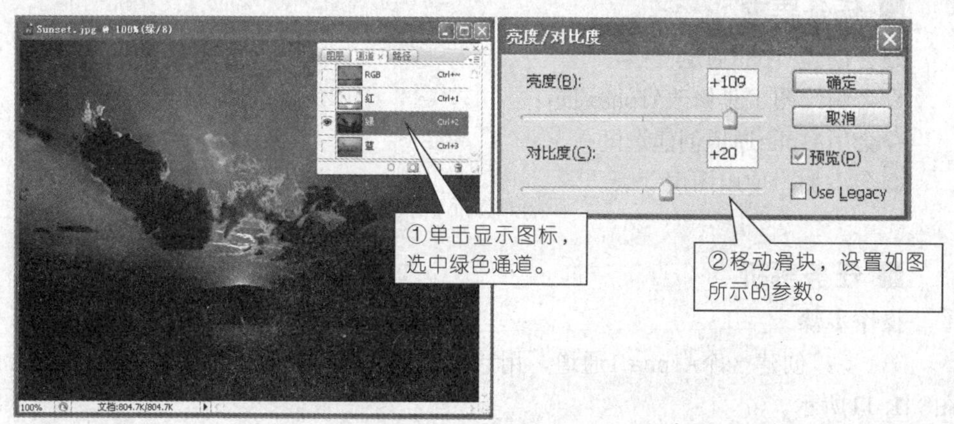

图8.1.5　亮度/对比度

图8.1.6 调整后绿色通道灰度

任务 2 使用Alpha通道调整局部区域色彩

小张觉得色调满意了，但由于是逆光拍摄，使照片中间的山形地带深黑一片，没有层次，如图8.1.7左所示。再仔细观察红色通道中左边的山形，它是灰中有层次的，如图8.1.4所示。为了使照片层次丰富，小张作了以下调整，达到了图8.1.7右图所示的最佳效果。

图8.1.7 层次对比

■ 任务要求

◎会创建Alpha通道；

◎会用绘图工具修改Alpha通道；

◎会用Alpha通道创建选区；

◎会添加、使用图层蒙版。

■ 任务解析

操作步骤

第1步：创建一个Alpha 1通道，用它来选中黑色的山形，操作步骤如图8.1.8～图8.1.11所示。

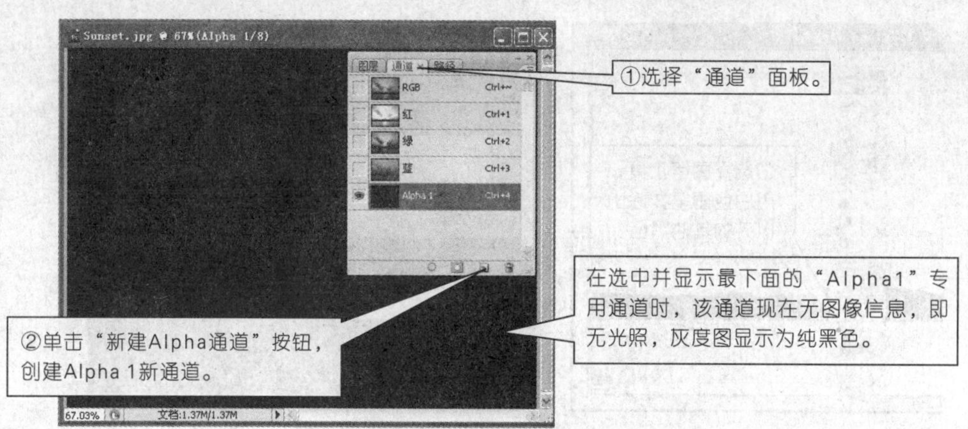

图8.1.8　新建Alpha通道

图8.1.9　选中红色通道

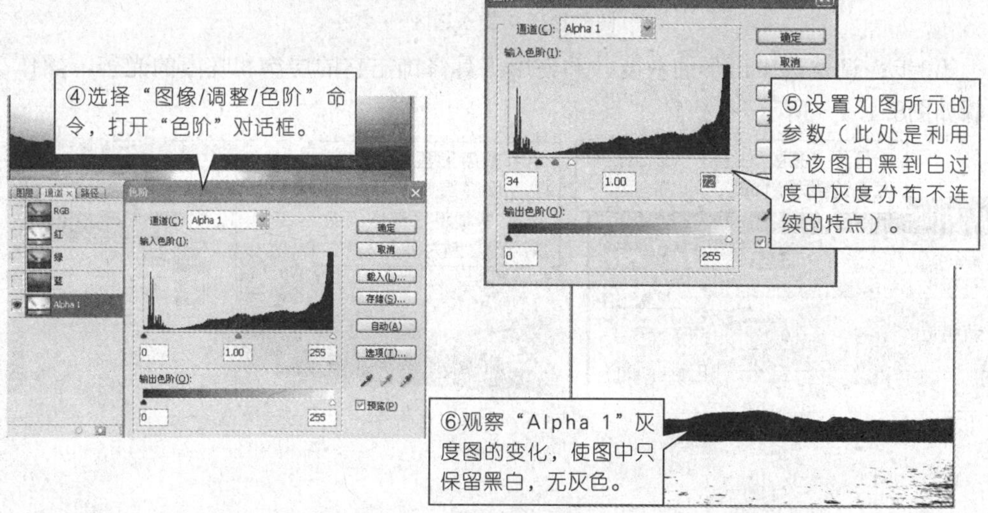

图8.1.10　调整色阶

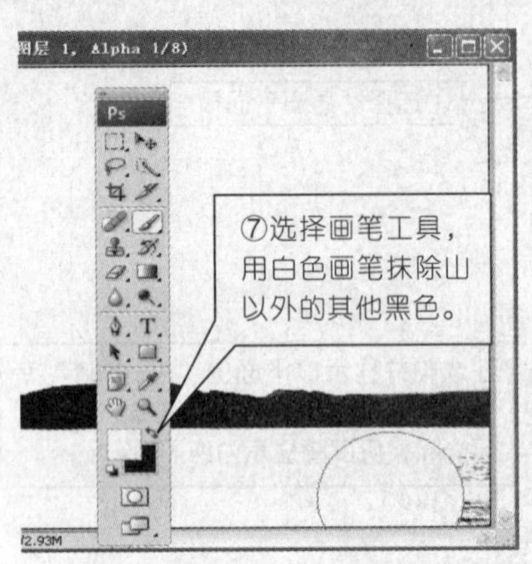

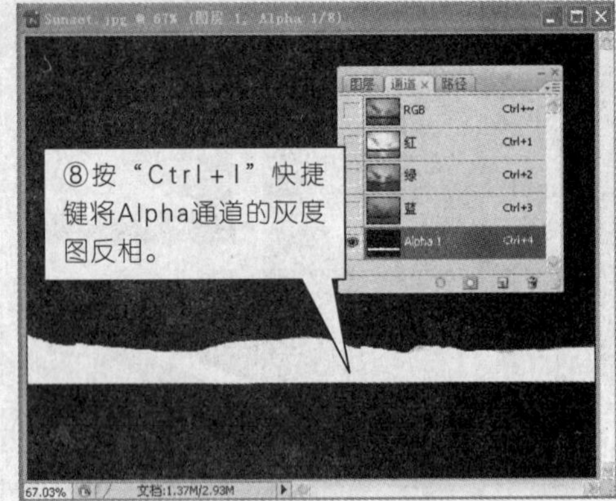

图8.1.11　在Alpha通道中用白色表现山形

第2步：将通道转换为选区，操作步骤如图8.1.12所示。

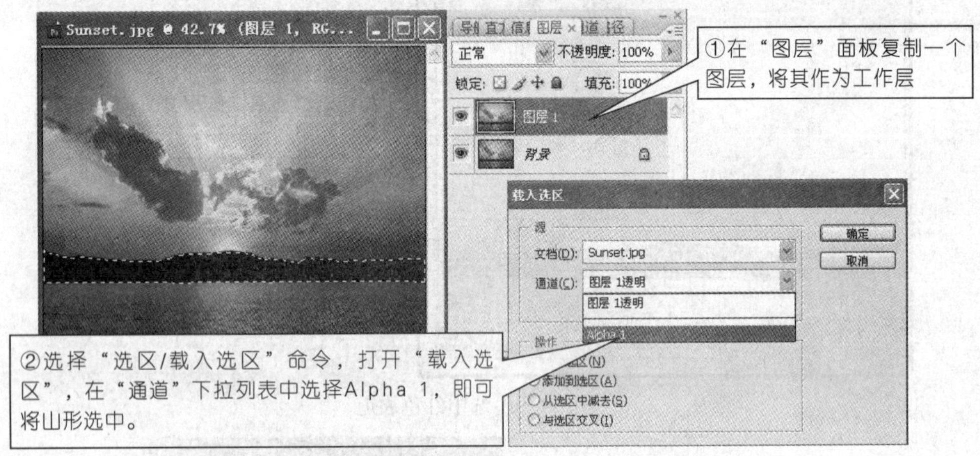

图8.1.12　载入选区

第3步：调整选中山形的灰度，并使用工具修饰出它的层次和晚霞的光芒，操作步骤如图8.1.13所示。

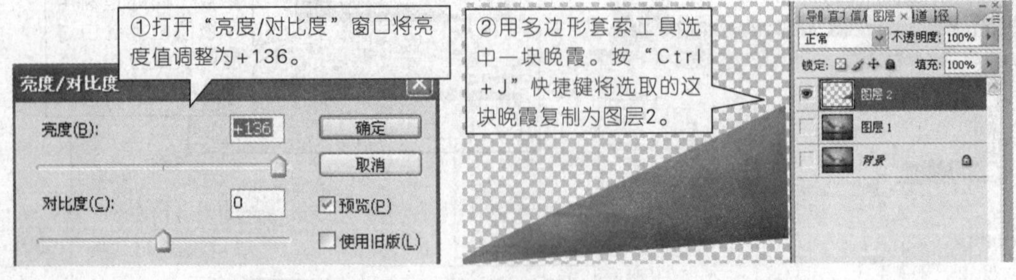

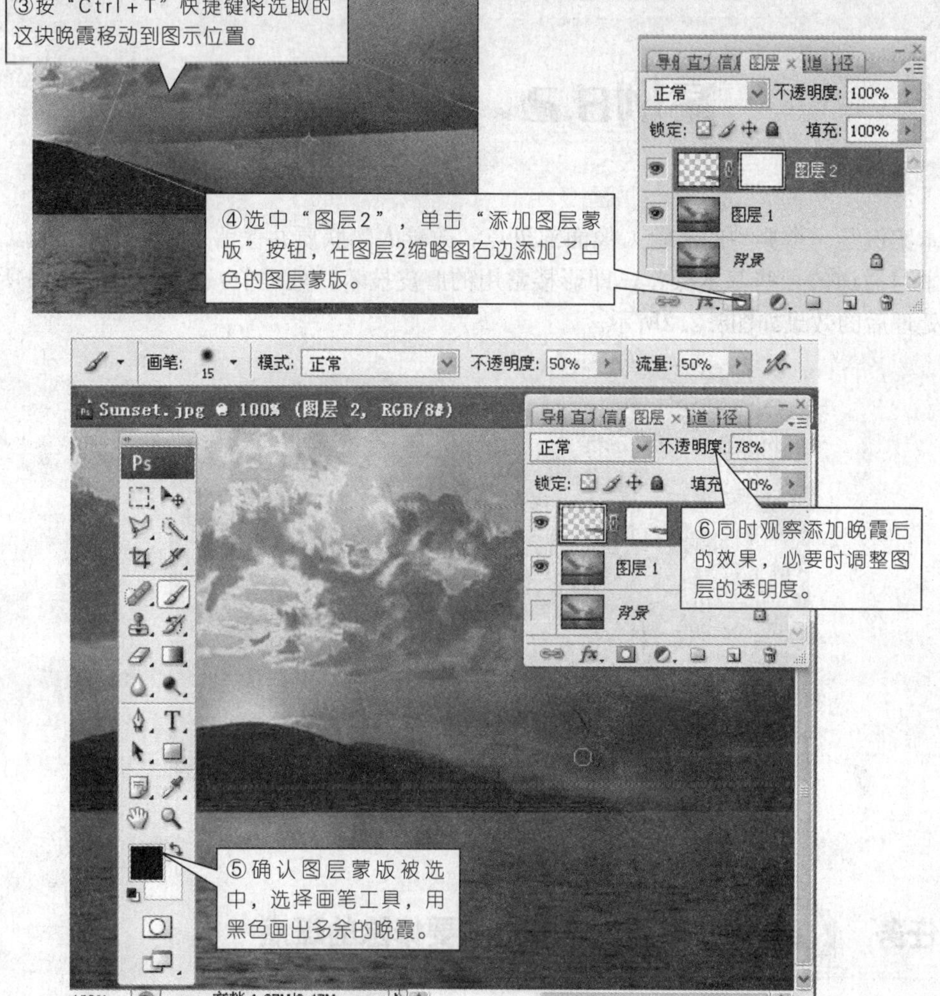

图8.1.13　用图层蒙版美化晚霞

■ 知识拓展

（1）对应于RGB模式，软件提供红、绿、蓝等3个通道，适用于视屏领域。

（2）对应于CMYK模式，软件提供青、红、黄、黑等4个通道，最适用于印刷领域。

（3）Alpha通道以灰度图存在，可以转为专色通道。

（4）通道转换为选区时，白色部分为被选择区。

（5）灰色部分界于被选区与非选区之间，类似羽化选取的边缘地带。

（6）Alpha通道仅以灰度图作为保存选区而存在，不对原图产生作用。将选择区域储存成为一个个独立的通道层；需要选择区域时，可以方便地从通道将其调入。

案例8.2 人像去斑

本案例是一个典型的清除人像面部斑点、改善人物肤质并保留大量细节的实例，主要学习通道的一些基本操作，即影楼常用的磨皮技术。处理前，原图如图8.2.1所示，处理后的效果如图8.2.2所示。

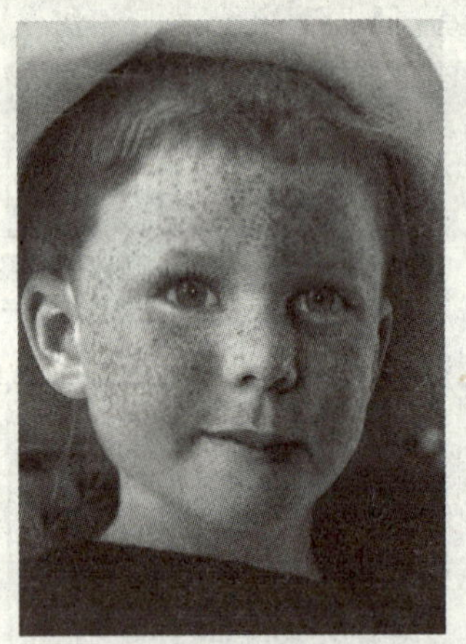

图8.2.1　原图

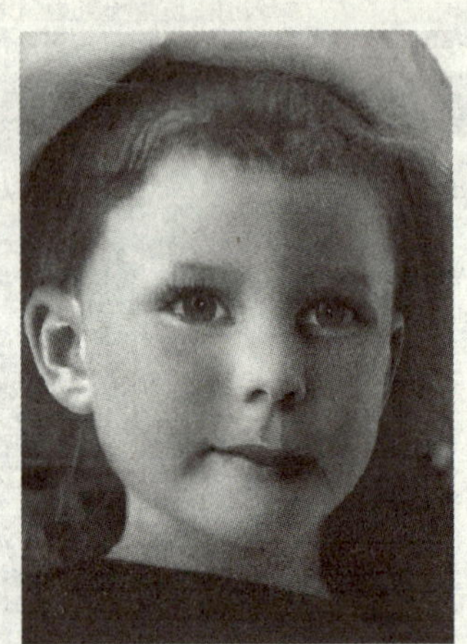

图8.2.2　效果图

任务  使用计算通道选取要修除的斑点

■ 任务要求

◎选取红、绿、蓝3个分色道通中斑点最明显的通道；
◎通过复制的办法创建Alpha通道；
◎使用“滤镜”工具处理通道；
◎通道计算；
◎将通道转换为选区。

■ 任务解析

操作步骤

第1步：打开素材库中的8.2.1所示的图片素材，按“F7”键打开“通道”面板，先复制一新通道，然后进行滤镜处理，操作步骤如图8.2.3～图8.2.5所示。

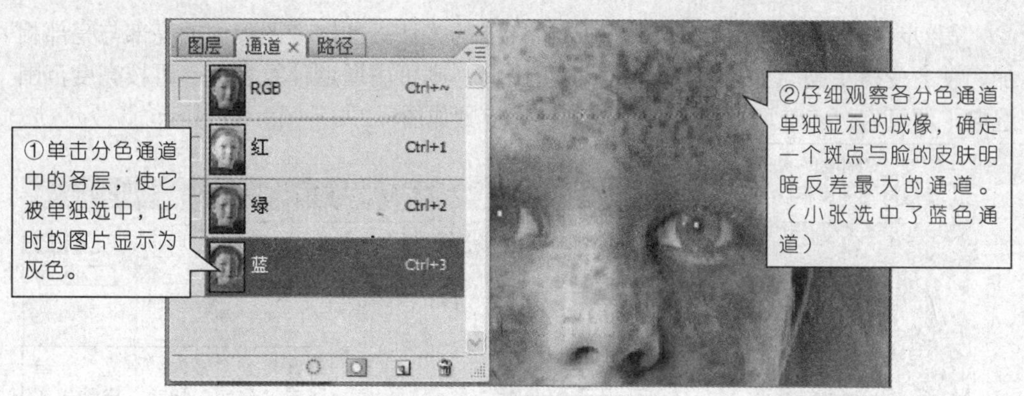

图8.2.3　观察各分色通道

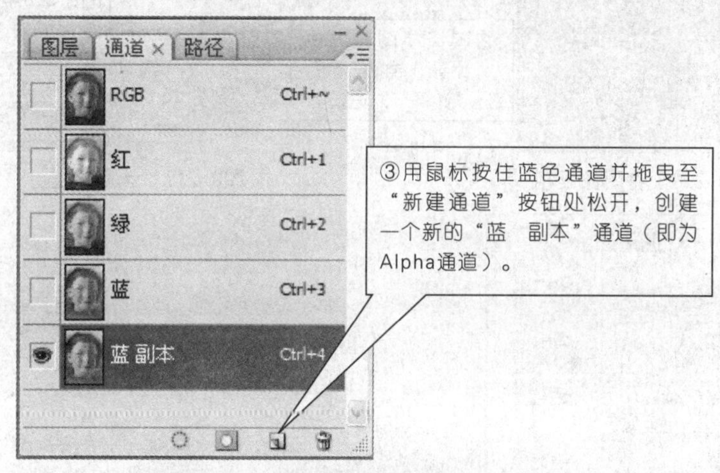

图8.2.4　复制通道

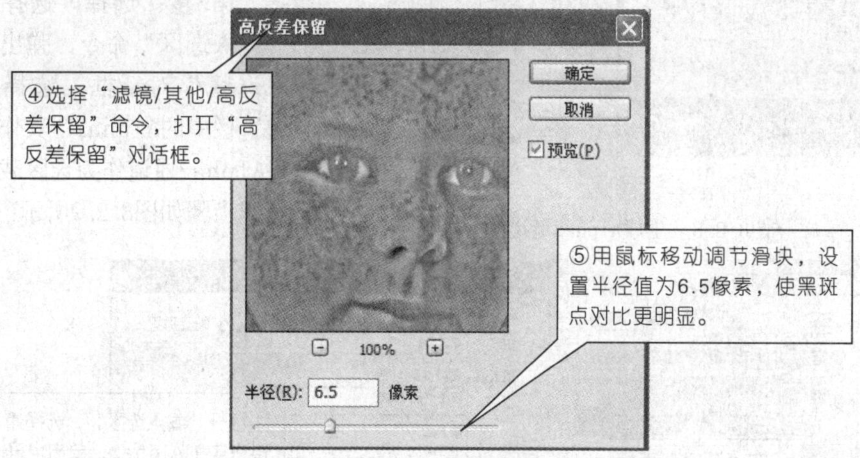

图8.2.5　用“高反差保留”滤镜处理通道

第2步：Photoshop提供了一种计算图像的方法，能够使图像中的亮部与亮部相加，使之变得更亮。如果将斑点区域亮度提高，则可用通道计算实现，再按亮度范围选取，便可将斑点选取并进行处理，其操作步骤如图8.2.6～图8.2.8所示。

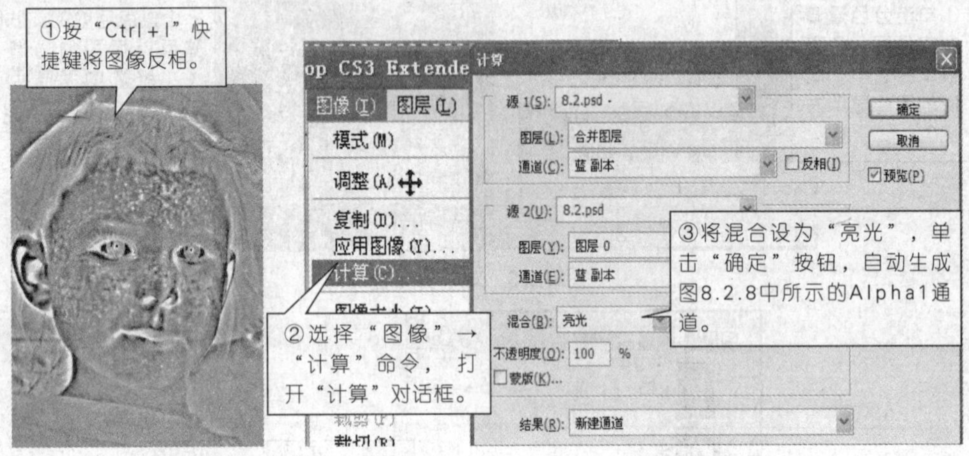

图8.2.6 将图像反相　　　　图8.2.7 计算通道

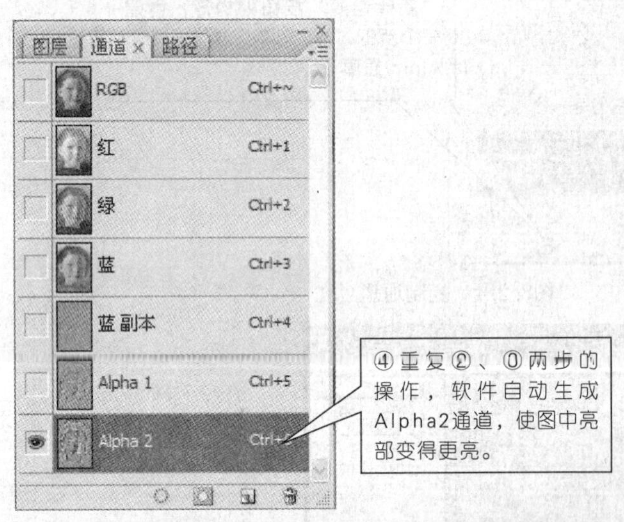

图8.2.8 生成Alpha2通道

第3步：选择“选择”→“载入选区”命令，弹出“载入选区”对话框，选择“通道”栏中的Alpha2，其作用是将Alpha2通道作为选区载入，操作步骤如图8.2.9所示。

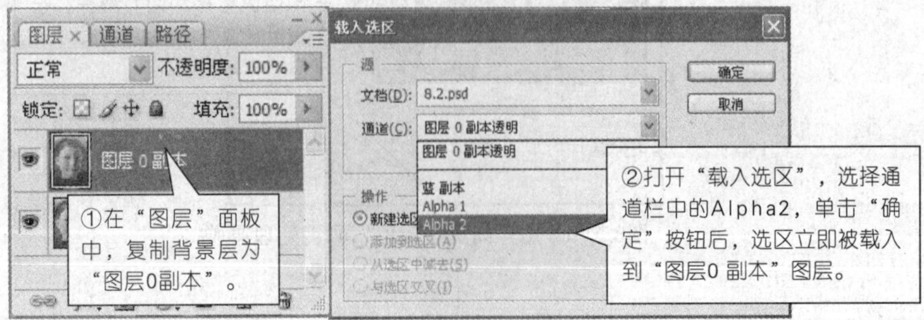

图8.2.9 将通道转换为选区

任务  用曲线减淡工具减淡被选取的斑点

■ 任务要求

◎能合理调整“曲线”面板中的参数；

◎理解隐藏选区的作用；

◎会使用滤镜中的高斯模糊“磨皮”。

■ 任务解析

第1步：选择“图像”→“调整”→“曲线”命令，或按“Ctrl+M”快捷键打开“曲线”对话框，然后反复观察、调整，使被选中的深色斑点变亮，操作如图8.2.10、图8.2.11所示。

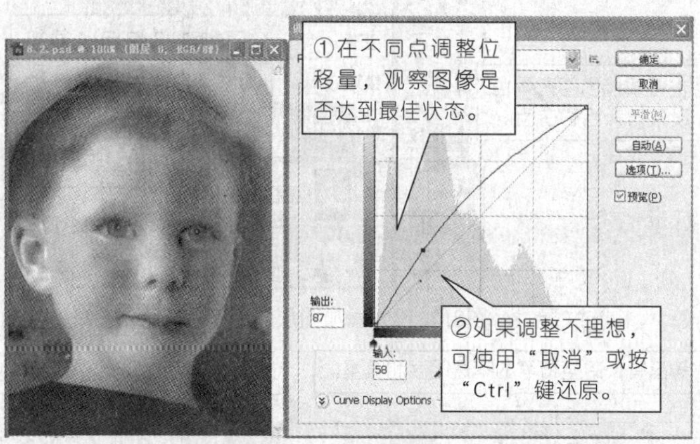

图8.2.10　曲线调整

图8.2.11　选区虚线的干扰显示

第2步：通常，闪烁的选区虚线使我们无法看清调整色彩的效果，这时可以反复按“Ctrl+H”快捷键达到选区虚线的取消显示和恢复显示目的。

第3步：使用高斯模糊“磨皮”，使皮肤光滑，其操作如图8.2.12所示。

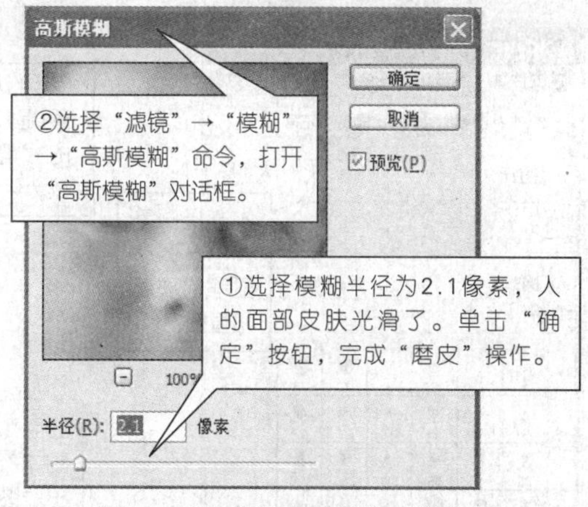

图8.2.12　使用高斯模糊“磨皮”

任务 3 使用图层蒙版修饰图片

小张在处理图像的斑点时，将人像的五官及其他不该“磨皮”的部分也处理了，现在要进行恢复。为了不使原图被破坏，使用图层蒙版保护图像后，再用蒙版工具清除不该处理的部分，可以达到理想的效果。

■ 任务要求

◎添加图层蒙版；

◎调整合适的画笔，处理蒙版；

◎会使用调整图层。

■ 任务解析

第1步：添加图层蒙版，在蒙版中用画笔除去特定部位的磨皮效果，恢复显示原像的五官细节部分。操作步骤如图8.2.13～图8.2.15所示。

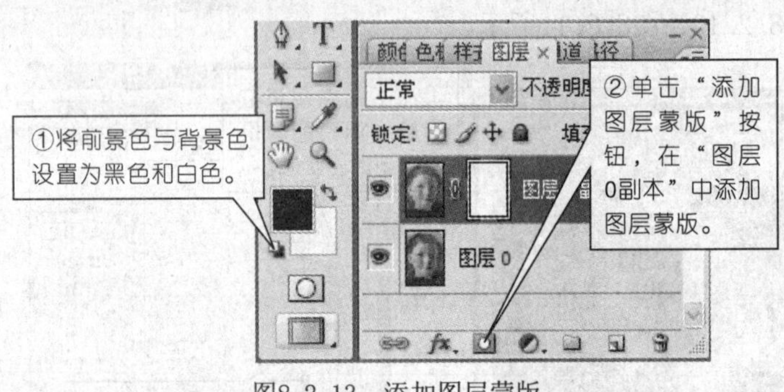

图8.2.13 添加图层蒙版

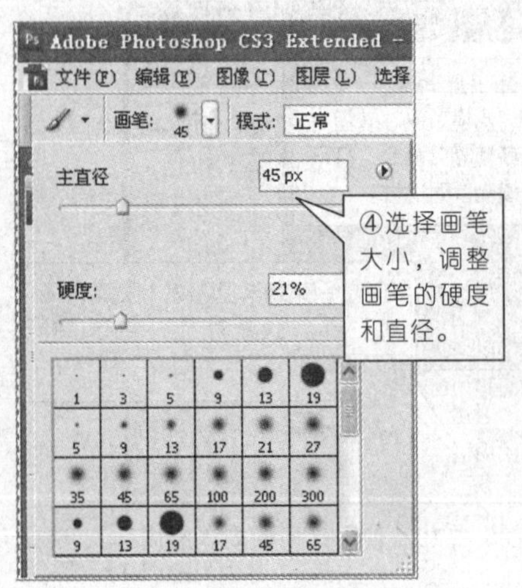

图8.2.14 调整画笔参数

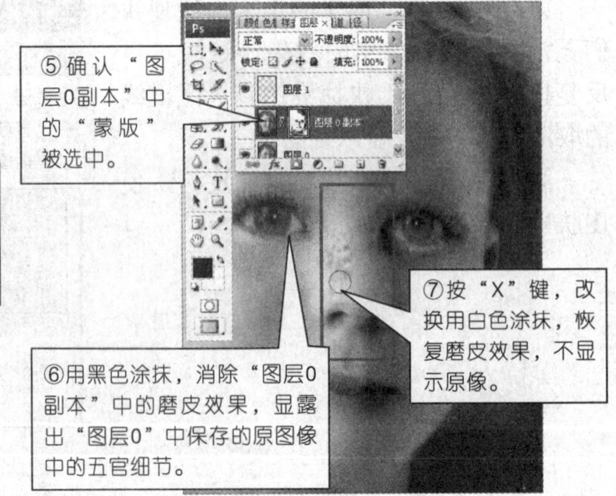

图8.2.15 在蒙版中用画笔修片

第2步：添加调整图层，调整色调，使“磨皮”后的人像色调还原到开始状态，操作步骤如图8.2.16所示。

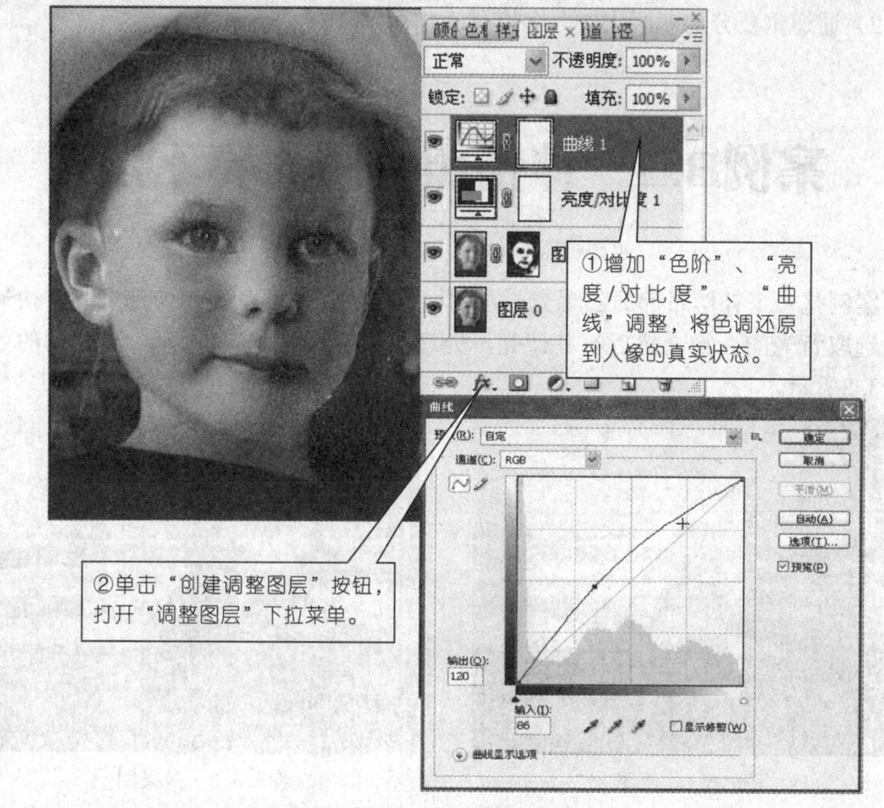

图8.2.16　调整色调

■ 知识拓展

（1）每个Alpha通道的名称可更改，如同在图层中的操作方法一样。

（2）可以用绘图工具、滤镜等工具处理通道，得到意想不到的图像。

（3）可以将现有的选区方便的转成通道。

（4）通过调整每个原色通道的灰度，可以改变图像对应色光的强度。

（5）通道之间可以互相调换、计算与叠加得出新的奇妙彩图。

（6）通道层同图像层之间的区别：单个图层的各个像素点的属性是以红绿蓝三原色来表示的，而单个通道层中的灰度像素颜色代表一种原色的亮度值。

（7）以灰度图像显示的通道实际上还可以理解为是选择区域的映射。

（8）色彩通道与选择通道的区别：色彩通道用于存储色彩信息。色彩通道的名称和数量都是由当前的图像模式决定的，不可以任意调整。当改变某个色彩通道中的色彩时，图像上的色彩也会发生变化。选择通道（Alpha通道）用于存储图像的选择信息，以备将来修改。选择通道可以任意建立，但图像的总通道数不可以超过24个。

（9）本案例的“磨皮”效果可以使用专门的外挂“磨皮”滤镜来实现。

■ 实践与拓展

（1）参照本案例的操作步骤，对图8.2.1中的人像作去斑处理。

（2）通道主要分为哪两大类？各有什么作用？

案例8.3 补偿照片曝光亮不足

本案例是一个补偿照片局部曝光不足的标准实例，主要学习用快速蒙版来快速、准确地选取背光的人物，然后将其调亮。处理前原图如图8.3.1所示，处理后的效果如图8.3.2所示。

图8.3.1 原图

图8.3.2 效果图

任务 使用快速蒙版选取人像

■ 任务要求

◎会使用快速蒙版；

◎会将快速蒙版作为选区保存；

◎会用“色阶”调整亮度。

■ 任务解析

1.相关知识

选择“快速蒙版”模式，如图8.3.3所示。

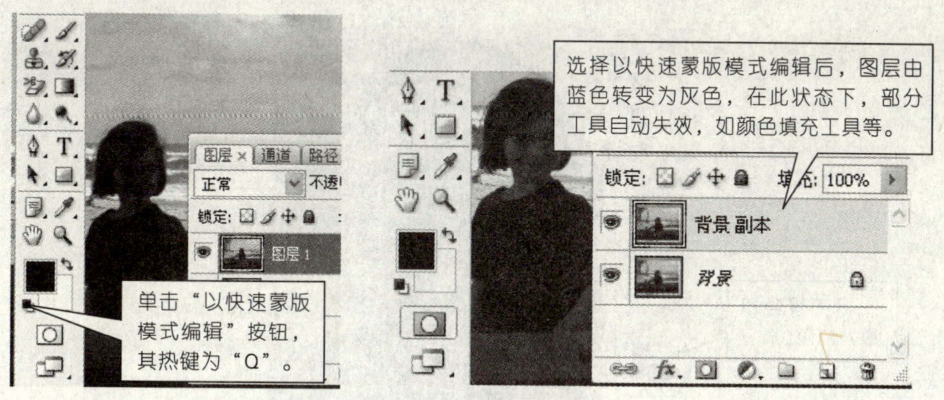

图8.3.3　快速蒙版

2.操作步骤

第1步：打开素材库中的如图8.3.1所示的照片素材，用快速蒙版选取需要调整亮度的人与船，操作步骤如图8.3.4～图8.3.7所示。

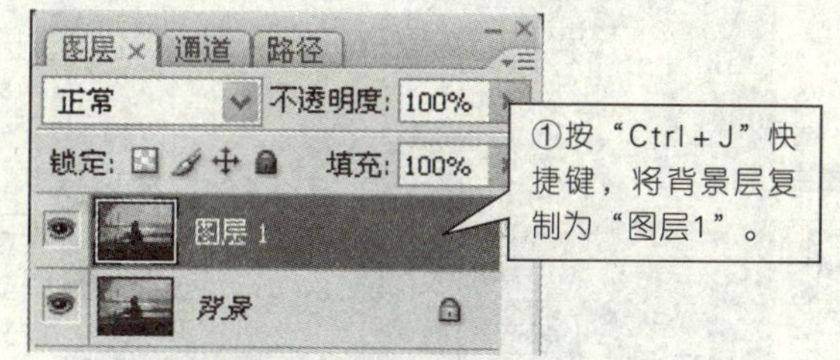

图8.3.4　复制图层为工作层

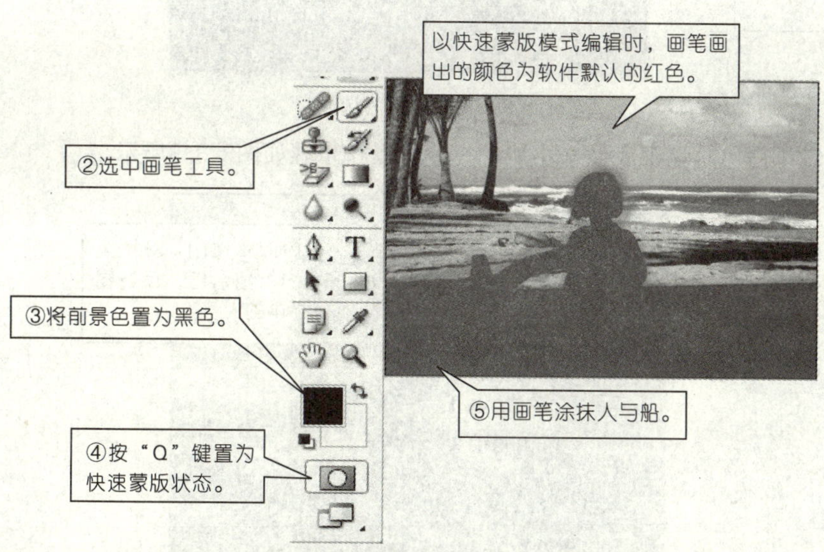

图8.3.5　使用快速蒙版选取人像

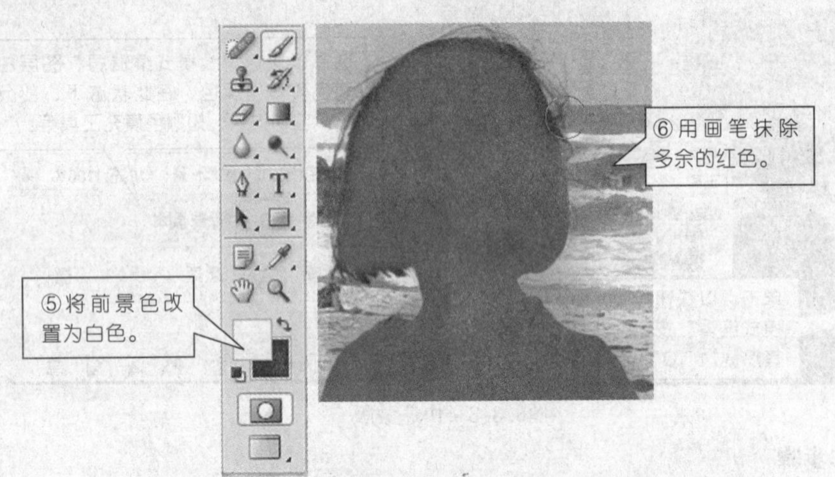

图8.3.6 用画笔精确修抹

图8.3.7 蒙版转换为选区

第2步：用色阶调整人像与小船的亮度，操作步骤如图8.3.8所示。

图8.3.8　调整亮度

第3步：按“Ctrl＋D”快捷键取消选区，处理后的效果如图8.3.2所示。

■ 知识拓展

（1）快速蒙版建好后，要想保存选区，第一种方法是转换成选区后，用“选择”→“存入选区”命令，进行保存；第二种方法是在快速蒙版状态时，在“通道”面板中将快速蒙版复制成一个Alpha通道，专门用它来保存选区。

（2）在快速蒙版中，红色（即蒙版）为被保护的区域，它将不会转换成选区范围；非红色区域为没被蒙罩（保护）住的范围，是我们想要选中并在下一步用工具进行修改的区域。

■ 实践与拓展

（1）参考本案例，使用快速蒙版对图8.3.9中的人物进行选取，然后作人像曝光不足的调色处理。

图8.3.9　人像曝光不足

（2）选择填空：

①使用色阶命令调整图像时，选择________通道是调整图像的明暗，选择________通道是调整图像的色彩。一个RGB图像在选择________通道时可以通过调整来增加图像中的黄色。

②编辑保存过的快速蒙版的方法是（　　）。

A.在快速蒙版上绘画　　B.在黑、白或灰色的Alpha通道上绘画

C.在图层上绘画　　D.在路径上绘画

③当将CMKY模式的图像转换为多通道时，产生的通道名称是（　　）。

A.青色、洋红和黄色　　B.4个名称都是Alpha通道

C.4个名称为Black（黑色）的通道　　D.青色、洋红、黄色和黑色

④当将RGB模式的图像转换为多通道模式，产生的通道名称是（　　）。

A.青色、洋红、黄色和黑色　　B.四个Alpha的通道

C.青色、洋红和黄色　　D.红、绿、蓝

⑤若要进入“快速蒙版”状态，应该：（　　）。

A.建立一个选区　　B.选择一个Alpha 通道

C.单击工具箱中的快速蒙版图标　　D.单击编辑菜单中的“快速蒙版”

⑥Alpha 通道最主要的用途是（　　）。

A.保存图像色彩信息　　B.创建新通道

C.用来存储和建立选择范围　　D.为路径提供的通道

（3）试述快速蒙版、Alpha通道、图层蒙版、图层剪切组、通道蒙版之间的区别与相同之处。

9

使用滤镜

滤镜是Photoshop中处理、生成特殊图像的重要手段，通过使用滤镜，在图片后期处理中，可以产生出很多让人意想不到的视觉艺术效果。滤镜主要分为Photoshop内部自带的滤镜和外挂滤镜2种。

学习目标

理解滤镜的用途；
了解滤镜的分类；
掌握特殊滤镜的使用；
掌握传统滤镜中常用滤镜的使用；
掌握外挂滤镜的安装及使用。

案例9.1　使用“抽出”滤镜制作证件照

本案例是一个典型使用特殊滤镜中“抽出”滤镜来选择复杂边缘的实例，主要学习抽出滤镜的一些基本操作。制作前的原图如图9.1.1所示，处理后的效果如图9.1.2所示。

图9.1.1　原图

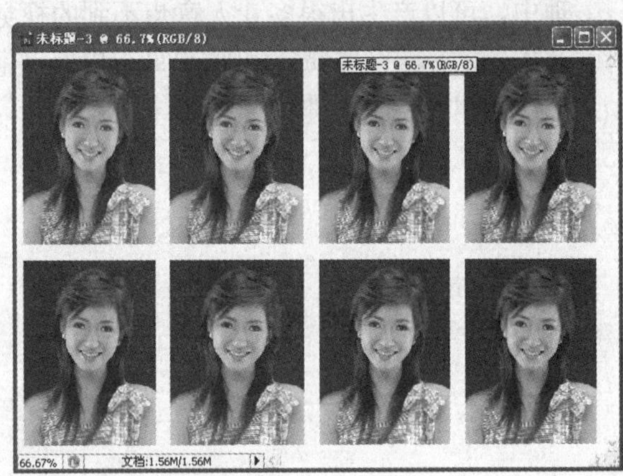

图9.1.2　效果图

任务  裁切头像

■ 任务要求

◎熟练使用裁切工具；

◎熟练调整裁切大小。

■ 任务解析

操作步骤

第1步：打开素材库中的图9.1.1文件，如图9.1.1原图所示。

第2步：调整图像大小，其参数设置如图9.1.3所示。

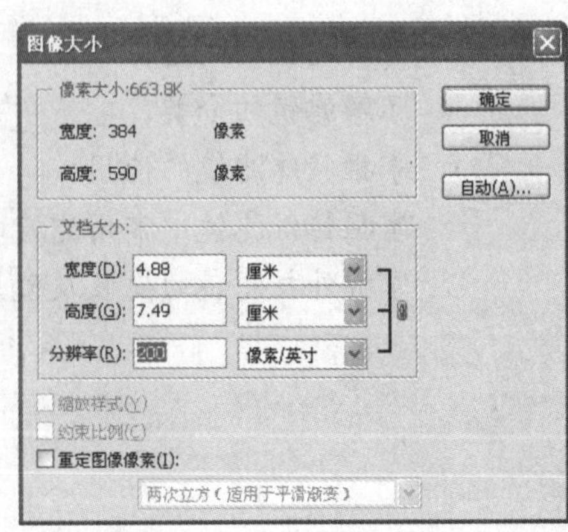

图9.1.3　调整图像大小

第3步：选择工具箱中裁切工具裁减照片，在图像中拖动，选择需要裁切的范围，如图9.1.4所示。

图9.1.4　裁切旋转与照片

第4步：双击鼠标或按回车键确认裁切范围，如图9.1.5所示。

图9.1.5　确定裁切范围

■ 知识拓展

（1）裁切工具可通过8个节点任意调节裁切形状及大小。

（2）按回车键确认裁切范围，按“Esc”键取消裁切范围。

任务 2 使用抽出滤镜抽出头像

■ 任务要求

◎熟练掌握抽出滤镜描绘边缘的方法；

◎熟练掌握抽出滤镜修补缺损、清除多余背景的方法。

■ 任务解析

1. 相关知识

抽出滤镜为隔离背景对象并抹除它在图层上的背景提供了一种高级方法，即使对象的边缘多么复杂或无法确定，也无须太多的操作就能将图像从复杂的背景中提取出来。

抽出滤镜工具栏如图9.1.6所示。

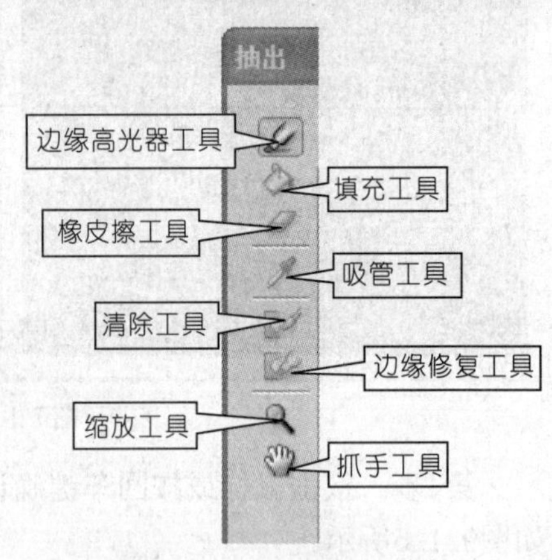

图9.1.6 抽出滤镜工具栏

边缘高光器工具：用于绘制抽出区域与背景区域的边界，从而使二者分离开来。

填充工具：用于填充抽出来的区域。

橡皮擦工具：用于擦除多余部分。

吸管工具：选择强制前景色复选框，此时可以吸取颜色，将抽出部分与背景分离开来。

清除工具：用于清除多余的背景。

边缘修复工具：用于修饰所选取区域的边缘像素。

缩放工具：用于缩放预览图像。

抓手工具：用于移动预览图像。

2. 操作步骤

第1步：打开"抽出"对话框，操作步骤如图9.1.7所示。

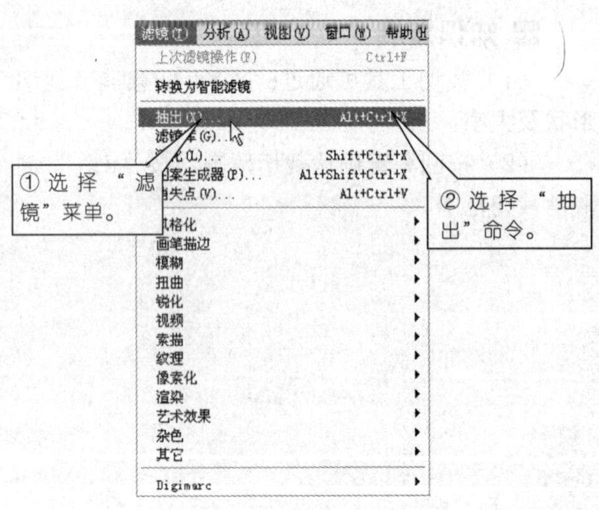

图9.1.7 打开"抽出"滤镜对话框

第2步：选择边缘高光器工具，设置属性，用画笔描绘头像边缘，操作步骤如图9.1.8所示。

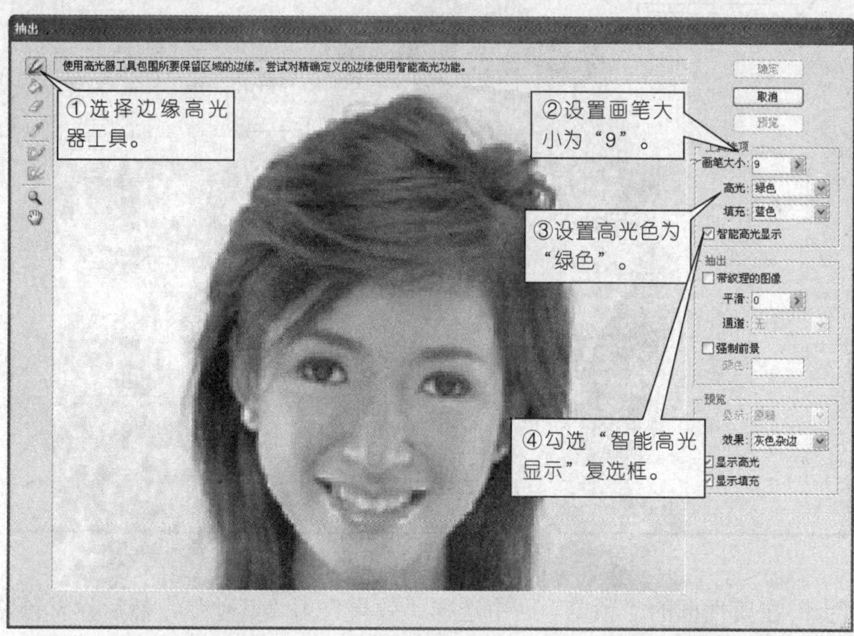

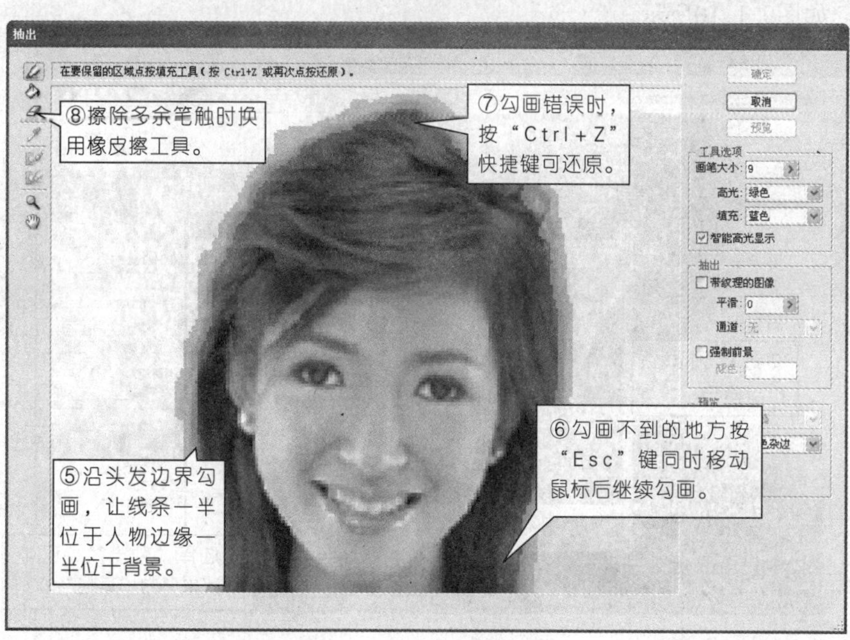

图9.1.8　描绘头像边缘

第3步：选择填充工具，在所画边界框中单击左键，如图9.1.9所示。

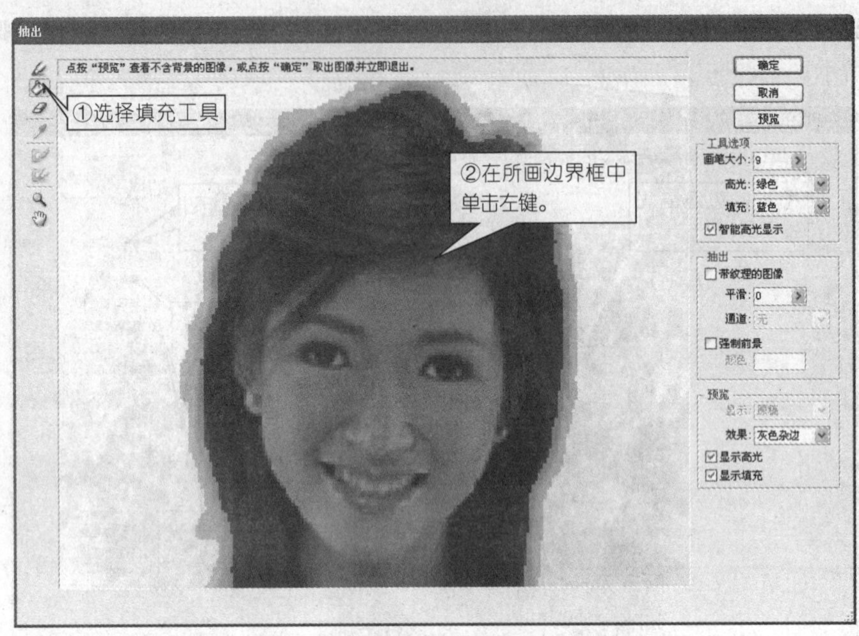

图9.1.9　填充保留区域

第4步：在属性框的"预览"区中选择"效果"为"其他"，然后设置预览颜色为蓝色，如图9.1.10所示。

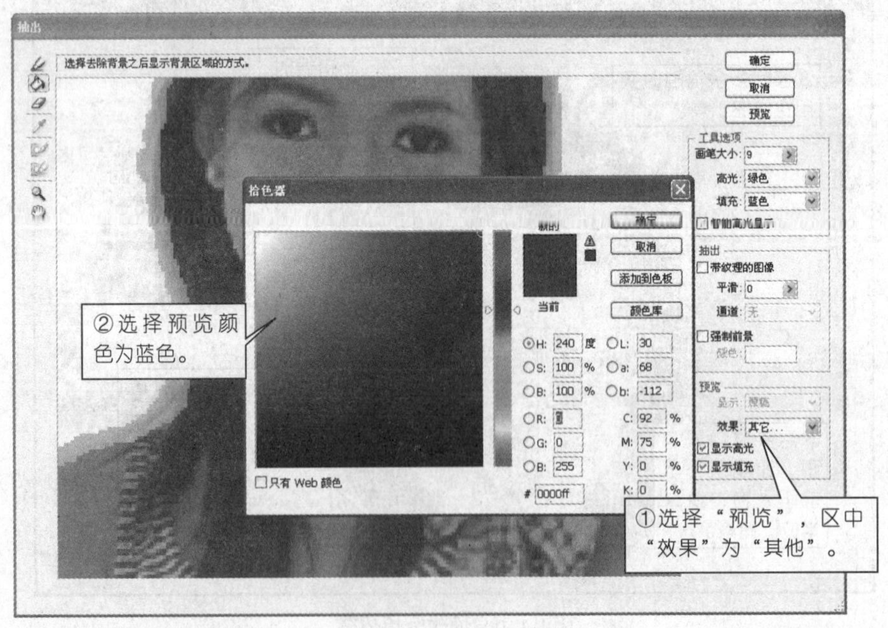

图9.1.10　修改预览颜色

第5步：单击"预览"按钮，可在"预览"区的"效果"下拉列表中选择不同颜色，如图9.1.11所示。

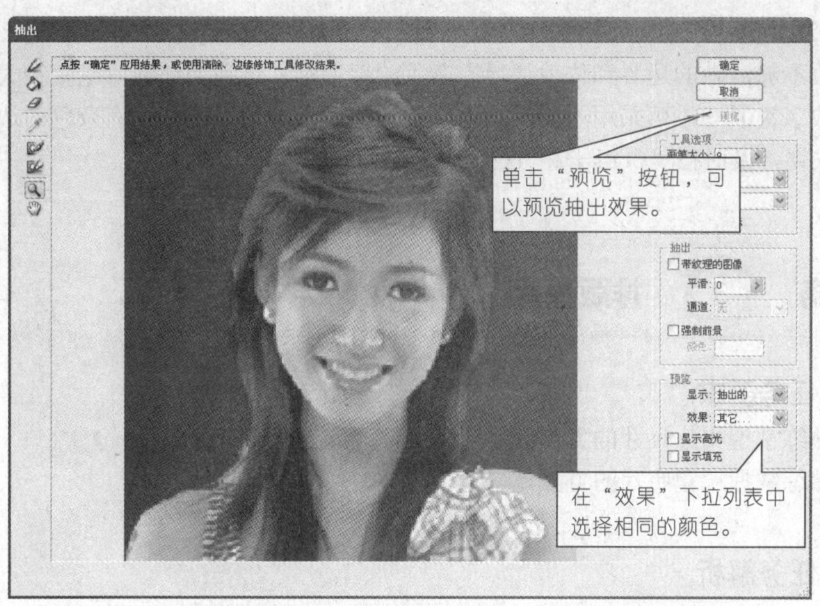

图9.1.11　预览抽出效果

第6步：用边缘修饰工具修改不够清晰的边界，如图9.1.12所示。

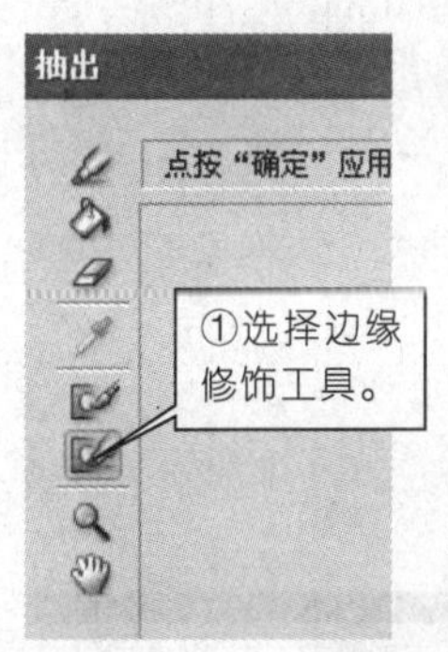

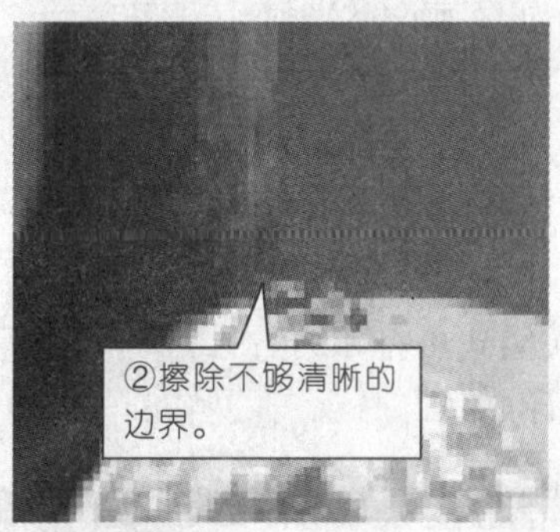

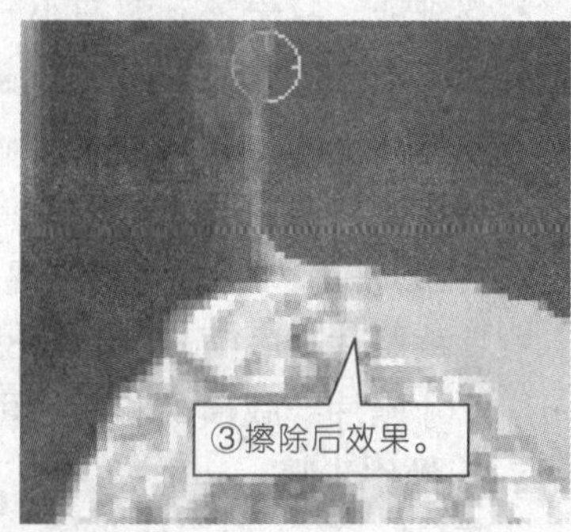

图9.1.12　修改不够清晰的边界

第7步：使用清除工具修改边界有杂色的地方，如图9.1.13所示。

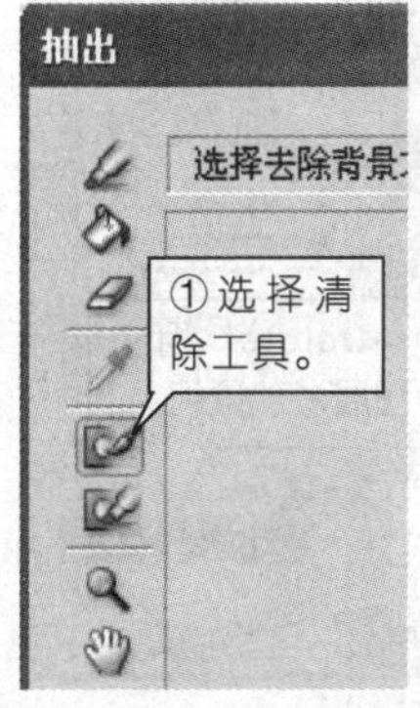

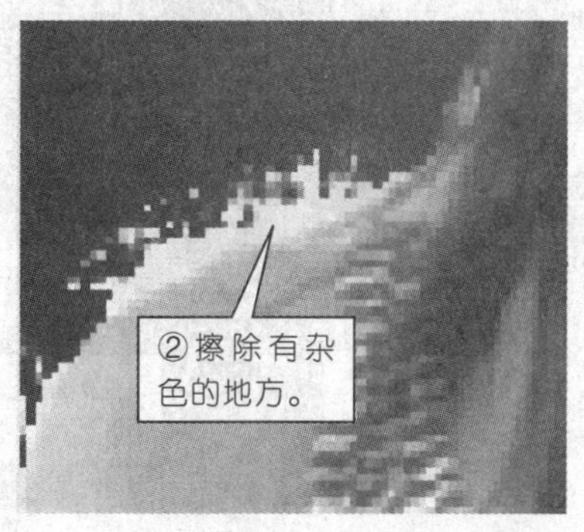

图9.1.13　修改边界有杂色

■ 知识拓展

修改不够清晰的边界和修改边界有杂色的地方时，可适当缩放画笔直径大小，按住键盘数字键0～9，可采用不同的压力修改不够清晰的边缘或修改有杂色的边缘，如有操作失误，及时按“Ctrl＋Z”快捷键可恢复，再重新修改。

任务  排版照片

■ 任务要求

◎熟练掌握相片尺寸的大小；

◎熟练掌握设置照片的方法。

■ 任务解析

1. 相关知识

（1）常用寸照的大小：

驾驶证、身份证、黑白小一寸为22 mm×32 mm；

彩色小一寸为26 mm×35 mm；

彩色大一寸为40 mm×55 mm；

普通证件照为33 mm×48 mm，其分辨率为200 dpi。

（2）常用一版证件照的规范

1 寸照片一版横式可打印8张，竖式可打印9张；

2 寸照片一版横式和竖式可打印4张。

2. 操作步骤

第1步：给头像添加背景层，然后填充蓝色，操作步骤如图9.1.14所示。

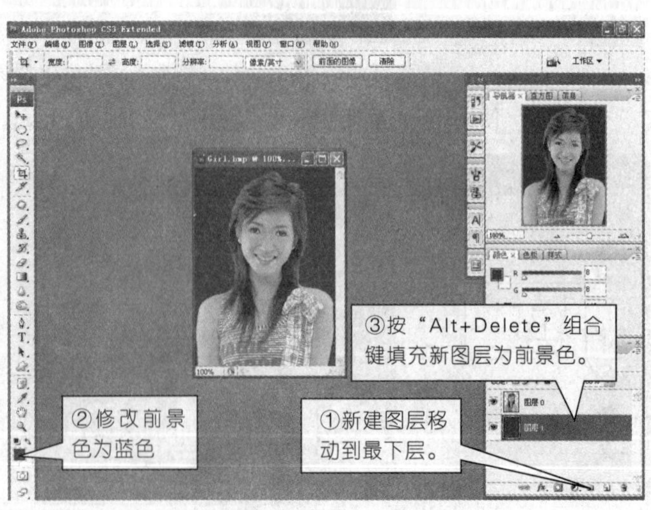

图9.1.14　图像添加蓝色背景

第2步：选择橡皮擦工具修改图像边像，操作步骤如图9.1.15所示。

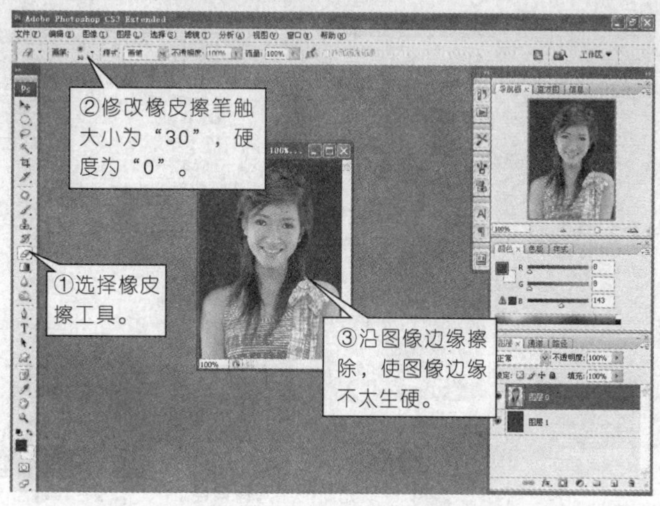

图9.1.15　羽化图像边缘

第3步：选择“图像”→“画布大小”命令，弹出“画布大小”对话框，按图9.1.16所示参数设置画布的大小。

第4步：按“Ctrl+E”快捷键合并图层。

第5步：为照片添加白色边框，操作步骤如图9.1.17所示。

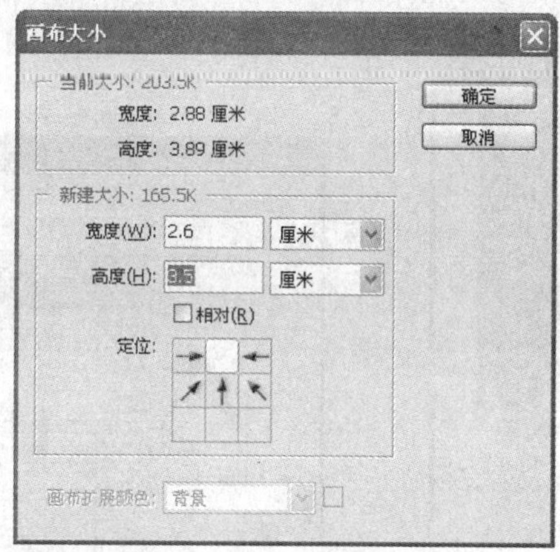

图9.1.16　修改照片的画布大小

图9.1.17　添加白色边框图层

第6步：按“Ctrl+E”快捷键合并图层。选择“编辑”→“定义图案”命令，将头像命名为girl，如图9.1.18所示。

图9.1.18　合并图层效果

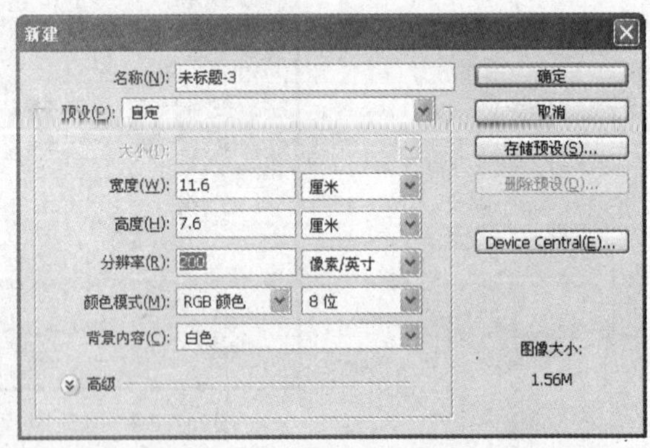

图9.1.19　新建文件

第7步：选件“文件”→“新建”命令，弹出“新建”文件对话框，设置如图9.1.19所示。

第8步：排版照片，操作步骤如图9.1.20所示。

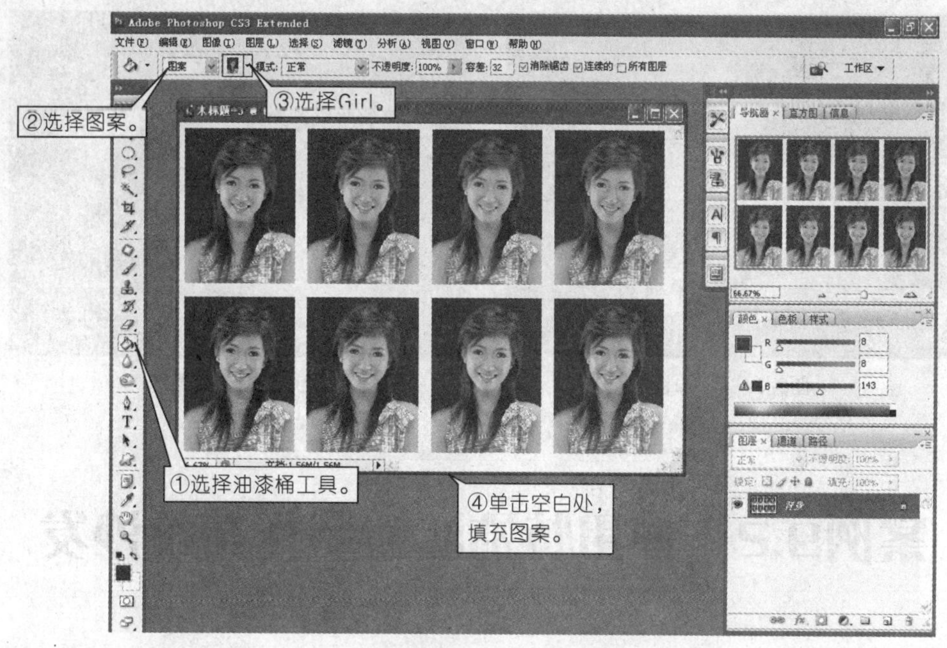

图9.1.20 排版照片

■ 知识拓展

（1）滤镜菜单中的特殊滤镜提供了 “抽出”、“滤镜库”、“液化”、“图案生成器”、“消失点”、“转换为智能滤镜” 6个特殊滤镜。

（2）“液化”滤镜的作用是可以对图像进行各种样式的变形，以达到某种特殊效果，该滤镜可应用于8位通道或16位通道。

（3）“图案生成器”滤镜的作用是将选取的图像样本重新拼贴起来生成图案，在生成图案的过程中，可以根据需要生成多个样式不同的图案以供选择，生成的图案大小可以根据不同的需要进行设置。

（4）“消失点”滤镜的作用是编辑包含透视平面的图像时，可以保留正确的透视效果。

（5）“转换为智能滤镜”是Photoshop CS3 新增加的滤镜，该滤镜可以更快地完成某些操作。该滤镜最能体现细节的变化，在应用该滤镜之前，需要用“图层”菜单中智能对象功能将其转换为智能对象。应用智能滤镜后，在“图层”面板中会显示应用过的滤镜名称。智能滤镜不同于其他滤镜的地方是可以在“图层”面板中直接对应用过的滤镜再次进行调整，不需要从“滤镜”菜单中重新选择该滤镜菜单。

■ 实践与拓展

打开素材库中图9.1.2文件，如图9.1.21所示，更换它的背景为单色，如图9.1.22所示。

图9.1.21　原图

图9.1.22　效果图

案例9.2　使用特殊滤镜制作布纹沙发

在本案例中，主要学习使用特殊滤镜中消失点滤镜来给沙发加上布纹效果，其原图如图9.2.1所示，处理后的效果如图9.2.2所示。

图9.2.1　原图

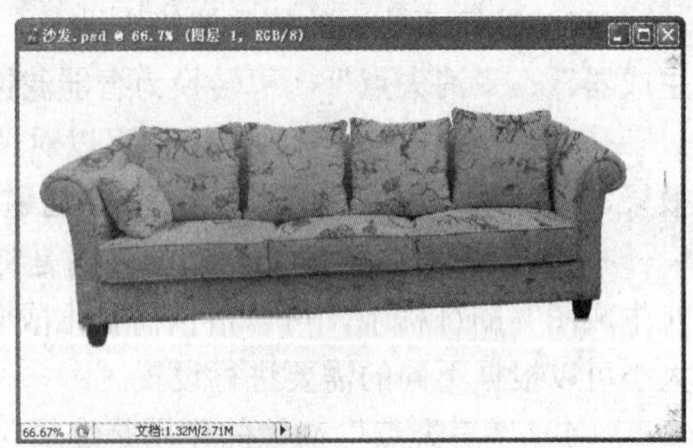

图9.2.2　效果图

任务  用“消失点”滤镜编辑透视框

■ 任务要求

◎理解“消失点”滤镜的意义及使用场合；

◎熟练掌握透视框的创建及调整方法。

■ 任务解析

1. 相关知识

“消失点”滤镜能在选定的图像区域内进行克隆、喷绘、粘贴图像等操作，它会自动应用透视原理，按照透视的角度和比例来自动适应图像的修改，从而大大节约精确设计和修饰照片所需的时间。

“消失点”滤镜工具栏如图9.2.3所示。

2. 操作步骤

第1步：打开素材库中的图9.2.1文件，如图9.2.4所示。

第2步：复制沙发材质，操作步骤如图9.2.5所示。

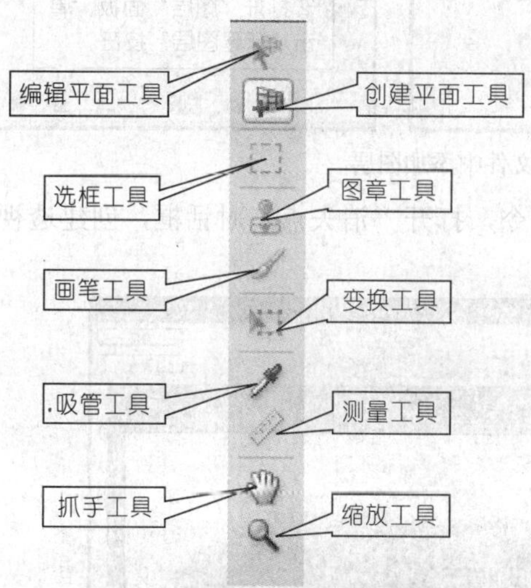

图9.2.3 “消失点”滤镜工具栏

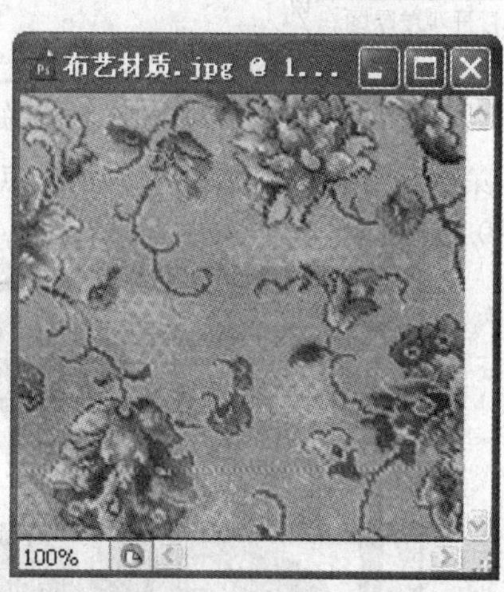

图9.2.4 布艺材质文件

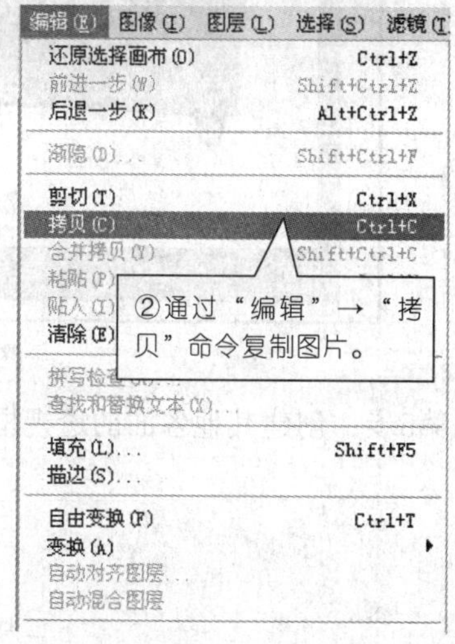

图9.2.5 通过编辑菜单复制图片

第3步：按“Ctrl+O”快捷键打开素材库中图9.2.2文件，新建名为“材质”的图层，如图9.2.6所示。

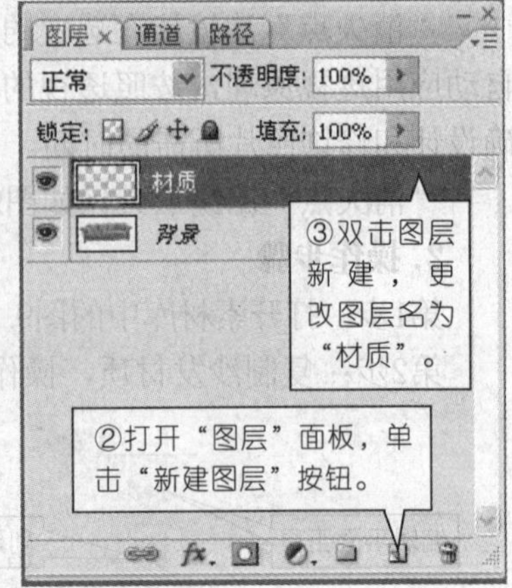

图9.2.6　在素材文件中添加图层

第4步：选择“滤镜”→“消失点”命令，打开“消失点”对话框，创建透视框如图9.2.7所示。

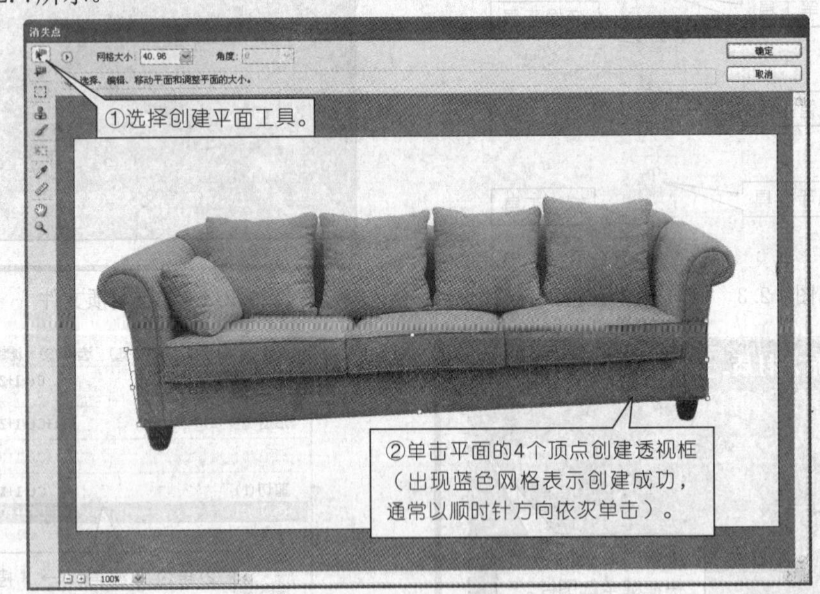

图9.2.7　创建透视框

第5步：创建其他各面的透视框，如图9.2.8所示。

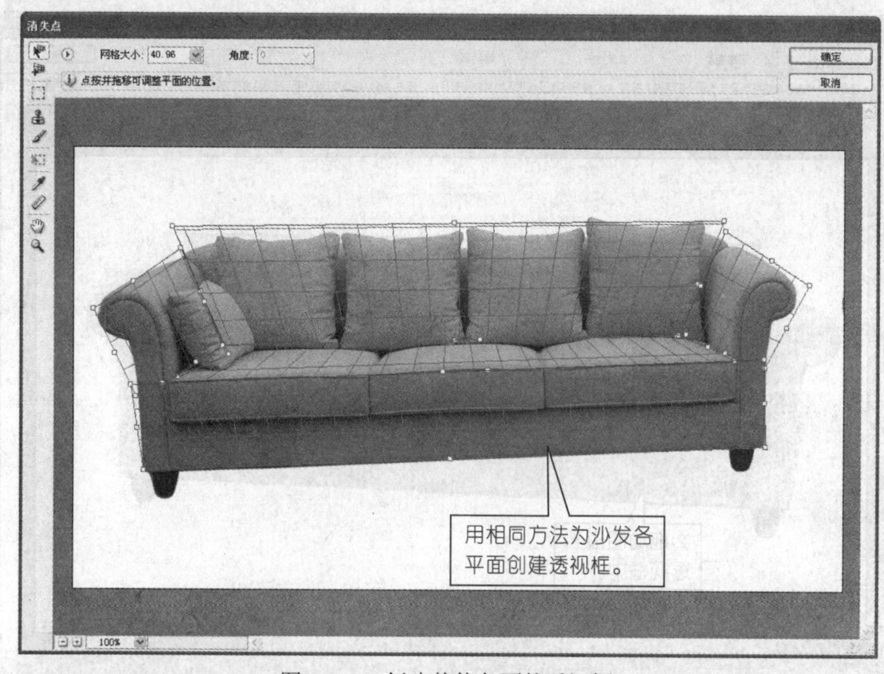

图9.2.8　创建其他各面的透视框

第6步：按“Ctrl+V”快捷键将材质粘贴到对话框内，再用鼠标拖动材质到透视框中，操作步骤如图9.2.9、图9.2.10所示。

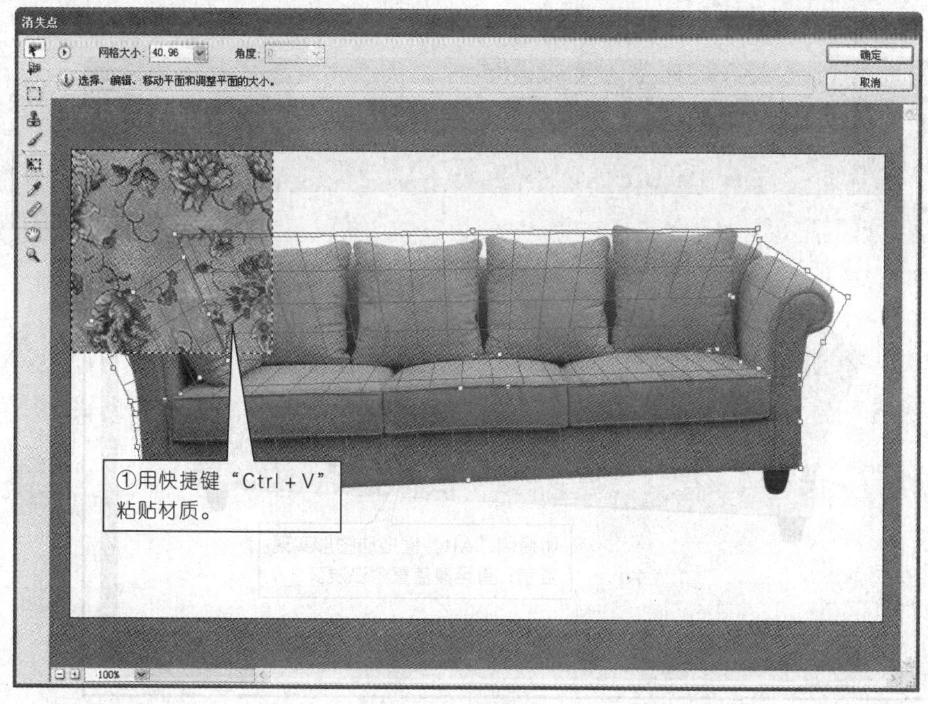

图9.2.9　粘贴材质

图9.2.10 拖动材质

第7步：按“Alt”键拖动图形，实现图形在透视框中的复制，最终效果如图9.2.11所示。

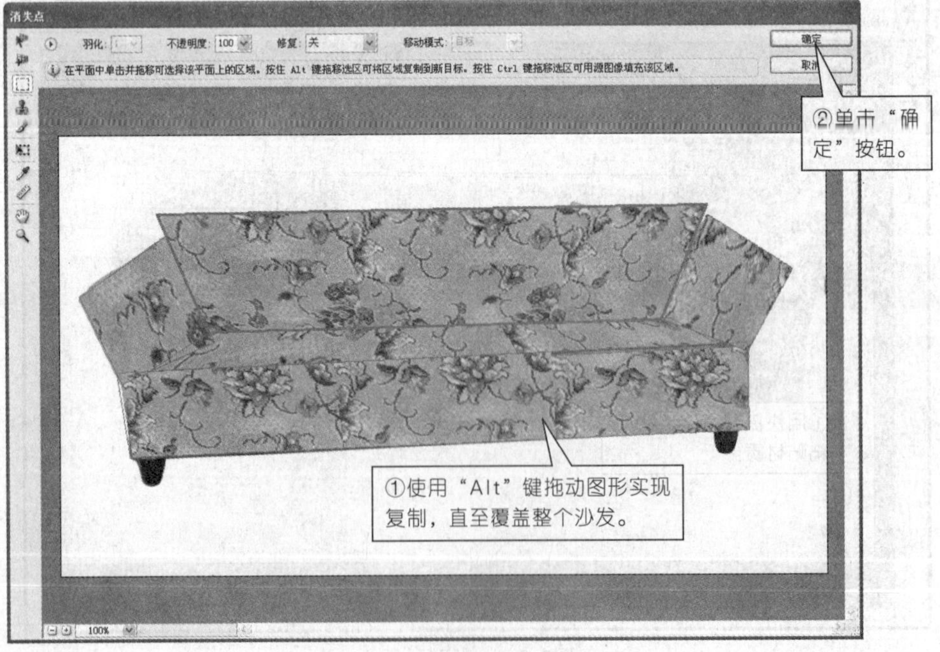

图9.2.11 复制图形

任务  合成布纹材质

■ 任务要求

熟练掌握调整图层混合模式。

■ 任务解析

操作步骤

第1步：选中背景层，利用魔棒工具删除材质层中多余部分，操作步骤如图9.2.12所示。

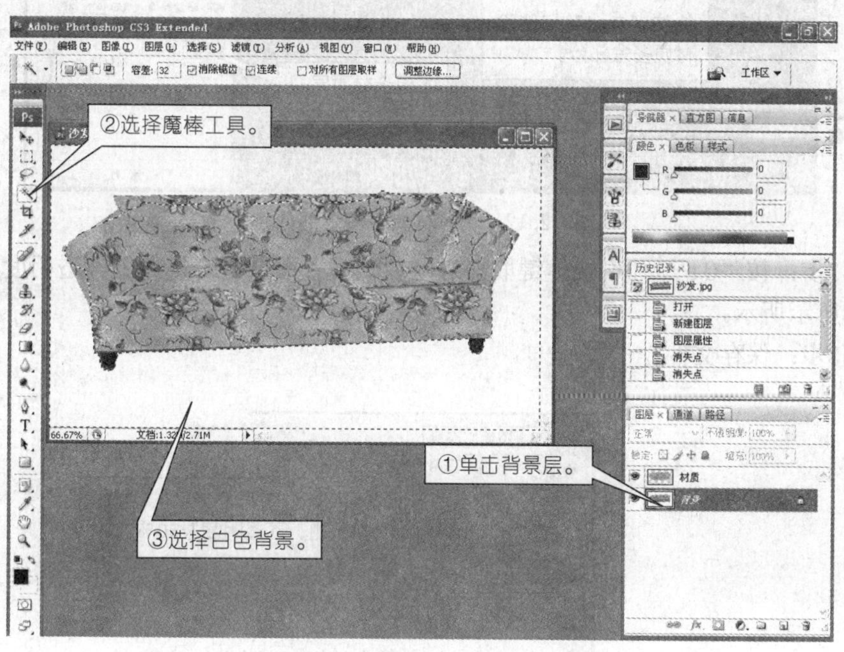

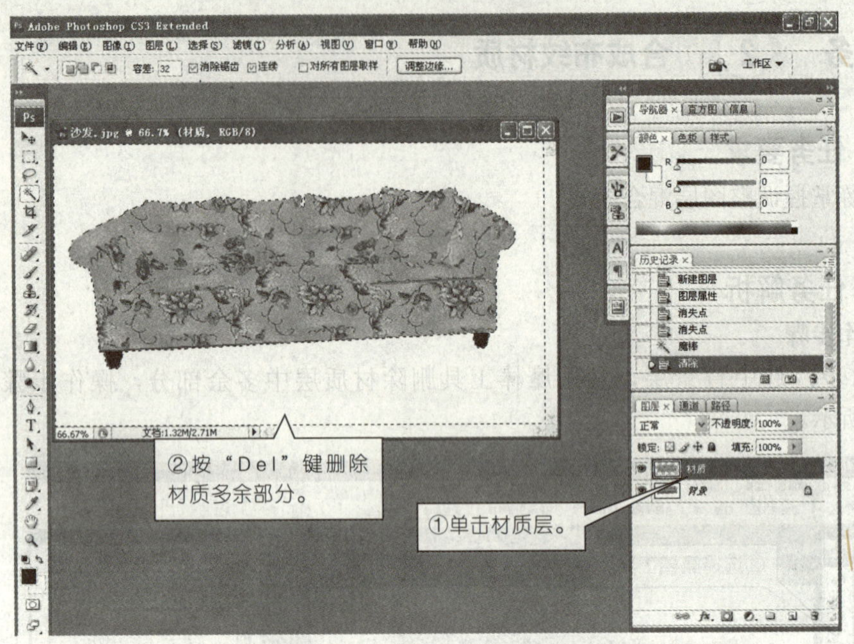

图9.2.12　删除材质中多余部分

第2步：按“Ctrl+D”快捷键取消选区后，设置图层混合模式和不透明度，如图9.2.13所示所示。

第3步：保存文件。

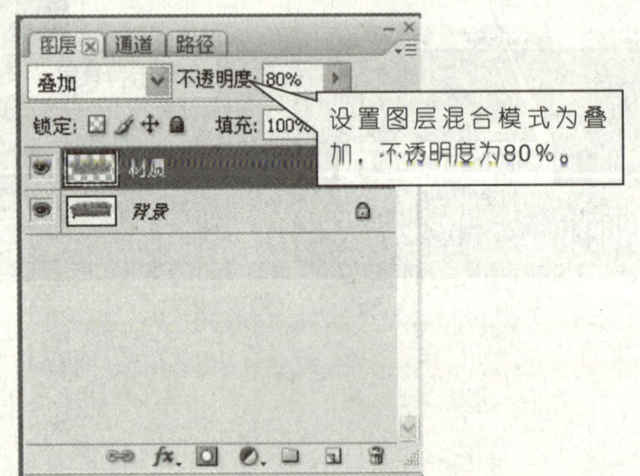

图9.2.13　用图层模式进行调整

■ 知识拓展

（1）使用滤镜时，首先要选中需要处理的图层或图像，如果在图像中没有建立选区，则滤镜会对整个图像执行滤镜命令，当选中一个图层或选中一个通道时，此时会对当前图层或通道执行滤镜命令。

（2）使用滤镜处理时，需要很长执行时间，如果想结束正在生成的滤镜效果，只需要按下“Esc”键即可。

（3）由于滤镜的处理效果以像素为单位，所以在处理不同分辨率的图像时，即使应用同样的数据，效果也会有所不同。

（4）在“滤镜”菜单中，滤镜名称后面带有“…”的说明，选择该滤镜会弹出相应的对话框。

（5）当执行滤镜效果后，在滤镜菜单的最上面会出现该滤镜的名称，此时如果想再次执行上一步的滤镜命令，选择该项即可。

（6）如果在滤镜设置窗口中对自己调节的效果感觉不满意，希望恢复调节前的参数，可以按住“Alt”键，这时“取消”按钮会变成“复位”按钮，单击此按钮就可以将参数重置为调节前的状态。

（7）位图模式和索引颜色、48位RGB模式的图像以及文字图层都不能应用滤镜效果，有些滤镜只能用于RGB模式的图像，有些滤镜只能应用于图层的有色区域，对完全透明的区域没有效果。

（8）执行滤镜命令后，有时会出现突兀的现象，此时可以在执行滤镜命令前，先对选区进行羽化效果。

（9）预览功能在处理图像时比较重要，使用该功能可以直接观察到处理后与原图的对比效果。

■ **实践与拓展**

(1)运用特殊滤镜中的“液化”和“图案生成器”效果处理效果图。

(2)使用“消失点”滤镜，并接合按“Ctrl”、“Alt”键，将花地毯延台阶铺置，如图9.2.14所示。

图9.2.14 沿台阶铺置地毯

案例9.3 使用传统滤镜制作油画效果

本案例是一个典型的使用传统滤镜制作油画效果的实例，主要学习传统滤镜的5个滤镜组的一些基本操作。其原图如图9.3.1所示，处理后的效果如图9.3.2所示。

图9.3.1　原图

图9.3.2　效果图

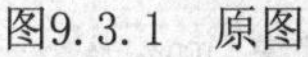

任务 1 添加杂色滤镜组效果

■ 任务要求

◎了解“杂色”滤镜组中的滤镜；

◎会修改滤镜属性。

■ 任务解析

1. 相关知识

（1）“杂色”滤镜组中的滤镜命令可以将图像按一定方式混合加入杂点，或删除图像中的杂点，创建出与众不同的纹理效果，或移去图像上有问题的区域。滤镜对图像有优化的作用，因此在输出图像的时候经常使用。

（2）“杂色”滤镜组中包括“减少杂色”、“蒙尘与划痕”、“去斑”、“添加杂色”、“中间值”5种滤镜，其中各滤镜的作用如下：

◎减少杂色　可去掉图像中的杂色。

◎蒙尘与划痕　可以通过改变不同的像素来减少杂色。

◎去斑　可以模糊图像中除边缘外的区域，这种模糊可以去掉图像中的杂色，同时保留细节。

◎添加杂色　可以在图像上添加随机像素点，模仿高速胶片上捕捉画面的效果。

如图9.3.3（b）所示。

◎中间值　通过混合选区内像素的亮度来减少图像中的杂色，该滤镜对于消除或减少图像的动感效果非常有用，也可以用于去除有划痕的扫描图片，如图9.3.3（c）所示。

（a）原图

（b）添加杂色

（c）中间值

图9.3.3　“杂色”滤镜组

2.操作步骤

第1步：打开素材库中的“Girl.jpg”文件，如图9.3.1所示。

第2步：复制背景图层，给“背景副本”图层添加“杂色”滤镜组中的“中间值”滤镜效果，操作步骤如图9.3.4所示。

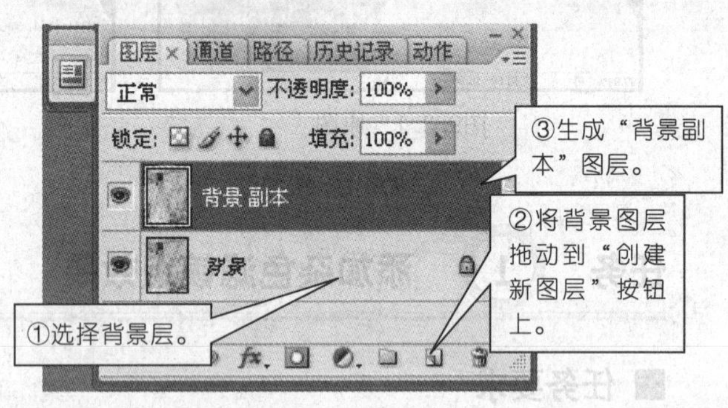

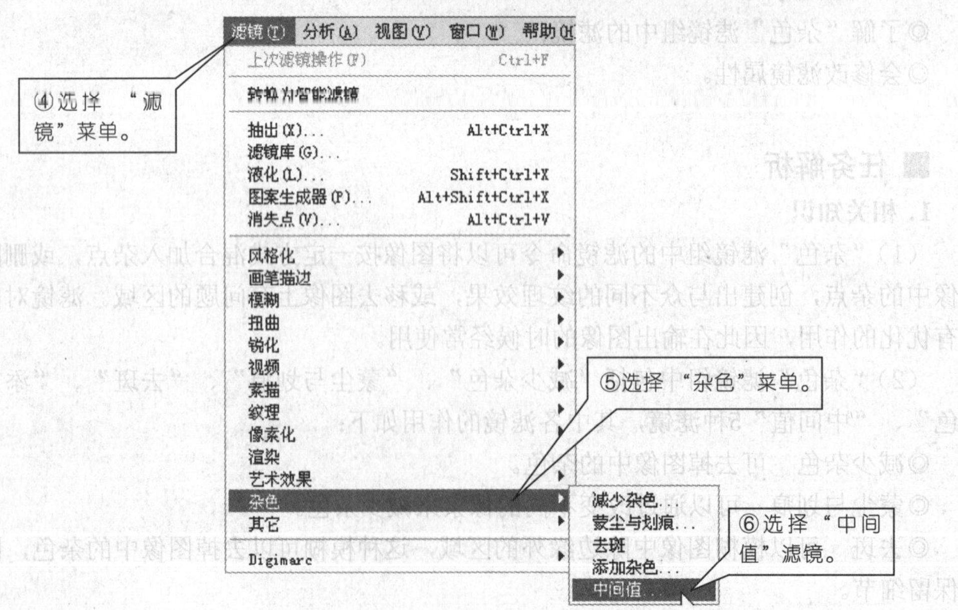

图9.3.4　给背景副本层添加滤镜

第3步：修改“中间值”滤镜属性，其操作如图9.3.5所示。

图9.3.5 修改滤镜属性

任务 2 添加艺术效果滤镜组

■ 任务要求

◎了解“艺术效果”滤镜组中的滤镜；

◎熟练掌握滤镜属性的修改。

■ 任务解析

1. 相关知识

“艺术效果”滤镜组包含15个滤镜，其中的滤镜命令可以将图像处理成不同的绘画效果，可以模拟多种现实世界的艺术手法，制作精美的艺术绘画效果，也可以制作用于商业的特殊效果图像。设置不同的滤镜属性，处理的效果也不同。各滤镜的作用如下，效果如图9.3.6所示。

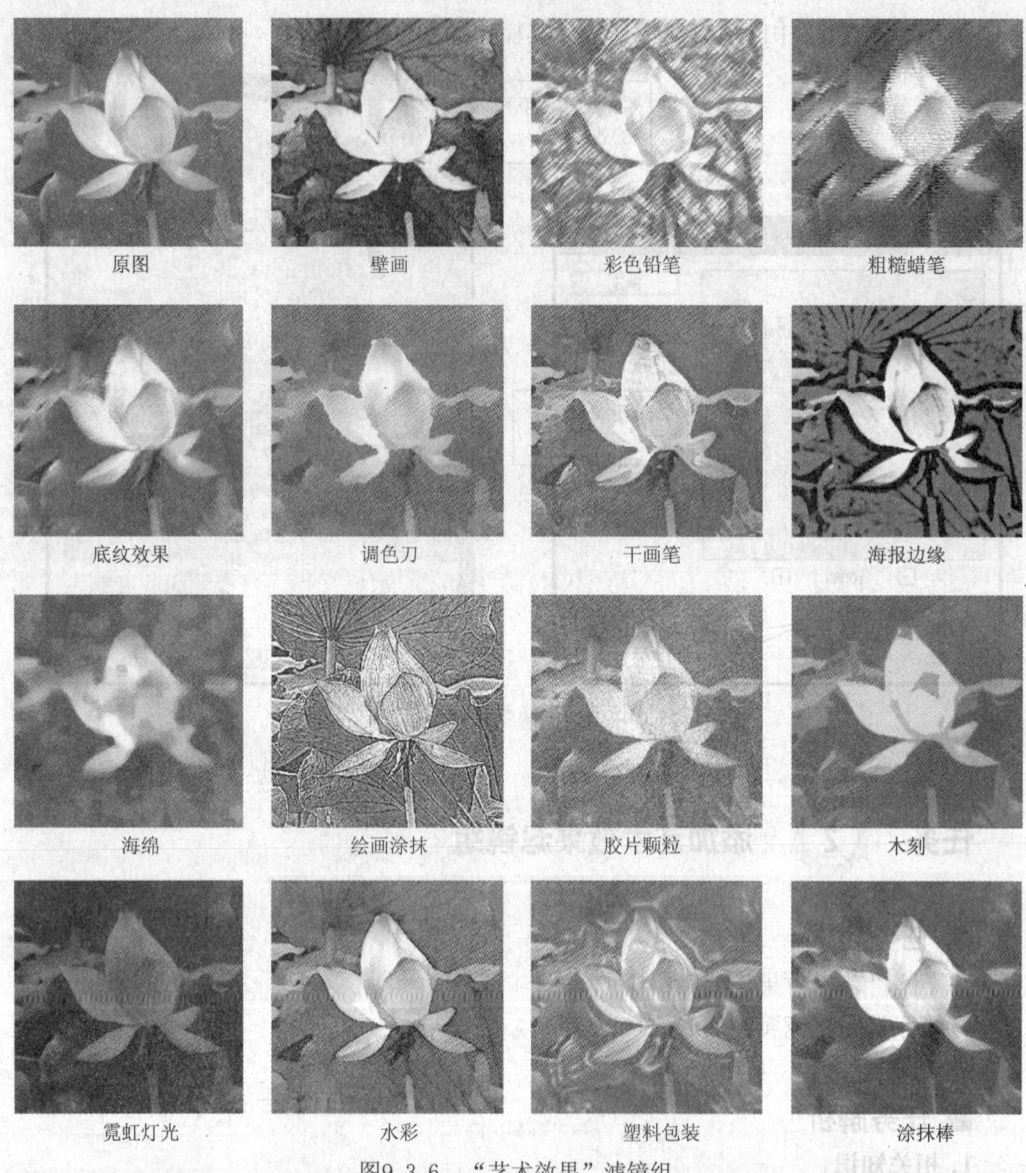

图9.3.6 “艺术效果”滤镜组

2. 操作步骤

给任务1中已处理后的“背景副本”图层添加“艺术效果”滤镜组中的“绘画涂抹”滤镜，操作步骤如图9.3.7所示。

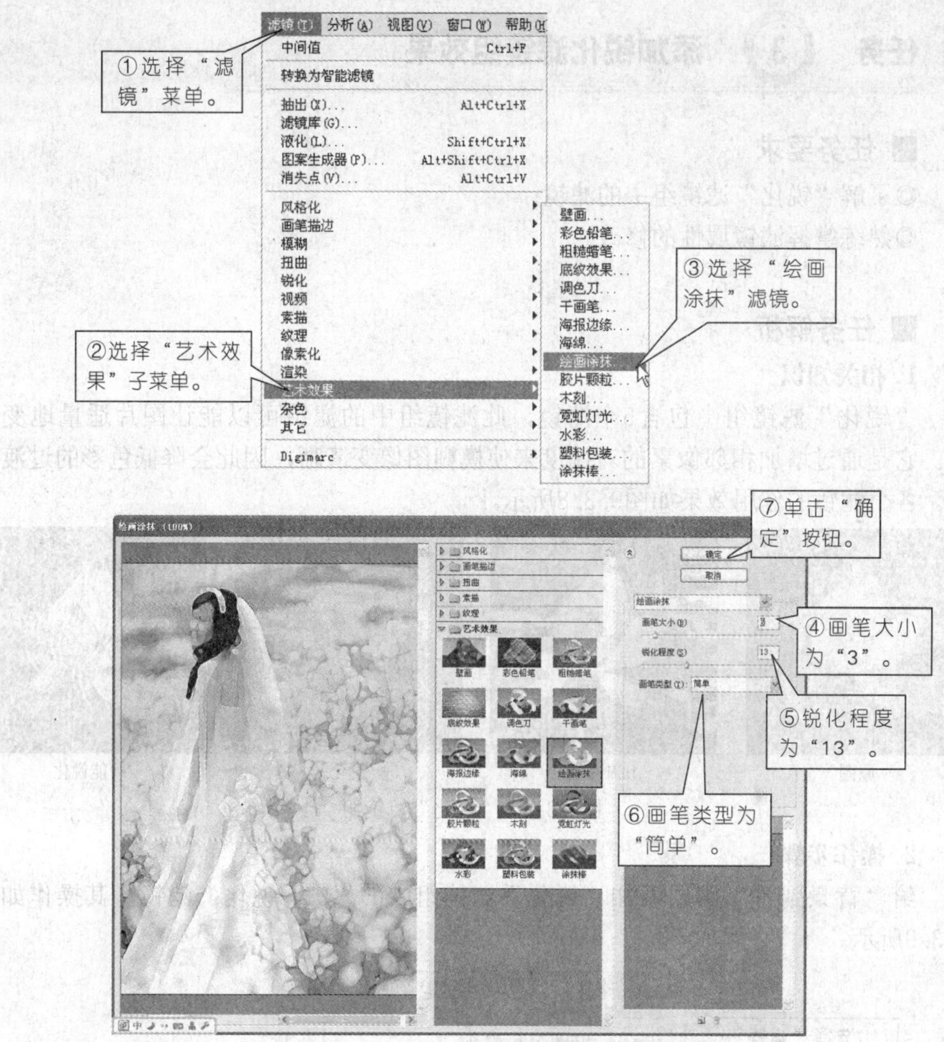

图9.3.7　添加滤镜并修改滤镜属性

任务 3 添加锐化滤镜组效果

■ 任务要求

◎了解“锐化”滤镜组中的滤镜；

◎熟练掌握滤镜属性的修改。

■ 任务解析

1. 相关知识

“锐化”滤镜组中包含5个滤镜，此滤镜组中的滤镜可以能让图片适量地变清晰。它是通过增加相邻像素的对比度来使模糊图像变清晰，因此会降低色彩的过渡层次。各个滤镜的作用效果如图9.3.8所示。

原图

USM锐化

锐化

智能锐化

图9.3.8 “锐化”滤镜组

2. 操作步骤

给“背景副本”图层添加“锐化”滤镜组中的“USM锐化”滤镜，其操作如图9.3.9所示。

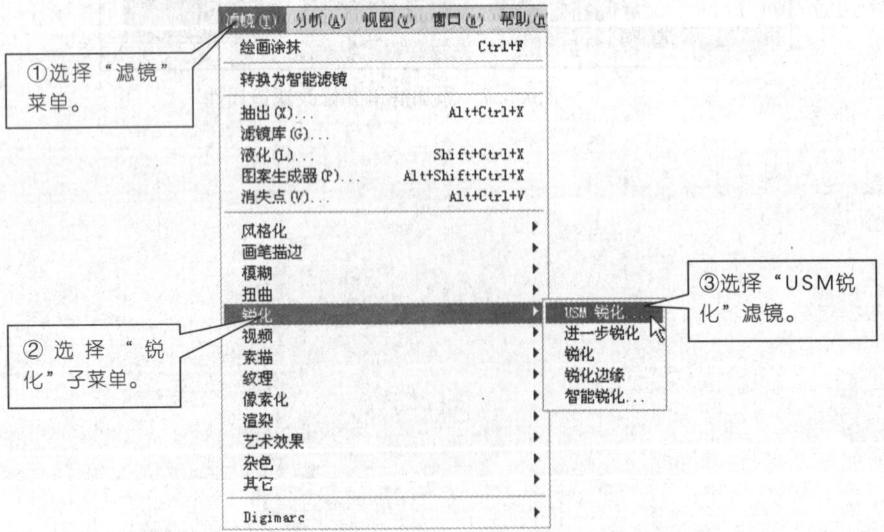

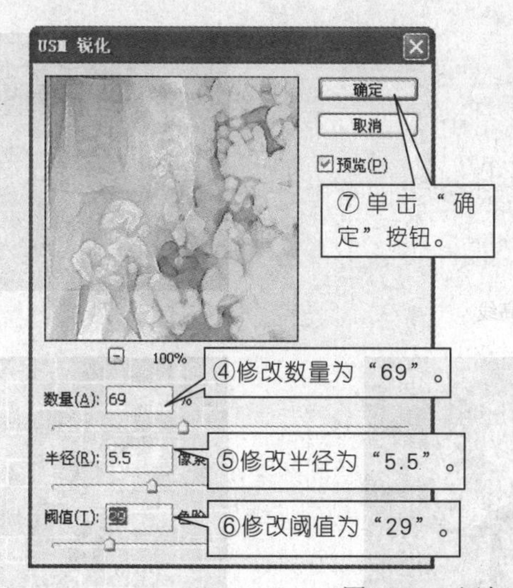

图9.3.9　添加并修改滤镜属性

任务 4 添加风格化滤镜组效果

■ 任务要求

◎了解“风格化”滤镜组中的滤镜；

◎熟练掌握滤镜属性的修改。

■ 任务解析

1. 相关知识

风格化滤镜组包含9个滤镜，其中的滤镜可以创作出具有特殊艺术效果的作品，产生不同风格的印象派艺术效果。各个滤镜的作用效果如图9.3.10所示。

原图

9 使用滤镜

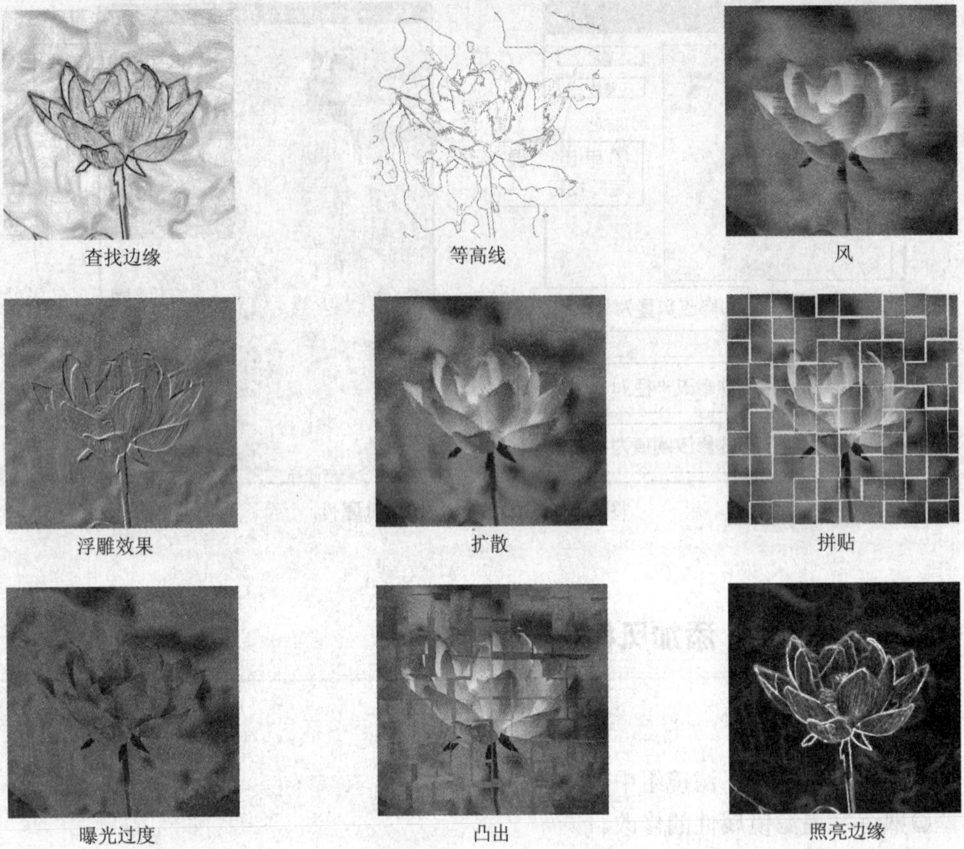

查找边缘　　等高线　　风

浮雕效果　　扩散　　拼贴

曝光过度　　凸出　　照亮边缘

图9.3.10　“风格化”滤镜组

2.操作步骤

第1步：给“背景副本”图层添加“风格化”滤镜组中的“浮雕效果”滤镜，如图9.3.11所示。

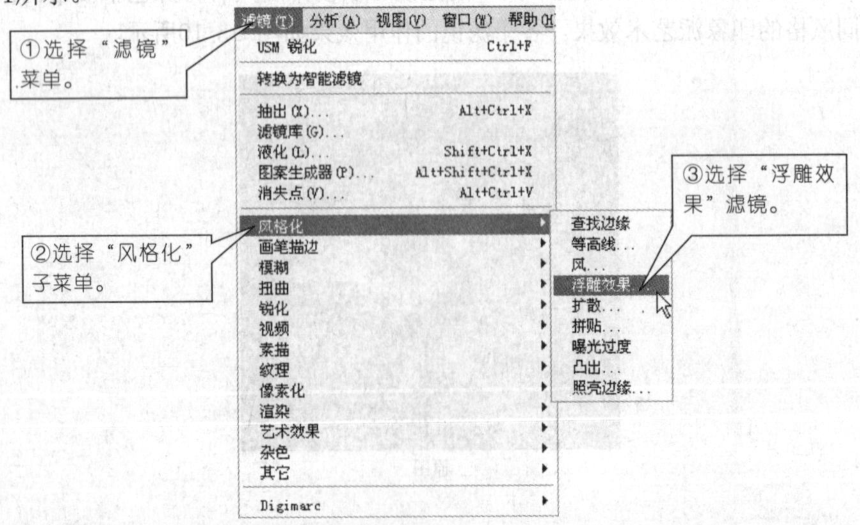

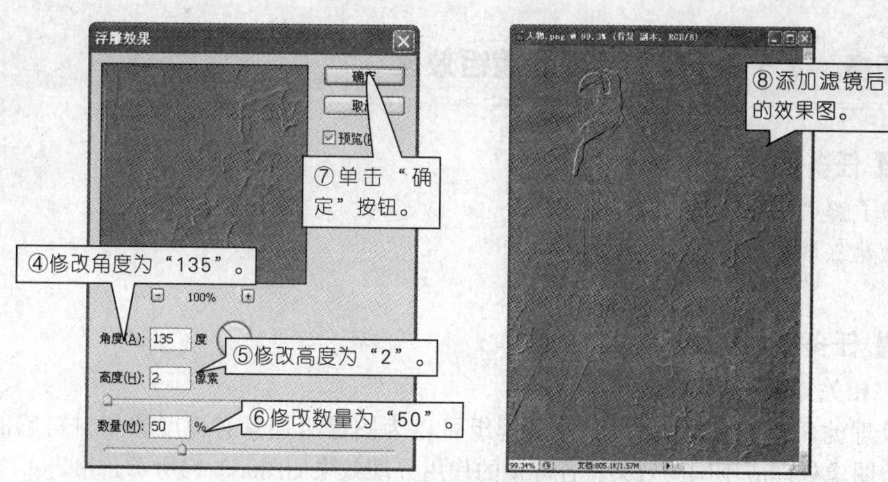

图9.3.11　添加“浮雕效果”滤镜并修改属性

第2步：将 “背景副本”图层复制两次，其操作如图9.3.12所示。

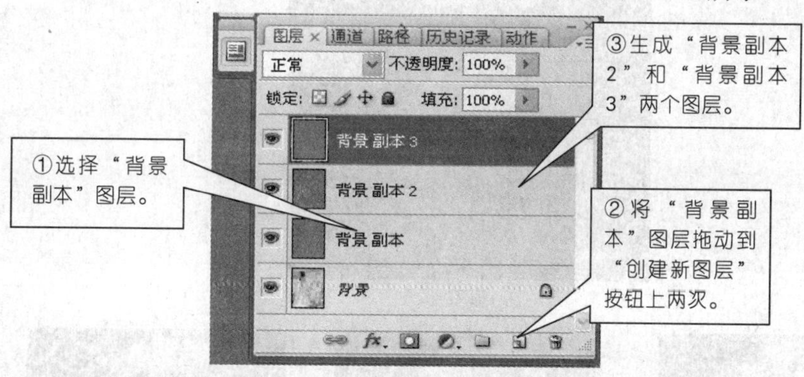

图9.3.12　复制图层

第3步：合并图层，其操作步骤如图9.3.13所示。

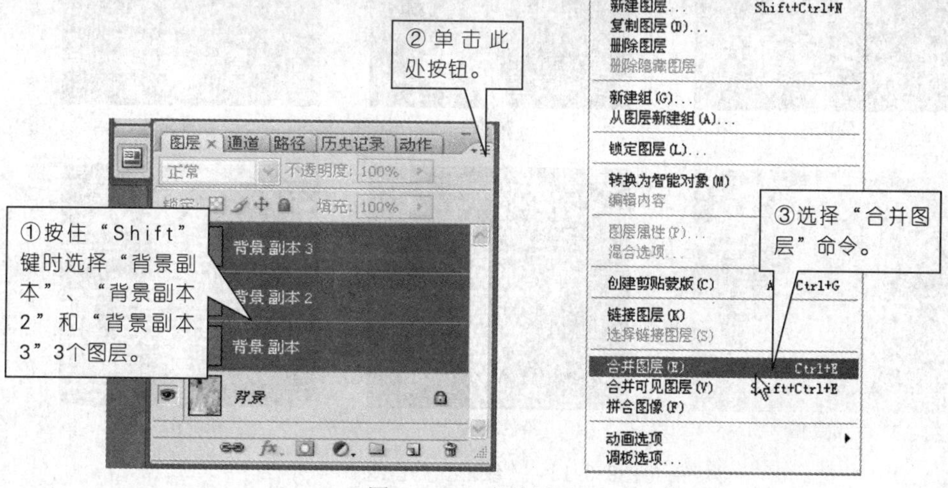

图9.3.13　合并图层

任务 5 添加纹理滤镜组效果

■ 任务要求

◎了解“纹理”滤镜组中的滤镜；

◎熟练掌握滤镜属性的修改。

■ 任务解析

1. 相关知识

纹理滤镜组包含6个滤镜，此滤镜组可以为图像添加具有深度感和材料感的纹理，将图像处理成不同的效果。各滤镜的作用处理效果如图9.3.14所示。

原图

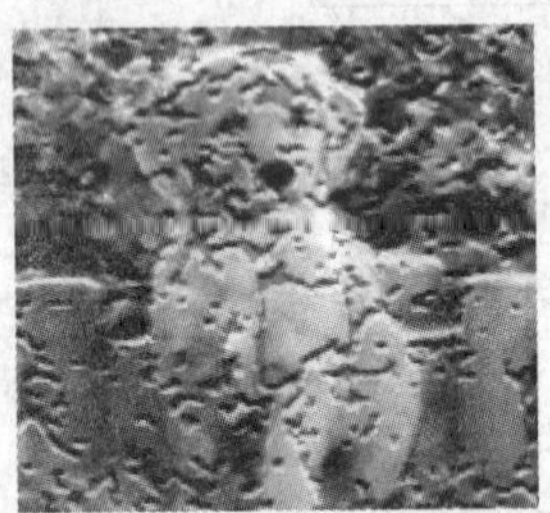

龟裂缝

颗粒

马赛克

拼缀图

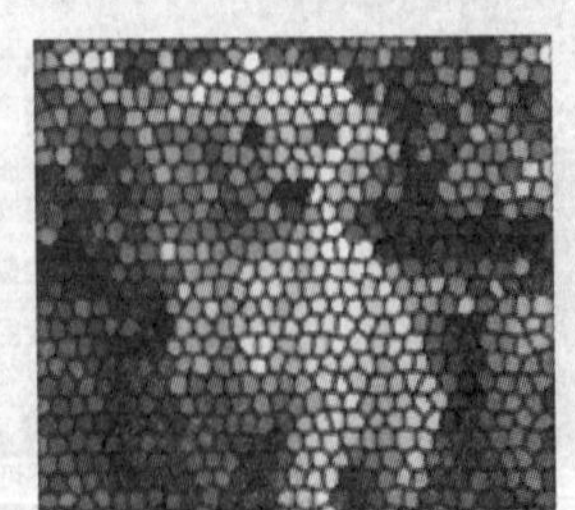

染色玻璃

纹理化

图9.3.14 “纹理”滤镜组

2. 操作步骤

第1步：续接任务4的第4步操作，添加“纹理”滤镜组中的“纹理化”滤镜，操作步骤如图9.3.15所示。

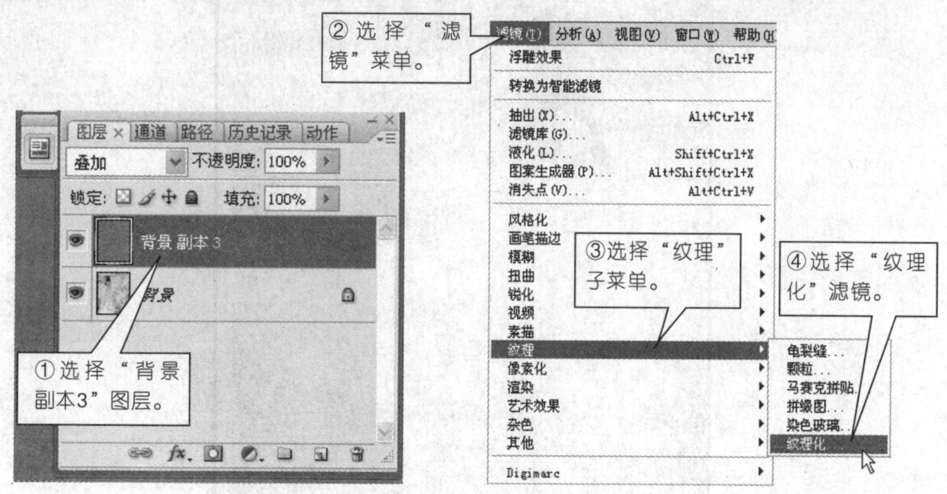

图9.3.15 添加滤镜

第2步：修改“纹理化”滤镜属性，其操作如图9.3.16所示。

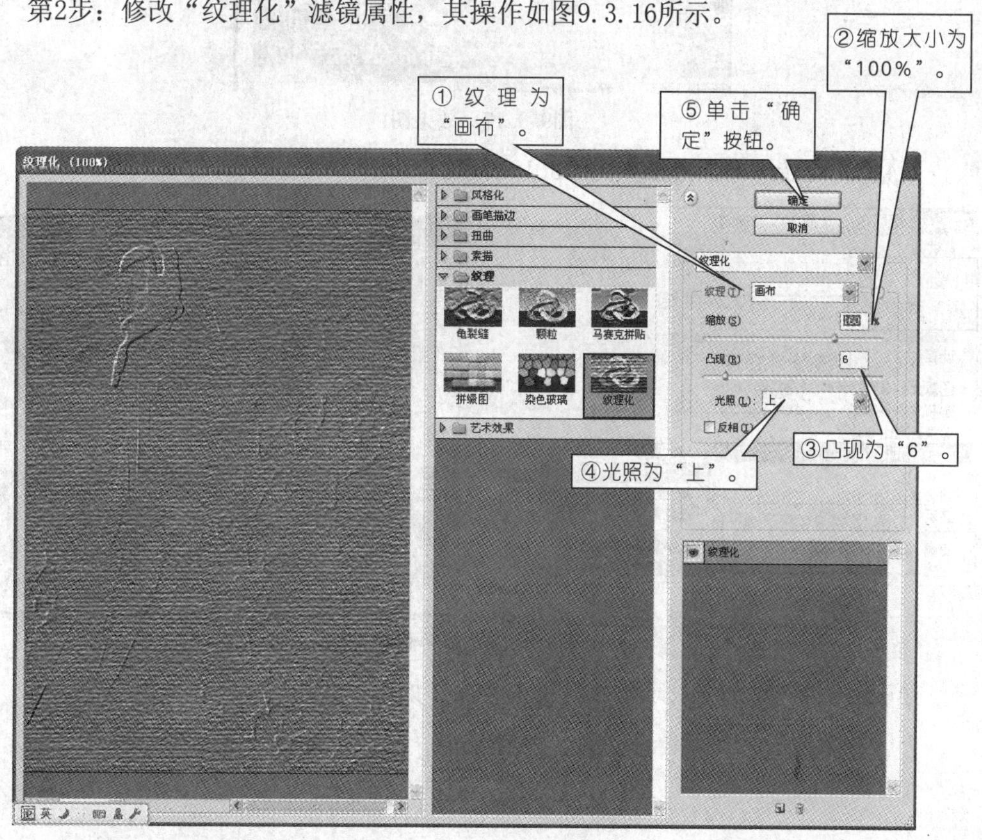

图9.3.16 修改滤镜属性

第3步：添加完滤镜效果的照片效果，如图9.3.17所示。

图9.3.17　效果图

第4步：旋转画布，方法如图9.3.18所示。

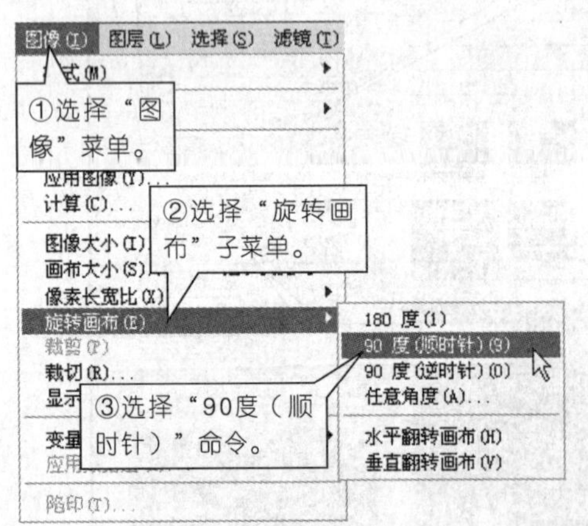

图9.3.18　旋转画布

第5步：再次添加“纹理化”滤镜，其操作如图9.3.19所示。

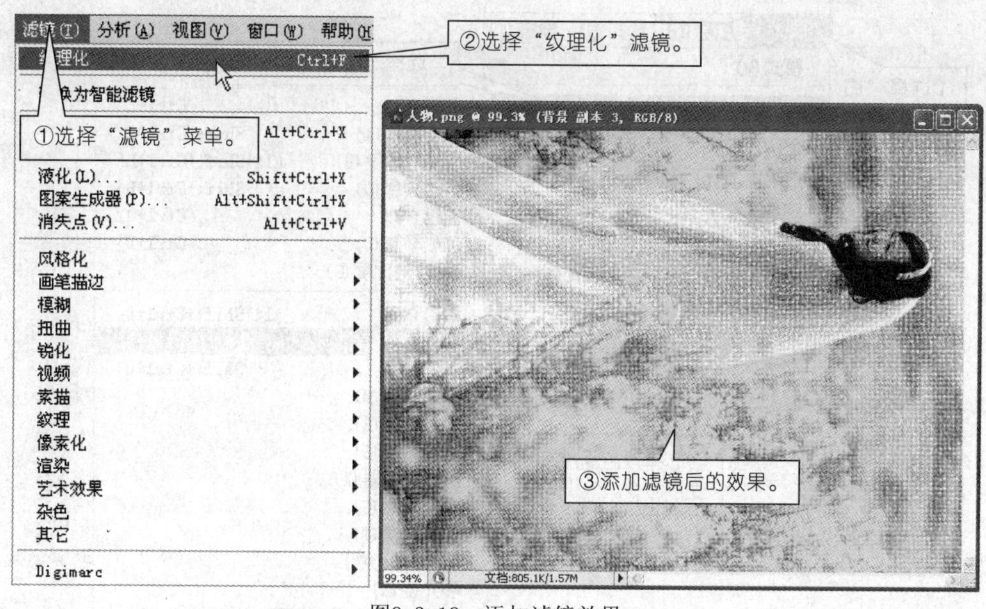

图9.3.19　添加滤镜效果

第6步：逆时针旋转画布，其操作如图9.3.20所示。

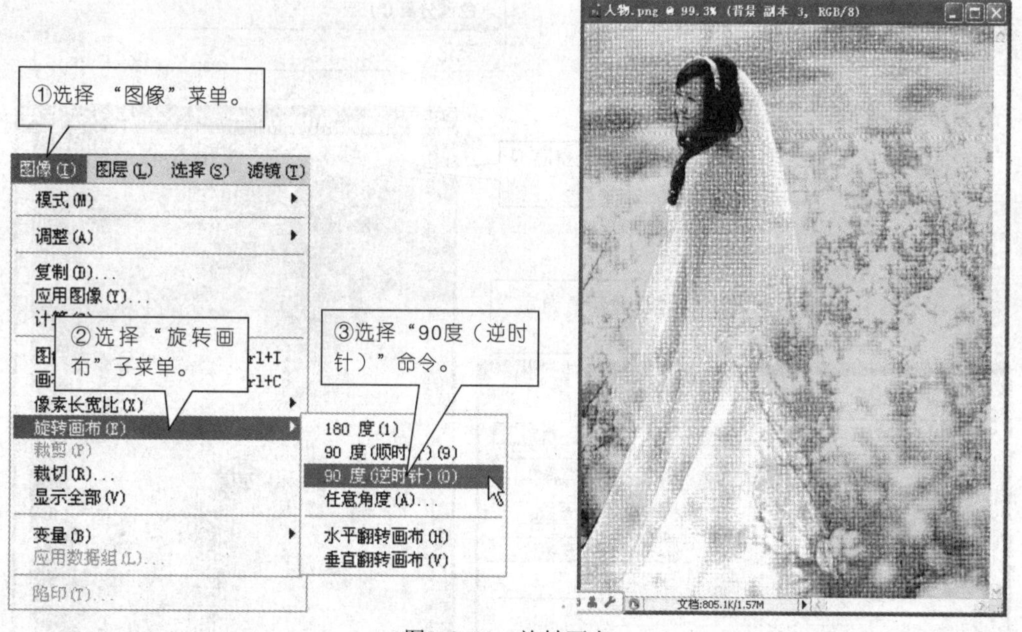

图9.3.20　旋转画布

第7步：调整照片色相和饱和度，其操作步骤如图9.3.21所示。

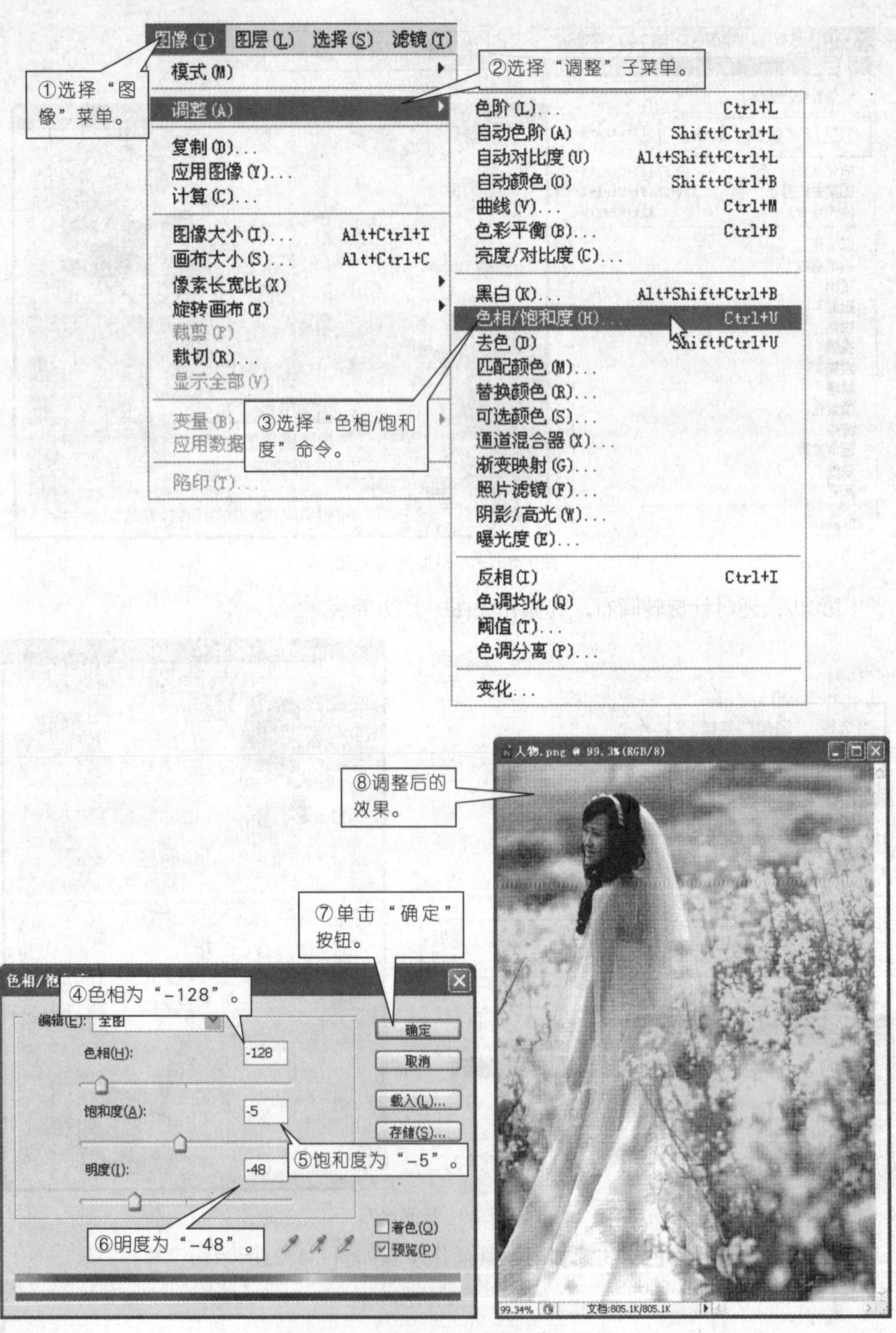

图9.3.21 调整"色相/饱和度"属性

■ 知识拓展

传统滤镜主要分为12个滤镜组，其中包括“风格化”滤镜组、“画笔描边”滤镜组、“模糊”滤镜组、“扭曲”滤镜组、“锐化”滤镜组、“视频”滤镜组、“素描”滤镜组、“纹理”滤镜组、“像素化”滤镜组、“渲染”滤镜组、“艺术效果”滤镜组、“杂色”滤镜组。

■ 实践与拓展

按照以下步骤，利用“模糊”滤镜组、“艺术效果”滤镜组和“纹理效果”滤镜组将婚纱照片处理成水彩效果。

第1步：打开“婚纱”图片。

第2步：复制“背景”图层生成“背景副本”图层。

第3步：给“背景副本”添加“模糊”滤镜组中的“特殊模糊”滤镜，并修改属性。

第4步：给“背景副本”添加“艺术效果”滤镜组中的“水彩”滤镜，并修改属性。

第5步：运用“编辑”菜单中的“渐隐水彩”命令。

第6步：给“背景副本”添加“纹理”滤镜组中的“纹理化”滤镜，并修改属性。

第7步：处理后的效果如图9.3.22所示。

图9.3.22　处理后效果

附录　常用命令、快捷键

1.常用命令、快捷键

启动软件+Ctrl + Alt + Shift	重置默认设置启动
Ctrl + N	打开New（新建）对话框，新建一个文件
Ctrl + O	打开Open（打开）对话框，打开图像文件
Ctrl + Alt + O	打开Open（打开为）对话框，指定格式打开文件
Ctrl + W 或Ctrl + F4	Close（关闭）当前图像文件
Ctrl + S	Save（保存）图像文件
Ctrl + Shift + S	用Save As（另存为）方式保存图像
Ctrl + Alt + Shift + S	将图像保存为网页
Ctrl + Shift + P	显示Page Setup（页面设置）对话框，以便于进行页面设置
Ctrl + P	打印当前图像文件
Ctrl + K	打开Preferences（预置）对话框，设置Photoshop操作环境
Alt + F4或Ctrl + Q	退出Photoshop应用程序
Ctrl + Z	还原和重做上一次的编辑操作
Ctrl + Alt + Z	多次还原和重做上一次的编辑操作
Ctrl + X	剪切图像
Ctrl + C	拷贝图像
Ctrl + Shift + C	合并拷贝所有图层中的图像内容，等同于Copy Merged（合并拷贝）命令
Ctrl + V或F4	粘贴图像
Ctrl + Shift + V	粘贴图像到选择区域中
Delete	删除选取范围中图像
Shift + Backspace	打开Fill（填充）对话框
Alt +Delete	在图像中或选取范围中填充前景色颜色
Ctrl+Delete	在图像中或选取范围中填充背景色颜色
Ctrl + T	进行自由变换
Ctrl + L	打开Levels（色阶）对话框，调整图像色调
Ctrl + Shift +L	等同于执行Auto Levels（自动色阶）命令
Ctrl + Alt + Shift +L	等同于执行Auto Contrast（自动对比）命令
Ctrl + M	打开Curves（曲线）对话框，进行曲线调整图像色调
Ctrl + B	打开Color Balance（色彩平衡）对话框，调整图像色彩平衡
Ctrl + U	打开Hue→Saturation（色相→饱和度）对话框，调整图像色相、饱和度和明度
Ctrl + Shift + U	等同于执行Desaturafe（去色）命令，减少图像饱和度

续表

Ctrl + I	将图像颜色反相
Ctrl + Shift + N	打开New Layer（新图层）对话框，建立新色层
Ctrl + J	将图层中选取范围复制到新图层中
Ctrl + Shift + J	将图层中选取范围剪切到新图层中
Ctrl + G	将当前作用图层与下一图层建立编组
Ctrl + Shift + G	还原编组
Ctrl + Shift +]	将当前作用图层移到最顶层
Ctrl +]	将当前作用图层往上移一层
Ctrl + [	将当前作用图层往下移一层
Ctrl + Shift + [	将当前作用图层移到最底层
Ctrl + E	将当前作用图层与下一层合并
Ctrl + Shift +E	合并所有可见图层
Ctrl + Shift + Alt +E	盖印图层
Ctrl + A	全选整个图像
Ctrl + D	取消范围选取
Ctrl + Shift + D	重复上一次范围选取
Ctrl + Shift + I	将选取范围反转
Ctrl + Alt + D	打开Feather Selection（羽化选区）对话框，羽化选取范围边缘
Ctrl + F	重复上一次执行的滤镜功能
Ctrl + Shift + F	对上一次滤镜效果进行渐变效果设置
Ctrl + Y	以CMYK模式预览其他模式下的图像
Ctrl + Shift + Y	溢色警告
Ctrl + +	成倍地放大图像显示比例
Ctrl + -	成倍地缩小图像显示比例
Ctrl + 0	以最合适的显示比例显示图像窗口内容
Alt + Ctrl + 0	以1:1的像素数显示图像
Ctrl + H	显示→隐藏选取范围的虚框线
Ctrl + Shift + H	显示→隐藏路径
Ctrl + R	显示→隐藏标尺
Ctrl + Alt + ;	锁定辅助线，使它不能进行移动
F1	显示帮助窗口
Shift + F1	用问号？方式来指定查找帮助信息

2. 辅助操作的常用快捷键

F1	显示帮助窗口
F4	粘贴图像
F5	显示或隐藏（画笔）控制面板
F6	显示或隐藏（颜色）控制面板
F7	显示或隐藏（图层）控制面板
F8	显示或隐藏（信息）控制面板

续表

F9	显示或隐藏（动作）控制面板
F12	恢复图像到最近保存的状态
Enter	选中工具栏上的文本框，或其他操作
Tab	显示或隐藏工具箱、工具栏和控制面板
Shift + Tab	显示或隐藏控制面板，但不隐藏工具箱
Ctrl + Tab或Ctrl +F6	切换至下一幅图像
Ctrl + Shift + Tab或Ctrl + Shift + F6	切换至上一幅图像
在选中任何工具的情况下，按Space键	移动窗口中的图像
在选中任何工具的情况下，按下Ctrl + Space键	放大图像显示比例
在选中任何工具的情况下，按下Alt + Space 键	缩小图像显示比例
双击缩放工具	以100%显示比例显示图像
PageDown 或 PageUP	图像窗口向下或向上滚动一屏
Shift + PageDown 或 Shift + PageUP	图像窗口向下或向上滚动10个像素
Home	移动图像窗口到左上角
End	移动图像窗口到右上角
在选中任何一个绘图工具下，按Alt键	等于用吸管工具选择颜色
Shift +吸管工具	等于使用颜色取样工具
Alt + 吸管工具	选择背景色颜色
Alt +颜色取样工具+单击	删除取样点
Ctrl + 拖动	移动图像
Ctrl + Alt+拖动	移动并复制图像
Ctrl + Shift +拖动	按水平、垂直或45°角方向移动图像
Ctrl + Alt + Shift +拖动	按水平、垂直或45°角方向移动复制图像
Ctrl + 方向键	以1个像素为单位向四个方向移动图像
Ctrl + Shift +方向键	以10个像素为单位向四个方向移动图像
按下Alt键不放，选择Image→Adjust→Levels→Curves→ColorBalance	重复上一次的色调调整

3.使用在选取范围时的快捷键

在用矩形选框工具和椭圆选框工具选取时，按下Shift键	可选取出正方形或圆形范围
在用矩形选框工具和椭圆选框工具选取时，按下Alt键	可选取出以开始点为中心的矩形或椭圆形范围
在用矩形选框工具和椭圆选框工具选取时，按下Shift + Alt键	可选取出以开始点为中心的正方形或圆形范围
Shift +选取工具选择	可在原有的选取范围上增加选取范围
Alt +选取工具选取	可在原有的选取范围上删减选取范围
移动选取范围时，按下方向键	以1个像素为单位向4个方向选取范围

续表

移动选取范围时，按下Shift +方向键	以10个像素为单位向4个方向选取范围
鼠标拖曳选取范围	移动该选取范围
先按下鼠标拖曳选取范围，再按下Shift键	可按水平、垂直和45°角的方向移动选取范围

4.用于编辑路径的快捷键（此处的操作均指在选择中路径编辑工具的情况下）

Ctrl +	等于选中选择路径工具
Alt +添加锚点工具或删除锚点工具	在这两个工具之间切换
Shift +路径选择工具+单击	选择多个节点
Alt +路径选择工具+单击	选择整个路径
Alt +路径选择工具+拖曳	复制一个路径
Alt + Ctrl +钢笔工具+拖曳	复制一个路径
Alt +钢笔工具	等于使用转换点工具
Back Space +钢笔磁性工具	删除最后面的节点
Alt +钢笔磁性工具+单击	等于用钢笔工具绘制路径
Alt +钢笔磁性工具+拖曳	等于用自由钢笔工具绘抽路径

5.用于选择色彩混合模式的快捷键（只针对于Layers控制面板和绘图工具选项面板）

Shift + Alt + N	选择Normal（正常）模式
Shift + Alt + I	选择Dissolve（溶解）模式
Shift + Alt + M	选择Multiply（正片叠底）模式
Shift + Alt + S	选择Screen（屏幕）模式
Shift + Alt + O	选择Overlay（叠加）模式
Shift + Alt + F	选择Soft Light（柔光）模式
Shift + Alt + H	选择Hard Light（强光）模式
Shift + Alt + D	选择Color Dodge（颜色减淡）模式
Shift + Alt + B	选择Color Burn（颜色加深）模式
Shift + Alt + K	选择Darken（变暗）模式
Shift + Alt + G	选择Lighten（变亮）模式
Shift + Alt + E	选择Difference（差值）模式
Shift + Alt + X	选择Exclusion（排除）模式
Shift + Alt + U	选择Hue（色相）模式
Shift + Alt + T	选择Saturation（饱和度）模式
Shift + Alt + C	选择Color（颜色）模式
Shift + Alt + Y	选择Luminosity（亮度）模式

6.在控制面板中使用的快捷键

图　层	
Ctrl + 单击预览缩图	载入当前图层选取范围
Ctrl + Shift + 单击预览缩图	增加选取范围到原有选取范围中
Shift + 单击图层蒙版预览缩图	关闭图层蒙版
Alt + 单击图层蒙版预览缩图	在图像内容与图层蒙版之间切换

续表

/	选中或取消选中Lock（锁定）复选框
Alt + 单击图层分界线	建立或撤消图层剪辑组
Alt + 单击创建新图层	打开New Layer（新图层）对话框，建立新图层
Ctrl + 单击创建新图层	在当前图层的下面建立新图层
图　层	
Alt + 双击效果图层图标	清除图层效果
通　道	
Shift + 单击各原色通道	复选多个原色通道
Ctrl + 单击通道预览缩图	安装该通道选取范围
Shift + Ctrl + 单击通道预览缩图	增加选取范围到原有选取范围中
Ctrl + ～	选中主通道
Ctrl + 数字键	选中相对应的通道
Alt + 单击创建新图层	打开New Channel（新通道）对话框，建立新通道
Ctrl + 单击创建新图层	打开New Spot Channel（新专色通道）对话框建立新Spot Color通道
Shift + 单击Alpha通道	在主通道与Alpha通道之间来回切换
路　径	
Shift + 单击路径	关闭当前路径
Ctrl + 单击路径	安装该路径选取范围
Shift + Ctrl + 单击路径	增加选取范围到原有选取范围中
Alt + 单击创建新图层	打开New Path（新路径）对话框，建立新路径
颜　色	
Shift + 单击颜色条	循环切换4种色彩模式的颜色光谱
色　板	
单击空色样处	填入前景色颜色
单击色样方格	选择前景色颜色
Alt + 单击色样方格	删除当前色样
Shift + 单击色样方格	以前景色替代当前色样
Shift + Ctrl + 单击色样方格	在当前处插入色样

参考文献

[1] 应勤. Photoshop入门与提高 [M] . 北京：清华大学出版社，2003.

[2] 李金明,李金荣,祁连山. Photoshop CS3 完全自学教程[M].北京：人民邮电出版社，2009.

[3] Adobe公司. Adobe Photoshop CS3 中文版经典教程[M].袁国忠,译. 北京：人民邮电出版社，2008.

石油精神孕育的“细胞”文化

天然气销售公司

【背景介绍】

班组作为企业最基本的生产单元，是企业之树常青的活力之源。天然气销售（昆仑能源）黑龙江分公司是中国石油天然气销售业务的所属省公司，深植于大庆油田的沃土中，在石油精神的孕育下成长，在铁人血脉的传承中给养。自成立以来，分公司党委始终以“身在大庆学大庆，学习铁人做铁人”打造特色班组，孕育多彩“细胞”文化。

翻开黑龙江分公司十余载的发展画册，一幅精彩纷呈的班组文化画卷跃然纸上。这里有石油精神的浓墨重彩，有岗位员工的创新创造，有不拘一格的生动，有掩卷感叹的精彩。“事不过夜”的创业班，是铁人精神在萨尔图供气站的缩影，龙南“雁之队”的快乐班组是员工“快乐工作、快乐生活”的写照……像这样的特色文化班组在黑龙江分公司有 59 个。快乐班组、点子班组、巾帼建功班、亲情服务班、同心班组、实干班组、密封班组、平安班组、志成班组、创业班组、硬汉班组、和煦班组、超越班组、护航站队、钢铁母站、温馨驿站。

【具体措施】

（一）创客云集的“点子”班

东湖综合班是黑龙江乘风分公司一个仅有 16 人的基层班组，却承担着东湖辖区近 5 万户居民用户日常安检维修以及 14.1 公里的中压管线，36 公里的庭院管网巡护工作。

班组的每名员工都喜欢钻研、热衷“五新五小”的革新创造。这个创客云集的班组被称为“点子”班，在全公司都是出了名的。便携式燃气设施仿真演示台，不但荣获国家专利奖，还作为推广项目在所属单位中广泛应用。几年来，班组员工的 23 个革新项目，累计为公司节约和创造效益达 100 多万元。

“点子”班这么多的创新源于“点子”班长“老曹”的头脑风暴会。每天班组晨会期间，班长曹继光带着大家一起头脑风暴。会上说说工作中遇到的难题，大家一起研究琢磨解决方法。每次会议选取一个技术难题，大家轮流发言。集思广益，博采众长之后确定思想转化为成果的落实方案，分工协作，迅速行动。班组协同一致的行动力，让脑中的“点子”变成现实的成果，只需要几天的时间。有人说围栏的锁头生锈了不好开，锁头很快有了防水罩；有人说巡检记录单填写内容烦琐重复，简洁明了的新记录单转眼做成了；有人说手动调节压力设备费时易出错，自定调压装置很快安装上了。解决问题的好方法、处理难题的金点子、提升效率的革新发明，在这样的氛围中诞生了。

（二）工匠云集的技能班

格林综合班组人员少、任务重，承担着大庆市东风辖区3.6万户居民用户的安检维修以及24公里的庭院管网和5个调压箱的巡护工作。

“一岗精，两岗通，三岗懂”是这个班组对每名员工的基本要求。这个16人的班组主要是由“85后”的青年人组成，他们年纪小但工作成绩可不小。有两次获得黑龙江分公司技能大赛管网巡护工第二名的公司铁人式员工张继辉；有公认的维修技能过硬的“大拿”车艳宝；有能手绘管网图的巡线员李珊桓；有公司十大“服务之星”、大庆市道德模范张慧……

这些优秀的年轻人组成了这个奋发有为的青春班组，在成立一年的时间里，就赢得了中央企业团工委颁发的青年文明号荣誉。他们这个集体也被称为“文明号”班组。

这个一专多能的技能班组得益于别开生面的技能比武和师带徒活动。班组每月技能论“剑”，是谁赢谁当“师傅”。每月班组技能比拼，谁成为岗位技术的第一名，就是当月的“师傅”。当“师傅”的人在一个月的时间里要负责把技术上获胜的经验和方法向大家进行无私传授，还要教出一位下个月能技冠群雄的好徒弟。在这项活动的持续开展中，年轻人相互比拼——比谁的服务质量好，比谁的安检效率高，比谁的岗位贡献大……在多种主题的比武当师傅的乐趣中，提升了技能，锻炼了能力，形成了集体归属感和荣誉感。

（三）“阳光”云集的龙南班组

黑龙江龙南分公司致力班组文化建设，打造“阳光”系列班组。阳光巡检班，像阳光普照大地般巡遍每一寸管网守护安全；巾帼阳光客服班，为用户提供暖阳般的亲情服务；金色阳光安检班，带着阳光般耀眼的笑容为用户答疑解难……

“蒙眼练兵法”是龙南分公司在 7 个“阳光”系列班组中推行的一道特色文化大餐，是龙南分公司每一名员工人人都会的一项绝活。殊不知这个绝活源于一名身材瘦小的青年女工刘婧的“金点子”。辖区很多居民用户为了美观，通常会将燃气设施安装在狭小的橱柜中。这给日常安检维修带来了很大困难，看不清、动作受限，且人在狭小空间中长时间操作容易缺氧头晕窒息。为了提高工作效率，缩短安检时间，刘婧便在日常练兵时，蒙住眼睛进行燃气表和阀门的维修操作，通过对每个技术细节的熟能生巧化解了橱柜中燃气设施难于维修操作的难题。姑娘纤细的手指在一次又一次练习后变得粗糙却灵活，拆装和密封的每个操作变越来越精准。手指感知零部件的轻重、大小，手掌衡量缠绕密封带的长度，指尖体会管线螺纹旋进的进度和密封程度，最

终她蒙眼完成拆装燃气表及阀组的操作最快只需 3 分半钟的时间……目前蒙眼练兵技术已经在龙南的基层班组推广了。员工完成这样的蒙眼操作平均只需 5 分钟。

龙南分公司阳光管理处 17 人的安检班负责辖区内 14.2 万户的居民用户安检任务，安全责任重大。这个班组建设了“金色阳光安全”班组。他们紧扣安全主题，将班组文化建设与生产实际相结合，提出“安全宣传四心工作法”“金色安全五心服务”“54321 安检隐患排查守则”“安全监督四严工作法”等工作方法。班组还在员工自己动手布置的安全培训室里开展“每天一次安全会、每周一次安全培训、每月一次的安全应急演练”的三个“一”安全活动。

“巾帼阳光客服班”旨在为用户打造暖阳般的亲情服务文化。班组成员由 13 名巾帼组成，她们如阳光天使一样，在服务中收获快乐，在工作中体现价值。他们提出为用户提供如清晨暖阳般的热情服务，让用户体会到燃气人的热心与关爱，让用户感受到温暖如“家”的亲切感。她们将“微笑服务”融入工作，养成“来有迎声”“去有送声”“问有答声”“怨有歉声”的工作要求，切实提升工作服务质量。节日期间服务也“不打烊”，及时满足用户需求。为了做好服务，为特殊用户建立“关怀档案”提供上门服务，开展学习手语，为聋哑用户提供贴心服务。涌现出了“党员先锋王男”“微笑天使郑庆英”“快手郝雪艳”等优秀客服员工。

巾帼阳光客服班

【效果意义】

经过13年的悉心培育和扎实建设，黑龙江分公司班组文化在石油精神引领下，结合天然气销售行业特色、班组工作特性和服务特点，形成员工共同认可的思维方式和行事风格，付诸实践的共同价值观。班组特色文化实现了集体凝心聚力、个体自主创新，起到了激发员工的积极性和干事热情、提高工作效率，最终促进公司良性健康发展。通过特色班组文化建设，形成群众性创新成果20余项，安全隐患排除上百例，创效近500万元。特色班组文化建设的效果具体体现以下几个特点。

一是员工职业素质有效提升。班组特色文化建设，使员工的凝聚力和技术水平都有提升。在历年的公司技能大赛和昆仑能源技能大赛、集团公司技能大赛等业务竞赛中的获奖选手80%来自于特色文化班组。很多的人从基层的特色文化班组走向公司的各个管理岗位，成为业务能手和技术能手，是公司当前发展的中流砥柱。

二是工作质效迅速提高。通过班组特色文化建设，员工更加注重日常工作经验的总结、积累。很多来自基层一线的创新创效成果和经验措施得到了快速的推广普及。目前，已经收集到各班组在安全生产、亲情服务、队伍建设方面的好经验上百条，节能降耗措施30余条，创新创效发明成果10余件。推进了公司各项工作的迅速开展和高效落实。

三是企业氛围和谐温暖。在班组特色文化建设过程中，一方面所有班组成员都参与进来，通过班组活动，增加了集体认同感；一方面班组更加关注每个成员的身心和生活情况，让员工感受到集体的温暖。有的班组地处偏远、有的班组员工需要在室外经受风霜雨雪，但员工都能做到爱岗敬业、不讲条件。“快乐班组”员工安晓明，家与单位距离30公里，当问他是否愿意调换班组时，安晓明却因为喜欢这个班组的氛围不愿调换。

四是队伍作风持续优良。班组特色文化建设使得班组成员更加认同、遵循公司企业文化，这促进了员工能力素质的提升、履行岗位职责水平的提高。

涌现出了以王同有为代表的集团公司劳模，以刘金岚、谢富文为代表的集团公司优秀科技工作者，以曹继光为代表的铁人式员工，以高东海为代表的职业道德模范。他们成为全体员工与公司同呼吸、共命运的缩影。黑龙江分公司这个集体一直被大庆市市政府和大庆市市民评为作风优秀企业和优质服务企业。

【单位评价】

通过对黑龙江分公司特色班组文化的深入挖掘和融媒体方式的广泛传播，引起强烈反响。官微公众号文章《班组的洪荒之力，不只是传说》阅读量近5000人次，点赞、留言上百条。公司将继续以特色班组文化为载体，推进天然气销售企业文化体系建设，奋力谱写天然气与管道业务高质量发展新篇章，为集团公司建设世界一流综合性国际能源公司做出新的更大贡献。

执笔人：韩　佳　刘灵熙　周　琰

积极开展公益事业和帮扶活动 让企业更有温度　让员工更有格局

江西销售公司

【背景介绍】

近年来，江西销售公司深入践行中国石油“奉献能源，创造和谐”的企业宗旨和“爱国、创业、求实、奉献”的企业精神，把开展公益事业和帮扶活动作为弘扬传播石油精神的重要载体，真诚服务社会，真情关爱员工，在革命老区较好展现了中国石油的“大爱”精神。公益事业和帮扶活动的开展，让企业更有“温度”，让全体员工更有格局和胸怀境界。

【具体措施】

1. 连续 7 年开展定点扶贫工作。2012 年以来，按照集团公司统一部署，江西销售公司认真践行央企责任，积极支持国家扶贫开发重点县横峰县定点扶贫工作，在基础设施建设、产业扶贫、教育扶贫、健康扶贫、生态扶贫等领域加大投入，为该县 2018 年脱贫摘帽贡献了力量。关注贫困乡村，援建乡村公路全长 15 公里，解决了 7 个行政村 1.7 万人出行难的问题。建成致富渠，改造灌区 5536 亩、确保灌溉率达到 95% 以上，每年新增粮食生产能力 1840 吨，保证了 4 个行政村 1 万余人增产增收。投资 300 万元，建成莲荷乡自来水管道增压改造及石油桥项目，解决了 5 个自然村 5000 余人饮水安全问题。关注贫困农民，扶助姚家乡苗木种植合作社，解决了 12 户家庭的脱贫问题，确保贫困户收益每年增长 1000 元，并带动配套产业 80 人就业。关注贫困家庭健康，派遣三批医疗队、16 名专家开展义诊讲座、送医送药下乡活动，救助1000余人。与中国扶贫基金会合作，推进“同舟工程”项目，解决216名贫困户医治难题。开展“人工耳蜗”扶助计划，帮助6名听障儿童免费安装人工耳蜗。关注贫困学子，提升当地教育水平，连续多年与优质电商平台、教育集团和专业机构合作，开展电子商务培训、青年干部培训、教师驻校培训、名师送课下乡、诊疗专业培训等活动，帮助他们开阔眼界、提高技能。开展“益师计划”，邀请北师大附中等教师进驻横峰中小学，带动172名教职员工和2970名学生教学水平提升。开展“旭航助学”公益活动，发放助学奖学金70万元，资助贫困学子150名。

2. 发起“千里返乡路，闽赣携手行”铁骑返乡帮扶活动。江西是劳务输出大省，每年有大量农民工前往福建务工。因经济条件有限，每年春节前夕，农民工大多选择骑摩托车返乡过年。他们在烈烈寒风中骑行返乡的场景，让人感动。针对这一情况，2012年，江西销售公司和福建销售公司共同发起“千里返乡路，闽赣携手行”公益活动，为骑行返乡的农民工提供免费加油、方便面、热水、手机充电、临时休息点、摩托车修理等帮助。一诺八年，始终坚守。8年来，江西销售公司累计投入帮扶资金百余万元，帮助铁骑返乡农民工15万人次。目前，这项活动已提升为“中国石油 • 温暖回家路”品牌公益活动，并扩展到周边7个省。

3. 开展艰苦一线和困难员工“四送”帮扶活动。江西是革命老区，经济欠发达，人均可支配收入较低。江西销售公司偏远加油站较多，困难员工较多，家庭条件较差，工作条件艰苦。为了让组织的关怀更好地惠及一线艰苦岗位和困难员工，江西销售公司每年投入困难帮扶资金200余万元，形成了“四送”长效机制，即春送慰问、夏送清凉、秋送关爱、冬送温暖。春节期间，为一线员工送去慰问品。炎炎夏日，为一线员工发放防暑降温药品和清凉饮品。金秋时节，及时掌握困难员工子女入学情况，绝不让一名员工子女上不起学。寒冬腊月，为一线员工添置棉衣、棉被、棉鞋、手套等物品。

4. 开展党员干部和机关员工下站帮扶活动。身在服务行业，注定了每一个节假日都是辛苦忙碌的。越是节假日，库站员工工作就更忙更辛苦，难以和家人团聚。为此，江西销售公司专门建立了党员干部和机关员工帮扶制度，每逢周末、重大节假日，都会组织党员干部和机关岗位员工到加油站顶岗，与基层库站共同应对消费高峰，缓解一线员工劳动强度大的问题。每年春节期间，分公司机关员工基本上都是全员出动。

【效果意义】

一是全体干部员工更有格局和境界。连续 8 年开展铁骑返乡公益活动，不仅仅表达了对农民工深深的关爱之情，而且在潜移默化中凝练提升为江西销售公司“大爱”的企业文化。2017 年，鄱阳县发生决堤险情，江西销售公司员工第一时间成立突击队，送油到一线，连续奋战四天三夜，有力保障了抢险和灾区群众转移用油。2018 年，江西销售公司组队参加由集团公司统一组织的“北京•善行者”50 公里徒步公益活动。江西销售公司虽然地处经济欠发达革命老区，虽然经营规模较小、员工人数少，但全体干部员工积极响应，自发捐款，仅用 10 个小时便完成了 2 万元的善款筹集目标，募捐速度位居集团公司首位。这些事例，充分彰显了江西销售公司干部员工“大爱无疆”的精神境界和格局。

二是全体干部员工更加爱岗敬业。企业对员工真诚关爱，党员干部和机关对基层真心，会进一步激发员工的岗位责任心，使员工更加感恩企业，热爱企业。2018 年春运期间，九江涌泉服务区车流量剧增，现场严重拥堵。分公司领导班子带领机关员工放弃与家人团聚，立即赶往加油站，通宵拼搏，引导车辆，维持秩序，为加油站提供了有力支持。2019 年春运期间，江西销售公司涌现出大量爱岗敬业无私奉献的感人故事。各分公司主要领导带头上阵，机关人员 24 小时轮流代班加油，累了就在办公桌上趴一会儿，睡上几个小时，爬起来再接着干。有些家远的员工就在办公室搭行军床，住在加油站。周边不太忙站点的员工也自发参与到重点站帮扶活动中。到了吃饭时间，大家都是让同事先吃，先吃的人又总是顾念后吃的人菜会不会凉、饭够不够。机关员工林峰在妻子生产当天，仍坚守在帮扶岗位，直到第二天才匆匆赶回家。他说：“家里有老人照应，可加油站真是忙不开，所以没办法回去。”机关员工王杨在父亲动完手术第二天就从家直奔加油站投入帮扶工作。由于照顾父亲几夜没有合眼，终于因体力不支累倒在工作岗位。机关员工邱雷发着高烧，但始终坚守帮扶岗位。加油站经理徐建良因不放心站里工作，春节期间带病坚守岗位。加油员廖嫘在休产假，但听说高速挂线站袁坊站因承担分流高速服务区加油站压力的任务，车辆大增，人手紧张，主动请缨到加油站排班加油。产后怕冷的她穿了两件棉袄，戴着口罩坚持在加油第一线。为了让春节期间不能回家的一线员工感受到石油大家庭的温暖，一些党员干部以及家属自发为加油站买菜、做饭，用另一种方式表达对基层一线的关爱。

【单位评价】

帮扶活动的开展，传递了石油大家庭的温暖，弘扬了正能量，增进了队伍凝聚力和向心力。众人拾柴火焰高，寒风里你永远不是一个人在战斗，江西销售全体干部员工在每个时刻都携手共进。帮扶活动的开展，强了信心，聚了民心，暖了人心，筑了同心，培育了一批舍小家、为大家、坚守岗位的可敬可爱的石油员工。员工的敬业精神是公司最宝贵的财富。通过帮扶活动，机关干部员工更加体会到基层不易，进一步增强了基层情怀，增强了服务基层、为基层创造更好工作生活条件的责任感和使命感。

执笔人：刘七宝生

建设匹配高质量发展的热文化体系

辽河油田公司

【背景介绍】

在石油业内流传着一句话：世界最稠的油在中国，中国最稠的油在辽河。辽河油田开发的超稠油黏度在5万厘泊以上，常温下如“铁板一块”。辽河油田特种油开发公司主要负责曙一区杜84块、杜229块“世界第一稠”——超稠油的开发生产任务。面对“储量少地盘小”等不利因素，特油人大力弘扬以“苦干实干”“三老四严”为核心的石油精神，不畏艰难、科学果敢，挑战极限、挑战自我，把加强文化建设作为构筑企业精神、企业价值、企业力量的重要载体，持续创新以“聚集热量，释放热能，以热解稠，有一分热，发一分光”为主题的热文化体系，将“油稠人不愁，困难也低头”的精神内涵，熔铸于超稠油规模开发的全过程，在仅占辽河3%动用储量的有限资源条件下，年产量贡献率占辽河总产量的13.1%，并以每年2%的开发速度，累计生产原油2679万吨，为辽河油田千万吨有效稳产做出了突出贡献。

【具体措施】

1. 注重传承创新，构筑特色文化体系。坚持不忘本来、吸收外来、面向未来，围绕企业改革发展实际需要，以文化引领战略落地，以战略推动文化升级。

加强党的领导，提高热文化站位。加强党对企业文化建设的领导，党委理论学习中心组定期集体学习企业文化知识，专题研究相关工作部署，先后提出“打造发展特油、支撑百年辽河”的企业远景和“推动公司实现新发展、打造百万特油再十年”“建设更具实力、活力和影响力的新特油”等中短期发展规划，制定出台了“科技兴油、人才强企、提质增效、开放发展、和谐共享、文化铸魂”等发展战略，实现了百万吨规模连续稳产20年，确保了文化建设与中心工作的同频共振。

持续升级完善，找准热文化定位。系统梳理热文化的形成、内涵及成果运用，在原有五个子文化的基础上，结合改革发展进程中科技创新、技术进步等发挥的关键作用，进一步提炼增加“创新文化”板块，形成“油稠人不愁，困难也低头”的团队精神，以“情感、管理、廉洁、安全、环境、创新”八个子文化为主体架构的新版热油热文化体系，企业文化建设的定位更加准确、层次更加分明、联系更加紧密。

建立四级网络，推动热文化进位。建立公司、大队、小队、班站四级文化建设网络，将企业文化建设融入日常工作、员工培训及群众性活动之中，深入挖掘反映特油人在开展SAGD试验、抗击暴风雪、抵御洪涝灾害等重大事件中战天斗地的精神风貌，形成《铁骨·硬汉·石油情》《油海耕耘“老黄牛”》《看洪浪滔滔，谁立潮头》《暴风雪来临的时刻》等文化故事22篇，编辑形成《辉煌业绩》《超越》等专辑3册，修订完成《热文化手册（第三版）》，摄制完成《热文化宣传片》，热文化的特油特色、辽河底色和石油本色更加鲜明。

2. 注重阵地建设，着力营造浓厚氛围。大力弘扬石油精神和石油优良传统，持续加大热文化宣传教育力度，逐步形成目标同向、利益同体、行动同步的文化氛围。

突出视觉识别，发挥凝聚作用。重点加强以场馆建设、工作环境布置、内部网络平台、《特油人》微信公众号和《特油人》报纸等文化硬件资源建设，先后对热文化室进行升级完善，在SAGD项目试验基地铺设“创新之路”，展示公司成立25年来科技进步的主体脉络与重大进展，在机关办公楼、前线驻地大院、班车等生活工作场所布置文化理念标识133处，建成思想引导型教育阵地1座、标杆示范型教育阵地7座、窗口辐射型教育阵地12个，让干部员工更好地感受企业文化、体悟企业文化、践行企业文化。2018年，热文化基地被评为“辽宁省企业文化建设示范基地”。

突出体系宣贯，发挥导向作用。充分利用机关电梯内电视、前线LED大屏等对宣传片和新版体系内容进行巡回展播，组织举办《手册》《宣传片》首发式，利用中国石油党建APP平台开展企业文化答题，深入开展特油热文化、党员先进性和廉洁警示“三项教育”活动，扎实开展“图说我们的价值观”“弘扬石油精神重塑形象”等载体活动，共举办参观学习活动22场次覆盖员工3000余人次，热文化进一步成为全体员工共同追求的价值取向、共同信守的管理规范和共同勉励的强大动力。

突出氛围养成，发挥激励作用。坚持举办“苦干实干谋发展”“三老四严铸忠诚”“团结奋斗增活力”“奉献石油显情怀”等主题摄影展览，广泛开展“安全趣味运动会”“我是朗读者”“辩论赛”“征文展”等员工喜闻乐见的群众性文化活动，每年评选表彰公司十大标兵、先进个人等先进典型，充分发挥油田公司劳模“老黄牛”站长牛卫东、金牌技能大满贯吴海胜、集团公司

第九届十大杰出青年王国栋等36名先进典型示范带动作用，进一步引导广大干部员工树立正确的思想观念、形成正确的价值追求、养成良好的行为习惯。

3. 强化融合实践，聚力管理提档升级。坚决避免文化建设走入改一改环境、抓一抓活动、造一造氛围的误区，着力推进文化建设融合于生产、落地于班组、扎根于岗位，把文化优势厚植为竞争优势、效益优势、发展优势。

深化落地执行，打造文化实践助力版。在文化元素向基层延伸、发挥班站文化活动效能方面持续发力，扎实开展以“提炼一条队训、总结一套特色工作法、选树一个身边铁人、完善一个文化宣传阵地、宣传一批文化故事”为主要内容的基层企业文化建设“五个一”活动，提炼“为稠油开采奉献青春，建和谐班站美好家园”等队训28条，总结“联对”“分区分时”“七个一”等特色管理法11项，征集具有代表性、示范性的小故事20个，使干部员工从参与认识、理解企业文化到主动建设、使用企业文化，持续提升了基层站队的凝聚力、战斗力和执行力。

深化管理跃升，打造文化融合强化版。结合党建责任制、劳动竞赛等重点任务推进完善特色管理法考核指标和操作流程，针对安全生产、提质增效等关键工作广泛开展“安全经验分享”“安全生产”“‘零伤害’里程碑”“百岗千哨安全监督”“职工创新创效”“群众性节约挖潜”等活动，结合基层基础建设实际组织开展文化内容和行为规范进园地、进班组、进岗位“三进入”活动，做到“有设备的地方就有操作规程，有人的地方就有行为规范”，年均查摆整改安全隐患517项，实施员工合理化建议201项，实现挖潜创效415

万元。

深化成果共享，打造文化熏陶激励版。坚持以人为本，激发内生动力，努力营造健康的干部成长环境、宽松的员工成才环境和良好的生产生活环境，公开公平公正选聘想干事、会干事、干成事的优秀干部，扎实开展青工技能大赛、女工职业生涯展报、送教上站等活动，持续推进养殖基地、福泉水站、员工洗衣房、小菜市场等民心工程建设，近两年有 9 名年轻干部通过公开竞聘走上科级领导岗位，5 名青年干部破格纳入副科级后备干部管理，5 人获评油田公司级以上技能专家，10 人获评高级技师，广大干部员工的创新创业创造活力竞相迸发。

【效果意义】

一是发展能力持续增强。围绕公司高质量发展需要，以理念升级引领改革发展方向，以文化共识凝聚创业创新合力，着力深化社会主义核心价值观教育、主题实践教育、形势任务教育及感恩教育，着力搭建干部员工展示平台、成长平台、交流平台，着力实现企业发展成果共创、共建、共享，使企业精神层面的激励作用有效地转化为企业高度自觉的执行力。2018 年，公司生产原油 130.5 万吨，完成商品量 129 万吨，分别超产和超交 2.5 万吨，上缴利润 2.1 亿元，超交 8013 万元。

二是基层建设持续夯实。坚持将企业文化建设的每一个环节融入党建、生产、经营、安全、环保、队伍建设各项工作，固化到每一个岗位和每一项管理流程当中，探索建立起一整套机制完善、标准统一、运作规范、内容全面，具有超稠油生产经营特点的管理体系，有力地促进了基层管理工作的系统化、规范化、精细化和制度化，岗位职责更加落实、干部绩效更加突出、典型示范更加到位、竞争意识更加强烈。

三是队伍素质持续加强。始终把握铸魂育人这个根本，坚持以人为本、文化育人，建立健全内部网络、报刊、微信平台等畅通而多样化的企业文化建设途径，不断挖掘广大员工喜闻乐见的新形式，有效传播企业理念，共享价值体系，促进了广大干部员工树立正确的思想观念，形成正确的价值追求，养成良好的行为习惯。

【单位评价】

特油公司始终注重加强热文化建设，不断培育和践行社会主义核心价值观，不断增强意识形态领域主导权和话语权，不断构筑企业精神、企业价值、企业力量，在内化于心、固化于制、外化于行上下功夫，持续推动文化生根、文化升级和文化落地，为企业高质量稳健发展提供了有力的文化支撑。

执笔人：邹　君

让石油精神成为企业发展的不竭动力

管道局工程有限公司

【背景介绍】

在建党 95 周年前夕，习近平总书记等中央领导同志做出重要批示，强调要大力弘扬以苦干实干、三老四严为核心的石油精神，深挖其蕴含的时代内涵，凝聚新时期干事创业的精神力量。集团公司党组向百万石油人发出“不忘初心，砥砺前行，加强党的建设，弘扬石油精神”的政治动员令。管道局为深入贯彻落实集团公司党组要求，将弘扬石油精神与企业改革发展实际相结合，与经营管理相结合，与员工需求相结合，切实为企业稳健发展注入不竭动力。

【具体举措】

（一）自上而下推动，将弘扬石油精神的要求融入经营管理实践

结合实际，在全局范围内开展“弘扬石油精神、践行管道文化”主题活动。从“六个专题”来加强弘扬石油精神、践行管道文化，即项目文化、团队文化、安全文化、执行文化、廉洁文化、和谐文化。每个专题都阐释了要树立的观念，提出了可以参考的管理工具。各单位结合本单位实际，选择一个或多个专题进行实践，形成具有本单位特色、切实促进生产经营工作的实践方法、工作案例和文化成果。

1. 树立建设精品工程的思想，建设具有管道特色的国内外项目文化。

观念阐释：项目文化是项目施工、管理过程中产生的最终结果，不能仅仅理解为树立一个工程口号，组织几项文体活动。要把“建精品工程、铸诚信品牌”的理念渗透落实到工程建设全过程，在出台政策、制定制度、奖优罚劣等实际工作中，以“精品”和“诚信”作为衡量标尺，把项目管理做精，把工程质量做精，把队伍打造成一流精品队伍。

管理工具：项目文化建设三九工作法、项目管理模式研究、“211”项目经营管理法、风险管控等。

2. 树立“我们是一家人”的意识，营造通力协作的团队文化。

观念阐释：践行“诚信友爱、通力协作”的团队文化理念，就是强调“我们是一家人”“我们是一个团队”，并将这个意识作为团队文化的延伸。管道工程建设的业务特点和工作性质决定了我们是团队作战，这就要求我们必须通力协作，使每个基层单位、项目部、机组都成为相互配合、团结一致、努力完成工程建设的合作集体。

管理工具：传统文化再学习再教育、思想政治工作“面对面”、感谢墙、学思会、情绪箱、拓展训练、师带徒等。

3. 树立“安全是发展的前提”的理念，推进以人为本的安全文化。

观念阐释：安全文化不是口号，是行之有效的工作方法和入脑入心的行为实践。安全文化的实践重点是要将完善的体系制度和工作要求等，长期不懈地落实并执行下去，使各项制度作用于工作实践，成为员工的工作习惯。

管理工具：安全经验分享、工作前安全分析、安全目视化、作业许可、行为安全观察与沟通等。

4. 树立“十分满意的工作 = 一分部署 + 九分落实”的观念，强化重在落实、一次做好的执行文化。

观念阐释：“十分满意的工作 = 一分部署 + 九分落实”是我们对执行文化理念“令行禁止，没有借口的服从”的正面诠释。一分部署是工作方向和目标，九分落实是围绕实现工作目标做的具体工作。每一名管理者和员工，都要具有领会工作部署，并为之创造性地努力实践、一次就把工作做好的责任与技能。

管理工具：首问责任制、工作督办系统、执行反馈单、评价机制、军事训练、劳动竞赛等。

5. 秉持“勤廉成业，正气兴企”的理念，建设风清气正的廉洁文化。

观念阐释：勤廉成业，重在廉、贵在勤。勤政是工作规范，廉政是道德规范。两者结合，是成就事业的基础和保障。正气是做人之道，是必需的品格和气节，是兴企之本。要通过倡勤廉而树正气，聚合力而促发展。

管理工具：责任签廉、主题育廉、示范倡廉、案例警廉、宣教防廉等。

6. 促进员工全面发展，创建包容至爱的和谐文化。

观念阐释：按照“以人为本”的理念，承认和尊重员工的个人利益，珍视员工的价值，发展更人性化和有利身心健康的工作环境和工作氛围，不断将企业发展的成果惠及全体员工，构建和谐的劳动关系。

管理工具：加强和改进党建工作、合理化建议、爱心驿站（志愿者服务）、员工援助计划、员工职业生涯规划等。

（二）自下而上展示，将弘扬石油精神的成果传播与分享

1. 开展文化展示活动。为了更好地对基层单位在“弘扬石油精神、践行管道文化”主题活动中的优秀文化案例进行传播和宣传，开展了文化展示活动。文化展示，就是搭建展示平台，面向全局自下而上定期展示基层单位的文化特色与成果。

文化展示活动具有以下几个特点。

（1）真实性。文化案例全部来自基层单位、一线机组，使基层确信其具有参考借鉴作用，对其他基层单位起到激励和创新启迪作用，形成内部文化

能量的传递和融通，达到共同学习、共同进步的目的。

（2）拓展性。每一期文化展示，邀请企业文化专家现场对展示内容进行点评、分析，对于展示内容所反映的主题和内容、思路、过程、结果、利弊得失，提出看法和分析，对同一问题提供不同解决措施，介绍其他企业的做法和案例。拓展展示内容，启发各单位思考，增加文化案例实践指导作用和理论归纳作用。

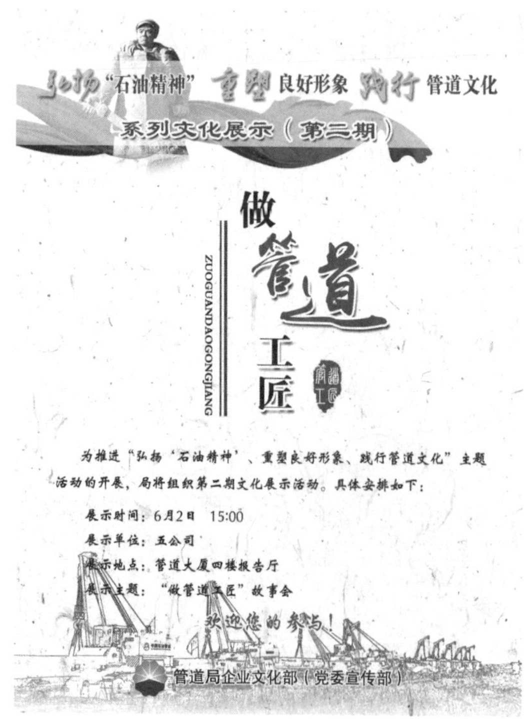

（3）多面性。每一期文化展示都会侧重石油精神内涵的某一方面，用具体案例深挖石油精神蕴含的时代内涵，用管道人攻坚克难的故事，展示了石油精神中的苦干实干；用“做管道工匠”的报告，展示了石油精神中的三老四严；用“科学和进取”的案例，展示了石油精神中的“两分法”。用文化案例解读石油精神内容，让员工形成对石油精神认知的共识，凝聚广大干部员工“新时期干事创业的精神力量”。

因为文化案例全部来自基层，使得文化展示活动也成为

立诚守信　言真行实
以“信实文化”引领企业高质量发展

陕西销售公司

【背景介绍】

文化是企业的灵魂和根基。陕西销售公司（以下简称公司）成立于1953年，从公司创立、政企合一、石油煤炭分离、中石化指导经营、企业自主经营到上划中国石油集团公司，66年的发展历程，既是由弱到强的创业史，也是企业文化积淀、传承、创新的发展史。公司党委在大力传承大庆精神铁人精神、践行石油核心价值观的基础上，结合企业发展实际提炼、升华，逐步构建了既与集团公司一脉相承，又具有时代特色、地域特色、行业特色的“信实”文化体系。通过文化引领，内蕴精神、外化力量，统一思想、夯实基础，实现了经营管理的不断提升、员工队伍素质的逐步增强，公司迈上了高质量发展的轨道。

【具体措施】

（一）顶层设计统筹谋划，打造了“信实”文化体系

公司党委全面总结企业文化建设的丰富实践和宝贵经验，挖掘提炼新时代陕销人的新思想、新观念和价值追求，充分发挥企业文化的导向、约束、凝聚、激励、辐射和品牌功能。

精益求精，完成了企业文化“3+1”项目。2017年年初，公司党委结合新时期发展需要，正式启动《企业文化建设纲要》《企业文化手册》《员工手

册》《企业文化建设推广方案》编撰工作。在整个编撰过程中，公司党委一以贯之突出党建引领的原则，经过文化诊断、文化访谈、文化调研、资料梳理、文稿形成、征集意见、审核发布等阶段，先后修改完善版本 53 次，下发调查问卷 4 次，全员参与投票通过率 95% 以上，初步形成了“立诚守信、言真行实”为主题的“信实”文化，以“为客户提供最满意服务，让员工与企业共同发展”的企业使命和“居家出行最值得信赖的加油驿站”企业愿景，形成了一套完整的文化理念体系，实现对企业 66 年来管理理念和思想文化的再塑成型，开启了公司企业文化建设新篇章。

精打细磨，形成了独具特色的专项文化。公司党委全方位、多角度深入剖析、总结两级公司、加油站、油库长期以来在党建、安全、环保、营销、服务等方面的成功经验与做法，进行梳理、整合、加工，提炼出了既体现陕西地域特色、成品油终端销售业务特色，又反映加油站基层组织不同个性的 10 个专项文化，即党建文化、廉洁文化、营销文化、服务文化、质量文化、安全文化、环保文化、合规文化、执行文化、创新文化。每个专项文化都以理念、制度、方法为支撑，既是“信实”文化在经营销售和企业管理中的具体实践，又是“信实”文化的重要组成部分，既在基层务实管用，又能在新时代下焕发持续的生命力，形成了“对外旗帜一面、对内百花争艳”的文化格局。

精准发力，做实了“文化管人”这篇文章。员工是企业的宝贵财富，为了建立起规范的管理秩序、操作规程，促进员工与企业共同成长，公司党委下大力气重新修订了《员工手册》。手册共分 10 章 26 篇，通过致每一位伙伴、我们的公司、企业文化、职业道德、行为准则、礼仪规范、劳动管理、美好生活等，勾勒了公司重视人才、倡导以人为本，激励全员向更强、更精、更优的自我不断努力。《员工手册》一经颁布，其亲切的语言、丰富的内容、精美的设计，就成为广大员工的“掌中宝”，大家自发通过微信群谈体会、抒感想，潜移默化中统一了全员思想，加强了凝聚力与向心力，实现了从理念到实践再到行为习惯的深层转变。

（二）自上而下全面保障，推进了文化平稳落地

公司党委通过四个保障，分步骤执行《企业文化建设推广方案》提出的文化宣贯、载体建设、品牌推广三个阶段的重点工作，推广“信实”文化落地，推动文化在基层深植落地。

从加强组织领导上保障。公司党委建立健全企业文化建设领导体系和工作机制，形成两级公司党政一把手负责、企业文化部门牵头组织、子文化部门分工落实、员工广泛参与的格局。在党建活动经费中统筹列支企业文化建设专项经费，为企业文化建设工作顺利开展提供必要的资金支持，2019 年 6 月，公司党委召开了企业文化建设“3+1”项目成果发布暨推广动员会，公司主要领导进行宣讲动员，企业文化处开发课件、制作投放微课程 10 期，利用基层班前会、周例会、视频会、学习会、处（部）务会、微讲堂等，进行有针对性的宣贯培训。33 名兼职文化内训师送培到基层，一个月来现场宣讲 64 次，主管部门、业务部门、基层单位工会、团委及协会组织各负其责，密切配合，聚合起企业文化建设的磅礴力量。

从完善管理制度上保障。公司重新审视与修订企业文化相关的现有制度、建立完善企业文化相关制度体系。围绕企业文化建设纲要，结合员工手册，修订人员管理、员工培训及行为规范等人力资源类制度 19 个；修订品牌宣传、新闻宣传、门户网站管理、新媒体管理等宣传类制度 6 个；将 10 个专项文化理念与公司党的建设、廉洁从业、经营管理、营销服务、安全环保、创新学习、合规诚信等深度融合，优化相关管理制度、操作流程 81 个。结合企业文化建设纲要与推广方案，制定企业专家队伍管理制度、评先选优管理制度、文体协会管理办法等 3 项；以企业文化建设为导向，调整现有激励约束机制，建立人才梯队管理制度、员工职业发展通道与职业生涯管理制度 6 个，实现文化协同制度，制度指导实践。

从建设信息平台上保障。公司党委以六大信息平台为抓手，为“信实”文化的宣传、活动开展服务。网站 + 官博，内宣外宣协同，加强文化建设宣传。在公司网站开辟企业文化建设动态专栏，定期公布文化建设动态，宣传先进人物；通过官方微博结合时事热点宣传文化建设成果，针对用户群体定制新颖的营销活动，重塑公司充满活力的新形象。微信 + 协同平台，PC 端、移动端同步，落地文化建设活动。在官微编发站库文化故事、微电影，在协同管理平台传送与发布文化建设工作领导讲话、视频、会议及文件等资料，开展企业文化知识竞赛，推动文化理念入脑入心。抖音 + 中油好客，宣传、营销部门联动，打造文化新品牌。围绕公司特色文化体系及内容，录制宣扬公司正能量的小视频，在抖音 APP 上传播，丰富宣传形式，扩大宣传半径。利用中油好客各类文化推广活动、便民服务，将平台用户有效转化为公司铁杆“粉丝”，将文化理念融入实践，在用户心中树立良好口碑。

从强化激励约束上保障。公司党委将企业文化建设作为一项重要工作纳入各单位党的建设工作，列为评价领导班子及成员业绩的内容，与经营管理同研究、同部署、同考核。对企业文化建设工作完成较好的单位和个人进行表彰奖励，对表现不佳的单位或个人实行一票否决，当年不允许参评各类先进，形成推动企业文化建设的长效机制。建立完善发现培养、选树宣传、表彰命名先进典型的运行机制，重奖积极践行企业精神、在平凡岗位为企业做出突出贡献的先进典型，持续培育“陕销工匠”“最美员工”“身边好人”“道德模范”等典型，不断做强“十大劳动模范”“十佳共产党员”“十佳优秀青年”等先进典型的评选表彰，不断壮大企业英模群体，打造了一批员工认可度高、真正可敬可学的先进典型。

（三）整合资源重点培育，打造了特色金字品牌

公司党委不断整合、优化文化资源和载体，针对不同对象，设立不同类型节事活动，培育、打造科学规范的管理品牌、精通技能的人才品牌、优质高效的服务品牌、温馨和谐的文化品牌，提升了品牌的影响力、辐射力。

开展“媒体开放日”活动，传播石油声音。每年 3 月 15 日，公司党委以“你是我的眼”为主题，邀请地方政府权威机构、当地主流媒体、客户代表走进加油站、油库，敞开大门，面向社会公众普及油品基础知识、性能、进销

存管理等，直观了解加油站的基本情况及数质量的管控流程，现场“零距离”授课，解答客户心中“疑问”。2018 年“你是我的眼——美好生活”主题活动，渭南分公司网络直播现场当天收看观众就达两万人。这一活动深化了企业和媒体的沟通交流，构建了企业、媒体、公众之间的良好关系，公司连续 7 年蝉联全省顾客满意度测评同行业第一。

开展“员工文化艺术月”，提升文明素质。每年 5 月，统筹兼顾经营销售和基层单位实际，组织开展新颖活泼、员工乐于参与、效果明显的文艺体育活动和岗位实践活动。成立了篮球、羽毛球、乒乓球协会，举办全系统的体育比赛，选拔了一批运动健将，组队代表公司参加了驻陕单位的赛事，屡获佳绩，为公司赢得了口碑；创作了一批既体现先进性、又体现群众性，有筋骨、有道德、有温度、有油味的《加油站那些事》；挖掘一批反映员工职业风范和文化实践活动的成果，出版了《基层建设和企业文化案例》；成立了一支秦油文艺小分队，开展了送文化下基层、进课堂、到岗位活动；借助员工技能竞赛、开口营销等岗位实践活动，展现各个层面深化“信实”文化的典型做法，引导员工立足岗位，提升个人能力。

开展“爱心驿站”公益项目，重塑良好形象。在 10 个地市选取了 78 座有条件的加油站，建立了“爱心驿站”，发布了管理手册，提供环卫工人温暖服务、走失儿童临时救助、爱心应急专用通道、捐赠书籍文化扶贫 4 项服务。每年 6 月第一周，大力开展公益项目，相继选取了服务效果明显、经验成果丰富的西安大庆路加油站、宝鸡渭滨开发区加油站，举办了“爱心驿站”公益项目现场会。对内，在公司网站开设专题栏目，集中报道活动期间的感人

事迹，对外，得到了陕西省委宣传部、省精神文明办等政府部门和新华社陕西分社、陕西日报、西部网等多家媒体的报道支持，2017 年以来，相继开展温暖服务活动 83 次，服务环卫工人 4477 人次，救助走失儿童 41 次，服务应急车辆 386 台次，组织文化扶助活动 34 次。在渭南、咸阳、商洛、延安等 7 个贫困区县，开展“对口包扶”工作，先后投入扶贫资金 1000 余万元，积极推进延川地区产业扶贫，社会反响强烈。

开展“亲情文化交流日”，构建和谐家园。公司党委把“为员工服务、为企业加油”作为思想文化工作的出发点和落脚点，将每年 8 月的第三个周六，定为“亲情文化交流日”，通过邀请员工家属走进加油站、油库，加强企业与员工及家属的沟通，让广大员工亲属感受公司文化，共享公司发展成就。活动中，广大员工家属近距离了解了公司经营管理、改革发展成果，同时也对加油站、油库的工作环境和工作流程有了进一步认知，体会到员工工作的艰辛。各单位还通过召开座谈会、联欢会、趣味游戏等形式，增进与家属的沟通，为企业发展营造了和谐稳定的氛围。

【效果意义】

1. 坚定了全员发展信念。公司不但肩负提供和保障国家能源的重任，还承担着更多的政治责任和社会责任。通过“信实”文化建设，统一了员工思想，坚定了全员搞好企业、发展企业的信念，助力公司顺利实施五大战略、全力打赢四大攻坚战。

2. 提升了公司管理水平。将文化与管理相结合，通过文化建设将文化要素贯穿到管理中，在企业文化引领下，完善了管理制度，夯实了管理基础，提升了管理水平，实现了管理创新。

3. 增强了公司核心竞争力。总结、提炼和推进具有时代特色、地域特色、行业特色的“信实”文化，对内提振员工精神状态和干事创业的热情，对外树立了企业良好形象，拓展企业品牌，提升核心竞争力。

4. 营造了公司和谐氛围。结合企业实际，推进“信实”文化的落地生根，把基层和员工放在首位，找准了和谐企业建设的重要途径，集中优势，发挥合力，为企业的持续发展蓄满力量。

【单位评价】

人类因梦想而伟大，企业因文化而繁荣。特别是当前，公司正处于全面深化改革、打赢“二次创业”翻身仗、实现高质量发展的关键时刻，培育和践行“信实”文化既是顺应潮流，与时俱进，引领变革，推动创新，实现高质量发展的关键途径和重要手段，也是弘扬大庆精神铁人精神，唱响时代主旋律，凝聚全员力量，激发全员斗志，在风云突变的市场竞争和效益低迷滑坡时攻坚克难、团结一致的有力“法宝”。公司将不断磨砺好企业文化这把“利剑”，持续提高公众认可度，拓展企业品牌，提升企业的声誉、提高企业的竞争力，为助推公司实现高质量发展做出应有贡献。

执笔人：强红利　王三勇　李　筱

“四四三”员工思想动态观测点建设

东方地球物理勘探有限责任公司

【背景介绍】

近年来，国际油气市场持续低迷，物探行业勘探投资锐减，物探项目量价双降，同时，施工环境日益复杂，勘探难度不断增大，作业队伍高度分散流动，基层员工在经济收入与作业难度的多元压力下，思想情绪不稳、焦虑多、波动大，影响了基层队伍的稳定。针对这种情况，东方地球物理勘探有限责任公司西南物探分公司加大基层党建工作力度、拓展基层党建工作领域、创新基层党建工作方法，以建立员工思想动态观测点为联络纽带，通过精准把握不同群体、不同环境、不同时段员工的思想动态，分析找准提前预防、过程化解、矛盾解决的切入点和关键控制点，保障了基层员工队伍的稳定。

【具体举措】

员工思想动态观测点，就是在基层单位的班组、队站等为联系点，建立员工思想动态观察哨，以部室长、党小组长为联络员，对不同群体、不同环境、不同时段的员工思想状况进行动态性监测和把握，确保问题发现及时、关键点把握准确、化解矛盾。

（一）固化四点做法，规范“员工思想动态观测点”的有序运行

一是固化管理制度和责任体系。建立分级负责，归口办理的层级负责机

制，细化责任要素，明确责任主体。规定西南物探分公司党委为第一责任主体、各党支部为第二级责任主体，党委书记和党支部书记为观测点的第一责任人。建立“信息采集机制、心理疏导机制、应急处理机制”，形成西南物探分公司党委、物探队（工程队）党支部到基层班组的思想动态观测链，避免思想工作的主体责任悬空。

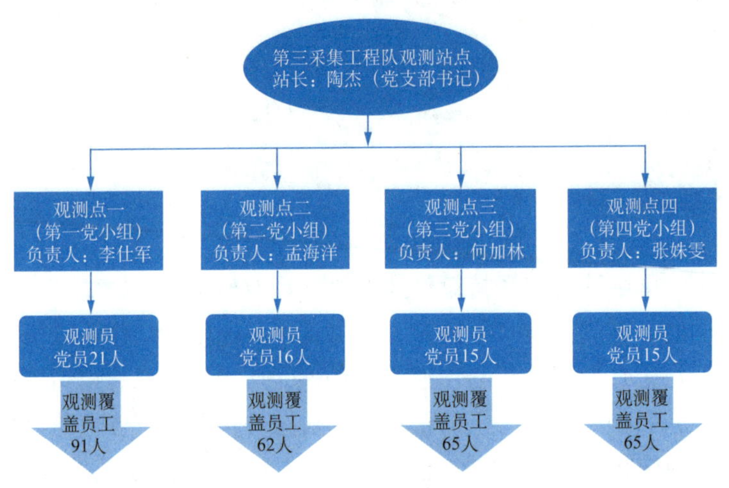

第三采集工程队观测站点层级责任分布示意图

二是固化员工思想要素的采集方式和手段，精准把握员工在不同时段的思想动态，实现信息采集全面无死角。通过“三贴近（贴近实际、贴近基层、贴近员工）”“四必须（职工患病住院必须探望、职工生活困难必须帮扶、职工家中发生灾情必须慰问、职工思想出现波动必须谈话）”、职工座谈会、恳谈会、交心会等收集可能影响全局性、集中性、共通性等信息；运用QQ群、微信群等及时有效地捕捉队伍分散时期即项目施工时段和休整时段的思想动态和信息。

三是固化“及时采集、快速传递、科学分析、有效处理”的工作流程（见《员工思想动态观测点工作流程图》《员工思想动态观测点考核评价标准》），确保观测点工作顺畅、信息畅通、运行高效，便于分公司把控员工思想更全面、更准确，处理问题针对性更强、更有效。

四是建立“正激励”“负刺激”的考评机制，激发、挖掘责任人和联络员的能动性，对不执行、选择性执行、不及时上报思想动态信息等主体责任履行不到位的单位和个人进行责任追究和处罚。

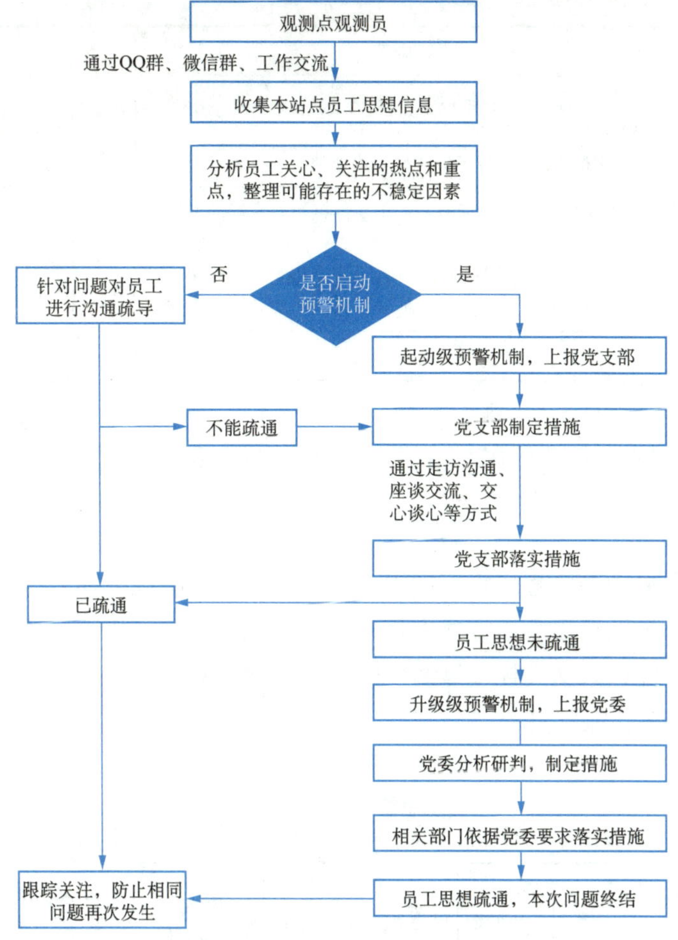

员工思想动态观测点工作流程图

员工思想动态观测点考核评价标准

考核项目	考核内容	分值	评分标准
组织领导	1. 成立了思想动态观测点领导小组 2. 制订了思想动态观测点实施方案 3. 按要求上报了思想动态观测点活动方案	10	第一、三项，缺一项扣3分；第二项缺扣4分
信息采集	1.设置专兼职联络员，负责收集观测点的信息和报送工作 2.对单位或个人不稳定、不安全、不作为“三不”信息的及时采集	15	缺一项扣3分
快速传递	1. 对队伍存在的主要思想问题及相关问题进行了梳理 2. 按时、及时上报信息	20	缺一项扣5分
问题分析	1. 组织开展了专项思想问题讨论 2. 召开专项工作分析会	15	缺失一项分别扣5分；缺失相关工作扣10分

续表

考核项目	考核内容	分值	评分标准
有效处理	1.及时进行适度的心理干预，平衡心理杠杆，辅以人文关怀，把问题消解在萌芽状态 2. 对违规违纪职工进行了批评教育或处理	15	第一项缺失项扣6分；第二项缺失扣4分
措施应用效果	1. 根据单位实际，全年适时开展创新性思想教育活动不低于4次 2. 根据存在的问题制定了措施，并形成了相关工作报告 3. 及时对员工反映的问题进行处置，回馈，提升员工满意度	25	缺一项扣3分
总得分			

（二）推行四项动态管理，强化“员工思想动态观测点”工作的有效性和预见性

一是表单动态管理。将管理因素、管理要求、管理标准、管理责任、管理措施、督导结果以表单方式表现，简化了冗长的文字描述。按照“队伍管理、薪酬分配、人文关怀”等诱发因素分类别建立员工思想问题台账，一项一项地抓整改，抓落实。

员工思想动态观测汇总表

单位名称：　　　　　　　　　　　　　　　　　　填报时间：

序号	群体（人员）	人数	矛盾问题	风险等级	态势分析	责任人（手机号码）	主要工作措施	对当前思想动态观测点工作的措施的建议意见

审核人：　　　　　　填表人：　　　　　　电话：　　　　　　手机：

二是推进“两卡一法”动态管理。即以“职工个人思想现状表述卡、职工队伍思想动态分析卡”为载体，通过教育引导、人文关怀与心理疏导及帮扶解困等措施，帮助职工解惑、解压、解难、解忧。2017 年 6 月，钻井工程队党支部通过“职工个人思想现状表述卡”的相关信息，了解到队上“刺头”

因工作量少，心理不平衡。于是，队上将他们集中安排在一个作业片区，指定其中个性最为张扬的陈万东担任班组长。该名职工得到重视，激活了他管人管事的能力，不仅全部“刺头”没闹事，所带班组的业绩也突出，被评为该队优秀班组。

第三物探事业部职工队伍思想动态分析卡

填报单位：第三钻井工程队　　　　2017 年 10 月 14 日

序号	群体或问题	成因	分析	措施
1	士气较为低落	工作量大	长时间连续在野外施工，在节假日与家人离多聚少	班子成员及时做到人文关怀和做好节假日期间的慰问工作
2	工作积极性和主动性不高，有消极现象	收入减少	项目固定成本投资费用减少，社会化季节性人工费用相对增高	及时向职工进行形势任务和忠诚责任教育宣贯；及时进行厂务公开

填报人：　　　　单位领导：　　　　彭斌

三物探事业部职工个人思想现状表述卡

单位名称：第三钻井工程队　　　　填报时间：2017 年 6 月 14 日

姓名	陈万东	岗位	钻井班组
思想现状	一是工作时间长，且收入相对较低，工作生活压力大，情绪有些波动，对未来存在悲观失望的思想；二是失衡心理较强，在企业改革中，自身能力不适应公司发展，不能适应单兵作战施工模式和不能接受多劳多得的收益结果，思想上还停留在改革前吃“大锅饭”的位置		
个人诉求	希望能适当提高收入，缓解经济压力大的问题		
备注	通过班子和思想动态观察员长时间的形势、任务、责任教育和技术培训，加上给予人文关怀，解决了他的思想疑虑和工作实际问题，从而提高了工作积极性和主动性		
处理意见	班子成员在做好人文关怀的同时，向其进行形势任务和忠诚责任教育宣贯		

三是实施预警动态管理。根据员工思想状况对队伍稳定的影响程度和能够及时有效解决的管理层级，即“班组、物探队（工程队）、分公司”三个层

级，按照这三个层级能够疏导、解决的思想动态问题，建立动态预警标准，确保不稳定因素的研判更准确，化解措施更有效。“三级”预警实行多线、双向预警，即责任人按属地原则发出预警的同时，向上一层级发起预警，并根据事件变化和处置情况适时转换预警级别，有效避免基层将小问题当成大问题往上推和事业部将大问题向下压的推诿现象。

四是实施问题追踪管理。例如，物探队的工农协调员由工程队调入，因为工作辛苦、收入不高而怨气大。物探队及时把握这些不良思想动态，寻找思想动态的变化规律，梳理出新环境对工农协调人员心理上影响的因素。对此，凡落户到物探队工农协调人员，党支部会在第一时间与之交心谈心，了解其诉求并实施追踪式管理，追踪其对新环境的适应情况，适时做好思想疏导。这一思想管理方式，使工农协调员始终保持了工作向上的活力。

（三）强化三项主动出击，把准员工思想动态脉搏，确保问题处理及时有效

1. 贴近一线摸排预警。观测点的联络员定期到“责任田”参加班前班后会，分层次、全方位了解各作业班职工的思想波动情况。为提高联络员到责任区了解问题、发现问题、及时反映和解决问题的能动性，对联络员联络频次和发现问题情况进行量化考核，增强了观测点的动态管理效果。党支部通过问卷调查、实时观测、上门谈心、电话沟通及员工互评等多种观测方式，评估出员工队伍的思想动态，摸排出需要重点关注的对象，及时启动预警，实施分级处理，防止出现小问题演绎成大问题、大问题恶化成不可收拾的后果。2017 年 6 月 30 日，川东金珠坪项目完工，第三测量工程队的个别班长对考核评议结果提出异议，不能接受只能拿到基本工资的现实。该队党支部和责任人走进班组，对员工进行解释疏导，党小组长、测量组长黎勇在班组会议上公开作业单元及个人工作量、考核情况、工效挂钩收入情况，最终化解了疑惑。第三运输队党支部针对少部分员工对车辆调度和派遣模式不满的现象，经过队党支部对这些员工的心理状态进行摸底，选出其中能力较强、素质较好的员工，参加阳 101 页岩气项目和中坝—梓潼项目试点工序的现场调度，既化解了不良思想情绪，又满足了员工展现个人能力的愿望，还提升了整个工区的车辆调度效率。

2. 运行管理互动平台。打造员工思想引导体系，掌握舆论导向主动权。西南物探分公司以网络打造员工思想引导体系，掌握舆论导向主动权，把“本单位应该公开的”与“职工想要了解的”有机结合起来，积极介入热点话题，发表代表分公司和本单位的主流观点，引导职工明辨是非、保持理性。2116 队利用微信平台设立“党团活动”“石油新闻”“山地文化”“学习园地”等栏目，将线下教育拓展到线上，将形势宣讲、“微党课”、职工关注共性热点话题的宣传解释等推送到员工手机上，促进正能量在员工之间的快速传播。2018 年上半年，物探第三事业部前期启动了两个大项目和一个小项目，大项目申请上岗的人多，而小项目却无人问津。此时员工自建的 QQ 群和微信群中出现了“有关系的才能上挣钱的项目、小项目拿不到钱、多劳未必多得”等消极言论。针对这些消极言论，9 个党支部通过职工大会、网络平台，从经营现状、小项目生产协调成本高等客观因素去摆事实讲道理，淡化了过激情绪，避免了矛盾冲突。

3. 经验全面共享。通过对观测点工作方法的总结、提炼并推广，促进观测点工作措施更有效，化解矛盾更彻底。分公司党委将第三物探采集队员工思想动态观测点的工作经验整理成范本，分发到各观测点学习分享。各观测点在学习他们的典型做法的同时，又对观测点的相关做法进行了逐步完善，各物探队和专业队在作业班组的观测点建设中，改变了观测员由党员担任的现状，让责任心强、管理能力强的班组长或群众基础好的职工担当；在“四长一体化”（作业班班长、党小组长、工会小组长、生产骨干等）建设中，集成思想动态观测的职能，优化观测员素质，更好地发挥了观测员的作用。

【效果意义】

1. 思想动态观测点进一步促进了队伍和谐稳定。联络员日常耐心细致、周到热情的思想教育工作，有效缓解了野外员工生活上的空虚感、工作上的焦虑感、心理上的寂寞感，基层队伍的稳定起到了促进作用。

2. 思想政治工作的方法更接地气。分公司党委把握“由粗向精、由陈向新”的原则，使员工思想工作实现从动态观测到动态管控的跨越，形成了全方位、多层面地观察员工思想素质的格局。调查发现 93% 的职工认为“员工思想动态观测点”的工作方法比简单说教更容易使人接受、更接地气。

3. 基层单位的战斗力不断提升。以“员工思想动态观测点”为重点的预警式管理、摸排式管理等思想管理方式，不仅准确研判了员工队伍思想在近期及中期存在的风险，还通过富有针对性的思想教育工作的及时跟进，使班组、物探队等基层单位广大干部员工形成了“心往一处想、劲往一处使”良好局面。2018 年物探 2116 队承接的页岩气泸 203 项目，率先采用模块动态搬迁促进了采集提速提效，仅在当年 7 月就完成了 10268 炮的采集任务。

【单位评价】

西南物探分公司员工思想动态观测点的建立，是基层做实员工思想政治工作的创新，更是加强国有企业党建工作的有益探索。员工思想动态观测点作为基层党组织落实主体责任的工作载体，从员工思想问题的挖掘发现到分析解决，其工作方法更细、更实、更有效，充分体现了员工思想政治工作的教育人、凝聚人和激励人的人文精神，增强了员工价值认同感，得到广大职工的情感认同，收到了凝心聚力、转化思想、统一行动、奋力拼搏的效果。

执笔人：刘永健

肩扛红旗有担当　与时俱进做榜样

宝鸡石油机械有限责任公司

【背景介绍】

宝鸡石油机械有限责任公司（以下简称宝石机械公司）钢结构分公司，前身是宝石机械铆焊分厂，2003 年被评为集团公司“百面红旗单位”。2017 年改制为分公司，是宝石机械主力生产单位之一，专门从事 1000 ~ 12000 米钻机配套的各种形式的井架、底座、拖撬、移运装置、天车等大型结构件的生产制造和喷涂防腐工作，同时面向社会市场承揽加工制造和服务业务。作为集团公司“百面红旗单位”，面对新形势新任务新要求，始终牢记“我为祖国献石油”的核心价值观，以活动为先导，抓文化、抓队伍、抓改革、抓市场、抓管理，使老先进在新时代焕发出新风采。

【具体措施】

（一）抓文化建设，做完成任务的标兵

20 世纪 80 年代，老一辈铆焊人在当时设备落后、技术落后的艰苦条件下，叫响了“敢于打硬仗”的“铆焊精神”，他们埋头苦干、艰苦创业、攻坚克难，为国家甩掉“贫油国”的帽子做出了卓越贡献。随着时代的发展，分公司提出了“高举红旗、勇创佳绩”的口号，要做到“苦干 + 巧干”“制造 + 服务”“油品 + 民品”“质量 + 精益”“敢打硬仗 + 能打赢仗”“不怕苦、不怕累，敢打硬仗、能打赢仗”的“新时期铆焊精神”逐渐形成。

钢结构分公司的主要产品是石油钻机井架、底座，产品重量、体积占整

个钻机的60%以上，生产任务量占成套钻机的50%以上。由于井架、底座是钻机在钻井过程中的最主要受力部件，安全系数要求特别高，工艺对组合尺寸、组装直线度、焊接、油漆质量要求很高。以钻机井架为例：50米高的钻机井架，井口中心偏斜要求≤20毫米，直线度要求只有5毫米。60%的任务量、毫米级的质量要求，面对困难，全体员工发扬“铆焊精神”“白加黑”“5+2”抢干生产任务，在全体员工的共同努力下，2003年以来，钢结构分公司共完成钻机井架、底座1000余套，其中包括“国家863项目”全国首套12000米超深井钻机、“建设新疆油田”全国首套8000米山地深井钻机、300FT“海洋平台钻机”等一系列重点钻机的生产任务，分公司连续15年超额完成宝石机械公司下达的各项任务指标。

“干铆焊不惧冒汗，做工件勇于攻坚”——顺利完成我国首套12000米超深井钻机。2009年，钢结构分公司接到“国家863项目”首套12000米超深井钻机的生产任务，当时全国钻机最大钻井深度为9000米，12000米钻机井架底座等主要受力部件的核心技术都被美国等西方国家掌握，“打破垄断、实现国产、干成12000米超深井钻机井架底座”对钢结构分公司来犹如一场“攻坚战”，作为“百面红旗单位”，打赢“攻坚战”是唯一的想法。为此，分公司专门组织召开“12000米”钻机誓师大会，鼓励全员发扬“铆焊精神”，攻坚克难、勇于奉献、拿下12000米钻机生产任务。接下来的一年内，600余名干部员工齐动员，管理人员以厂为家做好上下工序协调、技术人员扎根一线做好技术服务、操作人员加班加点抢干生产进度，解决了超深焊缝焊接问题、井架底座组合尺寸问题、井架下段立柱折弯问题等一系列技术难题。

2010 年 1 月，高 72 米的钻机井架在宝石机械公司本部钻机试验场地通过了拉力试验，标志着 12000 米钻机的研制成功，宝石机械成为全球第二个掌握 12000 米超深井钻机技术的企业，得到了集团公司的高度赞誉。

“钢筋铁骨英雄汉，攻坚啃硬最能干”——拿下国际石油钻机最大订单、最高标准、最严要求的制作任务。2009 年至 2013 年，宝石机械公司与阿联酋国家石油钻井公司先后签订 3 个批次共计 39 套沙漠快速移运钻机项目（以下简称 NDC 项目），订单总额 60 多亿元人民币，这也是迄今为止国内外石油钻采装备行业的“第一大单”。面对全新的钻机结构、近乎苛刻的质量要求和紧迫的生产周期，钢结构分公司全体干部员工发扬“铆焊精神”，提出了“产品不落地”的工作标准，NDC 产品到哪个工序，无论白天黑夜、晴天雨夜，必须保证生产不停。为了保证进度，员工加班加点成了家常便饭，大家把 1 天当成 2 天用，车间内 24 小时都有员工坚守岗位。2009 年至 2015 年，钢结构分公司员工每周人均加班 24 小时，确保了 NDC 项目的按期完成，创造了多项生产纪录：其中钻机钢构车间铆焊一班连续加班 15 天完成一套井架的生产纪录，刷新原井架组合 45 天的纪录；底座组装班 24 小时不停，用时 3 天半完成 1 套 NDC7000 钻机底座近 200 吨的组装任务，刷新了原来 7 天的生产纪录。分公司员工的努力也得到了 NDC 外方监造的认可，被誉为“has muscles of iron”（钢筋铁骨）。

“以匠心为初心，把产品当作品”——变压器油箱项目为中国西电西安变压器公司树立了新标准。2016 年，随着集团公司“五自经营”改革的不断深

入，钢结构分公司率先主动出击，开拓自营市场，并与中国西电集团西安变压器公司（以下简称西电公司）取得了合作，2016 年 5 月，西电公司试探性地与钢结构分公司签订了一套重量仅 5 吨的小型变压器油箱的生产订单。隔行如隔山，对于这帮干惯了几百吨的钻机底座人来讲，这一小型变压器油箱恰如一件“工艺品”。为了尽快掌握关键技术，分公司抽调骨干技术人员和操作人员，专项负责油箱产品的生产制造。电力产品与石油装备的标准、工艺完全不同，分公司深知首套产品就是打开油箱市场的敲门砖，一点也不敢大意。大家秉持“以匠心为初心，把产品当作品”的质量理念，多次组织技术交底、派操作人员前往西电公司拜师学艺。夜里，他们加班加点研究图纸工艺；白天，他们结合车间实际制作工装，边摸索边生产。经过一个半月的努力，首个变压器油箱顺利通过了用户的现场检验，钢结构分公司高质量的焊接外观质量令用户赞不绝口，并称“钢结构分公司为油箱树立了新的标准”。正是这一个“样品”，搭建起了双方合作的桥梁，2016 年以来，分公司先后接到西电公司油箱生产订单 50 余套，总产值达 3800 余万元，在“五自经营”改革践行的道路上，钢结构分公司走在了整个宝石机械公司的前列。

（二）抓队伍建设，做培养先进的基地

作为宝石机械公司在宝鸡地区人数最多的单位，钢结构分公司高度重视队伍建设，努力培养一支政治合格、业务过硬、作风优良、纪律严明的员工队伍，更好地为宝石机械公司做好人才储备，分公司也成为宝石机械“培养先进的基地”和“领导干部的摇篮”。近年来，随着员工队伍人数的不断精简、分公司成立后各项业务的增多，从培养人才的角度，充分发挥全体人员你的积极性，分公司有意识、有针对性地开展工作。

一是讲团结，抓好班子建设。2003 年以来，每届领导班子都坚持不懈地抓好班子建设，做到以诚相待、坦诚相处、抓好落实，共同为“百面红旗单位”增光添彩，2003 年至 2019 年期间，分公司先后荣获中国石油天然气集团公司“先进基层党组织”“先进思想政治工作单位”“石油文化艺术工作先进单位”“陕西省模范职工小家”等多项省部级荣誉，16 次荣获宝石机械公司“先进基层党组织”、15 次荣获公司“先进单位”称号，职工运动会中荣获团体第一名、第二名、第四名各一次，共为宝石机械公司机关部门、兄弟单位输送中层以上领导干部 16 人。

二是强素质，队伍整体素质不断提高。2003 年以来，分公司先后组织开展劳动竞赛活动、练兵比武活动 20 余次，开展专家授课 4200 余人次，解决了井架直线度超差、转盘梁焊接变形、钻机起升井口中心偏差等多个公司难题。通过各项工作的有效开展，涌现出了以“全国劳动模范”马新平和“全国工人先锋号”结一工区铆焊一班为代表的一大批先进个人和班组。2003 年至 2019 年，涌现出集团公司“铁人先锋号”“陕西省青年文明号”“陕西省工人先锋号”等多个省部级优秀班组；团总支荣获“陕西省五四红旗团组织”；共有 16 人荣获宝石机械公司“劳动模范”；9 人荣获集团公司荣誉；7 人荣获宝鸡市荣誉；中国石油天然气集团公司技能专家 2 人；宝石机械公司技能专家 2 人。

三是树形象，干部队伍作风明显转变。多年来，分公司积极落实党的群众路线教育实践活动、“三严三实”专题教育、“两学一做”学习教育等工作要求，开展了“践行四合格四诠释 喜迎党的十九大”“为红旗添彩、为党徽增光”“学十九大精神、学干部会议精神、学业务知识”等一系列主题实践活动，干部队伍业务能力、服务意识、服务能力明显提升。

四是“2+N”，搭建密切联系群众的桥梁纽带。近年来，随着分公司对科研、外语专业人才的培养需求，结合钢结构分公司人员实际情况，成立了学硕联合会和英语学习会，充分发挥新入职高学历人才的带动作用，为分公司解决实际问题、提升整体外语水平发挥了积极作用。同时，分公司成立了车友会、羽毛球协会、乒乓球协会、气排球协会、摄影协会等 11 个员工业余爱好协会并组织开展相关活动，丰富员工业余文化生活、发现“民间高手”、倡导大家健康生活、为有才能的员工搭建展现能力的平台、为员工谋福利、增强员工队伍凝聚力。

（三）抓改革试点，做创新创效的先锋

“车间管理下的项目制运行模式”——打造精干高效的干部队伍。2016 年，钢结构分公司以“五自经营”改革为契机，结合首个“自营项目”的生产，分公司经过多方调研，撤销了原结一工区、结二工区两个结构件作业车间，成立了钻机生产项目部、西电油箱项目部和外营生产项目部，改变了以往车间管理“两耳不闻窗外事，一心只顾管生产”的传统模式，赋予了项目部更高的管理权限和职责，实现了从单一管生产向策划、生产、销售及服务全过程管理转变，有效调动了员工工作积极性。2010 年以来，分公司总人数从 650 人精简到目前的 496 人，人数减少 24.6%，但分公司完成收入从 2010 年的 1.1 亿元到 2015 年最高 3.2 亿元的增长，保持 20% 以上的增长率逐年增长。

“干部能上能下，员工能进能出”——激发干事创业热情。2017 年，钢结构分公司对各部门、车间负责人在宝石机械公司范围内进行了公开竞聘，原各部门、车间负责人全部“起立”，以普通管理人员身份参加公开竞聘，整个过程采用市场化的形式进行。来自宝石机械公司各单位的报名人数达到 23 名，经过严格面试考核，最终有 10 名优秀的年轻干部脱颖而出，被提拔为部门、车间负责人，其中包括咸阳宝石、生产运行处等公司内部单位人员，有 2

名正科级管理人员未通过竞聘被降级使用。整个过程公开、公平、公正，打破了论资排辈的禁锢，打通了干部“能上能下”的关节，激发了各级管理干部干事、创业的激情，为钢结构分公司持续稳定健康发展奠定了基础。

“打破大锅饭，实现多劳多得”——坚持收入向干活多的、贡献大的员工倾斜，挖掘员工潜力。2015 年以来，钢结构分公司强调如果干多干少一个样，对努力工作的人不公平，不利于调动大家积极性，不能形成正确导向。基于这一认识，重新修订了操作人员绩效考核办法，由以前的工时考核，调整为吨位考核，压缩了绩效考核的“含水量”，提高“含金量”，让绩效考核能如实反映出员工的工作量，让绩效考核时时体现多劳多得。通过改革，相同岗位的员工年收入最大差距从最开始的一两千元，到现在最大差距 3 万多元，多劳多得的分配机制逐渐形成，员工工作热情不断提升。同时，分公司提出了“二线服务一线，干部服务员工”的服务理念，将二线服务人员的绩效考核与一线完成任务量相挂钩，“干部奖金多与少，一线班组说了算”，收入分配向干活多的、贡献大的倾斜的分配理念深入人心。

（四）抓市场开拓，做“五自”经营的闯将

2016 年，国际原油价格断崖式下跌，引发全球性的石油钻采装备市场遭遇寒冬，宝石机械公司钻机订单锐减，为了确保任务量饱满、员工收入稳定，钢结构分公司提出了“转型升级、接轨市场”的工作思路，制订了钢结构分公司市场开拓“三步走”总体规划，利用 2016 年至 2020 年共计 5 年时间，逐步搭建钢结构分公司以石油钻机为核心、以变压器油箱生产和民营类结构件生产“一核两翼”的发展模式，实现“石油类产品”和“非油类产品”1比1 的发展目标，提升分公司抵御市场风险的能力，确保分公司持续稳定健康发展。

SCS

中国钢结构制造企业资质

（特级）

单位名称：宝鸡石油机械有限责任公司

注册地址：陕西省宝鸡市金台区东风路2号

业务范围：高层、大跨房屋建筑钢结构、大跨度钢结构桥梁结构、高耸塔桅、大型锅炉钢架、海洋工程钢结构、容器、管道、通廊、烟囱、非标设备及成套设备等。

资质编号：中钢构（制）T-124

批准日期：2018年11月

有 效 期：2018年11月至2023年12月

发证部门：

发证时间：

中国钢结构协会

2018年11

闯市场，第一步就是要走出去、请进来。为此，钢结构分公司领导班子先后带队到陕西省内、甘肃、河北、河南、江苏、浙江等数十个地区考察调研，并邀请西电公司、西安水利局、甘肃兰州城建局、中铁宝桥等多个企业到分公司参观考察。同时，分公司先后取得了中国钢结构协会“钢结构特技资质”，成为宝鸡地区拥有该资质的两家单位之一，为分公司走出去奠定了

基础。2018 年 4 月，钢结构分公司加入西安城市建设协会钢结构分会，并被选举为 7 家副会长级单位之一；2019 年 3 月，分公司成为宝鸡市钢结构业协会会长单位，进一步提升了整合地区资源的能力，企业发展进入了新的历史时期。

近两年来，钢结构分公司中国西电西安变压器公司共签订变压器油箱生产订单 40 余套，先后承揽了兰州“人行天桥”、甘肃高台“黑河大桥”、黄陵轻轨项目等钢结构桥梁的生产制造，共实现非油类收入 3600 余万元，在石油钻机市场萎靡的环境中，钢结构分公司不仅仅保证了自身生产任务量、员工收入稳定，还为公司内部单位带来了机加工、结构件制作等业务，充分发挥了“百面红旗单位”的带动引领作用，在钢结构分公司的带领下，各兄弟单位员工共同抵御寒冬，走出了困境。

从油田钻机订单减少中，钢结构分公司积极发现商机，承接钻机大修业务。2017 年 4 月，钢结构分公司组建了由 7 名骨干员工组成的钻机大修服务小组，前往大庆油田开展钻机大修整业务，将“返回式”服务改为“上门服务”。他们在黑龙江、吉林、内蒙古等地的油田井队现场穿梭，深入钻井队施工现场，实地了解钻机使用情况、使用要求，并结合用户实际需求现场制订大修方案，在实际施工中，利用井队休息时间就地开展钻机大修业务，大大减少了用户等待浪费。该小组仅用时 2 个月，就完成 23 套钻机的现场加固和 2 套钻机的整机大修，钻机大修效率提高了 20 多倍，真正实现了用户满意。大庆钻井四公司先后 3 次发来表扬信，对 7 名员工细致、周到的服务给予了表扬。

（五）抓精益管理，做降本增效的模范

2010 年以来，随着宝石机械公司技改搬迁项目的推进，各兄弟单位都迁入新的厂房、用上新的设备，钢结构分公司由于种种原因没有搬迁，只能使用原来各单位的旧厂房。为了提高产品质量和厂房能力，公司实施钻机质量提升项目，为了节约资金，钢结构分公司提出了“厂房可依旧，设备必须新”，将“好钢用在刀刃上”。

2012 年，钻机质量提升项目实施以来，钢结构分公司通过利用原各单位腾退旧厂房，厂房面积增加到 6.6 万平方米，增加了自动化下料生产线、自动化焊接中心、油漆生产线等先进的设备，不仅满足了分公司内部生产需要，

还能承接对外业务，产能、质量有效提升。

“多流几身汗，旧貌换新颜”——坚定精益管理工作信心。旧厂房的硬件条件、焊接作业的作业性质决定了精益管理难度很大，但钢结构分公司就是有一股不服输的劲头，提出了“多流几身汗，旧貌换新颜”的口号，邀请精益管理老师为员工开展精益管理讲座、组织员工到精益管理先进单位参观交流，转变员工观念、提高员工精益管理理论水平，使“人人都出力，钢构更精益”的理念深入人心。分公司趁热打铁，精益管理“顶层方案”的出炉，《钢结构分公司精益管理考核办法》《钢结构分公司办公室 6S 管理规定》的修订，“余料信息化管理”“钻床优化”等 7 个精益管理具体项目的实施，各类措施的有效落实，一举扭转了车间环境脏、乱、差的旧貌，产品工件按类摆放、安全通道一尘不染、设备设施合理安置、办公室内窗明几净，钢结构分公司精益管理的巨大变化，不仅使本单位员工倍受鼓舞、信心大增，也坚定了一些兄弟单位搞好现场 6S 管理的信心。

“小改小革中有大文章”——精益设计、精益工艺同步启动。“高手在民间”，在精益管理工作中，钢结构分公司始终重视员工意见和建议的收集和实施，修订了《钢结构分公司员工小改小革管理办法》，安排专人负责员工意见和建议的收集、评审，每一个被采纳的意见建议都给予一定奖励，极大地激发了员工的工作积极性。同时，钢结构分公司启动了“精益设计、精益工艺”专项活动，组织分公司技能专家、技术骨干与研究院设计、工艺部门负责人共同针对“结构不合理、不一致”“结构复杂、不好制作”“材料规格多”等问题进行了深入讨论，完成了 30 余个钻机结构改进、工艺优化项目，预计每套钻机可节约原材料、人工成本费用60万元以上。此外，分公司组织技术骨干对自动化套料软件进行再开发，原材料平均利用率达87%，常用板材利用率高达90%。同时，分公司还将边角余料进行登记造册，在小件产品生产中再次利用，仅2018年上半年就节约资金204万元。

【效果意义】

钢结构分公司是宝石机械公司最重要的基层生产单位之一，是大型钻机结构件唯一生产制造单位，在新的形势下，积极响应集团公司和宝石机械公司高质量发展要求，通过开展“五抓”，激发了员工干劲，夯实了企业根基，实现了效益发展，起到了“标杆”“旗帜”的引领示范作用。

【单位评价】

钢结构分公司在宝石机械公司的带领下，逐步克服了设备制造加工工艺要求高、员工队伍老化、市场竞争激烈等难题，勇于承担，对症下药，自我加压，持续创新，高效完成了公司下达的各项生产任务，实现了安全生产无事故，也探索出一套抓文化、提素质、强管理、增效益的宝贵经验，为宝石机械公司实现高质量发展奠定了基础。

执笔人：王振宇　辛红志

围绕“中油徽韵”订阅号 打造企业文化宣传品牌

安徽销售公司

【背景介绍】

近年来，新媒体的推广应用为企业文化建设带来许多新的变化。安徽销售公司“中油徽韵”微信订阅号，经过两年多的探索实践，立足根本、创新服务，在员工和客户中拥有稳定的阅读群体，有力宣传了中国石油品牌形象，逐渐形成了企业文化建设的重要阵地和窗口。

【具体措施】

（一）第一阶段：探索实施

1. 围绕宣传阵地，将企业文化植入日常宣传。传播企业经营管理理念。及时发布政策解读和要闻动态，旗帜鲜明地宣传和展示安徽销售改革发展的历程和业绩成果。例如，重要工作会议、专项工作开展等的宣传，以安徽销售的“小目标”、安徽销售员工撸起袖子加油干等为关键词，制作一图读懂工作会议长图片，一目了然，易读易记。安徽销售公司提出打造加油站共享工程后，“中油徽韵”及时跟进，于 2018 年 8 月至 11 月陆续推出了加油站共享工程专题，集中展示安徽销售自 2017 年以来，与保险、餐饮、媒体等行业共享资源，探索新的合作方式和理念的成功案例，推出微信 32 篇，阅读量破 3 万；中国石油加油站 3.0 全面启动后，“中油徽韵”推出初探 3.0、畅想 3.0 专题，及时宣传相关理念和措施。借助新媒体灵活、多样、快速等特点，把理性、刻板的理念变得感性、生动，使管理理念更好地被认可和接受，在实际工作中贯彻落实。

扩散！宣传思想文化工作会议，安徽销售带回这些新收获

中油徽韵 3月4日

点击上方“中油徽韵”可以订阅！

2月28日，中国石油宣传思想文化工作会议在北京召开。安徽销售公司党委书记李向宇、党群工作处处长杨鹏飞代表公司参会。

安徽销售公司宣传思想文化工作案例入选经验交流材料。
会上还表彰了安徽销售公司2个先进集体和4名先进个人。

开幕！安徽销售公司工作会提出这些新思路

中油徽韵 1月24日

点击上方“中油徽韵”可以订阅！

1月24日，安徽销售公司二〇一九年工作会议暨三届三次职代会开幕。211名职工代表齐聚合肥，回顾一年来的工作成效，共商发展大计，谱写奋进新篇章。

3.0

中油徽韵

开启加油站3.0新时代的这场论坛，安徽...

畅想　初探

畅想3.0丨高能！看3.0的正确打开方式

畅想3.0丨滁州分公司：3.0时代，我想对你说

共享工程

中油徽韵

加油站共享工程示范项目丨常丢钥匙的你...

共享工程

加油站共享工程示范项目丨在这里买保险，简直不能更实...

加油站共享工程示范项目丨常丢钥匙的你，快来中国石油

传播核心价值观。围绕“我为祖国献石油”这一企业核心价值观，推出一批有影响力的新媒体栏目。各类极端天气和突发状况下，派出记者深入现

场，撰写文章，讴歌一线员工坚守岗位、众志成城的精神。2018年大雪期间，安徽蚌埠中国石油员工雪中托举电缆的事迹，在“中油徽韵”通过《蚌埠惊现托举哥》宣传，引发热议。在纪念改革开放40周年时，“中油徽韵”推出“致敬1978”系列专题策划，员工讲述自身与改革开放的故事以及创业历程的艰辛和感动的人物故事。这些特别策划，调动了员工参与积极性，弘扬了爱岗敬业的正能量，默默加深对企业精神的认同。

2. 搭建精神家园，汇聚爱岗敬业正能量。为给员工搭建展示才华的平台，开设了员工才艺、文苑、朗读者、红歌会等栏目。2017年，开展“线上朗读者”活动，通过“中油徽韵”平台发布朗读作品超过30个；文苑栏目收集员工文学、书画等作品，于每周末推出，经“中油徽韵”发表的文章超过300篇。平台还关注员工身边的先进人物，从先进典型传播、故事传播、案例传播等多个维度出发，陆续推出访感动人物、油站人生、劳动模范等专栏，宣传先进人物百余个。针对网络热议的《加油员下跪道歉的背后》的报道，“中油徽韵”及时跟进，以《泪奔，你忍下的是委屈，放大的是格局》为题，让员工讲述遭遇过的客户刁难、遭受的委屈，有了表达意见的渠道，获得广泛认同和理解，让员工从精神层面得到更多鼓励和安慰，使“中油徽韵”真正成为员工的精神家园。

3. 提供发声平台，在双向交流中影响价值判断。借助“中油徽韵”平台，安徽销售更好地实现交流信息，听取民意，引导舆论。

“中油徽韵”在发布重要动态、会议精神、战略规划的同时，也为员工发表观点、参与讨论提供平台。2018 年年初，为展示 2017 年公司重点工作，推出 2017 公司大事小情答卷策划，邀请员工参与出题。员工通过出题，回顾了公司一年的发展历程，反响热烈；劳模陈梅在参观北欧加油站归来后，撰写了体会文章，发表在“中油徽韵”。“中油徽韵”及时搭建对话平台，员工积极参与互动，纷纷向陈梅提问，在讨论中增进了共识开阔了眼界。

品|跟着古诗词游徽州

017-10-10

点击上方“中油徽韵”可以订阅！

痴绝处，无梦到徽州。

两句诗流传至今，已被演化为对徽州的向往和赞美。古徽州山川秀丽，文风昌盛，

，徽商更是名满天下。

两句诗的原意虽不是要表达向往之情，但若是他知道徽州不仅有目不暇接的美景，

底蕴，怕是要追梦到徽州吧。

，沿途的补给全靠驿站。一千多年后，来一场说走就走的旅行，也许就是一念之间

编就带领大家一路向南，探寻古诗词中的安徽美景。

媒体作品|舌尖上的加油站

徽韵 2017-10-10

点击上方“中油徽韵”可以订阅！

乐的旅途中，能够给予我们慰藉的非美食莫属，不管是身在安徽，还是行至安徽，

遇见那一个又一个鲜亮的宝石花，在那里，不仅是爱车的能量补给站，更是您的休

TOP 5

今天带领大家细数那些加油站内的安徽美食的同时，我们也根据吃货网友

举票选出加油站美食TOP5,一起来看下都是哪些：

徽茶始祖·松萝茶

2017 年，“中油徽韵”推出策划《跟着古诗词游徽州》系列，请员工当导游，结合自己所在的加油站附近的景点，介绍诗词中的风景名胜。在《舌尖上的中国》热播时，推出“舌尖上的加油站”，请各地员工介绍加油站销售的土特产和当地风土人情。这两条微信推文在集团公司第二届新媒体大赛中获得二等奖。

（二）第二阶段：拓展延伸

1. 媒体融合。2018 年以来，安徽销售陆续开通了抖音短视频官方账号、新浪微博官方账号，新媒体宣传载体越加多样化。

2018 年，安徽销售拍摄了《海草舞》宣传片，将服务动作融入海草舞的舞蹈动作中，通过微信和抖音短视频传播，体现了一线员工热爱工作和生活，充满正能量的精神风貌；在中国石油加油站 3.0 模式启动之际，加油站员工自创了 3.0 手势抖音作品，表达对 3.0 时代的畅想和期待，三天内点击量突破 20 万。各个平台从各自不同的定位出发，既服务工作大局，又兼顾各自特性，形成优势互补、快捷有效传播信息的整体规模效应。

2. 借助外力。安徽销售积极探索对外新闻宣传工作规律，加强与社会主流媒体的沟通，借助外力，精选切合形势的主题，组织宣传策划。

2018 年 9 月 3 日至 9 月 9 日，安徽销售与本地媒体安徽广播电视台新闻综合广播联合开展了石油文化探源活动。客户去往新疆，了解油品开采、炼化流程以及中国石油工业发展史。“中油徽韵”连续推出“探源”系列新媒体宣传，通过视频直播、微信宣传、电台连线等，让员工同步感受石油工业波澜壮阔的发展史，感受老一辈石油人顽强拼搏的精神和奉献精神。去年夏天，邀请安徽交通广播“夏日送清凉”团队，赴芜湖白马洲水上加油站采访。让更多人了解到水上加油站的工作环境和工作特点，以及员工坚守奉献的精神。站经理戴继琴受到广泛关注，2018 年被销售公司评为“十大感动人物”。

【效果意义】

“中油徽韵”已连续推送超过 1000 篇文章，原创微信单条阅读量超过 2 万次，超过万次阅读量的达到 10 条。至 2019 年 2 月底，安徽销售建成以微信、微博、抖音短视频宣传平台，统一命名为“中油徽韵”。

1. 形成新的舆论阵地。员工有了表达意见和观点的渠道，企业有了掌握民情民意的平台。全方位、多视角、立体化的宣传，有步骤地引导员工认同企业倡导的价值观念和行为准则，在交流互动中影响价值判断。通过加强人文关怀、关注员工关切，牢牢把握正确的思想舆论导向，积极占领新兴媒体阵地，有效疏导情绪、化解矛盾，构筑起人际关系简单，工作生活阳光、健康、向上、正能量的企业文化。

2. 持续推进媒体融合。安徽销售持续畅通企业文化新媒体传播渠道，构建起多媒体融合发声的立体传播格局，员工在哪里，新媒体传播阵地就建到哪里。丰富了“一个主题，多种表达”的传播格局，实现宣传效果的最大化和最优化。同时，中国石油主动履责、奉献社会的品牌形象，形成较好的品牌传播效应，使得与本地媒体的联系与合作更加紧密。

3. 鼓励员工创新创效。新媒体宣传助推了先进经验的复制和推广，引导员工理解和支持公司各项政策，鼓励员工学习借鉴先进管理思想和优秀文化成果，丰富企业文化的时代内涵。鼓励创新、宽容失败的工作氛围形成，“金点子”层出不穷，创新创效的工作氛围形成，诞生一系列工作成果。

【单位评价】

“中油徽韵”微信订阅号运营两年多，在销售企业订阅号中影响力位居前列。2018 年以来，陆续开通了抖音短视频官方账号、新浪微博官方账号，依托“中油徽韵”，统一宣传品牌，搭建与员工对话平台。通过把握信息发展规律，精准对接员工群众需求，安徽销售公司不断改进和丰富企业文化传播理念、方式和机制，不断增强企业文化传播实效，形成和不断提高企业的核心竞争力，推动企业持续健康发展。

执笔人：李　斐

基层建设
夯实高质量发展之基

“1+X”师带徒特色培训法实现员工整体提素

辽河油田公司

【背景介绍】

辽河油田公司冷家油田开发公司采油作业一区目前一线员工队伍结构复杂，技能素质参差不齐。员工年龄从30岁到58岁，跨度较大，老员工学习新技术能力较弱，新员工对老工艺不感兴趣，同一岗位，技术水平高低不一。岗位和技能需求不能得到统一，员工对参加培训学习产生了心理疲劳，员工岗位技能提升缓慢。为适应生产需求和设备、工艺不断更新，急需新知识、新技术，现有员工技能水平达不到生产要求，这些都严重制约着作业区安全快速健康发展。针对这些问题，采油作业一区探索实施“1+X”师带徒特色培训法，以一年“扫盲”、两年“达标”、三年“提高”为目标，达到了“创新方法、注重实效、个人提升、企业增效”的效果，实现员工与企业共同发展的双赢目标。

【具体措施】

（一）计划＋培养，搭建培训新平台，彰显活力

作业区始终坚持员工培训与抓生产同等重要。2020年年初，本着“员工最需要、生产最急需、岗位最欠缺”的原则，以上一年度员工技能素质评估普查为依据，从岗位员工到基层班站“自下而上”有侧重性地开展培训需求

调查。结合作业区生产实际，按照“分类、分岗、分项”，以“冷家公司企业标准”为依据，优选出23项与现场结合紧密可重复进行培训的操作项目，通过年初布置“家庭作业”，年底抽取3至4项进行考核，以检验员工个人的年度“学习订单”。同时，作业区努力挖掘内部教师人才资源，解决了操作岗位员工无法大批量、经常脱产外出学习这一矛盾。为选拔出优秀的技能人才，作业区以“岗位操作技能、语言表达能力、技术经验交流、解决疑难问题、爱岗敬业意识”五个方面作为选拔标准，通过个人自荐、班站推荐和作业区考核三个层面进行选拔，选拔出的兼职教师要经过公司统一集中脱产培训，取得兼职教师资格后方可授课。

今年开展的培训项目

加热炉点火操作　抽油机巡回检查操作　抽油机井口憋压操作

校对、更换压力表操作　管线原油取样操作　抽油机启、停抽操作

目前作业区内部兼职教师队伍已经由刚建立的8人增加至20人（机关6人、基层14人），师资力量得到了有效加强，从根本上保证了培训质量的总体提升。参加过油田公司技能竞赛的选手孟祥一，在工作中积极发挥传帮带作用，与员工一起进步；现任采油3站站长的工人技师董靖华，面对员工提问能够“对症下药”、举一反三。

（二）周期+循环，技术课堂出奇招，群贤辈出

作业区打破了原有“教室讲理论，集体抄笔记”的刻板教学，采取了“1+X师带徒、授课在现场”这种灵活的培训形式，以60天为集中培训周期，紧紧抓住“师傅教、岗位学、动口说、动手练、动脑想、随机考”六个环节，对重点操作步骤采取手指口述的现场操作和提示，细致纠正、规范动作。在

此过程中，作业区摸索出了“三小”循环培训法：一是“小题大做”，即提高重视程度，不管多简单的操作项目，都要按照标准进行操作；二是“小题多做”，即不间断进行培训，全年以日常点滴培训为辅，赛前集中培训为主的方式强化；三是“小题常做”，即多轮次进行培训，重点突出日常工作中经常用的操作内容，重复性进行规范。

针对员工工作岗位、工作时间以及学习接受能力不同的实际情况，作业区牵头，让技能骨干与技能水平较低的员工结成师徒对子。采取“师徒三步”授课法——即师傅讲解，徒弟揣摩；师傅示范，徒弟提问；徒弟操作，师傅纠错。师徒对子实现了团队技术技能资源的互动与共享，达到了抓两头带中间的效果。

自这种培训模式实施后，肯钻研、有热情的青工梁海峰成了最大赢家，他用提问互动、案例分析、现场纠错的方法来调动学员的积极性，深受本队员工的欢迎。

（三）考核+对抗，沙场点兵验成果，收获颇丰

在检验培训效果方面，作业区以全员参与的“班组对抗赛”活动为载体，按照岗位划分进行分类考核，在对抗赛中设置团体与个人奖项，员工参与热情高涨，达到了以考核促学、以比赛促训的目的。对抗赛结束后，针对考核成绩不合格的员工和该站考核中出现的共性问题，按照兼职教师“包干到底”的原则，重新进行强化培训，直到考核达标。对不合格学员的教师进行扣除相应课时的处罚，以督促提高授课教师的教学质量。

同时，作业区也将考核成果与评先选优工作相结合，挖掘人才，选树典型，对爱学习、进步快、素质高的员工进行表彰奖励，择优推选参加不同级别的技能竞赛，培养成为内部兼职教师。

【效果意义】

在连续三年无投资、成本费用飙升、利润空间缩小等诸多不利形势下，采油作业一区牢牢把握员工队伍素质这个企业效益增长点，深化人才培养模

式，队伍素质有了显著提升。近年来，作业区有 4 人在油田公司技能竞赛中获得奖牌，5 人被聘为工人技师，32 人晋升为高级工，先后涌现出技术能手梁海峰、董靖华为代表的一批技术明星，技术水平精、操作技能熟练的人才队伍也成为作业区安全生产的有力支撑。

【单位评价】

正所谓“里子好”才能“面子光”，采油作业一区有针对性地提出基层岗位员工“1+X 师带徒特色培训法”，提升员工岗位操作技能的同时，更提高了员工的综合素质，为圆满完成年度生产经营指标打下坚实基础，为作业区和公司高质量稳健发展注入不竭动力。

执笔人：邹　君　赵　薇

活用安全管理“六步法”筑牢生产建设“防火墙”

长庆油田公司

【背景介绍】

长庆油田公司（以下简称长庆油田）第三输油处是一个以原油集输、生产建设为主的专业化输油单位，生产管理区域覆盖宁夏、陕西2省4县16个乡镇，管理着靖惠、姬惠、姬塬联络线、吴定、姬马、姬马复线、刘吴线7条共500公里的输油管线，沿线16个站点、21个原油入口和3个出口，担负着长庆油田靖安、延定、姬塬、吴起、铁边城5大产油区的6个采油厂、1个输油处的原油外输任务，总储存能力216万立方米，总外输能力1300万吨/年，原油外输已连续6年突破1000万吨大关，是长庆油田输油能力和储存能力最大的管输大动脉。面对生产任务繁重、安全环保风险高、穿越区域环境复杂、应急抢险难度较大等诸多困难，该处根据储输生产实际，自我加压，创新实践，打好主动仗，用科学的现代管理，探索实施了“安全管理六步法”，实现了原油集输安全高效运行，做到了油不落地、气不上天和水不外排，为企业高质量、高效益发展夯实了根基。

【具体措施】

“安全管理六步法”基本思路是将控制论原理应用到安全生产管理全过程，通过系统运行将控制信息输向受控对象，并将受控对象的状态信息反馈到管理者，及时修正操作过程，在管理上从始到终形成一个完整的闭环管理链条。其基本要素是：一抓分享、二抓考评、三抓治理、四抓管控、五抓预警、六抓演练。

（一）第一步：抓经验分享

实践使该处认识到，员工的不安全行为是事故发生的最大诱因。鉴此，输油三处紧紧抓住规范员工安全行为、提高员工安全意识这一根本，把“安全经验分享”作为落实员工安全责任的必修课，固化成规定动作。严格落实处机关、场站、班组三级安全经验分享会前、班前例会制度，做到一案一分享，一事一总结，逢会比分享，常抓常新，持续不断，用油田内外的惨痛教训，时刻敲响警钟，唤起每名员工分分秒秒珍惜生命、时时刻刻重视安全的风险意识，切实将责任落实在每一个岗位、将风险规避在每一项工作、将隐患消除在每一处环节，真正实现本质安全。在抓好规定动作的同时，不断拓展安全经验分享外延，充分发挥员工父母、妻子、孩子在安全生产中的主导优势，在员工家属中开展“一封家书嘱安全”活动。全处员工家属用一封封家书寄亲情，用身边的事实声声叮咛嘱安全，用浓浓的爱意筑牢了安全的亲情屏障和思想防线，唤起了员工对安全的重视，对家庭的责任，对亲情的珍爱。2018 年到 2019 年 9 月，处部层面开展安全经验分享 121 场次，基层场站、班组达到 986 场次，“强岗位技能、保安全生产、保家庭幸福”的安全文化价值观深入人心。

（二）第二步：抓履职考评

输油三处建有比较完善的 HSE“十大制度体系”，如何把制度落到实处是关键。2018 年以来，该处把精细全员安全责任落实作为“安全管理六步法”的第二步认真实施，做好“四个推进”。推进一项责任：从处部班子成员、机关科室及附属部门、基层单位到每个岗位员工，在纵向和横向层面，签订安全生产责任书 231 份，以约书的形式将安全生产责任按职责、按岗位层层分解，逐级传递，从上到下形成责任连带链条。推进一个细化：管理人员人人编制个人安全环保行动计划 98 份，将本岗位的安全环保职责细化成具体工作，分解到全年，并报直线主管领导审核备案。岗位员工按岗位职责细化编制巡回检查表 673 份，确保人人有明确、清晰、具体的标准化作业程序和岗位职责。推进三个通报：每月通报安全环保重点工作完成情况和典型问题，每季度通报中层以上管理人员“三全”进点活动情况，每半年通报个人安全环保行动计划实施情况。推进三级考评：中层以上管理人员聘请 QHSE 第三方机构进行个人安全环保履职考评；班站长推广“两清三会”安全环保能力评估；一般管理人员和技术人员、岗位员工由安全环保、培训部门分类开展履职考评，考评结果做到“四个挂钩”，即与干部选拔任用挂钩、与岗位调整挂钩、与绩效奖金挂钩、与评先选优挂钩。

（三）第三步：抓隐患治理

安全管理过程就是削减控制风险的过程。输油三处始终坚持“三个解决”，切实削减控制安全环保风险隐患。解决物的不安全状态：每年1月份、7月份和节假日，定期组织开展全员“风险大识别，隐患大排查”活动，并将风险隐患整改情况责任到人，实行动态管理，确保物的不安全状态及时得到消除。2018年以来，排查上报油田公司隐患治理项目6项，立项3项；厂部下达隐患治理计划21项，完成16项。解决人的不安全行为：开展安全宣誓、安全承诺、安全演讲、安全竞赛等多项活动，编印下发《HSE文化手册》、《反习惯性违章手册》、制作安全经验分享案例光盘等学习资料，通过持续不断的安全文化宣贯，实现了“要我安全”向“我要安全”的根本性转变。同时，紧抓安全管理“重点在基层、关键在岗位”这一落脚点，充实师资力量，采取“外引内联”方式，加大安全管理培训力度，补短板、练内功、固基础，强化教、强化学、强化考，激励每个员工提技能保安全。解决管理漏洞：修订完善制度。每年初开展一次制度评审，根据国家法律法规及上一年度制度执行情况修订完善，确保制度的合法性和操作性。2018年以来，修订制度6项79条。超前预警提示。针对节假日、冬春、春夏、高温汛期、冬季雪天等特殊时段，超前进行风险提示，制定落实防范措施。

（四）第四步：抓现场管控

集团公司数据统计显示，现场作业是事故的高发区，削减现场作业风险源是避免事故发生的有效手段。输油三处把现场作业管控作为重中之重来抓，做到“三个管控”。管控五项程序：即现场作业的申请、批准、实施、变更、关闭五个程序由直线领导直接管控。管控六个环节：方案审查、风险源排查、作业许可、措施落实、现场监护、事后总结六个环节由专业人员管控。管控现场作业“四到位、七必查”：“四到位”是作业时班组、场站、安全主管部门一把手和处部主管领导必须到位。“七必查”是作业手续办理、安全消防戒备、场站安全设施齐全、“三沟一池”清理、现场油气检测、员工劳保防护、临时动火用电等七项关键环节，由场站一把手必须亲自检查签字确认，形成管理人员、现场作业人员和岗位员工目标一致，管理同向，共同筑牢现场作业安全防线。

（五）第五步：抓风险预警

输油三处对集输管道按管径、运行年限、输送介质、环境敏感程度、检测情况、破损情况等开展百分制等级评定，建立管道运行风险评估机制，通过输油泵数字化改造、管线安装截断阀、河道设置拦油设施，建好“三道防线”，落实“四级管护责任”，做到及时发现、有效控制、快速处置。对全处集输管道，按照新的《环境保护法》要求，推行“一线一策一预案”，实行“四控”升级管理。安全监控：实行首、中、末端数字化三级监控，对压力、首末段流量参数实时监控和分析，落实岗位职责，使生产运行全面受控。风险预控：采用技术巡检、压力检测、外损预判，确保隐患及时发现和处理。应急防控：增加截断阀室和收油池，干沟建设拦油土坝，支沟建设混凝土坝，通过场站和保安大队、处部和地方政府联动管理机制，确保险情及时发现与处置。环境受控：综合地形、地貌等因素，对春季、雨季和冬季生产组织实行不同等级风险预警，做到“五到位”，即环境保护影响评价到位、环境保护“三同时”到位、密闭生产到位、污油泥处置到位、应急设施到位，有效提升了预警能力和应急反应能力。

（六）第六步：抓应急演练

着力加强应急能力建设，做到“四个精细”。精细应急预案：针对集输管线、站库油气泄漏现场应急内容复杂、操作性和适用性差等问题，编制站库应急“一站一策一预案”和管线泄漏应急“一线一策一预案”应急卡，减少盲目性，增强针对性，提高应急保障水平。精细现场管控：加强特殊极端天气预警，优化简化现场应急处置程序，补充完善管线泄油器等应急物资，做好拦油设备设施的日常巡查与管护，确保性能完好，做好应急准备。精细应急培训：实施“安全生产提素工程”，以应急抢险能力建设为内容，重点提升员工岗位风险辨识与管控能力、班站应急管理与员工应急处置能力，确保不发生一起因员工技能不足引发的安全环保责任事故。精细实战操作：按照预案要求和季节特点，组织岗位员工逐条逐站组织演练，切实提高应急抢险实战能力。仅在 2019 年上半年，组织开展“一线一策一预案”“一站一策一预案”应急演练 17 次。

【效果意义】

生产建设任务全面完成。2018 年以来，全处以每月换字头的方式，保持原油外输量持续攀升。2018 年全年原油外输再次突破 1300 万吨，长庆油田原油外输龙头地位持续巩固。

安全环保态势持续好转。“六项较大风险”得到有效管控，安全环保责任落实有力，全员安全环保意识持续提升，HSE 业绩考核为长庆油田优秀单位。

经营效益指标全面飘红。圆满完成公司下达的降本增效目标，吨油现金管输成本较 2017 年同期下降 3.4%，超额完成公司指标 0.4 个百分点，五项费用和业务外包费用全面受控，各项经营指标在三个输油处中名列前茅。2019 年各项经营指标持续向好。

队伍建设成效显著。领导班子团结有力，员工队伍和谐稳定，多个场站和个人先后荣获油田公司模范集体、劳动模范、优秀管理（技术）工作者等荣誉称号。

【单位评价】

安全环保稳才能实现队伍稳企业兴。长庆油田输油三处针对管输、站库运行风险高、穿越区域环境复杂、应急抢险难度较大等问题，以落实“有感领导、直线责任、属地管理”为抓手，立足实际，创造性地将安全管理各要素细化量化，变成操作性较强的落地工具，实现了安全生产和高质量发展，对同行业安全管理具有较强的指导意义。

执笔人：王军奎　胡鹏峰　李小龙

以“五个一”为引领
助推老油田稳产上产

玉门油田公司

【背景介绍】

玉门油田公司鸭儿峡采油厂采油队现有员工 135 人，担负着油田原油生产、注水、注气等工作。多年来，该采油队始终秉承“团结协作强素质，吃苦奉献兴油田，苦干实干攻上产，创新思维求发展”的工作理念，结合实际情况，积极开展了“五个示范”活动。经过连续几年的示范实践，采油队精细管理的“五个示范”初步形成，采油厂积极营造的“六种氛围”在采油队逐步浓厚，用心培育的全员“上产热情”日益高涨，原油日产重新攻上 300 吨 / 日。

【具体措施】

1. 示范一口井。在 944 井上，积极研究推广低压自喷井管理技术，采取“一检查、二清蜡、三扫线、四汇报”为内容的工作制度，实行专人专管，每天进行“看、听、嗅、摸、查”技术诊断，遇到问题集体研究，对症下药。通过不断总结管理经验，形成了“一分析、二坚持、三落实”及“三定一动态”的科学管井方法，将 944 井建设成了鸭儿峡油田采油厂自喷井管理标准的示范。该经验在鸭 K1–8 井应用后，取得了良好效果，自喷期达到了一年，自喷生产原油 2462 吨；并推广应用到了鸭西 6 井，使该井保持了有效高产自喷；更为鸭西 10 井、鸭西 1–2 井的管理丰富经验和样板，有效发挥了油水井精细化管理的示范作用。同时高度重视生态环境综合整治，加大绿化工作力度，为进一步加快文明井区、文明井场建设进程，着力打造“绿色油田”提供了有力保障。

2. 示范一个岗位。采油队充分发挥新 1 号注水场的硬件优势，将新 1 号注水场建成了集技术、文化、安全“三位一体”的综合示范岗。积极推行上标准岗、干标准活、交标准班的“三标”工作法，在该岗位率先形成标准化、规范化的班组管理模式。在日常工作中，做到了“三个突出”，即突出目视化管理，严格执行岗位责任制；突出练兵场的优势，提升操作技能；突出素质教育，培养高素质技能人才，不断提升管理水平。在采油管理上，“坚持定人定井定责制，坚持资料录取，坚持油井分析，坚持管井措施动态化；落实采油措施到位，落实一井一策到位，落实操作规程到位，落实消除隐患到位”，形成了“四坚持、四落实”的管理制度。通过加强注水泵机组管理，注水泵机组效率从 76.31% 提升到 85.66%，达到了集团公司同行业领先水平。在此基础上采油队将新 1 号注水场的成功做法推广应用到接转等岗位，使井筒潜力进一步得到挖掘；新 1 号注水厂先后获甘肃省“工人先锋号”、玉门油田公司“标杆五型班组”“巾帼建功标兵岗”等荣誉称号。

3. 示范一种练兵。将 34 井练兵场进行标准化、规范化练兵场建设，为员工技能水平的提高提供技术演练平台。建立了采油队全员岗位练兵长效机制，以员工培训室、技能训练室、技术练兵场为阵地，组织员工利用工余时间开展“需求式”培训。在实践中总结出了提升技能水平的“岗位练兵八法”，即理论学习加强练，结合实际提升练，名师带徒结对练，相互授艺帮扶练，示范操作重点练，组织带动集中练，个别辅导单兵练，围绕难点攻关练。积极引导广大员工在学中练、练中学、干中用，不断提高操作技能，形成了“学技能、强素质、争一流、上水平”的良好氛围。结合创新创效和“青年建功 305”活动，成立采油队“上产青年突击队”，充分发挥团员青年的聪明才智和生力军作用，引导和带领团员青年在急难险重的工作任务面前敢于担当、敢于负责。先后培养出公司级技能专家 2 名，首席技师 1 名，高级技师 1 名，采油技师 5 名，涌现出了以甘肃省“劳动模范”安建军、公司建功立业女标兵梁华，“技术能手”李元武、欧阳翰等为代表的一批“活地图”“活流程”和操作能手。同时在生产中发挥技师和技术能手的“传帮带”作用，促进青工迅速成长，做到了在实际中示范，在示范中提高。

4. 示范一个区块。2013 年，鸭儿峡打响了白垩系 13 万吨产能建设攻坚战，在取得“四个新认识、三个潜力目标”成果的基础上，按照“五个三”发展规划及“老区稳产，鸭西上产”开发思路。引入集约化、标准化管理，工厂化、流水线作业等先进的工作理念和管理方式，使沉睡已久的老白垩系油藏重新投入开发。该区块汇集了 14 部钻机，8 部修井动力，8 个丛式井平台，千余人施工队伍，区块整体开发规模创油田十多年来之最。从 2012 年至 2019 年 6 月，白垩系投产开发井 80 口，油区内“遍地开花”，白垩系日产从 33 吨达到了目前的 235.6 吨，达到了近年来上产最好水平，创历史新高；实现了新投产周期大幅缩短，措施和管井效率成倍提高，日产原油不断攀高，成为中国石油小区块规模建产的示范区。采油队积极组织工程技术人员和生产骨干，加强技术研究，应用“百方砂、千方液、万吨油”的技术，在鸭西 6 井

取得了重大突破，压裂后自喷投产，日产 12 吨，进一步打开了鸭西 6 区块 L 油藏开发的新局面。2014 年 5 月，鸭西 10 井酸化后获高产油气流，日产油 77 吨，日产气 10000 立方米；2016 年 10 月鸭西 1–2 井自喷投产，初期日产液 36.6 立方米，日产油 28 吨，该区块成为油田增储上产的“甜点”区。与此同时，采油队积极采取措施，改造道路安全条件，对鸭西道路进行了加宽、降坡改造，把鸭西区块改造成了“上产大道”“发展大道”和“阳光大道”。

5. 示范一种文化。鸭儿峡油田于 1956 年开发至今，经历了 60 多年的开发历程和文化传承，多位党和国家领导人曾亲临油田视察指导工作，为鸭儿峡油田开发书写了浓墨重彩的史页。近年来，采油工区在传承玉门摇篮文化的基础上，在员工中开展宣传教育活动，大力营造“六种氛围”，即上产是硬道理的主旋律氛围；营造勇于担当、攻坚克难氛围；营造讲求效率、只争朝夕氛围；营造遵纪守法、廉洁从业、风清气正的氛围；营造勤于学习、积极向上氛围；营造阳光心态、健康生活、快乐工作氛围。通过不断丰富鸭儿峡文化内涵，积极打造文化品牌，传承鸭儿峡人的“精气神”，进一步增强工区员工拼搏上产的信心和决心。大力推进安全文化建设，规范员工安全行为，坚持以“铁的执纪无例外、铁的面孔无人情、铁的手段无死角”，反“三违”、除隐患，力促以“零违章”保“零事故”。将鸭儿峡人“我奉献我快乐、我上产我自豪”的进取意识，体现在老井稳产上、体现在新井上产上，体现在精细管理上，体现在降本控费上，体现在安全环保上，体现在优质高效上。全队员工呈现出积极向上的精神风貌，对上产增效有了更加积极的渴求。

【效果意义】

通过“五个一”示范，基础工作不断夯实，员工积极性得到调动，队伍面貌发生可喜变化，开发水平持续提高，原有产量节节攀升，日产从 2011 年的 170 吨 / 日上升到了目前的 315 吨 / 日，创 24 年来新高；真正实现了层层都有自喷井，产量“一年一小步，三年一大步”的跨越式发展！

【单位评价】

鸭儿峡采油厂采油队面对油田发展困境，敢于打破传统管理模式，勇于攻坚克难，为助力油田稳产上产发挥了不可替代的作用。“五个一”示范活动成效表明，只有不断探索创新，不懈追求精细，就能找到更多的潜力点、增效点，充分发挥基层的创造力，才能不断提升管理水平，把改革创新、转型发展、从严管理落到实处。

执笔人：岳天威　胡学荣　谈俊宏　谈　智　王若琨

支委带班做示范　固本强基筑堡垒

兰州石化公司

【背景介绍】

2014 年，兰州石化公司催化剂厂三套微球车间成立，目前是中国石油产能最大、技术最先进的微球生产装置，主要为炼油催化裂化生产装置提供不同品种的催化剂。2018 年荣获集团公司“绿色基层车间（站队）”称号，2019 年荣获集团公司“先进基层党组织”荣誉称号。

车间成立初期，由于员工来自不同车间，观念想法不尽相同，能力素质存在差异，如何能够带好这支队伍、夯实车间管理基础、迅速达标上产，公司上下和员工都很关注，也是对车间党支部和车间领导班子的巨大考验。

【具体措施】

习近平总书记指出，“要让党支部成为团结群众的核心，教育党员的学校，攻坚克难的堡垒”。车间党支部一班人经过认真研究，提出了支委带班抓工作的思路，由 5 名支委分别带 5 个班组，抓思想、聚人心，抓管理、夯基础，抓指标、增效益，以支委的示范引领作用，实现强基固本的目标。

（一）支委带班聚人心

为解决车间成立之初存在的人心不齐、思想难统一的问题，车间支部委员下班组进岗位，逐一了解员工的真实想法，坚持抓两头带中间，一方面通过“三会一课”和班组长会议，抓党员队伍建设和班组骨干的培养，旗帜鲜明地为他们撑腰鼓劲，树立正气，让共产党员的“牌子”亮起来，让班组骨干的形象树起来；另一方面，深入开展员工谈心谈话，坚持一把钥匙开一把锁，设身处地地为员工着想，以心换心，把思想工作落细落小，用真心真情感化人，做到诚心、用心、细心、恒心、齐心这五个“心”，共解决思想问题25项，员工的心暖了，气顺了，班风转变了，好作风也逐步养成了。

（二）支委带班打基础

针对催化剂生产存在环境恶劣、酸碱腐蚀严重、劳动强度大、安全风险高等难题，车间党支部通过抓关键、解难题、补短板，使基层管理的动力更足、成效更明显。一是建立支委带班考核办法，把生产、安全、环保、设备、质量等主要指标作为考核对象，将支委奖金与班组业绩排名挂钩，连带考核，使支委和班组成为责任共同体、利益共同体、命运共同体。二是支部委员瞄准关键点和薄弱环节，通过党员责任区、党小组包区、红旗机泵创建等活动，把党支部、党员与设备、现场连接起来，为关键设备和重点区域管理增设屏障，实现双保险。三是支部总结出了“四严四查”夯基础的工作方法，“严”的是标准，“查”的是责任，就是要做到制度执行严，责任倒头查；设备检测严，运行周周查；漏点管理严，风险日日查；支委督查严，现场班班查。截至目前，装置安全平稳运行1600多天，解决生产瓶颈30项、设备难题攻关

15 项。2017 年以来车间连续两年被评为兰州石化公司“设备管理先进单位”和 HSE 标准化建设“优胜装置”。

（三）支委带班增效益

作为基层车间，创造效益是一切工作的根本目的。装置开工初期，能耗水耗居高不下，产品合格率低，关键指标不达标，车间连续 3 个月员工奖金是全分厂最低的。面对员工群众关切问题，支部支委作为车间管理和专业技术人员的“主心骨”，把提质增效作为带班的主业主责，发挥各自管理和专业技术优势，把住关键生产环节，持续带领班组改工艺、压成本，降能耗、降水耗，实现装置生产流程全面受控，效益稳步提升。目前，装置生产成本降低 7%，能耗降低 25%，水耗降低 15%，其余技经指标也稳步提升。2015 年以来，班组合计挖潜增效 1700 余万元。

另外，车间党支部还总结出“四盯四清”强专业的工作方法，即按照专业划分做到“盯问题、责任清，盯方案、措施清，盯运行、状态清，盯绩效、目标清”，在工艺优化、技术升级、质量效益等方面取得了显著的成绩。自车间成立以来连续 4 年荣获兰州石化公司“模范车间”荣誉称号和连续 3 年的“标杆党支部”荣誉称号。

【效果意义】

针对新车间、新队伍面临的各类难题，车间支部把支部建设和车间中心工作有机融合起来，创造性地提出了“支委带班”工作方法，在问题和困难面前，动脑筋，想办法，思想高度统一，发挥群策群力作用，让支委有了用武之地，让广大党员有了发挥作用的主战场。车间工作只要党政通信、干群合力，就没有跨不去的坎、翻不过的山，也只有牢牢抓住支部建设这个根本，抓基层建设就有了底气，有了“主心骨”，有了“根”和“魂”。

【单位评价】

车间自2014年新成立以来，面临着生产运行波动、队伍思想认识不统一、人员劳动强度大等各类难题。为此，车间支部不等不靠，主动出击，从车间、员工双赢的角度出发，深入推行支委带班工作，以建立完善运行机制、结对共建为抓手，发挥支委专业和技术优势，把支部党建工作与装置生产运行深度融合，与车间管理工作同吹一个号，共唱一个调，在技经指标提升、挖潜增效、提升效益等各方面取得了显著成效。

执笔人：李　辉　杨　莉　王亚峰　孟　暄　岳　龙

着力“四真”强党建
打造“三基”新标杆

云南销售公司

【背景介绍】

云南销售公司成立于1999年2月，现有员工5673人，平均年龄31岁；运营油库9座，库容43.1万立方米；运营加油站729座，占全省加油站总数的20%；成品油年销售能力450万吨以上，总体市场份额近40%。相较区内公司，是一个成立时间短、业绩增长快、基础底子薄的年轻区外销售公司。近年来，云南销售公司坚持强三基、促发展，结合企业实际情况，将三基工作与生产经营深度融合，努力把云南销售建设成充满活力、富有魅力、创效给力的“油公司”。

【具体措施】

（一）出真招，建活机制强堡垒

方向对了就不怕路远。在引领企业发展上，区外销售党组织把方向、管大局，融入中心促发展，确保公司战略目标实现。

过去，基层单位重经营轻党建的问题一直困扰着我们。2012年我们实施了“44655”基层党建工程，有效解决了基层党建缺抓手的问题，但同抓同落实仍不理想。按照党的十八大全面从严治党要求，我们把党建工作考核纳入业绩合同，权重占比20%。有基层单位认为权重过高，党委一班人认真讨论后认为：抓党建就是抓经营，20%的权重不过头。考核上的精准发力和动真格，让基层单位真正重视起党建工作。

老问题刚解决，新问题又来了。分公司综合管理部对着6条专业线，人手紧、多兼职，工作成效有折扣。调研分析后，我们建机构、给编制、配人手、增费用，落实“两个1%”要求，在分公司成立16个党群工作部，配备32名专职党务工作者，保证了党建工作的专职力量。

基层支部强，作用才能发挥好。我们推进“党支部建设进库站”，确保支部建在销售最前沿。2016年年初，以曲靖麒麟加油站党支部标准化打造为试点，探索支部“党建+安全+服务+队伍建设”的职责定位，按照“三亮六有”标准，规范支部活动阵地建设。经过近两年的优化推广，一批筋骨硬、动力强、活力足的支部由此孵化。2020年4月，集团公司要求启动并在年内建成云南石化配套项目秧田冲油库长水机场航煤储运库项目。开工伊始，项目建设手续办理遇阻，更棘手的是秧田冲油库投运近十年的历史遗留问题仍悬而未决。困难面前，项目党员突击队分工协作、冲锋在前，跑政府、蹲现场、盯节点、破难题，短短数月就完成商务立项等关键手续，历史遗留问题也打破僵局、取得突破。截至目前，该项目进度达90%，踏点有序推进。像航煤项目的“云销速度”在持续上演。2015年蒙自、玉溪等4座管输油库同期开工，次年全部建成投用。2016年至2020年，公司开发油站153座，投运119座，网建连续三年排名销售公司前列；2020年前10月，主油销售377万吨，非油收入10.7亿元，利润2.18亿元，排名区外销售前列。

（二）动真格，打破成长天花板

2016 年 10 月，昆明公司对 324 国道昆石段 8 座加油站实行连线管理，杨兴林成为团队负责人。依托连线连片优势，团队 8 座站日均销量从 80 吨增长到 110 吨，非油日均销售从 8600 元增长到 20356 元。

干得好就要有个“好归宿”，但成长通路不畅限制了像杨兴林这样的优秀基层骨干成长。为此，我们 2015 年建立选人用人基层导向机制；2016 年出台优秀年轻干部培养选拔实施意见；2017 年制定人才队伍建设优化实施意见；2018 年机关基层岗位实现互联互通，启动人才战略五年行动计划。一系列改革大刀阔斧破除了人才成长的条条框框。今年组织开展的部分处室长、分公司经理助理等岗位的公开竞聘，5 人竞聘财务处长岗位、14 人竞聘公司团委

副书记岗位、43 人竞聘 12 个地市分公司经理助理岗位的激烈角逐点燃了员工干事创业热情。昆明西福路站经理罗端，凭借 9 座加油站管理经验、12 年加油站经理任职经历的突出优势，成功竞聘西双版纳公司经理助理，从加油站经理直接进入分公司管理层。

成长通道的顺畅激发出了队伍活力。近年来，我们打破身份差异，实现了市场化与合同化员工同岗同酬，实现了市场化员工进入集团公司管理干部序列的重大突破，培育出以张本荷、张艳芬等为代表的一大批行业标杆，先后有 36 个集体、48 名个人获得集团公司及以上表彰奖励。

（三）念真经，落实责任强练兵

2013 年、2016 年，先后任云南省省长、省委书记的李纪恒分别到曲靖黄金海岸、保山潞江坝加油站突击检查油站卫生，对公司加油站服务清洁工作给予肯定："中国石油加油站的卫生间很干净，你们辛苦了！"小小卫生间清洁工作能得到省委领导两次表扬，着实让我们欣喜。

我们每年轮换开展职业技能竞赛、营销服务竞赛，推动岗位练兵常态化，7 年来选树岗位技术能手 145 人，"你比我看亮真功""非油创意堆头赛"等岗位练兵活动成为常态。在 2015 年销售系统"开口营销"服务技能竞赛上，公司斩获 1 金 3 银 3 铜，团队荣获 2 个杰出班组奖、1 个优秀班组奖，并获团体第 2 名。

为了实战化开展岗位练兵活动，我们组建"张本荷劳模创新工作室"，深入油站开展现场流程诊断、优化提升、示范培训；我们创新劳动竞赛方式，

开展“班前会比拼”“营销 PK 赛”“开口促销 10 分钟”等小型化、易组织的竞赛练兵活动。三年来，公司在股份公司劳动竞赛中始终名列前茅。

（四）怀真情，以人为本聚合力

香格里拉五凤山加油站海拔 3300 米，冬季最低温度零下 16 摄氏度，基层调研时，该站高寒缺氧的艰苦条件让党委班子看在眼里、急在心里。这几年像这样生活设施配备有差距、有短板的加油站不在少数。“铁门铁床”不是家，我们一直倡导员工要以企为家、爱站如家，可面对没有“温度”的生活条件和环境，想谁也爱不起来。

为此，我们探索油站“家文化”建设，打造岗头加油站“家文化”蓝本并复制推广，为员工营造舒适、温馨家园；实施“春送慰问、夏送清凉、金秋助学、冬送温暖”四季关怀，三年来支出 562 万元。升级“五小工程”，拿出 200 多万元增添“小影院、小 Wi-Fi、小药箱”，提升员工幸福指数。组建金孔雀文化营销创意工作室，文艺小分队每年进库站，把欢乐送给基层员工。每月开展“欢乐颂”等活动，聚人心、激活力。开办“云销夜读”“悦读 · 分享”栏目，为员工推荐好书 360 多本，让员工业余生活更多彩、更美好。

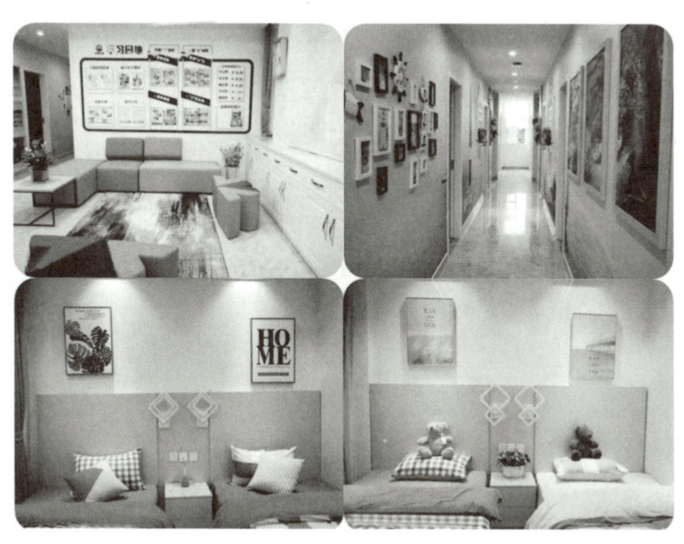

前不久，五凤山加油站传来好消息。入冬前，暖气通到了每一间宿舍，吸氧器配备到了每一个床位，油站经理告诉我们：“自己家里都没有这么好的条件。”

【效果意义】

云南销售通过扎实开展三基建设工作，公司基层建设、基础工作、员工基本素质得到有效提升，凝聚了干事创业的强大动力，云南销售网络规模不断扩大，总体市场份额稳中有增，各项生产经营指标稳步增长，整体发展质量持续向好。近年来，云南销售相继荣获“全国五一劳动奖状”“全国职工职业道德建设标兵单位”“中央企业先进集体”等荣誉称号，2017 年获评集团公司一类企业，员工薪酬待遇以年均 10.3% 的增速稳步提高。2018 年，销售油品 453 万吨，实现非油收入 13 亿元；2020 年 1—9 月份，销售成品油 427.2 万吨，实现非油收入 12.58 亿元，各项生产经营指标排名区外销售企业前列，各项业务呈现高质量稳健发展态势，和谐、活力、富有魅力的云南销售公司正焕发出新光彩。

【单位评价】

基层强则企业强。基层库站是销售企业开展“三基工作”的主阵地，如何把堡垒建强、把责任落实、把经营搞好、把基础打牢，我们坚持不懈抓实、抓细、抓硬三基工作，为公司高质量稳健发展奠定了坚实基础，做出了有益的探索实践，为销售企业提供了积极的借鉴和参考。

执笔人：任家永　张书明　武　举　屠丹玲　宁　婧

强化“三基”工作　实现整体提升

西南化工销售公司

【背景介绍】

近年来，面对低油价严峻挑战和“多元化”市场竞争，以及企业过去存在的管理基础不牢、党建融入不够、发展动力不足、队伍士气低落等问题，西南化工销售公司认真落实集团公司党组部署，准确把握区域化工销售发展态势，坚持谋定而动、战略制胜，确定推进高质量发展的“123456”工作思路和举措，瞄准“建设国际一流化工专业营销公司”总目标，提出了“市场导向 资源优化 创新驱动 党建引领”发展战略，全力打造效益工程和品牌工程，持续打好“三人攻坚战役”，扎实推进“四个精准”管理，全面落实“五化营销”工作，统筹抓好“六个营销协调”。抓基层、打基础、提素质，公司政治生态持续向好，员工干事创业热情饱满，经营管理逐年向好，成为化工销售企业增量创效“排头兵”，为高质量发展提供了坚强保证。

【具体措施】

（一）强基固本，基层建设成效明显

针对公司基层建设比较薄弱、从严治党向基层延伸不够等问题，公司党委采取有力举措，取得了积极成效。

1. 选优配强支部班子。公司按规定调整了 15 个基层支部书记，完成支委换届改选，提拔使用德才兼备、精党建懂业务的干部，充实支部力量。调整后，基层单位的党建工作、经营业绩、内部管理显著提升，政治生态持续

向好。云南支部原来在公司内部测评中排名靠后，2017 年调整班子后，在 23 个单位测评排名前进至第 5 位，内外部形象明显改善。结算处成立伊始，领导班子面对员工来自多个单位、思想不够稳定的实际，着力抓思想、建制度、强作风，仅用 5 个月时间就全部接收了结算业务。

2. 大力推进达标晋级。坚持“党的一切工作到支部”的导向，以支部达标晋级为载体，开展创建党支部标准化工作。公司党委制定党支部达标晋级实施方案和标准化工作手册，基层支部加强党建基础工作，建立了 9 个党员活动室和党建宣传阵地，形成了“6+N”支部建设模式、党员攻坚小组等党建载体，掀起了达标晋级热潮。贵州支部开展“一面旗、两手抓、三块板”特色活动，统一思想、提升业绩，去年销量增幅达 21%。业务三处共 9 名员工，负责四川、云南两个企业液体产品的销售任务，2017 年云南石化开工，他们在没有增加定员的情况下，党员干部个个独当一面，销售产品 151 万吨、同比增加 40 万吨，创效 1.5 亿元。

3. 持续强化党内监督。高质量召开基层支部组织生活会，全程督导、严格把关，深入对照检查，切实解决问题，增强了基层班子战斗力；开展对所属分公司、调运部的党内巡察，梳理和发现问题 60 余项，注重整改落实，在做好“后半篇文章”上发力，明确责任人和完成时限，促进“两个责任”落实和干部作风转变，推进从严治党向基层延伸。2017 年 11 月，首家接受公司党委政治巡察的陕西支部深受触动，领导班子带头提高政治站位，增强了团结协调，营造了风清气正的良好环境。针对销售企业廉洁风险高的特点，四川分公司班子带头加强自我净化，坚持按制度办事，强化纪律规矩意识，主动接受群众监督，提高了队伍的免疫力。

（二）精耕细作，基础工作不断夯实

针对过去党建与中心工作两层皮的问题，认真践行党组“三个融入”要求，突出抓好提质增效、改革创新、凝心聚力，确保党建引领发展在基层落地生根。

1. 提质增效稳健发展。公司强化“专业化管理、区域化销售”经营模式，着力打好“就地销售、终端开发、转型升级”三大攻坚战。业务一处、二处党员干部发挥先锋作用，坚持大销量、低库存、快周转策略，2018 年完成橡塑产品销量 146.76 万吨，为公司提质增效做出了贡献。坚持细分市场、因地施策，扎实推进川渝做大做实、云贵做精做优、湘陕做专做细。四川分公司党支部助力打造主市场，分公司连续两年销量增长 3.7 万吨以上，2018 年销量达到了 59 万吨，发挥了“压舱石”作用。陕西、湖南分公司地处煤化工前沿、中国石化腹地，生存发展空间受到严重挤压，党支部组织党员群策群力、以变制变，趟出了一条“人无我有、人有我特”稳量增效的路子，2017 年陕西管材料销量突破 1 万吨，湖南销售聚丙烯专用料比例达到 28%。

2. 改革创新瘦身健体。公司坚持突出主业、精简高效原则，积极稳妥推进内部改革，各单位主动支持配合，将分散在分公司、业务处的结算业务集中管理，剥离基层单位的调运、仓储职能。重庆分公司仓储业务剥离后，全力开拓市场，设立 8 个客户经理岗位，落实“四个一批”“两轮驱动”举措，新开发终端厂家 9 个，直销率从原来的 32% 提高到 50%。彭州调运部精简优化岗位，员工总量从 31 人精减为 16 人，提高了工作效率。公司强化管理创新，激发内生动力，价格信息处建立八因子市场分析预测模型，科学指导销售，

精准管控价格，2018 年公司累计价格到位率高达 100.55%。企管法规和调运仓储等涉及业务外包的部门，自觉增强合规意识，2017 年首次实现服务采购招标全覆盖、硬落实，公司通过招标降低费用 6100 多万元，降幅达 27%。

3. 凝心聚力重塑形象。各单位深入落实公司“凝心聚力、塑造形象”主题活动，狠抓思想统一、队伍融合和班子建设。湖南支部突出领导干部这个“关键”，从领导班子、领导干部抓起，扎实推进“三比三看”，靠真抓实干凝聚人心，用经营业绩汇集力量。云南分公司突出推进发展这个“主题”，咬定青山不放松，克服了报价、结算、认证等诸多困难，经过不懈努力，2018 年 5 月份成功实现聚丙烯打入东南亚市场。四川支部突出化解矛盾这个“根本”，组织员工谈心谈话 60 余人次，收集问题建议 44 条，全部落实解决。彭州调运部突出文化引领这个“灵魂”，开展“六个一”活动，帮助员工养成爱岗敬业、诚实守信、团结协作、包容感恩的品格。公司通过开展 22 项系列活动，分两批为员工办了 10 件好事，提升了员工的获得感和幸福感。

（三）履职尽责，素质能力稳步提升

公司以作风、能力、素质为重点，努力打造一支高精尖的专业化团队，充分调动干部员工的积极性和创造性。

1. 发挥干部头雁作用。公司注重领导干部队伍建设，坚持把政治建设摆在首位，并依据干部履职考核情况，对干部岗位进行优化调整。纠正以往重业务轻党建的思想，建立多向交流机制，组织机关与基层、业务与党建部门 10 余名干部进行轮岗交流。强化打铁必须自身硬的原则，公司党委要求党群系统干部要提高政治站位，勇担当、做表率、树形象，去年党群部门的年终测评成绩总体提高。创新培训模式，先后与华北、华南化工销售联合举办中层干部培训班，邀请兄弟单位支部书记交流，促进经验共享、互动提升。

2. 提升全员素质能力。持续加强营销理论、专业实践培训，深入开展以老带新、员工上讲台、岗位技能竞赛等活动，切实提高员工的营销能力。安宁调运部超前准备，组织人员到彭州现场学习、顶岗锻炼，与开工保运组一道深入一线、冲锋在前，出色完成了云南石化开工保运任务。财务处克服结算增量大、节日加班多、人员变动快等困难，坚持以老带新，强化业务培训，多次受到集团公司财务资产系统表彰。技术服务处扎实推进技术服务体系建设，妥善处理质量纠纷，不断满足客户需求，维护了昆仑品牌形象。

3. 注重培育青年新锐。公司党委重视青年工作，引导他们扎根基层、岗位成才。贵州等分公司针对青年员工比例高、不安心基层工作的实际，加强思想引导，让青年安下心、当主角、有奔头，部分青年员工已经在当地买房子、找对象。公司团委创新活动载体，组织劳动竞赛、青春朗读者活动，为其施展才华提供舞台。湖南、重庆等支部组织青年志愿活动，坚持资助贫困学生、探望孤寡老人和抗战老兵，引导青年增强社会责任感。公司落实党组干部年轻化要求，提拔 4 名 80 后员工走上领导干部岗位；组织公开竞聘，选拔 11 名青年员工到机关管理岗位，涌现一批青年先进典型。

【效果意义】

通过加强三基工作，公司党的建设、经营业绩、队伍面貌发生可喜变化。

2017 年销量突破 300 万吨，实现“两年换字头”，年均增长率达 17.7%，2018 年在四川石化大检修的情况下，完成销量 313.2 万吨，今年有望突破 400 万吨，实现销量逐年增长晋位。近三年，公司累计实现利润 9.62 亿元，年均创效 3.2 亿元，吨利润 110 元，创下历年来最高水平，综合考核排名连年保持领先，正向建设国际一流化工专业营销公司迈出坚实步伐。

【单位评价】

西南化工销售公司针对企业发展中存在基础性工作薄弱的实际，以“三基”建设为抓手，以基层党组织建设为重点，补短板、练内功、固基础、求实效，用机制体制创新，着力补齐转型发展中的短板，着力提升员工队伍的技能素质，着力解决两级机关干部管理水平和驾驭能力，不断精细基层党组织管理、精细企业生产管理、精细员工队伍管理，夯实了企业持续发展的后劲，实现了企业整体提升，为企业高质量发展提供了坚强保证。

执笔人：徐晓炜　廖良成　付　阳　刘圣江

创新“2+4+2”管理模式
打造标准化标杆班组

长庆石化公司

【背景介绍】

长庆石化公司运行二部运行三班负责公司催化裂化、气体分馏、产品精制三套装置的当班运行，现有 16 名员工，大专以上学历占比 87%，其中高级工 10 人，技师 1 人，首席技师 1 人，党员 7 人。班组曾荣获国资委红旗型学习班组、陕西省先进班组、咸阳市青年文明号、咸阳市工人先锋号、公司先进五型班组、公司 HSE 标准化标杆班组等荣誉称号。先后涌现出集团公司优秀青年、咸阳市劳动模范及公司劳动模范，是一个有朝气、有活力、团结上进、执行能力强的基层班组。

公司把 HSE 基层站队标准化建设作为重要抓手，开展了全面的达标创建工作。运行三班积极落实公司要求，总结以往的班组管理经验，边探索边实践，形成了“2+4+2”班组自主管理新模式，在班组管理方面取得了好的成效，成为公司“标准化标杆班组”。

【具体措施】

（一）以“两个标准化”夯实班组基础管理

标准化一：标准化交接班。班组交接班工作，对化工企业连续性生产岗位来说，是安全工作的重中之重。交接班时段处于平稳生产的监控盲区，容易形成管理真空，造成安全生产隐患。运行三班把交接班作为标准化建设的第一个落脚点，完善交接班制度，规范交接班流程。一是在“十交五不接”的基础上，完善了班组交接班制度，并将其概括为“2210”，即 7：20 或 19：20（提前 40 分钟）全员入厂开始接班检查、20 分钟检查时间、10 分钟交接班会、0 个问题交接；二是重新梳理了岗位交接班检查的 12 项主要内容和 126 个关键点，班组员工可以“按图索骥”进行检查；三是规定了交接班会人员站位及发言顺序，班员按顺序汇报并进行安全经验分享，安全员进行安全提示，副班长进行当日工作安排，班长对重点工作发布要求。

标准化二：标准化巡检。不间断巡检是员工及时发现装置安全隐患的主要途径，只有实现了标准化才能确保巡检质量。运行三班把巡检标准化分为巡检装备标准化、巡检点位标准化、巡检时间标准化和巡检方法标准化四个方面，有针对性开展工作。一是严格执行双人巡检制度，一人塔上巡检，一人地面巡检；二是巡检人员必须佩带硫化氢、碳氢检测仪、定位仪、对讲机、巡检包，穿着巡检马甲；三是运用“走到、看到、摸到、闻到、比到、想到”的特色“六到”巡检法，认真仔细巡检，两小时内巡检时间不小于 100 分钟、每处点检间隔不小于 2 分钟，点检率 100%，高危泵每小时一次全面有效检查；四是巡检人员换岗必须全面交接，发现问题及时处理并进行班组量化考核奖惩；五是巡检发现问题第一时间汇报班长，班长按程序组织处理和汇报。

（二）以“四个特色培训”提升员工综合素质

运行三班40岁以下青年员工比例达到75%。在长期的基层管理实践中，他们认识到只有班组员工的素质技能上去了，各项管理要求才能靠实落地。因此，运行三班一直按照长庆石化公司“管人管事必须管培训”的要求，坚持开展四个特色培训。

一是“师带徒”培训。师傅最了解徒弟“缺什么，补什么，怎么补”。运行三班“师带徒”的具体做法是：坚持“三步走”，强化“三种意识”。三步走，即第一步师傅示范徒弟看，第二步师傅指导徒弟干，第三步徒弟做好师傅验；三种意识，即遵守规程的规矩意识、刨根问底的学习意识、及时退守的应急意识。

二是“两个5分钟”培训。具体是班前会5分钟安全经验分享、班后会5分钟HSE工具及规章制度学习。充分利用交接班的这两个5分钟时间，变“灌输式”为“互动式”，以“少量多次滴灌式”培训并结合随机提问抽查督促、检验学习效果，过去那种检查来了才学、学过就忘的现象得到了改观。这种培训方式已经被公司推广应用。

三是“人人当讲师”的全员培训。为充分发挥个人特长，激发员工培训积极性和提高参与感，运行三班坚持开展了“轮流授课，人人当讲师”活动，班组员工根据自身特长轮流备课讲授，变“一人讲”为“大家讲”，人人既是学员，个个又是讲师，使班组员工在岗位上接受学习和锻炼，在业务上互相学习、一同探讨，达到了共同进步全面提高的目的。

四是“应急演练+事故预想”的应急能力培训。在按照公司要求，定期

开展班组应急演练的同时，运行三班还将“事故预想”作为应急能力培训的重要手段。“增压机跳停后反应岗如何处置？进料量需要降到多少？压力如何控制？对全公司各装置会有什么影响？”这些由班长随机提出的问题，让班员们措手不及，但面对紧急情况，需要的正是这种应变能力。这些年“事故预想”已经成为运行三班锻炼班员应急能力的一个法宝。

（三）以“两个工具”促进班组自主管理

班组自主管理是班组管理的最高境界，也是搞好班组建设的最高追求。运行三班围绕这个目标，创造性地把班组体系内审和量化考核两个有效工具灵活运用，在自主管理方面尝到了甜头。

一是开展班组 HSE 体系内审。以往 HSE 体系审核都是集团或公司层面开展，间隔周期长，往往是集中式开展。如何能使体系工作落地班组，贯穿于员工日常工作中？公司运行二部从 2017 年开始开展二级单位和班组两级体系内审活动。部门根据集团 HSE2.0 梳理出和基层班组有关的 15 项要素，出台了班组 HSE 体系审核标准。由班委牵头成立班组体系内审小组，每月自行选择要素，组织审核、整改，月底总结汇总，并追溯管理原因，构建“审核—整改—提升”的班组自主管理模式。通过两年的运行“班组 HSE 体系内审”已成为自我检查、自我整改、自我完善提升，实现自主管理的有力工具。

二是“严、细、实”开展班组量化考核。公司赋予班组长“四种权利”，即“应急退守权、生产指挥权、人员调配权、奖金分配权”。为了充分调动班员工作积极性，提高工作质量，落实“岗位靠竞争、收入凭贡献”的薪酬分配理念，运行三班积极探索班组量化考核管理办法。主要是以正向激励为主、扣分处罚为辅，针对班员日常工作内容梳理出班组量化考核细则 18 类 69 项内容以及具体工作加分、扣分清单 68 项，让每位员工都清楚自己当班期间每项工作的量化考核分值，由班长负责考核，做到日结日清、公平公开，真正实现了多劳多得，达到奖勤罚懒、奖能罚劣、激发干劲的效果。

【效果意义】

长庆石化公司运行二部运行三班通过坚持推行“2+4+2”班组自主管理新模式，带来的转变和取得的效果主要表现在以下几个方面：

一是班组综合绩效名列前茅。近些年班组从未发生一起事故事件，综合绩效一直名列前茅，连续五年荣获公司先进集体称号。在丙烯收率、装置平稳率、主风机电耗、现场安全环保管控、设备设施管理等方面一直领先。

二是安全环保基础牢固。班组员工 JSA、JCA、能量隔离上锁挂签、安全经验分享、观察与沟通等先进工具的应用能力快速提高，改变了过去风险管控靠骨干、靠经验的局面，员工危害辨识及风险管控能力得到切实提高。特别是在隐患发现与治理方面，运行三班 2018 年发现隐患 108 起，其中 10 起较大安全隐患获得公司专项奖励，涌现出“装置卫士”温建文、“隐患发现达人”党赵科等受到公司表彰的先进典型，成为班组的一张新名片。

三是员工综合能力显著提升。2017 年公司技能大赛中运行三班两人取得优异成绩，2018 年班员党赵科代表公司参加国家级催化裂化技能竞赛获得优秀选手，在部门星级工评定中，本班星级工占总人数 42%。运行三班还经历了烟机故障、待生线路架桥、装置晃电等重大操作变动的考验，一次次地化险为夷，将事故影响降到最小，体现出了良好的综合素养。

四是员工工作理念发生转变。班组员工的标准化意识显著增强，标准化理念已经深入人心，“上标准岗、干标准活、交标准班”已经成为自觉，这种“由内而外”的实践，逐步在全公司范围内营造了标准化的大环境。连续两年公司评审均以第一名的成绩荣获“HSE 标准化标杆班组”称号。

如果用一个关键词总结运行三班“2+4+2”新模式带来的变化，那就是“转变”。班长转变为基层班组管理者、属地责任人，班委转变为基层管理组织，班组员工从简单接受完成任务转变为岗位负责人，班组管理从被动管理到有序管理再到自主管理。

【单位评价】

班组是落实企业绿色、安全、平稳生产的关键组织，是长庆石化公司“示范型城市炼厂”建设的基石，运行二部运行三班积极探索班组管理新模式，在班组标准化建设、员工素质提升、双重预防体系落实、班组自主管理等方面探索和总结出了具有操作性和推广性的经验和做法，为长庆石化公司班组建设发挥了榜样引领作用。

执笔人：孙晓飞　殷　涛　王永鹤　杨阿敏　梁　勇

创新争先　追求卓越
努力建设坚如磐石创效团队

长城钻探工程有限公司

【背景介绍】

2009 年长城钻探固井公司提出了“建设成具有国际化竞争力的专业化固完井公司”的发展目标，抽调技术精湛、经验丰富、工作负责的工程技术人员和技能操作人员，配置先进设备，优中选优组建教导车组，经过半年多的尝试探索，于 2010 年成立了固井教导队。教导队主要负责辽河油区重点井、疑难井和复杂井的固井施工，并以全新的理念对固井队所有岗位进行现场施工作业标准化操作培训。教导队始终坚持“生产与培训两手抓”，引导员工走上标准化施工、精准管理之道。经过 5 年的运作，固井教导队取得了卓越的成绩，于 2016 年被长城钻探冠名为“磐石固井队”。

【具体措施】

（一）充分发挥“双驱”作用，打造作风优良的固井团队

队干部“前驱”拉动效果明显。我们磐石固井队以加强和提高干部的责任心和执行力为重点，提出了：说干就干雷厉风行，干就干好工作到位。在工作中，要求每名干部要全身心地关注生产，关注学习，关注员工。坚持每天生产会，讨论小队的大小事情，研究制定当天主要工作。实行“全过程跟班固井法”，严格落实干部跟班责任。队长、值班干部和技术员，实行施工全过程跟班和跟踪作业，负责本班组的安全、劳动纪律、现场“两书一表”运

行等工作。重点A类井实行双岗跟班，保证安全生产。生产有问题必须第一个冲上去；出车晚了，施工延误了，就查明原因，找不到问题决不罢休。员工家里有事，也必须第一个赶过去，将关爱延伸至每一名员工和家庭，始终做到“五必访”，即：“家庭有红白事必访，家庭有特殊情况必访，员工生病住院必访，员工孩子升学必访，员工有思想负担必访”。队干部带头冲在前，用自己的实际行动影响和激励员工，较好地起到了表率作用。员工“后驱”推动作用突出。员工意识到，要想完成好每口井的施工，就必须充分发挥员工的主动性，让他们自觉加压做好工作。在平时工作中，通过出车前讲话、施工交底会、职工大会等时机，讲形势、交任务、提目标、压担子，用压力激发动力，用政策激励行为。员工们每次出车前都会认真准备上井施工设备和工具，施工中对自己在操作上的要求也更加苛刻更加精细，班组之间既有相互配合又相互比拼，看谁做得好、谁完成任务的质量高。

（二）提升“三项”能力，铸就基础扎实的精锐团队

磐石固井队始终把夯实基础工作贯穿到工作的每个环节，着力提升人员、设备、施工三项管控能力。我们磐石固井队始终遵循“以技服人、以魂塑人、以情感人”的人本管理理念，通过技术上强化、思想上教育、情感上沟通三个方面，创造和谐氛围，让每一名员工真正体会“我以磐石为荣，磐石以我为傲”的荣誉感。依托国内一流的固井模拟仿真实训基地、完善的标准化培训教学平台和以现场教学为主、以实际技能培训为核心的模式的先天优势，

突出知识、技能、态度的素质培养，将磐石队打造成为固井现场操作人才的孵化器。自组建以来，为公司各市场输送固井队长 6 人，操作手 32 人，技术员 20 人，组织队伍优质高效完成了辽河地区的 180 余口重点井，固井质量合格率达到 100%。我们以水泥车组为最基本单元进行合理“瘦身”，通过优化工艺流程，推行一岗精、两岗通、三岗懂，各岗之间通过密切协作合并岗位，为公司确定了水泥车组的标准定员，挤掉定员中的“水分”。将原来一个固井队 30 余人，压缩到现在的 20 余人。公司以我们磐石固井队编制为标准，以市场为导向，按工作量定设备，按设备定人员，完成了固井公司 8 个基层单位的定岗定编及人员的调整，实现了人机的最佳配置。苏里格项目部由原来的近 100 人减为现在的 58 人，减幅达 42%，既降低了该项目的人力成本，也为其他新启动项目提供了人才，盘活了公司现有的人力资源。

在设备管控上，强化全面问责管理。磐石固井队成立之初就制定了“车容车貌、维护保养、巡回检查、调试运转、完好确认”五步工作法，并梳理了各岗位职责、危险因素识别，形成了设备标准化操作规程 9 项。在每次出车之前，要求提前半小时按照标准化巡回检查点项对设备进行详细的巡回检查。在确保各种油料都符合标准、各检查点项都符合标准后，再发动设备进行预热及试运转，在确保设备完好后才出发。我们磐石队每周至少一次对设备的清洁进行检查，并在职工大会上进行通报，以此来促动各车组保持车辆清洁的积极性。对于未按五步工作法开展工作的人员，采取教育、批评、处罚三步走的管理方式进行管理。2017 年 5 月 6 日，双机水泥车辽 L31668 承担侧尾注浆施工任务时发现大泵显示排量和实际排量出入较大，检查发现大泵的两个排水凡尔的胶皮脱落，属于施工前未按标准进行设备试运转导致的险性事故。针对此起事故，我们对该车操作手进行了扣发当月口井绩效奖的处罚，并全队通报批评，同时组织全队人员开展问题分析讨论，总结出事故发生的三个关键点（小循环试运转、施工参数不正确、计量罐内液体消耗不正常），并制定了相应措施，使得所有操作人员都能够避免类似的操作失误。“五步工作法”的实施，单车创效能力、保障能力、设备完好率名列固井公司各固井队前茅。

在施工管控上，实施“三化”管理，提升磐石队的综合管理水平。安全管理实现“标准化”。细化《QHSE 体系审核定级标准》，做到了各项工作内容清晰、标准明确；修订《作业指导书》，把每项工作流程规范化、具体化，让职工干了标准活；制定《井口班目视化管理方案》，分类摆放各种工具，杜绝了因带错工具而影响井队施工进度现象的发生；强化属地管理，在工作区域设立属地管理牌、关键部位设置风险提示、上锁挂签等方法，有效减少事故发生的概率；规范交通管理，通过 GPS 监控、整队出发、三交一封等措施，确保了驾驶安全。一年来，磐石固井队安全行驶 25 万公里，实现了全年安全生产无事故的目标。生产组织实现“模块化”。我们优化了生产组织流程，将生产组织划分为“方案准备、物资准备、现场施工”三个模块，并以图表的方式标明每个模块、每道工序的流程、相关单位、责任人，使各项工作简洁、明了、便捷。项目部发挥小调度室的职能，超前、科学组织生产，认真编排作业人员上井运行大表，正点到井率始终保持 100%，创造了辽河油区单日施工 9 井次的最高纪录。质量管理实现“区域化”。依托固井资料数据库，不断完善、优化服务区块的固井施工方案，制定了针对不同区块的固井技术方案模板。组织技术人员对已完成井从十个方面进行分类统计分析，找出水泥浆性能、浆柱结构、地层压力等七个方面的影响质量主要因素，制定改进措施。针对辽河油区冬季固井质量不稳定的难题，从增加外加剂的活性入手，通过技术处理，极大地提高了固井质量。

（三）提升精细管理，打造卓越绩效的团队

我们以精细管理为主线，从成本控制、维修费、油料管理等多方面，采用多种措施大力推行低成本战略，推动生产经营工作向好发展。我们积极推进以单井材料、单车消耗为主要内容的“两单”成本管理系统。在保障固井质量的前提下，严格控制生产现场所使用水泥、外加剂用量，减少成本费用支出。每月实时将每台车辆所消耗油料、材料与所发生修理费等所有费用录入系统，不仅通过系统可以方便地查询和比对相关数据，而且为今后的成本核算工作以及成本考核工作提供有力的数据支撑，最终实现单井、单车、单项工程、单项业务、单个设备的成本细致、准确、及时核算，并利用核算数据查找出降本增效的有效措施，堵塞管理漏洞。磐石固井队现有 12 台大型固井设备，油料和维修费占了固井队总成本 60% 以上。在油料管理上，磐石固井队实行了车辆集体加油，并由专人负责，每月对单车油料消耗指标进行考

核，做到超油必罚，节油必奖。在维修费管理上，一方面要求职工严格落实公司各项设备保养制度，确保保养工作按时、到位。另一方面鼓励职工自行修理，针对发生问题的设备，坚持能自己修复的不送车间、车间能修复的不送大修厂的原则，并专门抽调了一名经验丰富的骨干帮助职工解决设备保养、维修中遇到的疑难问题。通过自行维修设备，大大减少了设备维修费，缩短了维修周期，同时也增强了职工设备维修技能水平。磐石固井队积极参加固井公司开展的“流动红旗设备”评选活动，并对每台车辆建立了单车维修台账，定期进行统计分析。每月考核优秀、维修费用少的车组都能得到公司奖励，职工爱护设备、保养设备的积极性不断高涨。

【效果意义】

2018 年全年，磐石固井队共完成作业 397 井次，实现产值收入 3761 余万元，利润 677 万元。

完成辽河油区重点井施工 180 余口，为固井公司国内外市场培育输送主操作手 32 人，工程技术人员 20 人，有力保障了固井公司规模效益同步增长。

2018 年，磐石固井队共节约修理费用 10 万余元，单井材料消耗与去年同期相比下降 9%，安全行驶 25 万余公里，平均每台车百公里油料同比节约 7 升。

【单位评价】

磐石固井队凭借“产教结合”的工作模式，生产和培训工作齐头并进。2011 年被共青团辽宁省委评为“辽宁省质量信得过班组”，2012 年被中国石油直属团委评为“直属机关五四红旗团支部”，2013 年被中国石油天然气集团有限公司评为“基层建设‘千队示范工程’示范单位”，2015 年、2017 年被长城钻探工程有限公司评为“名牌施工作业队伍”，2016 年获得中国石油 2016 年职业技能大赛（固井工）团体第三名，2016 年至 2018 年获得长城钻探工程有限公司“HSE 自主管理基层队”，2019 年获得长城钻探 2017—2018 年度标杆基层队。

执笔人：张金华　刘艳阳　刘炎东　王玉钰　孟宪宇

推行四个“1+1”工作法
筑牢党支部坚强战斗堡垒

西南油气田公司

【背景介绍】

西南油气田公司重庆气矿长寿天然气运销部（以下简称运销部）现有党支部4个，党员70名。其中，建在一线井站的党支部有3个，井站员工实行轮班作业制，参与轮班作业的党员32名。在基层党组织建设中，存在业务工作和党务工作发力不均，党支部“三会一课”时间、人数和效果得不到落实和保障，党支部在教育群众、发动群众、引导群众、带领群众组织力不强等问题。针对这些实际情况，运销部党委通过不断探索，从成立之初将党支部建在重要场站，到逐步建立起党支部工作四个“1+1”工作法，使党支部凝聚力、向心力得到进一步加强，有效发挥了党支部对群众的政治引领作用和广大党员对生产经营工作的骨干作用。

【具体措施】

（一）井站管理“1+1”，融入中心有作为

在融入中心站管理方面，将党支部建在中心井站，推行1个站长+1个党支部书记的井站“1+1”管理。通过公开竞聘的方式选出站长，“公推直选”出党支部书记。明确界定中心站站长、党支部书记工作职责及工作内容，实

行易岗易薪，细化相关权限和待遇。通过抓实中心井站这一关键层面，站长和党支部书记这一核心人物的管理，实现了管理前移、重心下移。

支部书记在抓好党建工作的同时，还要负责责任区内的人员调配、安全监督、对外协调等日常管理工作。支部工作成效直接与井站业绩挂钩，每季度考核一次。运销部制定《党支部目标考核细则》，细化具体考核指标，在“通用目标”和“特定项目”中，分别设置了责任区生产经营管理和班组建设等内容，分值共占权重的20%。同时，支部考核结果纳入中心站业绩考核，权重占10%，党建与中心工作实现了交叉考核、有效融合。

（二）阵地建设“1+1”，党建水平有提升

在基层党支部阵地建设方面，建立了1个党员活动中心+1个党建移动网络平台的“1+1”党建阵地。通过线上、线下为党员打造活动阵地，拓展阵地空间、改善活动条件，促进党建工作职责落实落地。

按照有场所、有设施、有标志、有党旗、有规划、有制度的“六有”标准，在卧龙河集气总站中心站、渡舟中心站和双九井中心站等3个中心站分别建立了标准化的党员活动中心，为党支部集中学习、互动交流提供了一个良好场所。同时，运用互联网思维和信息技术手段，建立了党建移动网络平台，将党的路线方针政策通过微信公众号及时推送给党员群众，实现党员每天学习次数、考核分数、党员缴纳党费都有记录的大数据管理，通过数据分析结果指导网下组织活动、党员管理等工作。2018年，集团公司石油党建信息化平台应用以来，运销部与之进行功能整合，通过积极宣传动员、开展劳

动竞赛等方式，促进党员积极上线应用，使党建移动网络平台快速、有效融入集团公司党建信息化大平台。运用以来，党员平均每月登录平台参与学习、答题、缴纳党费等千余人次。

（三）特色活动“1+1”，攻坚克难有成效

在党建特色活动方面，党支部开展了1个工作主题+1个QC项目的“1+1”特色活动。每个党支部每年围绕生产经营工作，明确一个主题并贯穿全年。每个党支部分别成立一个QC小组，按照“确立一个项目，解决一个难题，减少一个隐患，促进一项工作”的“四个一”思路，确立至少一个QC项目，按计划认真组织实施，充分发挥党员的能动作用，促进党支部工作与生产经营紧密结合。

党支部经过现场问题收集、可行性论证，确定攻关项目，明确主导人、配合人、督导人及时间节点控制等内容，实现定向攻关，为运销部质量效益提升、创新创效做出积极贡献。例如：四支部围绕“做实管道安全，为红旗单位创建保驾护航”的主题开展工作，实施了“实用新型测试桩推广应用”QC项目，通过QC活动，该技术创新成果在分公司范围内得到广泛运用。

（四）典型培育“1+1”，示范引领有力量

在典型选树培育方面，建立了打造1个服务品牌+选树1个先进典型的“1+1”培育机制，四个支部根据自身特点，分别确立打造服务员工思想的精神传播基地、服务员工素质的技能培训基地、服务员工生活的党员实践基地、服务员工作风的党员示范基地等四个服务品牌，精心选树、持续培育了一批先进集体和先进个人。

一支部重点打造集气总站中心站企业精神教育基地，完善班组陈列室，提炼班组“聚文化”，弘扬主旋律、传播正能量，引导员工弘扬传承石油精神、大庆精神铁人精神和川油精神，始终保持“敢于拼搏、永争一流”的精神状态，成为弘扬企业精神的“辐射窗口”。二支部依托技师工作室和岗位练兵场，建立了服务员工素质的技能培训基地，通过开展师徒结对、现场培训、竞赛比拼等活动，促进了员工技能素质的整体提升。三支部综合利用中心站闲置土地，以双4井为主要平台，种植绿色菜地、品质果树和饲养生态家畜，

建立了服务员工生活的党员实践基地。四支部建立党员示范区，通过规范办公室物品摆放、员工岗位行为举止等，有效提升办公室内务管理水平及员工工作执行力。在打造支部服务品牌的同时，各支部深度挖掘典型事迹，培育先进集体和模范人物，充分发挥先进典型的示范带动作用，形成“人人学典型、个个争先进”的浓厚氛围。

【效果意义】

一是党建工作与中心工作“双融合”，相互促进。通过线上软阵地、线下硬阵地建设，开展党支部量化考核，党支部“三会一课”质量、党员理论水平等方面得到明显提升。一党支部连续6年荣获西南油气田公司“先进基层党支部”称号；将党支部的工作与业务工作进行有机结合，有效解决安全生产工作中的疑难问题。完成技术攻关课题50余项，获得西南油气田QC成果8项，国家新型实用专利25项。

二是班组管理与班组活力“双提升”，基础坚实。实行党支部书记、站长共同管理中心站的模式，班组管理水平和员工工作积极性得到极大的提高。在卧龙河集气总站中心站，员工积极参与班组建设，保障了班组连续安全生产33年，平稳集输天然气920亿立方米。卧龙河集气总站中心站先后荣获全国“五一劳动奖状”、集团公司“标杆班组”等荣誉，涌现出了重庆市“工人先锋号”——渡舟站等先进集体。

三是思想素养与专业素养“双增强”，后继有力。实行典型带路，深度挖掘典型事迹，培育先进集体和模范人物，促进全员素质大提升。涌现出了全国“三八红旗手”、集团公司优秀党务工作者程艳燕，全国技术能手夏仲华、集团公司特等劳模张敏等先进典型，形成影响力，发挥了模范榜样作用。运销部被授予重庆市“文明单位”称号，连续6次荣获西南油气田公司“红旗单位”称号，卧龙河集气总站被集团公司授予“企业精神教育基地”等殊荣。

【单位评价】

探索融入中心、服务大局、展示作为的党建工作新路径，是适应新要求、顺应新时代、推动新发展的必然选择。长寿运销部党委抓住党支部这个基本单元，通过推行党支部工作四个“1+1”工作法，使党建科学化水平得以提高，融入中心促发展能力得以加强，党支部战斗堡垒作用得以充分发挥，助推了长寿运销部高质量发展。

执笔人：李建川　郭　丽　许建华　谭　军

“三亮”党支部工作法
夯实辽阳石化基层建设根基

辽阳石化公司

【背景介绍】

抓基层、强“三基”是石油工业的优良传统，辽阳石化公司（以下简称“辽阳石化”）认真贯彻落实党中央、国务院、集团公司各项决策部署，大力弘扬石油精神和“辽化四种精神”，坚持围绕中心、服务大局，夯实党建基础，充分发挥基层党支部战斗堡垒作用。各级党组织结合实际认真研究，不断推新策出亮招，基层建设工作取得了实效。“三亮”党支部工作法就是在这个背景下诞生的，也是众多工作方法中最突出、最有成效的工作方法，最早由炼油厂加氢三车间提出。“三亮”，即“干部亮承诺，党员亮身份，支部亮阵地”。“三亮”党支部工作法经过炼油厂加氢三车间支部一年多的实践，40 名党员充分发挥先锋模范作用，带领全车间 107 名员工，主动“三亮”，率先垂范，围绕“大平稳产生大效益、大优化创造大效益、一切非计划停车都是可以避免的”，对标找差、共同谋划、积极整改，用党建凝心聚力、提振士气，为中心工作开展提供蓬勃动力，在辽阳石化打赢扭亏解困翻身仗的大小战场上，当好攻坚克难主力军，勇立潮头，冲锋在前，树立起党员干部良好形象，营造干事创业良好氛围，推动三基工作开创了新局面。

【具体措施】

（一）干部亮承诺，率先垂范树标杆

严格落实公司党委提出的“三抓三带”工作要求，坚持“高标准、严要求、快节奏、求实效”的优良作风，研究细化党建引领工作责任清单。一是发挥头雁引领效应。强化班子引领，组织班子成员学习党的报告，重温入党誓词，组织开展党员干部承诺活动，班子成员带头承诺“我为扭亏做贡献、我为生产抓关键、我为管理解难题、我为装置除隐患”，并结合各自岗位进行个性化承诺。班子成员积极践诺，由主任带队成立攻关组，通过掺炼外购蜡油、催化重柴油等方式，摸索出掺炼的最佳比例，提升装置负荷，让装置吃得饱、吃得好，有效提高了装置创效能力，装置边际效益提高了3200多万元。在班子的带领下，主动攻克技术难题，提高装置负荷，降低能耗、降低加工成本，实现车间全年无非计划停工，提高装置边际效益2660万元，有效保证了装置的平稳运行，实现全年无非计划停工。二是发挥雁阵协同效应。车间全体干部“做给员工看，带着员工干”，践行“四带头”承诺，带头加班讲奉献，带头攻坚克难，带头监护保安全，带头巡检除故障，当好各项工作排头兵。2019年春节期间，生产主任李涛坚守岗位，无私奉献，放弃休息，除夕夜在万家团圆之际，李涛同志刚结束岗位员工慰问工作，家里还没坐热，凌晨1点30分就接到当班班长的紧急汇报，一路小跑赶到车间，妥善处理了安全隐患，确保了节日期间装置平稳运行。春节节假日7天，李涛同志始终坚守在装置现场岗位上，始终在查找和处理隐患的路途中，7天共计工时65.5小时，确保装置节假日高效稳定运行，舍小家为大家，树立起共产党员的良好形象。

（二）党员亮身份，攻坚克难当先锋

积极打造党员先锋岗，车间党员人人佩戴党徽，强化党员身份意识，增强党员干部的自豪感和荣誉感，表明“我是党员，向我看齐”的态度，站排头、做示范、立标兵，营造比学赶超良好氛围。同时通过亮明党员身份，主动接受群众的监督，始终以党员的高标准严格要求自我，形成潜在的激励和

鞭策作用。在形式上亮明身份的同时，支部组织党员在行动上更要亮明身份。一是积极开展“共产党员工程”，结合大检修停工、检修、开工等不同阶段难点工作，攻坚克难，主动作为，哪里艰难去哪里，发挥党员的先锋模范作用。二是全力打造“党员示范岗”品牌。根据不同的岗位，创设党员先锋岗位，为党员干部搭建展示自己的特色平台，引导党员在各自的岗位和职责上，争做“操作先锋”“攻关先锋”“增效先锋”“培训先锋”“安全先锋”“监护先锋”，形成干事创业良好氛围。三是做强“党员责任区”。通过亮明党员身份补基层建设短板，将党小组与班组深度融合，以 5 个党小组为单位，划分为 5 个党员责任区，责任区内 2 个班组互帮互促，实现对标管理，达到党建与生产同频共振。支部每周二组织车间干部对“党员责任区”进行一次“拉练日”活动，干部拉练，把管理拉到现场，把问题暴露在眼前，成为提升车间管理的有效抓手，并在全厂范围内推广。在装置检修期间开展了“亮身份、晒业绩、比贡献，与检修同行”立功竞赛活动，党员干部“5+2”“白 + 黑”苦干实干，日夜奋战在检修现场，提前 5 天圆满完成检修任务。针对临时作业管理难度大的实际，车间为每名监护人员制作了监护胸牌，明确各种作业监护人员重点监护内容，确保各项安全措施有效落实，实现本质安全。并为车间管理人员制作了“旁站监督”胸卡，这一做法，在全厂范围内进行了推广。

（三）支部亮阵地，丰富载体增动力

一是扎实做好党建阵地建设工程。利用车间会议室建成“共产党员之家”，把车间办公楼内走廊改造成“党建知识长廊”，尤其是党建文化阵地，让员工在抬头间就能学到党建知识，耳濡目染间受到熏陶和感染，引导员工形成正确的价值导向，全力打造好党员的“一家一廊一阵地”，成为党员教育的重要活动载体。利用党建阵地，深入开展党员教育活动。二是深入开展素质提升工程。把提高党员的理论素养放在位置，强化政治理论学习，成立由 13 人组成的宣讲小组，把党课开办到岗位上，开办到生产一线，将党的理论与实践相结合，拓宽党课外延，在实践中践行党的新时代思想和十九大精神，在实践中凝练党的理论学习智慧，在生产间隙组织学习党的理论，通过制作课件，支部委员、技师、党小组长、业务骨干层层讲、班班讲，形成人人抓党建的良好格局。坚定理想信念之基，增强“四个意识”，坚定“四个自信”，自觉做到“两个维护”。三是全面开展技能提升工程。加强对员工操作技能培训，开展大练兵、大比武、评状元竞赛活动等沉浸式、体验式、互动式活动，营造技能比学赶超的良好氛围。开展先进党员自我讲述行为活动，让党员对标找差，知道自己干了啥，干得怎么样，与种子队的差距还有多大，以党的思想指导角色转化，围绕工作全流程，要当好巡视员（监护设备运行、巡检）、医生（准确判断异常情况原因、措施）、驾驶员（按照操作规程、工艺参数）、会计（降低能耗、班组核算），守好安全生命线。加强对员工技能的考核，制定考试计划，日前有 3 名员工通过考试由辅助厂流动到加三车间，营造了全员学技术的良好氛围。四是创新开展党员宣传教育工程。在支部内建立了微信群，号召广大党员关注集团公司和辽阳石化微信公众号、学习强国、党建信息化平台等学习阵地，通过新媒体对党员实施再教育，广大党员的政治素质进一步得到提升，明辨是非的能力进一步增强。

【效果意义】

1. 经济效益显著提高。在 200 万吨精制装置检修改造中开展了“亮身份、晒业绩、比贡献，与检修同行”立功竞赛活动中，同样的检修任务由 2015 年的 45 天缩短为 23 天，提前开车为公司多创效益 1000 多万元。充分发挥技术攻关的效益助推器作用，在历次检修改造中实现了“气不上天、油不落地、声不扰民、污水不外排”的绿色环保停工检修，践行了习近平总书记提出的金山银山不如绿水青山的思想，全年攻关项目 17 项，累计创效 5488 万元。

2. 基层战斗力显著增强。“加三”干部员工在各级领导的带领下，用实际行动践行“四个诠释”岗位实践活动，班子成员带领干部党员持续推进周二“干部拉练日”活动，用实际行动带动感染身边的群众，干部员工队伍精神饱满、士气高涨，凝聚起高质量发展的强大力量，为装置安全平稳运行保驾护航，为结束连续 12 年亏损的局面，让辽阳石化由僵尸企业成长为令习近平总书记夸赞的国企种子队贡献了“加三”力量。

3. 工作能力显著提升。通过不断加强员工素质培养，车间及员工取得多个骄人业绩。车间反应脱硫岗荣获全国青年安全生产示范岗称号、车间获 2016—2017 年度辽阳市五一奖状。裂化丙班获得 2018 年度辽阳市安康杯竞赛优胜班组称号，李涛家庭荣获辽宁省最美家庭称号，党支部被评为 2018 年辽宁省规范化党支部，荣获辽宁省五一奖状，集团公司宣传思想工作先进集体称号。90 设备高级工程师李楠同志在 2018 年集团公司设备专业大赛中获得个人铜牌，这也是他第二次在集团公司技能竞赛上取得奖牌。加氢裂化技能专家郑重同志作为助理教练，为我公司选手在集团公司炼化企业班组长大赛获得一金两银、团体第二名的优异成绩做出了突出贡献。郑重同志在技术和经验传授过程中毫无保留，积极承担集团级、企业级和车间级培训授课，参加了集团公司《加氢裂化装置操作工技能鉴定》修订和教材编写；参加了集团公司一线创新成果交流，做《加氢裂化装置原料油装置内循环操作法》推广交流等等工作，凭着丰富的工作经验及高超的技能，2018 年被评为辽阳石化“十大工匠”，集团公司“技能专家”。

【单位评价】

一流企业需要一流党建，一流党建引领一流企业。炼油厂加氢三车间党支部始终坚持融入中心抓党建，主动“三亮”，强化引领，不断增强班子的凝聚力、战斗力，不断提升基层党支部的引领力和组织力。如今，“三亮”基层党建实践经验已在全公司范围内推广。党委组织部专门制定了《深化基层党组织“三亮”建设活动方案》，以“三亮”即“干部亮承诺、党员亮身份、支部亮阵地”为主要内容，通过党员主题实践活动、为党员过政治生日、打造典型选树示范工程等活动载体，夯基础落责任，亮阵地抓特色，深融合见实效，努力实现党建工作系统化、基础管理标准化、支部建设特色化、党政融合实效化的工作目标，为深入实施党的建设工程、推动公司高质量发展、打造国有企业“种子队”贡献力量。

执笔人：黄朝晖　李玉玲

传承铁军精神　铸造品牌队伍

西部钻探工程有限公司

【背景介绍】

西部钻探工程有限公司井下作业公司压裂一分公司现有员工 738 人，一分公司下设 18 支压裂队、2 支连续油管队、1 支压裂录井队、1 支型砂车间、1 支砂罐队、1 支液罐队；拥有自有压裂车及连续油管车、连续输砂车、仪表车等配套压裂设备 229 台（套）。多年来，该公司始终秉承锐意进取、勇于挑战、勇于超越、攻坚克难的拼搏精神，征战戈壁荒漠，创造了一个又一个国内外施工纪录，被油田和勘探开发单位誉为“压裂铁军”，近几年，公司先后荣获 2018 年度全国“安康杯”竞赛安全文化宣传先进单位、自治区开发建设新疆奖状、2016—2017 年度自治区“安康杯”竞赛优胜集体、中国石油市场开发创新团体、中油油服精益管理先进单位等荣誉称号。先后获得西部钻探健康安全环保、QC 百日会战、设备管理、信息工作、工会工作、新闻宣传等各项先进荣誉。三项科技成果分获集团公司、西部钻探奖项，三个 QC 成果摘得集团公司及自治区奖项。

【具体措施】

1. 创新管理，提升综合竞争实力。按照实施强（主营业务强、竞争实力强）、精（精良装备、精干队伍、精细管理）、特（特色技术、特色文化），打造“西部第一、国内一流”的储层改造专业队伍发展战略，积极开展企业文化建设队站试点工作，培育了特色队站文化。压裂六队以“压出行动力，裂开油气层”为团队理念，实施岗前培训提素质、精细管理保生产、队务公开促和谐等具体措施，通过开展安全目视化管理，压裂现场模拟沙盘和电子沙盘培训、《员工手册》口袋本学习等活动，降低了压裂现场施工风险，提高了员工培训效果，增强了员工的向心力和认同感。压裂四队以“四队我的家”为团队理念，通过开展民汉结对子、岗位互帮互学、党员责任区等活动，增强了员工自主管理水平及队伍凝聚力和战斗力。

2. 突出特色，不断推进基层建设。围绕集团公司党建信息化建设和西部钻探标杆队创建工作，强化标准化党支部创建和“五型”班组创建，打造一流基层作业队伍。压裂队利用微信、QQ 等“新媒体”网络交流平台，向员工发送通知文件和学习资料，利用微信群开展微信党课学习，解决了压裂队点多、面广、员工和党员集中学习难等问题。为促进基层党组织建设，该公司建立以党支部为核心，以班组为单位，以班组所在的党员为基础，以党小组长（班长）为责任区负责人的党员责任区管理网络，做到季度有考核、半年有小结、年终有总结评比，并与群众谈心活动、民族团结结对子活动和党员示范岗评比挂钩考核。2016 年以来共 8 名党员、6 名书记、5 个党支部受到西部钻探表彰，2019 年压裂四队党支部收到集团公司先进基层党组织表彰。

3. “四化”工作，促进管理提速提效。通过推广标准化管理，制定规范化制度和操作规程，实现了全过程标准化管控；推行专业化服务，强化储层改造工程地质一体化服务能力，打造了专业化队伍；推进供水、供液、供砂、供油、泵注等自动化施工，实现高压管汇远程集中控制，柔性罐、缓冲罐自动控制，自动加砂应用推广，缓解了用工压力，提高了作业效率；推动信息化进程，建立压裂车组工况云采集和现场实时监控系统，提升了生产运行和安全管理效率，通过“四化”工作的集成应用，实现工厂化压裂施工由“人工控制”向“一体化智能控制”转变。实施“七提前、四同步、三共享”工作法，全面梳理作业流程，确保压裂产业链的工序衔接节点全面受控，大幅压减压裂准备和设备等停时间，推动水平井压裂全面提速。

4. 精细管理，夯实基础管理工作。牢牢把握储层改造业务发展机遇，坚持问题导向，通过实施着力打造全产业链技术优势、稳步提升生产组织效能、大力提升设备作业能力、强化代管合作稳固市场占有率、加快构建精干高效的人才队伍等五项措施，全力打造优势突出、效益卓越的压裂铁军队伍，提升压裂储层改造业务的核心竞争力。依托自治区创新工作室“亮点工作室”，积极鼓励青年员工发挥创新思想，进行小改小革、创新创效。公司“亮点工作室”的 QC 成果连续三年获得集团公司 QC 成果一等奖；员工自行研制应用的工厂化压裂设备辅助散热装置和连续油管配套循环罐，当年单个水平井工作面创效 36.75 万元，提高了工作效率，避免了环境污染，保障了入井工具安全。

5. 岗位练兵，促进员工成长成才。狠抓一线员工培训，做到理论与实践、目标与需求、集训与自训、内训与外训、资源与保障、软件与硬件的“六个结合”，并建立“有现场就有课堂、有队伍就有教师、有岗位就有教材”的“三位一体”基层培训体系，编写压裂业务岗位教材、培训课件、视频资料、动画材料和实训科目评分表，搭建压裂实训基地，投资 168.54 万元购买混砂车模拟操作仿真系统和大型压裂水平井现场施工流程沙盘等教学器材，并通过广泛开展岗位练兵、技术比武、技能竞赛、名师带徒、月度安全明星评比以及员工自主学习、个别指导、个案研究、专题探讨等活动及学习方式，为员工搭建一个成长成才的平台，提升青年员工和转岗员工实际操作技能水平。三年来，该公司累计获得集团公司荣誉个人 7 项、团体 2 项，西部钻探公司个人 23 项、团体 4 项。

【效果意义】

多年来，始终秉承“创精品工程，展铁军雄风”的服务理念，实现施工作业井次和产值收入翻了一番。玛湖 013 井、玛湖 014 井、JLHW261 井、JLHW244 井和 DHW4052 井压裂一体化总包水平井压裂施工后，获高产工业油流。JHW041、JHW042 致密油总包井压裂施工创造 4 项纪录，打造了“东疆速度”。MaHW1250 四井平台刷新中国陆上油田水平井和团公司水平井射孔桥塞联作套管压裂级数最高的纪录。CHHW019 井、CHHW022 井创造国内单日连续油管拖动压裂施工级数最多和单日最高施工级数纪录。FNHW4029 创造国内水平井射孔桥塞联作压裂单井单日施工级数最多、液量最大、加砂量最多 3 项历史纪录，该井各项施工参数达到国内领先水平，得到中油油服上级和油田公司多次书面表扬。通过优选施工井位、优化设计方案、细化组织环节、提升单级时效、强化资源保障、狠抓措施落实等工作方式，树立压裂提速标杆。

【单位评价】

井下作业公司压裂一队面对生产任务重、作业风险大、工作要求高、工艺流程复杂的实际，敢于解放思想、打破常规，勇于担当重任、攻坚克难，善于开拓创新、争创一流，在助力油田增储上产的进程中发挥了不可替代的作用。

执笔人：俞　蓉　张　平

发挥“云效应” 树起“一面旗”

湖北销售公司

【背景介绍】

在国企党建工作会议中，习近平总书记提出“企业发展到哪里，党的工作就要延伸到哪里”。在 2017 年，湖北销售公司（以下简称“湖北销售”）在营加油站近 800 座，库站一线党员 479 人，没有党员的加油站达到 458 座，库站党员缺口还比较大。但是，由于销售企业员工流动性大，加上近年来党员发展要求极为严格，尽管党员发展已经向基层库站倾斜，但短期内党员培育速度还是无法追赶网建开发速度。如何让党的工作延伸到那些没有党员的加油站，成为摆在湖北销售公司面前的一个重要课题。

从党员队伍现状看，加油站党员相对而言更敬业，有党员的油站比没有党员的油站发展得更好，而加油站党员通常也能起到示范带头作用，使党员的先锋模范作用在一线得到有效的发挥。既然党员在一线的作用如此重要，如果能够保证每个加油站都能有一个党员，是不是就能够有效推进党建工作向加油站延伸？

【具体措施】

湖北销售根据分公司实际，分三步走，将党的工作向所有加油站覆盖延伸。第一步试点起步：于 2017 年初在武汉分公司试点，提出“站站有党员”目标，结合党员分布情况将机关党员、大站党员和党支部委员作为一名“党代表”分配至无党员的加油站，开展联系服务工作，让党员作“代表”发挥带头作用，创造性地实现了“站站有党员”的工作要求。第二步总结推广：

经过阶段性的实践，“站站有党员”工作在武汉分公司取得明显效果，湖北销售及时对经验进行总结，并推广到所属各分公司党委，整体党建工作取得极大提升。第三步巩固提升：2018年开始，湖北销售在前期工作基础上继续巩固效果，开展党建“四大工程”，即加强两级党委主体责任的“主体工程”、发挥基层党组织战斗堡垒作用的“堡垒工程”、培养基层党支部书记的“党建带头人”和“业务带头人”的“双带头人工程”、发挥广大党员先锋模范作用的“先锋工程”，将“站站有党员”具体工作纳入“先锋工程”系统化推广管理，实现了党建工作在基层站点的全覆盖延伸。

“党代表”的主要工作内容包括五项，一是定期深入调研，掌握库站基层情况；二是宣传政策，加强员工思想教育；三是解决难题，为库站发展出谋划策；四是强化沟通，为基层员工办实事；五是督促检查，确保工作任务落实。同时，“党代表”要按照“5+X”完成工作任务，即组织一次宣讲培训、进行一次员工访谈、开展一次加油站诊断、实施一个“双培养”计划、提交一份书面报告，并结合自身岗位和加油站实际情况，在“五个一”基础上制定其他目标，比如开展一次廉洁谈话、组织一次文体活动等，形成“5+X”的工作成果。

1. 动之以“情”，做好员工思想教育。在党员联系站点帮扶过程中，党员通过定期开展宣讲培训与员工谈心，真正把员工的思想动态掌握到位，把员工冷暖放在心上。员工家里发生什么事？他上班心情怎样？他工作中遇到了什么问题？作为“党代表”了然于胸。在汉阳永信站，“党代表”彭辉通过谈心发现站经理张小胜工作积极主动，态度端正，有较好的服务群众的意愿，但是对党的认识有偏差。彭辉通过分享自身成长经历，拉近彼此距离，找到其思想症结。原来张小胜已经37岁了，知道公司每年入党名额有限，想着自己这么大岁数了，就默默当一名群众也挺好。彭辉积极在站内组织党的历史宣讲，同时找来宋庆龄三次申请入党，88岁高龄成功入党以及梅兰芳不搞特殊，历经9年成功递交入党请求的故事，以实际案例打消张小胜关于入党晚的疑虑，并通过微信和其保持沟通，鼓励张小胜积极向党组织靠拢。

党员通过其联系所在加油站开展思想教育工作，不仅能及时疏导员工思想困惑，提高员工思想道德素质，还能有针对性地开展理想信念教育，加强基层党建力量。2019年以来，仅武汉分公司就收到16名基层一线员工主动提报的入党申请书。

2. 鞭辟入“理”，诊断油站经营管理。围绕中心工作，有针对性地加强调研，发现诊断油站管理中存在的问题以及发展中需要解决的难题，为油站经营管理、营销政策制定提供思路和建议是加油站“党代表”的一项重要工作。截至目前，公司加油站“党代表”共收集整理油站的促销政策调整、硬件设施改造、油非上量等问题 389 条，有针对性地提供思路和建议 130 条。流芳大道加油站销量下滑，加油站管理部党员刘雨淇深入了解油站销量下滑原因后，协助站经理对周边油罐车赊销、运输等情况进行摸排，建议油站打包开发客户，发展直销业务应对社会站低价赊销的竞争压力；在文化路

加油站，党员吴亮观察分析油站现场秩序后，果断提出优化人员排班，提高车辆一次引导成功率，减少拥堵，保证车辆快进快出的“诊方”……通过“党代表”鞭辟入里的诊断分析，联系站点的油品销量有了明显增幅，很多“党代表”联系站点任务完成率超进度。

3. 授人以“法”，实施骨干“双培养”。为了发挥“传帮带”作用，“党代表”发挥业务线专长，充分挖掘培养油站可塑人才，推动联系站点员工成长为含金量高的“工匠”。在十里铺加油站的一幕，“党代表”刘虎耐心传授推销技能方法，发掘培养油站非油推销小能手；党员赵茜，瞄准福彩销售，从中奖率和中奖面的角度，指导帮扶联系站点员工对表现出购买意愿的客户重点推荐不同面额的彩票，成功点燃员工开口营销热情；陈家墩加油站挂点帮扶的“党代表”是机关非油岗位李岚，她利用业务专长，指导加油站便利店主管提升现场推头形象、更换非油新品 62 种。

【效果意义】

“站站有党员”工作推进以来，湖北销售党建“四大工程”建设在基层有了触角，加油站的党建工作有了依托，而党员深入加油站开展联系服务工作，也让无党员库站员工切身感受到了党员示范带头作用，在他们身边树立了“一面旗”，加油站员工评价“党代表”不仅是他们政治上的“主心骨”，更是经营上的“领路人”。

【单位评价】

目前，开展“站站有党员”工作已成为湖北销售党的基层建设的有效抓手，通过党员的带动作用，带领大家变被动等事为主动干事，工作激情明显增强，很多员工从“等、靠、要、推、拖”的懈怠状态中转变出来。同时，公司广大党员变无处发力为有的放矢，先锋模范作用得到充分发挥。通过实施“站站有党员”工作机制，党员自主明确了职责和任务，激发了内在动力，党员人人有任务，个个讲奉献，带领广大员工在解决公司发展瓶颈和经营管理难点问题上发挥了巨大作用。

执笔人：栾洪波　苏艳春　蔺子建　郭志兴　杜　鸿

“小马六式”强化海外党组织作用发挥

管道局工程有限公司

【背景介绍】

管道局马季努恩外输气管道项目部（简称小马）近年来连续执行了三个项目，项目逐渐确定了定位和项目涉及生产、市场、人才培养等三方面的长期目标。但如何实现项目目标？小马的特色是什么？小马要往什么方向走？小马成员的愿景是什么？哪些核心价值对于小马最重要？结合这些思考，党支部书记带领全体党员展开了一次大讨论，每个人都谈了自己的切身体会以及想法，为项目以及团队的发展方向献计献策，同时也提出了个人的需求和预期。在此基础上，党支部对于每一个成员的意见进行了整合与提炼，并多次讨论和完善，“小马六式”党建法应运而生。

【具体措施】

1. 小马第一式，“小马训练营”主题活动。小马党支部秉持内化于心，外化于行的学习方法，将学习型党组织成员扩大到全员，开展了“小马训练营”主题活动，开设小马课堂，累计开展各种培训 114 期，培训内容涵盖商务礼仪、施工生产、合同谈判、办公写作、安全质量、阿拉伯语等内容；举办了职业化主题培训、职业化隽语征集、找碴与奖励等活动；开展了“高师带徒 薪火相传”师徒结对活动，为项目部中 14 名青年员工选配师父，签订师徒协议，每季度反馈培养情况。小马党支部以严实的作风提高项目员工职业化素养和水平。

2. 小马第二式，“小马青年说”主题活动。青年是企业可持续发展的未来和希望，面对项目 70% 以上都是青年员工的实际，党支部特意为青年员工创造各种“说”的平台和机会，促进青年员工快速成长，先后举办了“小马青年说演讲”“小马三点钟分享”“小马成长故事”座谈会、岗位讲述、“我在故宫修文物”读后感、“弘扬八三精神”主题征文等活动，展示项目青年员工积极进取的精神风貌。

3. 小马第三式，“小马在一线”主题活动。在项目实施过程中，面对卡钻、阻工等困难，党支部开展了“我是党员，我在一线”活动，12 名党员同志主动站出来，日日夜夜坚守在施工一线，直到克服所有困难；此外，党支部还开展每季度评比“党员先锋示范岗”、党员承诺践诺、党员轮流讲党课等活动，时刻提醒广大党员要牢记党员的标准，激发党员干部攻坚克难、勇于争先的担当精神。

4. 小马第四式，“小马带工团”主题活动。小马党支部坚持党建带团建促工建，指导帮助建立完善工团组织机构和制度，成立小马志愿者，积极承担社会责任，开展了“衣旧情深、让爱暖冬”志愿者爱心捐赠活动；每年举办春节联欢会、趣味游戏等工团活动，丰富员工业余生活的同时，通过工团活动充分展现了小马人的团结协作精神。

5. 小马第五式，“小马党建 +”主题活动。将项目管理的手段和方法引入基层党建工作，形成以“生产为依托，党建为纽带”的党建项目化管理手

段。小马党支部在总结以往经验的基础上，摸索出一套具有青春气息的“党建+”模式，提出“党建+生产经营、市场开发、品牌文化”。生产经营方面，优质高效提前完成所有施工任务，穿越回拖一次合格率100%，焊接合格率98.78%，采办包100% FAT全覆盖检验，工程一次验收合格率100%，获得业主高度评价。市场开发方面，小马团队用优质的履约作为市场开发的通行证，并定期与业主相关人员沟通，了解市场信息，当极端组织ISIS占领摩苏尔并攻打到距巴格达50千米的地方，党支部书记带领党员骨干依然坚守在巴格达和业主进行艰苦市场开发谈判。品牌文化方面，积极推广中国文化，每逢中国佳节，SCOP业主都会给项目部送来节日问候；推广宝石花和管道局品牌，促成了管道局与SCOP结成姊妹公司；总结推广“小马六式”工作法，在管道局打造了小马品牌。

6. 小马第六式，“小马之家”主题活动。在美索不达米亚平原上有一个幸福温馨的营地，它的名字叫“小马之家”。在幸福的“小马之家”，发生了很多幸福的事，“小马杯篮球赛”“小马杯足球赛”“舌尖上的小马”等娱乐活动为“小马人”带来了幸福快乐，“小马之家”主题活动也成为管道局海外创建幸福企业的典范。对小马项目来说，创建幸福企业不仅仅是让员工幸福，还要让员工家属幸福，党支部积极创建了沟通员工家属的“两河微宣”公众号，基本做到每周至少更新两期内容，让团队成员的家人们能够及时了解项目动态，让牵挂儿女的父母们安心也为孩子骄傲，把小马成员的家人们也都融入了进来，形成一个不是亲人却逾越亲情的大家庭。

【效果意义】

五年来，小马项目团队在伊拉克先后执行了 4 个项目，11 条定向钻穿越施工，共实现收入 60743.72 万人民币，利润 7480 万人民币，实施的每个项目均超额完成利润指标。同时，大力推动民族品牌，项目工程材料 60% 为中国制造。

坚持党的领导、加强党的建设是我国国有企业的独特优势。在海外，面对着复杂的政治、经济、文化环境，加强党建工作显得更为重要。“小马六式”工作法的实施，创新了海外党建工作的方法和内容，有效促进了党组织作用的发挥，为项目生产经营工作提供了坚强的政治保证和思想保证。

【单位评价】

“小马六式”工作法是管道局基于海外项目和党建工作的特点，探索出的一套科学有效的海外项目党建工作方法。在海外业务发展过程中，该方法在提升经济效益、推广企业品牌、推动市场开发、促进员工成长、优化团队建设、创建幸福企业等方面发挥了重要作用，为企业海外项目党建工作模式的创新和发展树立了榜样，提供了新思路。

执笔人：王　鹏　李　敬　尧　斌

班组绩效管理信息系统
促标准化建设再上新台阶

大港石化公司

【背景介绍】

自集团公司2015年提出基层站队HSE标准化建设工作以来，大港石化公司第一联合车间作为试点装置，始终积极开展车间软实力提升以及现场硬件设施改进。为促进基层HSE工作与日常生产作业活动相结合，推动各个专业管理标准化、规范化，车间开发了班组绩效管理信息系统，并不断优化系统运行，旨在搭建基层建设一体化平台，提升管理效率，全面实现HSE标准化建设。

【具体措施】

为促进日常管理精细化，第一联合车间依托“班组绩效管理信息系统”；强化“三个重点”，即强化装置缺陷管理、强化操作调整确认、强化员工绩效监测；突出“一个抓手”，即以突出结果应用为抓手，要求日事日毕，调动全员积极参与，形成人人争创标准示范岗的良好氛围，使车间实现了日常办公电子化、绩效考核透明化、履职尽责可视化、交流沟通便捷化、技术资源全员化。

1. 日常办公电子化。系统设置了“党建工作”“车间公告”等栏目，车间实时上传各项会议学习材料、通知等，便于员工随时学习查阅，及时将会议精神传达到每一位员工，落实到岗位，转化为党员和员工的实际行动。同时，系统中还设有“工会活动”“班组天地”栏目，便于班组间相互交流，解决了工作时间分散不便沟通的难题，也丰富了班组活动内容。自系统运行以来，车间共上传会议学习等资料 100 余篇，班组开展学习十九大等活动 200 余次。

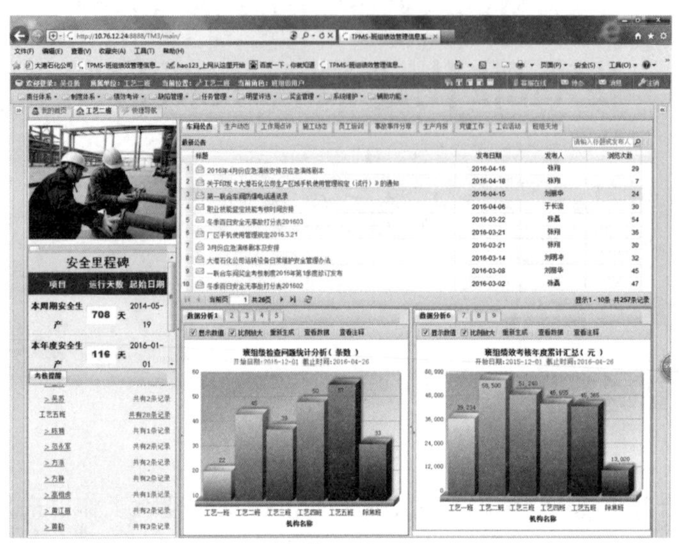

2. 绩效考核透明化。一是考核依据可追溯。系统中设置了员工工作考核和奖金查询功能，员工登录自己的账号随时对检查上报的隐患问题、改进建议采纳情况的奖金考核、问题整改等情况进行查询，促进了激励导向作用的发挥。二是业绩评比透明化。系统增设了班组绩效、HSE 积分考核月度、年度累计汇总，为班组的工作质量、安全行为绩效考评提供了依据，以绩效结果应用促进标准化工作改进。

3. 履职尽责可视化。系统中将车间及班组检查问题、生产指令执行情况、操作任务完成情况等项目，逐一制作成柱状图进行分析，重点抓好现场问题的整改闭环、班组对操作任务、生产指令的操作调整确认，通过汇总车间生产指令、识别四级操作变动明细，进行风险控制措施的识别，固化至操作系统等手段，提高工作效率、便于风险管控。据统计，截至 2017 年 10 月，班组生产指令执行 289 次、操作任务执行 396 次，以任务代办信息、考核信息提醒的方式，促进检查改进和结果应用，督促全员履职尽责。

4. 交流沟通便捷化。一是精细化管理。系统设置了工作指令下达功能，车间日常生产指令、操作任务采用线上下达、提醒接收的方式，使沟通高效、便捷，并将班组日常工作合理分配、有效量化，使班组管理趋于精细化，促进了车间管理的规范化。二是反馈时间缩短。岗位员工可以随时申报合理化建议，专业负责人接到消息提醒后“认领”问题，及时向员工反馈整改进展情况。

5. 技术资源全员化。车间管理技术人员将日常生产月报、周总结、培训课件、应急管理、施工动态等内容及时上传到管理系统，实时更新，为干部员工进行技术数据查询、培训知识学习讨论、作业风险控制提供了便利，也使车间技术资料等资源实现了全员共享。自系统运行以来，技术人员共上传月报、周总结、事故案例等学习资料 700 余篇。

【效果意义】

“班组绩效管理信息系统”为车间日常管理工作提供了新平台，既扎实了基础建设，又创新了管理平台。经过系统的改进完善，车间精细化管理工作得到了显著提升。该系统运行近两年时间，共征集合理化建议 447 项，收集员工问题 3714 条，完成绩效考核 30 余万元，评选车间安全明星 97 人，评选月度先进班组 22 次，促使车间标准化建设工作又上新台阶。

【单位评价】

“班组绩效管理信息系统”在第一联合车间运行使用后，基层班组管理水平显著提升。目前，此系统已在公司范围内推广应用，经过不断优化改进，均取得了良好效果，公司精细化管理又向前迈进了一步。

执笔人：刘丽华　韩　晶　宋文星　吴　萌

一精+多专夯实基本功
会干+能说展示新形象

宝鸡石油机械有限责任公司

【背景介绍】

宝鸡石油机械有限责任公司钻机分公司钻机组装工区，是石油钻机组装试验的集成配套基地，是石油钻探设备出厂的最后一道工序，现有员工 246 人，其中钻机试验工 153 人，党员 64 人。为适应公司“制造 + 服务”转型升级和精益管理的深入推进，钻机分公司钻机组装工区不断强化钻机试验工的文化素养和技能提升，扎实开展差异化矩阵培训，广泛开展劳动竞赛和岗位练兵，培养和鼓励一精多专型人才，鼓励员工不仅要会干，还要能说，逐渐转变员工工作观念，改变工作习惯，提高综合素养，全面提升员工队伍在钻机组装调试、维修服务等方面的能力，为公司奋力开创高质量发展新局面提供了坚实的支撑。

【具体措施】

（一）聚焦“一”与“多”，找准方向夯实基本功

“一”，即以钻机组装调试为核心的钻机试验工基本技能；“多”，即组装调试所需配合的电焊、电工、起重、登高、特种车辆等多工种技能。

勤练组装试验基本功。钻机组装工区精心策划和定期组织开展了 6 期钻机组装试验系统培训班，每班持续一个月，夯实全员基本功。培训班以单元部件的工作原理、组装调试流程、关键装配工艺为主，面向全员、分批次推

进培训授课，充分利用井场现有配套件资源，干什么讲什么，以“课堂＋现场”的培训方式，突出现场钻机各类故障诊断排除，提升员工解决实际问题的能力和服务水平。技术专业课请研究院技术骨干担任专业讲师，加入零件测绘专题课，提高员工理论和实操水平，努力建设一支技能型、知识型、创新型和服务型的人才队伍。

提高核心调试技能。强化新工艺新技术新产品的培训，在沙漠快速移运钻机、低温钻机、海洋模块化钻机、管柱处理系统等新产品项目实施过程中，组织研究院设计人员和工艺人员对班组进行集中培训交底，梳理和理顺同类钻机的结构形式、核心工作原理和性能、关键工艺以及常见故障排除方法，丰富员工的专业认识，提高理论知识水平和操作技能水平。

培养多项特殊技能。一是开展石油外语专业词汇实用交流课，不断提高员工英语运用能力，使员工能用基本的商旅英语应对出差服务，能与外方监理进行沟通交流。二是组织焊接、起重、叉车、登高作业、司钻、低压电工等专岗培训，让员工学习非专业特长领域内的特种作业技能，使员工除了会钻机组装调试，还能身兼多职进行作业。三是鼓励员工自学大专、本科，注重文化素养和理论知识的综合提升。

建设综合性集成服务队伍。一是成立专业的调试组、配套组和服务队，逐步破除蜂拥而上，只知道拼命干活的传统思想和方法，从科学化、规范化、专业化入手，逐步适应监理和外方人员的习惯和要求，加强调试完工自测，提高一次报检合格率，提升配套效率，不断缩短钻机组装、起升和联调周期，推进“以总装试验为主向以调试服务为主”的转型升级。二是培养自己的整改队伍和清洗补漆队伍，主动承担配套单位不易解决的“急、难、烦、重”任务，抽调专人加强清洗补漆和包装发运，在遇到生产瓶颈时能够拉出一支队伍快速出击，逐个击破。

（二）造就“精”与“专”，明确目标提升基本功

组织引导集体学。一是充分发挥党员先锋模范带头作用，党员带头进行日常技能和专业知识学习，每季度在成果分享会上带头分享学习成果。二是大力弘扬工匠精神、劳模精神，评先选优树典型。通过表彰和宣传先进事迹，用“劳模”“先进个人”和“青年岗位能手”等先进典型引领激励广大员工比、学、赶、超的热情。三是推行标准化作业，录制标准化作业视频，将钻机的组装、起升、调试和拆除全过程进行细化，拆解作业步骤并明确动作要领、标准，去除多余动作、不规范动作，让员工学会精准化作业，专业化施工。

员工求精主动学。干一行精一行，调查摸底员工培训需求和技能学习需求，组织开展多个专项培训，邀请钻机仪表、柴油机、电控单元等配套厂家的专家进行技能培训，安排员工深入这些配套设备的安装调试，学习配套厂家的“独门绝技”，让员工学习主机以外配套产品装配调试专业技能。在公司管柱自动化钻机、海洋勘察船等新产品项目实施中，多数员工主动要求操作练习，熟悉公司转型新产品的新工艺，各班组有意安排员工穿插操练，培养更多双司钻，同时让员工掌握电路、复杂气路和全液压装备的工作原理和故障排除方法，培养液气电业务尖子，为公司产品转型升级做好人才储备。

互动研讨共享学。一是广泛开展岗位练兵，鼓舞员工学技能，练本领，上水平，亮实力。利用教学钻机组织员工岗位练兵和技能竞赛，着重钻机气、液、电等关键技术操作技能的比拼，非常规产品吊运、设备故障排除等技能的比拼，找出员工各自在操作技能和专业水平方面的差距，亮出实力，练出水平，广大员工在现场还能互相交流探讨，学习先进的作业方法和“绝招”。二是组织员工将自己会干、精通的技能和方法进行总结沉淀，提炼各班组在钻机组装、设备调试维修、故障排查等方面的成功经验和成果，组织人员编撰学习教材，动员大家在每月的学习会上学习这些成果，再用理论指导实践。

（三）激励“干”与“说”，打造尖军展示新形象

强化培训效果考核激励。一是改进考核方式，在每班结课前由讲师划重点、集中答疑，结课后立即笔试、口答，检验员工的总结、表述能力。二是将培训考核与员工绩效兑现有效挂钩，形成正确的培训导向，避免一些培训考核流于形式，不能真正考验出水平和培训效果。三是对比分析考核结果，实时掌握员工真正所学和实实在在的欠缺之处，有的放矢地改进培训授课内容。

强化岗位业绩考核激励。一是鼓励员工多取证，对一精多专、一岗多证的人才实行专项奖励，对能说会干、善总结乐分享的员工重点培养和表彰奖励。二是鼓励员工踊跃参加群众性质量管理活动，大力开展 QC 改进和攻关，对年度改进项目设定考核目标并组织指导和分阶段验收，对各班组自行开展的 15 项小改小革进行评比和嘉奖，进一步激励员工的工作创新性。三是根据不同的岗位和实际工作的内容，设定不同的考核指标，将抽象的工作量化，不能量化的进行深化、细化，以“量化”的方式对各岗位人员的安全技能、质量水平、生产任务完成情况等各项指标进行考核，逐渐改进员工的工作方法、技能水平。

【效果意义】

1. 员工学习氛围浓厚，成果丰硕。钻机组装工区组织员工自行编撰了《钻机组装试验教材》《商旅英语汇编》《石油钻井机械专用词汇》中英文版、中英葡文版、中英俄文版等共 11 本书籍，汇聚了员工专业知识学习及语言学习的丰硕成果。

2. 员工操作技能和水平持续提升。全工区超过 55% 的钻机试验工能够

身兼两职进行特种作业，32 人持有 3 种以上特种作业证；近三年赴国外钻机售后服务 540 人次，能跟外方用英语交流开展工作，广大员工不仅会干，还能说。

3. 队伍战斗力和综合素养显著提高。工区通过了集团公司第一批 HSE 标准化基层站队验收，连年被评为公司先进单位，各班组多次荣获集团公司质量信得过班组、陕西省青年安全生产示范岗、公司五星级班组，宝鸡市青年文明号、青年突击队等殊荣，“集团公司 HSE 先进个人”、公司“劳动模范”和“先进个人”、宝鸡市“青年岗位能手”等先进典范在宝石机械公司名列前茅。

4. 产品质量和用户满意度稳步增长。NDC、管柱处理系统、勘察船、中曼、20B 大修、30DBF 等重点项目高效完成，试验报检一次通过率大幅提高，生产作业活动中因员工操作不当造成的产品损失和质量事件杜绝，配焊、补漆和包装水平逐年提高，进一步保证了产品的质量和交货期，提升了用户满意率。

【单位评价】

宝鸡石油机械有限责任公司钻机分公司钻机组装工区一直重视员工队伍建设，重视培育一岗多能、一精多专型复合人才，员工队伍积累了丰富的安装调试经验，钻机组装试验技能成熟、专业，同时对外输送了大批专业技术人才和服务人才。通过大力开展专项培训和岗位练兵，不断深化技术创新，推进标准化作业，员工现场作业更加规范，全员安全质量意识持续提高，打造出了一支快捷高效、娴熟干练、全面多能的组装调试队伍。

执笔人：雷防卫　曹永强　杨　里　黎善猛

确立规矩规范　坚守公平公正
在改革进程中高举企业人文旗帜

渤海石油装备制造有限公司

【背景介绍】

渤海石油装备制造有限公司是国资委确定的“双百行动”综合改革试点单位，改革涉及企业的体制机制再造和方方面面的适应性调整，涉及企业长远发展和干部员工的切身利益，事关重大。在企业改革中，因组织机构调整所导致的岗位竞聘和人员分流安置工作是决定改革成败的重点难点。

2018 年，渤海石油装备制造有限公司在对所辖一家二级企业实施改革重组过程中，经受了一次前所未有的挑战。这次改革，原企业整体关闭，1490 名员工竞争新单位的 340 个工作岗位，岗位竞聘的组织承受巨大压力；这次改革，1150 名员工将要面对新的职业选择，实现在本地区上岗，用工空间非常有限，分流安置工作承受巨大压力；这次改革，必将有相当数量的员工“走出去”，后续管理工作承受巨大压力；这次改革，原企业向新单位转型，在手市场工作量不得停顿，生产、安全、质量、稳定等各种管理承受巨大压力。从装备制造企业多年来的改革情况来看，广大员工经历了从油田公司分离分立的改革痛苦，经历了连续多年企业亏损导致收入大幅度降低的痛苦，这次改革所引发的剧痛，在一定程度上影响到公司大局的和谐稳定和公司整体的持续发展。

【具体措施】

（一）以更高的政治站位，站稳员工根本立场，实施改革方案顶层设计

涉及人员调整的改革，就是要通过大家共同遵守的程序规范，把最具有岗位素质能力的员工选拔出来，择优上岗，同时把富余人员合理显现出来，引导员工到其他适合的岗位上去。本次改革，员工在新单位的岗位竞聘是核心关注，竞聘的过程和结果，务必经受住历史和所有员工的拷问。公司党委多次专题研究，把握住了顶层设计的科学性。

首先是成立工作组，选优配强人员，建立公司与改革单位的紧密联系和日常决策的平台机构，专项负责岗位竞聘和人员分流安置工作，确保工作方案推进中的公平正义、安全平稳。

其次是全面分析研判改革的利益攸关方，把队伍稳定作为工作举措，更作为改革目标加以系统管理，从顶层设计入手，从每个具体方案的编制做起，建立起岗位竞聘和人员分流安置工作的整体程序、单项程序和具体操作标准，并以文件加以固化，为改革的宣传发动和推进落实提供依据。

三是落实改革风险评估前置程序，按照对计划事项实施“情景构建”“沙盘推演”，对设定的逐个计划事项按照“事前、事中、事后”程序，把握“时间、地点、人群、事件、方式”五要素，一一对应地开展“模拟预演”，从中识别出所有主要的稳定风险，制定可以采取的风险消减措施，不断优化岗位竞聘和人员分流安置工作方案。

（二）以更大的政治担当，保障员工根本利益，推进改革方案落实落地

改革推进中，对相关单位、部门和所有人员严肃政治、财经、劳动、保密四项纪律，严守安全、稳定、廉洁、合规四条底线，明确“三从”“四要素”工作原则，即：从我、从现在、从每件具体工作做起，在人人、事事、时时、处处上体现合规管理要求，形成了系统策划、反复推演、审慎推进、超常攻坚的工作机制。

首先，在确保稳定上取得成效。探索出了严格执行“八不推进”，全面落

实“八级维稳责任”（略）和“六项维稳措施”的系统方法，确保改革全过程“不让任何一名员工过不去”“不让任何一名员工走向组织的对立面”，获得了好于预期的改革过程维稳工作成效。

“八不推进”：工作方案不系统不推进；风险识别不全面不推进；控制措施不具体不推进；重点风险未消除不推进；合规事项未评估不推进；突发问题无预案不推进；应急预案未推演不推进；时间节点不适宜不推进。

“六项维稳措施”：运用民主程序消减稳定风险；运用内外资源形成稳控氛围；运用多条通道掌控舆情动态；运用逐级答疑善待来访员工；运用宣讲培训持续组织员工；运用非常举措解决突出问题。

其次，在推进岗位竞聘上取得成效。按照破与立、难与易、先与后、总与分的本质逻辑关系，统筹协调资源，分多个阶段部署实施内部竞聘工作；分层采取运行计划日报、周会、运行大表等管理工具，强化内外协调、请示预警、转段把握等工作机制的建立与运行，实现了岗位竞聘的阶段化目标，保证了总体竞聘工作的平稳完成。

竞聘上岗员工在新岗位展现良好工作风貌

通过不断修订完善每阶段竞聘的“规定动作”，强化细节执行的规范性（26 个步骤）——研究方案→起草公告→会议评定→发布公告→报名通知→报名汇总→制定维稳责任制→制作竞聘试题库→确定竞聘时间→协调内外部监督→协调内外部安保→管理层会议→参聘人员会议→评委产生→带队人确定→现场布置→顺序抽签→逐个答辩→评分统计→评分公布→宣布拟聘人→公示拟聘人→受理公示意见→获聘人员上岗→落聘人员安抚→归编信息维护。

形成可供借鉴的竞聘工作操作规范：一是竞聘程序须经民主程序确定并公布；二是竞聘通知须告知可能参聘的每个人；三是按竞聘报名情况下达包保责任清单；四是制作竞聘岗位知识题库并严格保密；五是对参聘人和责任领导宣讲竞聘规则；六是选择面试评委并强调竞聘纪律要求；七是组织工作人员和监督人员现场推演；八是落实竞聘安保方案及应急处置预案；九是落实各级责任人竞聘现场协调职能；十是落实竞聘人员善后疏导及下步意向。

第三，在人员分流安置上取得成效。始终坚持用改革发展动力带动员工，将改革发展成果惠及员工，全力组织实施局内外各种招聘，开渠引水、干部带头、党员先行、典型引路、疏堵结合、循序渐进，持续构建人员分流安置“六项长效机制”，即：一是舆论宣传引导长效机制；二是内部优化补充长效机制；三是定向培训转岗长效机制；四是畅通外部渠道长效机制；五是关爱困难员工长效机制；六是维稳应急处置长效机制。

组织转岗员工培训班

以上机制的建立运行，对平稳高效实施人员分流安置工作，达成改革最终目标起到了基础保障作用。

（三）弘扬石油精神，满足员工根本需求，注入企业改革的人文情怀

从一定意义上讲，改革意味着奉献和牺牲。参与改革的所有人都是助推企业历史发展的践行者。因此，要把改革的内生动力挖掘出来，就要大力弘

扬石油精神。

首先，各级领导坚定使命必达的改革初心，带头融入一线、靠前协调，将改革方案的原则性与工作措施的适应性有机结合，强化对改革方案的规范宣贯，采取宣传提纲、新闻通稿、会议宣讲、座谈讨论等形式与手段，全面讲、分层讲、重点讲、反复讲，对关键问题还要一对一讲，让干部员工充分了解政策、转变择业观念，理解参与支持改革。

其次，各级领导坚持将公平公正原则贯彻于改革全过程，把内外部用工需求信息及时解读好、宣传好、引导好，把竞聘工作组织协调到位、跟踪落实到位、善后处置到位，用细致周到的服务，树立员工对组织的信任感、公平感，帮助员工判断形势需求、认清自身条件，珍惜每一个用工机会，最大限度引导员工走上最适合自己的岗位。

第三，各级领导坚持把人民立场和石油情节引入改革过程中，牢固树立“为历史负责，更为未来负责；为企业负责，更为员工负责”的历史观，为全员谋出路，为企业谋发展，以全心全意为人民服务的公仆标准，以最大的工作耐心与思想定力，教育引导员工，培训帮促员工，服务保障员工，让党的形象更加鲜明，让组织的力量更加彰显。

第四，各级组织坚持强化政策引领，对各种群体明确组织、负责人和管理要求，建立与保持正常的工作秩序，尤其加强对未上岗人员的组织化、长期化、动态化管理，立足当前，面向未来，全程营建机会公平、政策连续、有情管理的管理生态；就相关政策修订变化对分流安置工作的影响加强研究与引导，坚决防止分流安置成果失效，稳定改革发展大局。

第五，各级组织坚持挖掘改革过程中的先进典型，加强事迹宣传和经验交流，让那些主动让出工作岗位、主动带队走出去创业的干部员工心理有归宿、家人有关照、未来有盼头。

为“走出去”员工加油鼓劲解除后顾之忧

【效果意义】

面对繁重的“双百行动”综合改革任务，公司党委切实发挥领导核心和政治核心作用，坚决落实“把方向、管大局、保落实”的责任使命，不断强化对两级党委在改革中“规定动作”的研究实施。本次改革所形成的一系列工作举措，取得了理想效果，在根本上得益于工作举措时刻靠实员工立场、员工利益和员工需求，确保了改革在“规矩规范”“公正公平”的机制下和以员工为中心的“人文情怀”中运行，为公司系统推进下步改革提供了经验。

【单位评价】

不同企业的基础与实际不一样，很难找到一种固定有效的改革推进方式，尤其在改革方案的具体实施中，还会有大量的需要体现“规矩规范”“公正公平”的环节，还会有不可预见的情况需要按“人文情怀”去实施。万变不离其宗，我们坚信，只要我们在政治上站稳员工根本立场、保障员工根本利益、满足员工根本需求，加强顶层设计和过程掌控，认真研究应用改革进程中的相应对策，改革的初衷就一定会实现。

执笔人：赵红超　王　威　董彦坤　刘　建　晋永琦

弘扬光荣传统　勇担引领职责
让红旗在降本增效活动中高高飘扬

辽河油田公司

【背景介绍】

沈阳采油厂采油作业一区是该厂组建时间最早、原油凝固点最高、日常管理难度最大的油气生产单位，2003 年曾荣获集团公司“百面红旗单位”称号。近年来，面对新井产能接替不足、老井稳产基础薄弱、日常管理难度加大、成本指标逐年压实、国际油价依然处于“寒冬”期的不利情况，作业区坚持扛红旗、站排头，立足当示范、做引领，突出抓好“保落实”“抓落实”“促落实”三个环节，广泛深入地开展了节约挖潜、降本增效活动，两年来，作业区累计超产原油 2.2 万吨，节余成本 156 万元。

【具体措施】

（一）快起步、保落实，在高起点开局上高扬“红旗”

一是推行“五个一”工作机制。该作业区结合生产经营实际，积极采取“一本账、一张表、一间房、一货架、一宣讲”工作机制，即建立一本台账，做实员工节约挖潜创效工作量，保证台账与实物相一致；规范一张效益对照表，对标核算员工创效价值，保证创效价值的真实准确性；设立一个维修间，为员工修旧利废提供场地；搭建一个货物堆放架，将回收的小件旧物及修好的物品分类整齐堆放在货物架；开展一次宣讲活动，作业区分 6 路到基层联系点进行宣讲，指导员工如何自主寻找节约挖潜、降本增效项目。

二是推行“工位承包”机制。根据工作量大小，将井站生产区域、生活区域划分为 15 ~ 20 个工位，采取“一人一位”“一人多位”等方式，分别承包给井站员工，重点设备、重要流程、高产难管理油水井承包给井站长及党员骨干。承包人负责油井产量变化分析、挖潜创效等工作。通过工位承包，细化工作到岗位，明确责任到个人，做到了千斤重担众人挑、人人肩上有指标、项项工作有落实。

三是推行机关基层“双管双责”机制。作业区机关五个职能组联系五个基层队十六座井站，同时负责，连带互保。机关干部坚持每周到联系井站进行一次指导，出谋划策，建言献计，解决了困扰基层员工为什么做、做什么、怎么做的问题，增强了基层员工立足岗位搞挖潜、精细管理创效益的信心和决心。两年多来，机关干部共深入基层井站 1244 人次，提出建议 403 条，帮助基层解决实际问题 1326 个。

（二）深挖潜、抓落实，在高标准推进上高扬“红旗”

一是拨响节约挖潜的“金算盘”。大力倡导人人争当“理财小管家”，广泛开展“四算账两寻找”活动，即员工个人算账、相互找碴算账、集中讨论算账、领导帮助算账，对比成本指标寻找“潜力点”，分析成本构成寻找“止血点”，积极引导全区员工算细账、细算账，杜绝了班组成本控制过程中的“跑冒滴漏”现象。认真开展“淘金行动”，从修复使用一把拖布、一张桌子、一个水龙头做起，从废旧物资中“淘金”，降低班组成本支出。两年多来，通过修复使用掺水表、电机等累计创效 120.5 万元。4 号站充分发挥技术能手作用，成立了电机维修班，对全区故障电机进行维修，年节约外委费用近 24 万元，维修班班长高宏库荣获油田公司“节约之星”称号。

二是推出创新创效的“金硕果”。作业区成立职工技术创新工作组，管理副区长任技术指导，总体协调解决场地设备、人员配置、选题立项、试验推广等工作。技术创新团队紧紧围绕安全生产、经营管理等重点、难点问题，广泛开展技术创新，坚持做到“三不”，即不超越采油业务搞创新、不超越自身能力搞创新、不超越客观实际搞创新。两年多来，共完成技术创新成果10余项，累计创效316万元。

三是提炼生产经营的“金点子”。广泛开展“一区发展我出力，我为一区献一计”合理化建议征集活动，探索实践“三定一推”工作法，即定方向，紧紧围绕作业区安全生产、经营管理等重点工作，广提合理化建议；定人员，基层队干部、机关组长、井站长、技师、高级技师要带头提合理化建议；定质量，所提合理化建议必须具有操作性、实用性和实效性，切实能够解决作业区生产问题、发展难题；推选“金点子”，推选好的合理化建议，参加沈阳采油厂“金点子”评选活动。两年多来，共征集到合理化建议652条，采纳实施518条，创效426万元。

四是练就发现隐患的“金眼睛”。充分发挥作业区首席安全监督员、安全监督岗和安全监督哨的作用，积极引导他们当好安全监督“三大员”，即当好“监督员”，履行安全监督职责，及时叫停违章行为；当好“宣传员”，讲好安全“故事”，分享典型事故案例；当好“引导员”，示范安全操作行为，引导员工树立“我要安全”“我会安全”“我能安全”理念。两年多来，共发现安全隐患178件，安全宣讲526人次，安全经验分享案例52个，避免经济损失188万元。

（三）聚合力、促落实，在高效率运行上高扬“红旗”

一是采取“五晾晒”释放新活力。会议通报晾晒，利用“每周一会”之机通报挖潜创效情况，总结经验做法，指出差距不足，明确方向目标；井站台账晾晒，井站长将员工挖潜创效情况一一记录在台账上，有挖潜时间、挖潜项目、实施人、创效价值、认证人，记录清晰准确，结果一目了然；微信分享晾晒，通过微信分享挖潜创效成果，并附上“潜力就在你身边”“原来挖潜创效就这么简单”等温馨标注，对自己是一种鼓励，对他人也是一种触动；现场观摩晾晒，定期组织部分井站长到挖潜创效较好的井站进行现场观摩，实物演示挖潜创效实施过程；旧物资源晾晒，将回收的旧闸门、旧管线等大件物品在作业区微信群里进行晾晒，根据安全生产需要，由作业区统一调剂。

二是利用激励政策增添新动力。将节约挖潜、降本增效活动开展情况纳入作业区薪酬分配考核，实行月度检查考核，季度总评兑现，奖勤罚懒，奖优罚劣。积极开展“节约挖潜小能手”评选活动，每年评选 20 名，并给予 500 元的奖励。建立“双推挂钩”制度，在厂级及以上先进集体或先进个人的推荐过程中，优先推荐节约挖潜、降本增效活动落实较好的、效果显著的集体或个人。

三是强化示范引领提供新助力。作业区 15 号站作为“星级示范站”，起到了“头雁效应”的作用。该站成立了以专家、技师为主的节约挖潜技术攻关小组，对重点井、疑难井、问题井进行深入探讨和研究，制定增产措施和问题解决方案，并逐一落实；成立了以队干部、井站长为核心的价格评估小组，对挖潜创效情况进行统一审核认证。两年多来，该站累计创效 210 万元。作业区及时总结经验做法，并逐步推行每个基层队推出一个“星级示范站”，每个“星级示范站”推出一个“星级示范工位”，每个“星级示范工位”推出一个“星级示范管理法”，在此基础上广泛推广与深化，真正做到学有标杆，做有示范，最终形成千帆竞发、百舸争流的局面。

【效果意义】

节约挖潜、降本增效活动开展以来，全区员工牢固树立“节约就是创效”“挖潜就是增收”等理念，本着“西瓜要抱，芝麻也要捡”的原则，立足岗位实际，认真抓实挖潜创效工作。两年多来，作业区累计超产原油 2.2 万吨，节余成本156万元，先后5次荣获油田公司劳动竞赛优胜集体、3次荣获沈阳采油厂劳动竞赛优胜集体，作业区15号站荣获“辽河油田公司铁人先锋号”称号、“辽宁工人先锋号”称号。

【单位评价】

面对低油价的“寒冬期”，沈阳采油厂采油作业一区不等不靠、自力更生，激活力、聚合力、挖潜力、添助力，充分发挥了“艰苦朴素、勤俭持家”的优良传统和作风，员工潜能得到了全面激发，员工的积极性、主动性和创造性得到了有效调动，节约挖潜、降本增效活动得到了有效落实，产量和成本缺口得到了有效弥补，安全管理得到了本质保证，和谐队伍建设得到了新加强，实践中形成的好经验、好做法值得借鉴和推广。

执笔人：邹　君　孙晓霞

找准"金钥匙"　培育新动力

长庆油田公司

【背景介绍】

长庆油田公司第十采油厂作为整建制转型单位，面临着员工来源结构多元、平均年龄偏大、兼职教师不足等现状。近年来，该厂结合生产实际，探索形成了"三三三"培训法，缓解了"工、学、休"矛盾，有效解决了老员工不会学、新入职员工不愿学、基层技术人才断层的问题，实现了"员工技能素质提升工程"有序推进，为华庆超低渗油田稳产增效稳健发展提供了坚实人力资源支撑。

【具体措施】

（一）员工认可，"三分"找准突破口

培训内容上"分岗"。本着"干什么、学什么、缺什么、练什么"的原则，按照站点功能分为联合站、增压站、注水站，按照岗位职责分为站控岗、井控岗、维护岗，按照从业时间分为老员工、转岗员工、新入职员工，分别制定了针对性强的培训内容。培训时间上"分段"。依据岗位员工轮休实际，由技师、高级技师、班站长、培训岗担任"师傅"，"每日一题"技师、高级技师出题员工解答，"一周一练"班站长指挥应急演练，"一月一讲"培训岗进站授课，"一季一考"厂部考核评比效果。日常培训有特点，每周练兵有主题，月度培训有目的，季度考核有标准。培训方式上"分类"。面对井站、岗位人员分散，组织培训难度大的现状，将培训课堂搬到班站、井场，方便员

工就近培训。采取“蹲点培训、流动课堂、重点指导”等方法，通过跟岗培训“手把手”、井站教学“面对面”、边远井站“点对点”等形式，形成具有灵活性的培训方式。

（二）效果定位，“三抓”责任是关键

抓“严教严考”。把培训的根本点、发力点放在井站生产岗位上，突出一线员工为主体，实战能力提升为主线，全厂一个季度一个培训专题，员工一个月突破一个技能，紧扣“学、教、练、考、纠”五个环节，“理论与实践相结合、必考与抽考相结合、实践操作与模拟演练相结合”。通过“专于教、精于学、严于考”，基层班站旬考、作业区月考、厂部季考，做长长板、补齐短板，三年考核班站 713 座次、人员 9871 人次，奖励 17.48 万元，处罚 8.75 万元。抓“包片包效”。落实“员工培训一把手责任制”，按照“谁包教、谁负责”原则，制定《包片包效管理实施细则》，将厂、作业区培训负责人、班站管理人员、技术人员、技师及专兼职教师的包片成绩纳入年度述职考评，考核结果作为选聘续聘、职称评定和评先选优的条件之一，跟踪结果，长期挂钩，倒追责任。签订培训承包“对子”783 个，三年共签订井区师徒帮带合同 2349 份，形成一级抓一级、一级向一级负责的运行机制。抓“兵头将尾”。为把班站长培养成“安全操作明白人、生产技能带头人、作风传承表率人”，我们扎实推进班站长示范性培训，开设“领导课堂、专家讲座”，提高班站长管

理能力；现场考核工艺流程、岗位风险及应急措施“一口清”，提高班站长操作能力；应急演练考核班站长亲自指挥、现场讲评、示范操作，员工面对面点评。“知识决定人生，勤奋改变命运，学习创造未来”，一批增强本领有底气、敢闯敢试有朝气的班站长脱颖而出。两年来，送外培训 50 人次，厂部轮训 268 人次，考核班站长 519 人次，厂部通过“实战赛马”解聘技能不过关班站长 27 人。

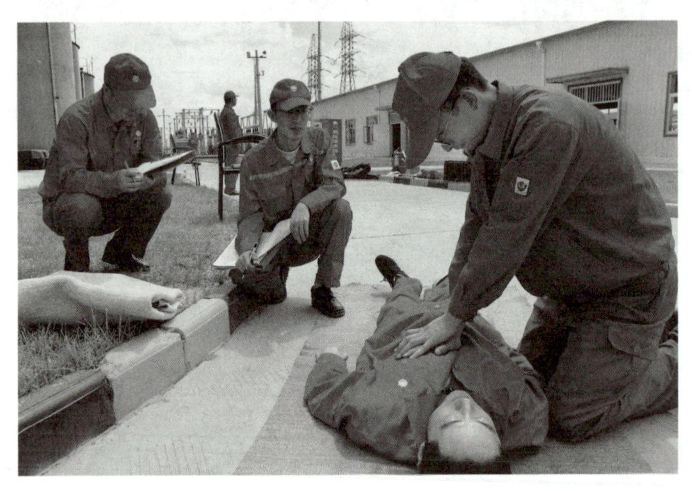

（三）方法创新，“三式”活化新载体

“案例式”培训引以为戒。收集各类安全环保事故案例，刻录并下发《HSE 培训——事故案例》《多媒体培训教材》等视频课件 800 多套，通过循环播放、讲解、讲评，对发生原因、造成损失、涉及风险等进行剖析，让员工通过鲜活的事例、惨痛的场面、巨大的代价，汲取事故教训，遵章守纪、依标操作。在一线营造“讲分享、重安全，讲标准、重操作，讲精细、重管理”的氛围。“共享式”培训生动直观。利用远程培训平台和微信平台等互联网资源，运用动画、视频等教学工具，把生产工艺流程、设备结构原理等制作成三维动画视频，开发了多媒体培训课件，使抽象的知识变得形象化、直观化、可视化，极大地增强了员工学习、思考和交流的兴趣。“拓展式”培训示范带动。以“技能竞赛”为载体，每年筛选技能、技术靠前的 100 名岗位员工和 50 名技术干部参加不同层次的拓展培训，对在各类大赛中夺得金、银、铜牌的选手，荣誉嘉奖、评优选先、岗位任用、聘干加分，激发员工

“有梦想才有希望、有激情才有力量”的岗位活力。

【效果意义】

1. 夺杯立功示范效应扩大。我厂连续四年在甘肃省、陕西省、集团公司、油田公司技能竞赛中摘金夺银，三次夺得团体冠军、一次亚军，个人勇夺 7 金 12 银 7 铜，金牌数、奖牌数居公司首位。广大员工在华庆这片天地奋发有为，快速成长为实力派明星，先后有 64 名优秀操作员工走上管理岗位，7 名操作员工成为公司级青年岗位能手、技术能手。

2. 人才队伍梯队基本形成。搭建平台，让有志青工“踩到点上”，让年龄偏大员工“找到坐标”，通过培训让员工在原油产量、安全生产中鼓起了追有目标、赶有方向的士气。培训成为传导信心、传导品牌、传导业绩的有效通道，一批业务本领强、有潜质的青年干部“摸爬滚打”“顶岗上任”。近三年，累计提拔科级管理人员 32 人、交流 48 人，全厂 80 后科干比例大幅提高，从操作员工成长起来的党的十九大代表杨义兴、全国劳模刘玲玲已成为见证长庆油田培养人才、重用人才、人才兴企的受益者和代言人。

3. 安全生产能力稳步提升。“责任落实在每一个岗位、风险规避在每一项工作、隐患消除在每一处环节”安全理念有效落地，我厂连续十年荣获庆阳市安全生产先进单位，获得油田公司 HSE 金牌单位和庆阳市环境诚信红榜企业。

4. 全厂原油产量逐年攀升。目前，井站技术人员填平补齐，作业区和地质、工艺两所力量得到强化，油田精细注水、油藏精准管控、油层精益挖潜三项工作得到推进。全厂原油产量由初期的40.3万吨上升到今年的131.8万吨。

【单位评价】

长庆油田分公司第十采油厂通过“三三三”培训法，培训进井站解决“学与休”的矛盾、在线微课堂解决“学与工”的矛盾、一岗练多能解决“工与休”的矛盾，推动全员实现从“做完”到“做好”、从“例行”到“力行”、从“上岗”到“工匠”的“三个转变”，形成了较好的示范带头作用，带动各单位之间比照先进找差距、补短板，形成了相互参观学习借鉴的良好机制，确保了员工培训管理体系的有效运行。

执笔人：王超荣　高宝峰　王海峰　杨少波　黄　慧

实施“五加二”模式
打造标杆集输泵站

吉林油田公司

【背景介绍】

吉林油田公司乾安采油厂采油十五队集输泵站，共有员工 8 人，站内有机泵 14 台，油气水三项分离器 2 具，缓冲罐 1 具，净化器 1 台，真空加热炉 2 台，负责掺输集油、油井回液的分离、原油加热外输、注水系统供水任务，设计处理能力 40 万吨 / 年。近年来，在基层班组建设中，该班组立足实际，围绕生产管理，从自身特点出发，认真实施了“五加二”班组管理新模式，着力打造集输标杆泵站，实现了原油集输和安全生产双丰收，有效促进了班组基础管理工作上台阶。

【具体措施】

（一）严格落实“五项制度”

一是严格落实每日例会制度。由副队长牵头每天召开碰头会，主要对员工思想动态、制度执行情况、交接班前后存在的问题进行沟通和安排。

二是严格落实销假制度。泵站定编为 8 人，分两班，按周轮休，每班只有 4 人在岗，要负责 14 台机泵的平稳高效运行，管理难度较大。为此，队里加强了请销假制度管理，规定职工请假要找主管领导填写请假审批表，请假结束必须进行销假，未履行请假手续擅自离岗者按旷工处理等，在人事管理制度上确保了泵站的平稳运行。

三是严格落实参数分析与总结制度。以前岗位人员只是简单地抄写运行数据，对各种参数不做分析判断，事故隐患苗头和初期发展情况心中没数，记录流于形式化和盲目化，不能及时有效地提出针对性建议和对策。针对这一情况，要求岗位人员掌握各种参数的具体含义和变化范围，做到心中有数，准确及时规范填写各类台账，对参数的异常升高和降低进行深入分析，对定性的问题及时采取措施并上报主管领导。

四是严格执行巡回检查制度。总的看来，传统的巡检方式靠感觉、凭经验的多，方式方法比较原始，巡视的部位和内容不够全面，或多或少存在遗漏现象。针对此种情况，该班组对每一台设备均制定了规范化巡检标准，从巡检线路、巡检方式、巡检时长、个人防护、巡检确认等方面进行了规范，要求巡检人员按照巡回检查制度，对照内容逐项巡查，避免遗漏。

五是严格执行培训考核制度。从操作岗位对员工基本操作技能、风险控制和应急处置能力的要求出发，建立员工培训矩阵，根据 HSE 能力评估结果确定培训需求，制定培训计划，实施 HSE 差异化培训，每周一训，每月一考。员工根据自己的能力评估表，自行制定岗位练兵计划，班长定期对员工进行考核并填写岗位考核验收单，考核不合格的要如实记录，并要求员工继续学习，重新考核。

（二）着力打造“两化”泵站

一是打造节约化泵站。摸清班组存在的一切浪费能源的现象和不良习惯、做法，在每日例会上进行集体讨论汇总，与队里组织开展的各项节能工作对照检查，找出工作中存在的不足，制定出下步节能降耗、提质增效的对策和措施。从改变日常“小习惯”做到“大”节能，从随手关灯，做到人走灯灭；机泵参数的调节到填料使用，做到准时精细量化。为摸索合理温度控制点，达到真正降耗目的，班长带领岗位员工，大胆实验，对每个井组的掺输温度和压力进行控制，找到合理的运行参数，使系统整体回油温度下降 8℃，每月节省天然气用量近万方。二是打造标准化泵站。对标准严管理。以提高设备运行效率为目的，规范设备管理，加大管护力度，坚持“谁使用、谁负责，谁维护、谁保养”的原则，落实“三定”管理制度，深入推进设备“全员化、全过程”管理，延长设备寿命，杜绝“跑、冒、滴、漏”现象发生。落实标准勤维护。坚持“精、细、严、实”的工作标准，加强设备的日常健康管理，

增强岗位员工责任落实力度，在日常工作中“勤听、勤看、勤摸、勤检查”，随时掌握设备的运行状况，摸清每台设备的运行习性，从源头上消除设备的“脏、松、漏、缺”等现象，杜绝设备带病运行。按照标准稳操作。在标准化操作上，按照设备管理等级，制定不同设备标准化操作流程，要求岗位员工上标准岗、干标准活、说标准话、走标准路，有效杜绝了不安全行为。

【效果意义】

针对生产实际和设备运行特点，吉林油田采油十五队以精细化管理为抓手，创新实践了“五加二”队站管理新模式，强化了基层基础工作，实现了精细管理和提质增效，基础管理水平迅速提升，做到了队站管理有效受控，为原油生产提供了强力支撑，连续三年被评为厂级标杆班组。

执笔人：梁锦华　刘志成

找准标准化管理切入点
助推基层“三基”工作上水平

长城钻探工程有限公司

【背景介绍】

长城钻探工程有限公司（以下简称“长城钻探”）钻井二公司 70030 队始建于 2007 年，配置钻机型号为 70D 电动钻机，全队现有职工 40 人，其中本科干部学历 4 人，大专以上学历 17 人，工程师、助理工程师 5 人，平均年龄 37 岁，是一支朝气蓬勃、技术过硬、能打深井、善打深井的施工队伍。近年来为全面提升钻井队基层建设、基础工作水平和员工基本素质，夯实科学发展基础，70030 队找准标准化管理的切入点，将三基工作与钻井生产有机融合，努力实现基层建设坚强有力，基础管理科学规范，基本素质整体优良，HSE 业绩显著提升，发展环境和谐稳定。

【具体措施】

（一）以党建标准化为引领，扎实推进基层建设

班子建设标准化。我们始终把加强领导班子建设作为提高队伍凝聚力的核心，不断提升班子执行能力和补位能力。凡是涉及队伍管理、岗位调整、奖金分配等涉及“三重一大”决策内容的，必须通过班子会讨论决议通过后方可执行，形成了风清气正的良好政治生态；凡是岗位员工提出的问题或建议，必须第一时间给予回复解决，形成了以关爱家人的感情爱护员工的利益的良好氛围；凡是干部分管属地内出现问题的，其他班子成员必须立即

补位，问题圈闭后按照“切块管理、失职追责”的原则进行处理，形成了属地责任观念。我们通过建班子、带队伍，使班子成员间“互相支持、互相补位”成为每个人实实在在的行动。在我们干部的带动下，班子合力不断增强，队伍凝聚力明显提高，先后被评为长城钻探标杆队、金牌队，命名为“深井奇兵”。

微型党课创新化。针对传统学习教育篇幅长、理论强，不易于被基层普通党员消化吸收的情况，我们因地制宜、因时制宜开展培训，使学习教育更加接地气。通过开展“10 分钟微党课”活动，14 名党员全部参与设计、制作和讲授；用平板电脑播放课件，实现平板电脑电视同屏，使党员学习更加便捷；组织开展“唱红歌”“重温入党誓词”活动，截取电视剧《人民的名义》陈岩石老人给省委领导上党课时说“抱炸药包是党员的特权”的视频组织观看学习，创新了活动载体，激发了党员的学习兴趣和积极性。

党员责任区和党员示范岗活动常态化。为了进一步增强党组织的凝聚力和战斗力，充分发挥党员的先锋模范作用，在值班房醒目位置悬挂党旗，党员亮身份，践承诺，做贡献工作图片挂在墙上，时刻提醒党员，开展党员责任区和党员示范岗，把责任和压力传递给党员，在员工中把党员的示范作用发挥出来，带动员工共同做好工作。通过党员“党员先锋岗”的示范作用，使党员在生产工作中发挥更大的示范作用，在困难问题面前发挥带头作用，在生活方面发挥帮助作用。在雷平 6 井搬迁中，由于部分人员到其他队帮忙，不能及时到位，面对人员少、时间紧的搬迁任务，党员干部制定详细搬家计划，合理分工，冲在前，干在前，带领职工装车、卸车、安装，仅用5天就完成了搬迁任务。

（二）以“三个坚持”为抓手，夯实基础工作标准化

坚持把简单的事做对，实现隐患排查细致化。我们按照钻井二公司“四位一体”考核制度，采取定人、定责、定措施、与奖金挂钩的“三定一挂”办法，进行现场隐患排查。规范本队检查模式，建立了“一级复查一级，一级覆盖一级，一级验证一级”的检查机制。仅今年1月份，自查自改发现隐患问题就达105个，并在当月全部进行整改销项。积极开展“安全隐患随手拍”活动，班前会上运用手机同屏器把拍摄的安全隐患无限放大，使职工认识到隐患险于事故，并立即整改，让隐患不过夜。通过视觉和感观，警示大家时刻把握安全、环保、质量关。目前“随手拍，立即改”已在我队形成新常态。平均口井检查隐患问题1000多个，大幅提高了基础工作的标准化。

坚持把重复的事做精，实现安全、设备管理标准化。我们使用的ZJ70D电动钻机有大大小小设备近百台。我们以设备标准化管理为切入点，细化管理、从严要求，保证设备的本质安全。制定设备摆放图，实现设备定置化，根据岗位责任和属地责任将设备切块，专人专项，避免了他拆我装，重复安装和标准不统一的现象。通过设备定置、专人专项、井场模块化管理等措施，

大大提高了设备安装标准，保证安装工作一步到位，合理摆放，安全施工距离符合要求。

坚持把正确的事做久，实现班组绩效一体化。结合钻井二公司“四位一体”考核制度，我队建立了自己的考核办法，将队干部、生产骨干、班组长的安全业绩与班组员工安全业绩挂钩，同奖同罚，“大安全”氛围逐步形成。一次，一班场地工排钻具时站位不对，路过的井架工看见后立即上前提示，避免了钻具滚动伤人的风险。

（三）以“三个加强”为统领，提高员工素质标准

加强现场自主培训，提高标准化操作水平。我们结合“学分制”管理办法，将各项操作规程和管理办法制成小课件，开展对位培训。班前班后会上开展“十分钟小课堂”153 余次，补齐了员工操作知识技能短板；强化以班组为单元的月度岗位练兵、技术比武，查找操作中存在的问题，通过操作、纠偏、改进，提高员工的操作水平。每月底进行自主培训测评，考试通过笔答、实操、口试等不同模式进行，切实把握好“领导干部、基层团队、单兵技能”三个重点，全面提升队伍整体素质，弥补与国际先进水平的差距，打造一支高素质员工队伍，为公司发展提供坚实保障。

加强 HSE 工具方法的使用，提升风险管控水平。我们着重落实工作前安全分析、作业许可、经验分享、安全观察与沟通和挂牌上锁五种工具的使用，

将工具方法使用情况与班组考核奖励相结合，推动全员自主开展风险辨识与管控。兴古 7–H173、兴古 7–28–32 井均是城区高危井，我们实行“一班一策”制，在每天的班前会上，岗位员工使用工作前安全分析自主辨识，评估本岗位在当班工况下的风险，再由队干部进行讲评，使员工学有所思、思有所悟、悟有所得、得有所用。

加强规范考核制度，提升队伍管理标准水平。我们坚持将考核延伸到班组、到岗位，通过建立班组员工考核档案，每班根据员工的日常表现和各级检查、考核的结果进行自主考核，每月进行评比并纳入员工当月考核档案，月度与工资奖金挂钩，年度汇总与先进评选、岗位晋升挂钩，加快了员工主动发现问题、属地岗位立即整改、队干部组织验收的自主管理进程，推动了“收入凭贡献、岗位凭能力”的竞争激励机制的落实。2017 年以来，在公司的各项考核中，我们队一直名列前茅，7 次获得基层基础建设考核先进队、8 次获得“三优”竞赛一档队，成为公司首批“三星级三优”队伍，员工也得到了实惠。

（四）固化模版，现场观摩，亮点推广见成效

总结经验，固化形成三基工作模板。三基工作对于钻井队来说，是所有工作的灵魂。我们在三基工作开展中，班子成员首先学习文件精神，吃透文件内容，按照《基层队三基工作考核标准》逐条整改，专人负责。邀请项目部和公司机关领导来我们队指导检查，虚心接受他们提出的问题，再进行专项整改，通过一次次整改、完善，现场设备的标准化摆放、软件资料的规范化填报、管理制度的执行标准、各项工作的做法经验等等，逐渐形成了我们独具特色的三基工作建设模板，并且非常荣幸地被长城钻探评为三基工作样板队。

现场观摩，真正落实“请进来、走出去”。我们队曾在 2015 年、2016 年、2017 年连续三年代表钻井二公司辽河油区井队迎接了长城钻探三基工作考核，并得到了长城钻探的认可。为了我们队的三基工作经验得到推广，项目部、公司在我们队多次举办了现场推进会和观摩会，邀请一线井队和二线单位的支部书记来我们队参观学习，经验交流，达到共同提高的目标。同时，支部书记吴强多次去北京、大庆学习先进的管理经理，不断地增强了他的工作能力和管理水平，为更好地开展三基工作提供了保障。

积极推广，有效带动落后队伍多点开花。俗话说“一枝独秀不是春，百

花齐放春满园”，我们在做好三基工作的同时，还积极推广我们的经验、亮点。32997 队打井速度快，效益好，但软件资料始终不标准，支部书记多次到队里学习，有效提升了资料填写标准；40597 队支部书记年轻，经验不足，多次到队与吴书记取经学习，党建工作进步迅速，在他的带领下，40597 队在 2018 年 1 月份迎接了长城钻探三基工作考核，取得了较好的成绩。

【效果意义】

三基建设工作的扎实有效开展，使全队基层建设、基础工作、员工基本素质得到整体提升，助推了生产建设、安全环保、经营管理等各项工作扎实有序运行，实现了高质量高效益发展。该队先后获得集团公司青年文明号、长城钻探“深井奇兵”冠名队、基层建设标杆队、HSE 金牌队等荣誉称号，为公司打造安全优质高效独立运营的铁人式基层队伍做出了积极贡献。2018 年以来共开钻 4 口，交井 3 口，进尺 12368 米，全年平均机械钻速由去年每小时 9.69 米提升至每小时 15.94 米。在钻井二公司月度考核评比中，成为首个“四星级党支部”队伍。

【单位评价】

长城钻探钻井二公司 70030 队立足实际，不断探索，在三基工作建设中做了一些有效尝试，做法务实，措施落地，内涵丰富，具有很强的针对性、指导性和操作性，为其他兄弟提供了有益的借鉴和参考。

执笔人：赵松江　刘　敏　吴　强　姚关久　王艳品

创新驱动　用心服务

青海销售公司

【背景介绍】

五四加油站位于青海省西宁市城西区五四大街七号，属于中国石油青海西宁销售公司，始建于1956年12月20日，占地1500平方米，是青海省的第一座加油站。目前，五四加油站为一座纯汽油加油站，主要经营92#、95#、98#高标号清洁汽油，是青海省唯一一座汽油纯枪年销售超过万吨的加油站，也是第一座卡机联动加油站、第一座自助加油站、第一座建立IC卡客户服务中心加油站，主要客户群体为政府机关、企业及私家车客户，其中固定客户占销售总量的60%，流动客户占到40%。

【具体措施】

（一）畅通工程，提升车辆通过率

一是整改车道。由于五四加油站是纯汽油加油站，车辆进站率较高，水泥地面磨损较快，而且修复比较困难，修复停工花费的时间较多，现全部更换为花岗岩小瓷砖后美观耐磨，而且损坏后修复不需停工，解决了车道维修和营业相互矛盾的难题。二是拓宽道口。将加油站入口拓宽了1.1米，道口宽度增至4.5米，让进站的车辆可以顺利进入站内，有效缓解了入口车辆拥堵现象。三是标识醒目。在入口立柱醒目的位置安装了LED油品指示牌，让司机在进站前第一时间就能看到自己所需油品的车道，提升了车辆进站效率。四是更新设备。加油机由以前的正星卡机联动加油机更换为三盈多媒体加油机，这种加油机不但美观，还具有银行卡支付和对讲功能，不仅减轻了员工的工作量，而且减少了车辆停留时间，大大提升了进站加油车辆的通过率。

（二）提升品牌，用心锁定客户

通过市场网格化工作开展，对商圈范围内客户逐一筛查、锁定、开发，固定客户 386 家，同比增加 123 家。按照客户定位，在客户管理上实行分层管理。一是对于政府机关、企事业单位等对油品质量和服务质量十分看重的客户，通过组织员工培训提升员工综合素质、打造品牌员工，建立翔实的客户档案，定期进行客户拜访和维护，从而锁定此类客户群体。二是对于私家车用户对油品数质量要求较高外还比较关注价格优惠，依据公司开展的油卡非润促销活动，结合加油站的实际及时将最实惠的优惠政策、促销措施传递给客户。同时，组织油站员工利用休息时间到商圈的小区进行海报宣传，吸引私家车用户。三是建立五四加油站客户微信群，开展网络营销。由专人负责管理和维护客户微信群，定期将油品小常识、最新促销政策、油价动态等信息在群内发布，并在重大节日和客户生日送去祝福。同时，对客户实行一对一服务，明确管户责任人，按照“谁开发谁受益”的原则给予员工兑现奖励。

（三）精细管理，打造金牌便利店

一是美化环境引客来。根据该店实际改造，配置小型货架，实施灯光亮化，现场实行“2+2”管理，员工每隔两小时进行一次现场巡查清理，店内商品每天两次清洁整理。绿植、海报、音响，实现了环境开口营销，刺激了顾客的购买欲望，进站顾客进店率提高了 30%。二是创意陈列吸眼球。站经理带头学习“369”陈列法，尝试摸索出了一套商品陈列技巧，突出琳琅满目和搭配巧妙，通过不同造型和不规则组合，打造出情景陈列区。根据各季店内商品销售排行榜，明确了香烟、包装饮料及土特产为三大主推品类，保持牛肉干、青稞酒、人参果、枸杞子、蜂蜜等高毛利畅销商品不断货、重点陈列，目前已成为店内创效主力。三是开口营销造氛围。针对员工开口难的问题，站经理率先垂范，带班开口、现场比拼，一带一竞赛。组织开展堆头竞赛，每一组货架责任落实到人，对不进店顾客实行挎篮促销。每月开展员工销售业绩评比，奖励销售冠军，纳入年底评选先考核。非油绩效中 60% 作为基础工资，40% 作为激励工资，按照任务完成比例发放，激发员工的竞争意识，目前员工非油月均绩效从500元提高到1900元以上。四是相时而动抓契机。经过市场和客户需求调研，同省内知名进口红酒、高档白酒经销商异业联盟，打造了红酒庄、名酒汇消费区，加油站零库存管理，双方按销售比例进行分成。同时，"放心厨吧"的米、面、油到了早市、进了社区，探索性开展五四微店，拓展服务项目，营造加油站周边顾客贴心的生活生态圈。

【效果意义】

1. 通过畅通工程及全力推广加油站多种消费方式的支付功能，大大提高了加油现场车辆通过率，平均为每位客户节约加油用时36秒。

2. "油非互动"效果明显，2017年实现非油收入510万元，2018年截至目前实现非油收入452万元，同比增幅39%。目前主要经营23大类，1186种商品。

3. 拓展IC卡客户服务中心功能，增设了各种功能区，由于办卡环境的提升，客户体验度的提高，成功从竞争对手手中挖掘客户38家，2018年截至目前储值额1.5亿元，同比增幅30%，将加油站真正打造成了人、车、生活服务驿站。

【单位评价】

五四加油站凭借着优质高效的服务，窗明几净的站区环境，1997 年被中华全国总工会授予“五一劳动奖状”，2003 年荣获省总工会“十五创新立功奖状”；2004 年荣获集团公司“红旗加油站”荣誉；2006 年荣获集团公司“青年文明号”荣誉；2009 荣获集团公司“十大标杆加油站”荣誉；2011 年集团公司基层建设千队示范工程示范站；2012 年被西宁市人民政府评为“西宁市安全生产工作先进企业”；2013 年被集团公司评为“基层建设百个标杆单位”，被青海商业联合会评为“优质服务诚信企业”；2014 年被青海商业联合会评为“顾客满意加油站”，2016 年被共青团青海省委评为“五四红旗团支部”并被授予“青海省高原文明号”称号；2017 年被西宁市委命名为“城市名片”。

这些荣誉的背后是责任和担当，五四加油站将以“爱国、创业、求实、奉献”的企业精神一代接着一代将这一份沉甸甸的荣誉传承下去，将围绕“人、车、生活”创新发展理念，引领加油站管理，力争成为青海销售公司的风向标、领航人。

执笔人：刘建平　孙军红　李　春　张爱民　刘　卉

因站施策　冰城崛起“三料”先锋号

黑龙江销售公司

【背景介绍】

黑龙江销售公司是黑龙江主要成品油供应商，从鳞次栉比的现代化都市，到杨柳低垂的乡间小径，46 万平方公里的土地上，公司 1101 座加油站星罗棋布，具有布局散、战线长、辐射广的特点，对于夯实基层建设工作来讲，既是考验，也是挑战。为了优化站级管理，提升基层建设质量，提高单站创效能力，公司坚持统分结合、因站施策、重点培育、优势互补的工作方式，着力培养一批基础牢固、效益突出、队伍精干的标杆型加油站，通过总结推广经验，发挥带动示范作用，实现基层建设工作迈步子、上台阶。所属哈尔滨分公司友谊加油站作为城市中心样板站，经过多年培育，建站四年来销量翻三番，非油销售破千万元，囊获“全国工人先锋号”“黑龙江省工人先锋号”和“集团公司铁人先锋号”殊荣，被称为一座永动机一样永不停歇的“铁人站”。

【具体做法】

（一）打造知识密集型团队——全员提素质

友谊加油站于 2014 年 5 月 28 日建成开业，位于车流如梭的哈尔滨市群力新区中两条街道的交汇处，具备消费水平较高端、消费人群年轻化特点。建站伊始，公司就定下开业当年创建万吨站的目标。新区，新站，新人，投产当年超万吨谈何容易？

“学习提升能力，知识改变命运。”基于以上理念，公司首先在打造友谊站管理团队上谋篇布局，确立了打造一支“知识密集型”团队的总体思路。从公司机关、片区及所属加油站抽调、选派了一批学历较高、思维超前、创新能力突出的年轻骨干力量，充实到友谊加油站站经理、副站经理、计量员和核算员等关键核心岗位，奠定了友谊站管理团队年轻化、知识化、专业化的基础；社会化用工加油员招聘方面，人事部门注重把控年龄关和学历关，招聘精力充沛、求知欲进取心强的社会化青年员工入职上岗，优化友谊站员工队伍年龄结构；公司同时致力于把友谊加油站建设成为优秀员工实践基地，派遣公司基层单位骨干、应届大学毕业生、新入职员工，到友谊加油站挂职学习锻炼。友谊加油站也充分发挥员工学历高、自学能力强的优势，坚持开展有组织培训与自我培训，两种形式相结合，实现了全员素质大幅提升，4 年来已有 24 名优秀员工，从友谊加油站被输送到公司其他站点承担重要岗位。经过多年队伍融合，友谊站现有员工 32 名，其中大专和本科学历 10 名，研究生学历 1 名，团队平均年龄 28 岁。

（二）构建联合标准化支部——全员抓党建

友谊加油站是黑龙江销售公司哈尔滨分公司党委 2018 年培养创建的又一个标准化党支部的发源地——“友谊与机关联合党支部”。为提升基层党建工作质量，切实在企业全面振兴、高质量发展中，发挥党支部战斗堡垒作用和党员先锋模范作用，2018 年 4 月，公司党委突破创新，将友谊加油站党支部和机关党群纪检工作部党支部合并成立为“友谊与机关联合党支部”。联合党支部成立后，始终坚持标准化党支部创建工作，以“三会一课”为支部组织生活的骨骼，以“内增销量，外树形象”为支部活动宗旨，以“机关服务基层”为行为指向，通过“两着力、两不放松”举措，充分发挥党组织和党员作用。一是着力于党员综合素质的提高，抓住学习教育不放松。通过完善学习制度，增强学习的规范性；通过丰富学习内容，增强学习的针对性；通过创新学习形式，增强学习的实效性。支部学习教育中，机关党员勤问、勤学、勤参与基层工作。加油站党员勤沟通、勤反馈、勤纠正机关工作。形成了短板互揭、优势互补的学习教育格局。并在学习教育中建立并落实了精读一本好书、记好一本笔记、撰写一篇学习心得、进行一次党性剖析、开展一次谈心活动的“五个一”要求，实现了学习对象、学习内容、学习时间和学习效果“四落实”。二是着力于支部凝聚力的增强，抓住组织建设不放松。重点在组织建设的“准、实、带”上做好文章，即突出一个“准”字，建好一支过硬的支部班子。把党性强、素质高、作风好的同志选举为支委，选好、选准党小组长，为机关和基层的党员互动搭建桥梁；突出一个“实”字，建好一套加油站党内生活的规章制度。结合加油站和机关实际工作，活用“三会一课”，理论学习与“主题党日”实践相结合；突出一个“带”字，建好一支入党积极分子队伍。制定了支部成员“一帮一”“一带一”的培养模式，督促入党积极分子先学一步，多学一点，学深一层。“友谊与机关联合党支部”现有 17 名党员，平均年龄 36 岁，本科以上学历达到了 90% 以上，研究生学历的就有 3 人，17 名党员像 17 颗珍珠，散布在公司党员队伍的岁盘中，发挥着坚实的中坚力量。

（三）履行企业“大担当”职责——全员树形象

“大企业要有大担当”，友谊加油站是中国石油在冰城哈尔滨的一面旗帜，是黑龙江销售公司众多加油站中的一张闪亮名片。要树好旗帜、扮靓名片，就要乐于担当、敢于担当、善于担当、全面担当，人人做窗口，个个树形象。在公司党委支持下，友谊加油站一直热衷公益，履行担当，精心打造高影响力、高认可度加油站。

友谊加油站现有注册青年志愿者 17 人，在每年的严冬时节，义务为周边街道清理积雪的同时，青年志愿者团队就自发组织到附近主要街道，为辛劳的环卫工人、清雪车司机以及交警、巡警等户外作业人员送上热姜汤、红糖水，为他们驱寒；该站还主动挂牌加盟了黑龙江广播电视台第一批“爱心驿站”，24 小时为出租车司机、环卫工人、交警和巡警、路面维护人员以及偶尔迷路的老人和身体突感不适的行人，提供力所能及的帮助，为他们提供卫生间、饮用水和临时休息场所；发起了“回家的路，老年人爱心手环赠予”公益活动，活动期间发放能够留存老年人家庭住址、亲友联系方式的爱心手环 116 条，惠及 100 多个家庭；积极参与“益起来——圆梦助学行动”，32 名员工向黑龙江省青少年发展基金会捐款 3400 余元，帮助 2 名伊春地区家庭经济困难的高考新生圆梦大学。

公益服务，为加油站赢得了很好的口碑，客户多了、车辆多了，友谊站同样为优质服务动足了脑筋，根据季节的划分，每年开展“油惠春天”“夏日送清凉”“金秋送爽”“冬日送暖”四项促销活动；通过关注细节服务，结合员工实践，总结出的“优质服务十个一点工作法”，即在服务中做到“微笑多一点、嘴巴甜一点、态度好一点、耐心多一点、脑子灵一点、动作快一点、责任强一点、奉献多一点、知识学一点、挑嫌少一点”。

一枪一油总关情，友谊站里友谊深。公益输出和优质服务，不但赢得了客户的口碑，树立了中国石油的品牌形象，也有效地提升了友谊站的经济效益，自该站当年运营当年完成油品销量 8000 吨、非油品销售额 200 万元；2015 年，实现油品销量 2.7 万吨、非油品销售额超过 300 万元；2016 年，油品销量 3.08 万吨、非油品销售额超过 500 万元；2017 年，更是实现了“油品日均销售 100 吨、全年非油品销售额突破 1000 万元”的超级目标。四年四大步，友谊加油站已经一跃成为黑龙江加油站的销售龙头。

【效果意义】

1. 基层队伍战斗力得到提升。因站施策，统筹加油站人力资源管理，把文化知识丰富、干事创业能力强的优秀员工合理布局到所属基层站点，发挥带动示范作用，推进加油站学习型、创新型、和谐型班组建设，催化加油站队伍整体素质提升，把每一个加油站都打造成为员工学习锻炼、提质升华的“大学校、大家庭、大熔炉”。伴随优秀员工重新组合布局到其他合适站点关键岗位，管理理念逐步实现同化，企业文化实现一脉相承，基层队伍战斗力实现大幅提升。

2. 基层党建工作水平得到提升。因站施策，优化基层加油站党支部格局，从构建加油站之间联合党支部，到实现加油站和机关之间联合党支部的实践，从站站互补，到优势帮扶，进一步健全了基层单位党建制度，规范了基层单位党组织生活，促使党组织的影响力辐射到基层管理的每个环节，使基层员工潜移默化地在思想上受教育、行动上守规矩，在一定程度上规避了经营风险，凝聚了全员士气。机关党支部与加油站党支部的深度融合交流，也更有利于机关层面改进服务，转变作风。

3. 社会公众满意度得到提升。因站施策，开展特色化社会公益活动，把加油站作为公司“弘扬石油精神，重塑良好形象”的主战场，通过加强基层工作，提升了加油站员工综合素质，提高了加油站整体服务水平，实现了“内强素质”；通过加大对加油站参与社会公益的支持和投入，赢得了客户及其他群体的良好口碑，有助于社会公众真实体验并感知中国石油企业宗旨和经营理念，有力地回应了社会关切，展示了企业担当负责、守法合规、诚信稳健的良好形象，为企业发展营造良好的外部舆论氛围，实现了“外塑形象”。

4. 基层单位创效能力得到提升。因站施策，精准定位，有效整合优势资源，加强基层建设工作。有侧重地培育旗舰站、标准站、示范站。依托业务精湛、管理精细、思维精妙的员工队伍，打造强大现场；以细心、精心、耐心、恒心、称心的服务，创造更大价值。倡导开口营销和增值服务理念，有效提升了车辆进站率、提高了客户满意度，拉动了油品及非油商品销量，促使营销由被动变主动，考核由低效变高效，加油站创效能力显著提升。

【单位评价】

黑龙江销售公司党委因站施策培育标杆型加油站，是加强基层建设工作的一种尝试与实践，也是破解公司基层建设工作中面临库站网点分散、软硬件条件差异性大、基层党组织建设薄弱难题的重要手段。通过优化配备加油站人力资源、创新加油站党支部建设模式等途径，重点培育一批标杆站，总结经验，以点带面，发挥标杆站示范引领作用，实现了加油站员工队伍素质、组织建设、管理水平、创效能力等多重提升，助推了双低站治理、现场服务、安全生产等诸项具体工作，为企业高质量发展奠定了坚实基础。

执笔人：刘春雨

民主管理凝聚基层合力

河南销售公司

【背景介绍】

河南销售公司郑州分公司在基层建设调研中发现，少数加油站站务公开不到位，绩效二次分配不合理，干多干少一个样，导致员工有抵触情绪。某加油站因非油奖励不透明，员工直接投诉分公司要说法，不仅影响了加油站的正常经营，也给员工队伍带来了不稳定因素。这些问题启示郑州分公司工会进行了认真研究，如何把加油站经理五项权力落在实处，又能确保规范运作，有效防控经营风险？通过试点，他们以建立加油站民主管理小组为抓手，推动加油站透明化管理，有效调动了基层员工参与管理的积极性，促进了基层建设水平的提升。

【具体措施】

如何创新民主管理新方法，真正架起员工与管理人员之间沟通的桥梁？郑州分公司以操作实用为出发点，以建立和谐加油站为目标，探索了“四个一”的新路子，形成了加油站民主管理特色。

1. 制度创新，一项好细则规范民主管理。“无规矩不成方圆”，要搞好加油站民主管理，必须有一套切实可行的好制度。为此，郑州分公司首先从制定制度入手，出台了《加油站站务公开和民主管理实施细则》，明确了加油站民主管理小组的职责，对加油站站务公开及民主管理的时间、内容、形式、程序进行了规定，为使制度顺民意，接地气，采取自下而上、自上而下的办法，一方面分公司层面反复酝酿讨论，另一方面下发加油站多方征求意见，获得了分公司和加油站的一致认可，在文件下发后，又督促加油站组织员工学，使加油站每名员工都了解制度，熟悉制度，执行制度。可以说，加油站站务公开和民主管理实施细则的出台，为加油站民主管理提供了依据，同时也为加油站和员工以细则为准绳，加强自律，自我约束，相互监督，相互评价提供了一个有形的标准。

2. 运行创新，一本小日志管好站务活动。为减轻加油站负担，又使加油站民主管理活动有可记可查可阅可存的方式，要求加油站民主管理说事、议事、办事、评事等一切站务活动，统一在加油站日志上进行体现，一改过去加油站站务活动说过摞过、杂乱无章、无迹可寻的弊端。与此同时，要求加油站在记录民主管理活动时必须做到三点：一是记录必须规范。加油站在召开民主管理会议时，讨论的事项、摘要、民主小组成员的原始发言必须如实记录，真实反映民主活动全貌。二是必须签字确认。民主小组集中议事形成的决议、达成的意向，民主小组成员必须进行签字确认，加油站必须按协议结果执行。三是存档备查。当员工对加油站站务管理有异议时，民主议事的原始记录可以为站务管理提供真实依据。

3. 机制创新，一套好程序确保高效运行。机制是一切工作高效运行的内在动力和保证，同时它又蕴含在事物运行的规范性程序之中，为此我们着重建立了三个方面的运行程序。一是规范费用审批程序。在将费用支出权下放加油站后，为对加油站经理进行有效约束，防止乱花钱现象发生，要求加油站发生的各项费用，必须由加油站民主管理小组审核，确认合理、合规、准确无误，由民主管理小组成员签字后，分公司财务才予以核销。对不合理、不合规的开支，加油站民主管理小组有权否决。二是规范站务公开程序。规定加油站必须对目标任务、绩效考核、薪酬分配、费用支出、评先选优及其他有必要公开的重要事项及员工要求公开和应该公开的内容进行公开。规定加油站目标任务以日、月、年为单位公布；薪酬、评先评优以月为单位公布；伙食费以日为单位公布；绩效考核以日、周、月为单位进行公布。三是规范员工议事程序。加油站民主管理会议，原则上每月召开一次，遇特殊情况和重大事务时应及时召开。要求加油站必须本着“凡是员工关心的，凡是员工想知道的，凡是员工有疑问的”都要公开的原则，对加油站事务进行全面、真实、彻底的公开，所有涉及人、财、物等重大事项，必须交由民主管理小组集体讨论决定，三分之二以上成员通过，方能生效。对于重大事项，一时意见难以统一时，则由站上员工直接投票决定，结果必须在加油站站务公开栏里进行公示。

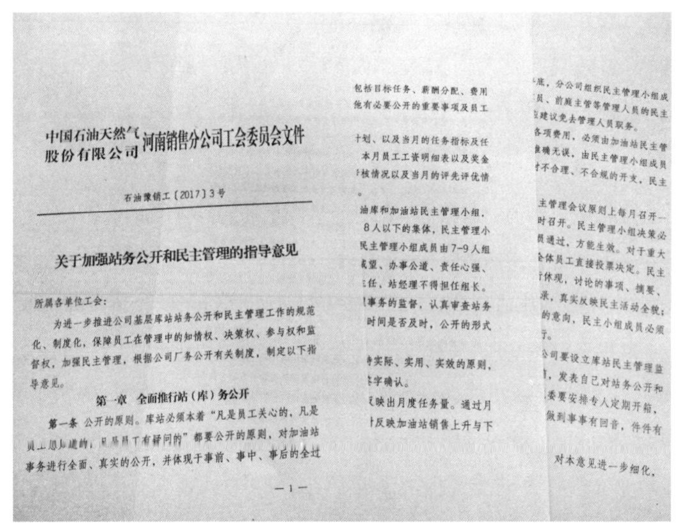
中国石油天然气股份有限公司河南销售分公司工会委员会文件

石油豫销工〔2017〕3号

关于加强站务公开和民主管理的指导意见

所属各单位工会：

为进一步推进公司基层库站站务公开和民主管理工作的规范化、制度化，保障员工在管理中的知情权、决策权、参与权和监督权，加强民主管理，根据公司厂务公开有关制度，制定以下指导意见。

第一章 全面推行站（库）务公开

第一条 公开的原则。库站必须本着“凡是员工关心的，凡是员工想知道的，凡是员工有疑问的”都要公开的原则，对加油站事务进行全面、真实的公开，并体现于事前、事中、事后的全过

—1—

包括目标任务、薪酬分配、费用
他有必要公开的重要事项及员工
计划、以及当月的任务指标及任
本月员工工资明细表以及奖金
核情况以及当月的评先评优情
油库和加油站民主管理小组，
8人以下的集体，民主管理小
民主管理小组成员由7-9人组
威望、办事公道、责任心强、
任、站经理不得担任组长。
事务的监督，认真审查站务
时间是否及时，公开的形式
实际、实用、实效的原则，
字确认。
映出月度任务量。通过月
反映加油站销售上升与下

底，分公司组织民主管理小组成
员、前庭主管等管理人员的民主
建议免去管理人员职务。
各项费用，必须由加油站民主管
准确无误，由民主管理小组成员
不合理、不合规的开支，民主
主管理会议原则上每月召开一
时召开。民主管理小组决策必
员通过，方能生效。对于重大
全体员工直接投票决定。民主
休现，讨论的事项、摘要、
录，真实反映民主活动全貌；
的意向，民主小组成员必须
。
公司要设立库站民主管理监
，发表自己对站务公开和
委要安排专人定期开箱，
做到事事有回音，件件有
对本意见进一步细化，

4. 评价创新，一张评价表强化民主监督。搞好加油站民主管理，根本在态度，关键在执行，为确保加油站民主管理落到实处，分公司人事部门设计了《加油站民主管理检查表》，每月对不少于六分之一的加油站民主管理开展情况进行检查，半年全覆盖，对员工知情率、满意率测评结果差的加油站，指明存在的问题，限期整改、定期复查。对加油站经理的履职情况则由人事部定期组织站上员工从专业技能、民主意识等8个方面进行测评，并纳入加油站经理评价体系，从机制上保证了加油站经理的各项权力必须在阳光下运行。

【效果意义】

“4 月份，我们站电费公司核定 3840 度，实际支出 4120 度，超支 280 度；物料费公司核定 860 元，实际支出 700 元，节余 160 元……”2018 年 5 月 11 日下午，郑州分公司 77 站民主管理小组会议如期召开，4 项议题按既定程序有条不紊地进行着。实行加油站民主管理以来，该站加油站民主管理小组就像一面镜子，不但照出了加油站经营管理中的得与失、长与短，也进一步提高了员工主动参与经营管理的意识和热情，凝聚了更多的正能量。

“别看小小的民主管理会议，不但赢得了员工的心，让员工及时全面了解加油站的经营情况，而且从中发现了加油站的不足和差距，员工们自觉地将责任担在肩上，瞄着任务干、盯着指标算，加油站由一个人管理变成了全员管理，员工的气顺了，干工作的劲头也更高了！”这是加油站经理的心声。

2016 年，郑州分公司推行加油站民主管理三个月，加油站员工提出合理化建议 214 条，采纳 186 条，使郑州 15 站的加油效率提高了 4 倍，使郑州 20 站的非油日销售平均增加 2000 元，效果明显。郑州分公司的实践证明，加油站民主管理是增强员工主人翁意识，增进加油站和谐的有效方式，它促使员工主动参与到加油站的各项经营管理之中，有力地促进了加油站经营发展。

【单位评价】

河南销售公司工会及时把郑州分公司经验进行总结推广，下发《关于加强站务公开和民主管理的实施方案》，进一步推进基层加油站站务公开和民主管理工作的规范化、制度化，保障员工在管理中的知情权、决策权、参与权和监督权。下一步，公司各级工会组织将着力从构建民主管理长效机制，确保加油站民主管理工作的连续性；加大宣传力度，强化加油站员工民主管理的参与意识和监督意识；完善站经理负责制的监督机制上下功夫，真正从推进加油站“我想干、我承诺、我负责”的自治战略高度，完善加油站自我提升、自我管理、自我发展的机制体制，进一步激发加油站发展的内在动力。

执笔人：贺　颖　程丽洁

标准化站队　动态化管理

北京天然气管道有限公司

【背景介绍】

中国石油北京天然气管道有限公司（以下简称“北京管道公司”），由中国石油天然气集团有限公司与北京市人民政府于 1991 年 7 月共同出资组建，是中国石油从事管道建设和运行管理的专业化地区公司，主要负责陕京管道输储配气系统的运营管理，陕京管道是首都的“城市供气生命线”。在标准化站队建设当中，部分站队存在“突击过关、一劳永逸”的思想，在创建标准化站队期间对待各项工作高标准、严要求，被授予标准化站队称号后，逐渐出现标准降低等“退潮”现象。经过多年的探索，北京管道公司建立了标准化站队动态化管理模式。

【具体措施】

（一）建设标准动态化

建设标准是基层站队创建标准化站队的“准绳”。北京管道公司最初的标准化站队建设是从“五型”班组建设开始的。公司紧密结合安全生产，由机关业务处室及基层单位的管理人员和技术骨干组成建设标准编制小组，以 QHSE 体系文件为依据，选取与站队安全生产关系最密切的健康安全与环境管理、资产完整性管理、项目管理、生产运行管理、应急管理、企业文化等管理要素，编制形成了“五型”班组建设标准。

随着管输业务的不断发展，公司基层站队逐渐细化为分输站、管道维护站、储气库管理站、压气站、维抢修队、CNG 加气站六类站场。因每类站场工作性质差别很大，在初期进行考核验收中，发现单一的建设标准存在片面和不适应性。为此，公司多次组织专题研讨，对建设标准进行动态调整，重新分类、定位、细化，力求符合生产实际，具有可操作性。几年来，经过四次标准修订，公司的“五型”班组建设标准从单一考标准修改为三类站队建设标准，最后细化为六类建设标准，近千条细则，增强了“五型”班组建设的针对性和适用性。

自集团公司开展 HSE 标准化站队建设以来，根据公司站队多为 4 ~ 7 人的现状，公司将 HSE 标准化站队建设与“五型”班组建设工作动态结合，采取标准融合、重点指导、典型示范、统筹推进等措施，编制了压气站、分输站、管道维护站和储气库的《基础资料管理指导分册》《员工基本素质管理指导分册》《基础工作管理指导分册》。以此为建设依据，开展“五型”班组示范站（一级 HSE 标准化站队）建设工作，实现了基层站队建设标准的动态提升，进一步提升了基层管理水平。

2018 年公司开展标准化站队建设提升工作，在前期“五型”班组（HSE 标准化站队）建设基础上，编制形成《基层站队标准化管理手册》，手册包含《基础管理标准化分册》《视觉形象标准化分册》《岗位操作标准化分册》《设备设施标准化分册》《员工之家标准化分册》，建立起涵盖分输站、压气站、管道维护站、维抢修队的一整套有形化全覆盖的建设标准。

（二）授牌摘牌动态化

北京管道公司在“五型”班组（HSE 标准化站队）建设过程中，始终将建设质量摆在首位，不片面追求达标率。为客观、公平、公正反映公司“五型”

班组（HSE 标准化站队）创建情况，避免出现“突击建设、突击过关、一劳永逸”的现象，公司实行“五型”班组（HSE 标准化站队）授牌、摘牌动态管理。

考核达标的站队报经公司党委研究同意后，授予“五型”班组（标准化站队）称号，并在公司“三会”上进行授牌。同时，公司每年开展“五型”班组（HSE 标准化站队）复核工作，凡是当年在站队属地范围内发生过安全环保事故的、班组成员因违法违纪受到警告及以上处分的、“五型”班组（HSE 标准化站队）复审抽查未达标的全部一票否决，按规定程序审批，摘去“五型”班组（HSE 标准化站队）匾牌。被摘掉匾牌的站队，一年后方可申请重新考核验收，达到标准的再重新恢复称号。

目前，已经有 7 个站队因安全事故、违反红线管理等原因被摘掉“五型”班组（HSE 标准化站队）匾牌。其中 2 个站队因发生责任性断缆被摘牌后，总结经验、吸取教训，经过不懈努力，重新申报“五型”班组（HSE 标准化站队）建设，并先后通过验收，被重新授牌。

（三）站队整体建设动态化

基层站队建设是一项长期的系统工程，北京管道公司按照普通站队、“五型”班组（HSE 标准化站队）、“五型”班组（HSE 标准化站队）示范站递进式的创建过程，实现站队整体建设动态化。普通站队为建成投产不满 2 年的站队，各项工作均在建设阶段，不具备“五型”班组（HSE 标准化站队）的验收通过条件。建成投产 2 年后，公司组织相关部门指导普通站队按照体系文件、“五型”班组（HSE 标准化站队）建设标准加强各项基础管理工作，具备创建条件后组织验收，通过后授予“五型”班组（HSE 标准化站队）牌匾；“五型”班组（HSE 标准化站队）的下一个建设目标是“五型”班组（HSE 标准化站队）示范站，这些站队将按照《“五型”班组示范站（HSE 标准化站队）建设指导手册》的要求，从基础工作、基础资料、基本素质等方面继续提高管理水平，达到“五型”班组示范站标准的授予“五型”班组示范（HSE 标准化）站队牌匾。通过“五型”班组示范（HSE 标准化）站建设的站队将以自主管理为目标，向更高的管理阶段迈进。

（四）站队建设再提升

通过多年来“五型”班组（HSE 标准化站队）建设，公司在基层站队建设方面取得了一定的成绩，但在实施过程中，也逐渐发现个别方面还存在问题，例如建设内容不够全面、目视化和设备设施管理标准不完全统一等。为有效解决上述问题，2018 年公司启动站队建设提升工作，将“五型”班组（HSE 标准化站队）建设统一到标准化站队建设当中，重新编制标准化站队建设标准，建立全面覆盖站队安全生产基础工作、现场管理、岗位操作、党团工作、办公后勤等所有方面工作的工作标准，加强标准化站队动态化管理，实施分级达标管理模式，设“一级标准化站队”和“二级标准化站队”，实现安全生产基础工作有序、生产现场整洁、岗位操作规范、党团后勤工作标准的目的，全面提升站场管理水平。

【效果意义】

通过近10年的持续推进，截至2018年2月，北京管道公司133个站队中，通过“五型”班组（HSE标准化站队）验收的站队总数为89个，总体达标率为73%，“五型”班组示范（一级HSE标准化站队）站总数为10个，达标率为8.2%。2018年站队建设提升工作启动后，经公司考核验收，六座站场获得第一批“一级标准化站队”称号，进一步提升了基层安全生产工作水平，增强了员工素质能力，营造了基层站队建设持续往前发展的氛围，公司也连续获得集团公司安全环保先进单位的荣誉。

【单位评价】

近年来，公司在标准化站队建设过程中实行标准化站队动态管理法，有效避免了部分站队“突击过关、一劳永逸”的情况，真实地反映标准化站队的创建情况，促进了标准化站队建设工作经常化、规范化、制度化，形成了站队建设的长效机制。北京管道公司将以提升站队执行力为落脚点，持续提升基层建设管理水平，为建设世界一流专业化管道公司奠定坚实基础。

执笔人：王奕博　石康兵　宁小强　于铃人　李　雪

引金融活水　灌宝石之花

昆仑银行

【背景介绍】

广袤的鄂尔多斯盆地，北起阴山，南抵秦岭，西至六盘山，东达吕梁山。行政区域横跨陕、甘、宁、内蒙古、晋五省（区）15个市61个县（区、旗）。在这37万平方公里的聚宝盆里，长庆油田、川庆钻探、宁夏石化、煤层气、陕西销售、山西销售、中油运输等石油单位的近30万员工驻扎其中，为保障国家能源安全提供着有力支撑。昆仑银行西安分行针对油区一线场点多、战线长、分布广、地处偏远的实际，秉持“昆仑银行——石油人自己的银行”的服务理念，转变发展方式，创新发展了“流动银行”服务模式，用流动银行服务车实行上门服务，在生产作业现场就近为员工办理金融业务，这种为油区员工量身打造的服务模式，深化了服务工作内涵，拓展了服务工作外延，提升了服务工作层次，有力促进了金融业务稳健快速发展，也深受一线员工的广泛欢迎。

【具体措施】

（一）更新理念，架起服务油区“连心桥”

如何在日趋激烈的市场竞争中抢占先机、扩大市场份额、实现效益发展？作为石油人自己的银行，昆仑银行西安分行给我们探索出了一条成功之路。近年来，西安分行把做好油区一线员工金融服务作为扩展市场实现稳健发展的主要任务来抓。为全面掌握油区金融业务服务动态，西安分行班子成员不等不靠，兵分三路，主动出击，先后深入甘肃陇东、陕西延安、榆林、宁夏银川以及内蒙古鄂尔多斯、苏里格等油气区，进行实地座谈交流，真正把油区一线员工对金融服务所需、所想和所求进行全面了解。经过近一个月的座谈交流和调查研究，终于掌握了一线员工的基本诉求。主要有：一是在西安、银川、咸阳、延安、西峰等油田生活社区，长期居住的大多数是员工的父母和孩子，这些一老一少由于对银行业务不熟悉，到银行办理业务较困难。二是员工大多在油区一线，就是回到家中，由于休假时间短，又要照顾老人孩子、做家务，没有空闲时间前往代理点办理业务。三是大多数油区员工图省事，在工作和生活驻地随便选择一家银行就近办理。四是有部分员工对昆仑银行储蓄、信贷和理财等业务不了解。针对一线员工存在的实际情况，西安分行立即召开会议，进行分析研究，采取了以下举措：一是转变观念，调整思路，切实树立起为油区一线员工解难题办实事服务理念。二是按照“贴近油区、贴近市场、贴近客户”的“三贴近”原则，认真实施昆仑银行开展的“233”工程。三是加大昆仑银行金融服务业务宣贯力度。四是采取有效措施，全方位打造“3+3”本异地服务模式，通过服务车的流动作业和远程终端挎包服务，打通油区一线异地金融服务的“最后一公里”，真正架起服务油区员工群众的“连心桥”。

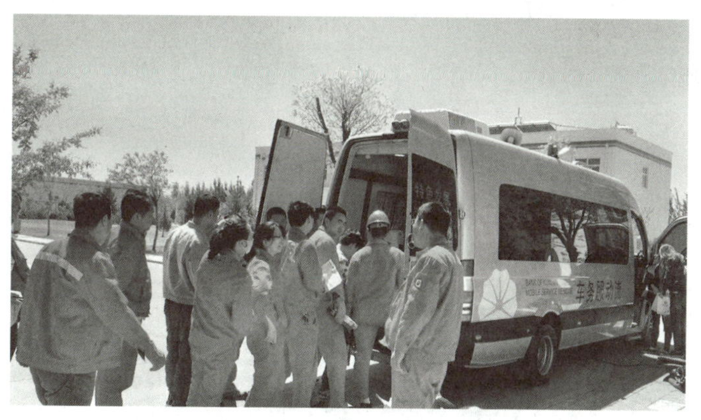

（二）创新方法，实现服务油区“零距离”

从 2015 年 4 月开始，昆仑银行西安分行采用流动服务车及远程终端系统，为油区异地员工提供定点定时上门服务业务。

一是着力抓好流动服务车管理。流动服务车是西安分行服务油区员工群众的重要载体，体现对外形象，涉及员工和财产安全，是金融管理中的重中之重。为夯实根基，促进管理精细化、规范化，西安分行坚持以制度管人、按制度办事的原则，以安全行车、优质服务为重点，推动车辆管理制度化、流程化。三年来，共修订和完善《车辆及驾驶员管理办法》《油料油耗管理办法》《每周车辆正常保养制度》《车辆定点维修制度》《费用审查审批制度》等5项管理制度，逐步使车辆运行达到行驶有效益、管理有制度、保养有计划、换驾有汇报、成本有控制的目标。二是着力配强配齐业务人员。抽调分行、社区服务网点思想过硬、工作认真、责任心强、业务精通的党员骨干人员，组成精干高效快捷的服务团队，明确职责分工，压实工作责任，提升办事效能，增强优质服务的主动性，形成分工合理、运转协调、科学高效的服务体系。三是着力完善服务油区功能设备。针对员工大多在油区一线实际，打破了三尺柜台束缚，以“流动银行服务车”为平台，为车辆配齐配全所有功能设备，实现车载4G无线网络与行内主机业务联通，弥补了电话银行、手机银行、网上银行无法实现员工与银行面对面交流的不足，满足长期在生产一线员工对金融服务的即时需求，让更多油区员工享受到金融创新服务的便利。四是着力加大各项政策宣贯力度。先后编印电话银行、手机银行、网上银行操作手册两万多份，资本理财知识问答1.7万张，员工购房贷款宣传彩页三万多份，让员工在工作之余了解到昆仑银行各项便民普惠政策。

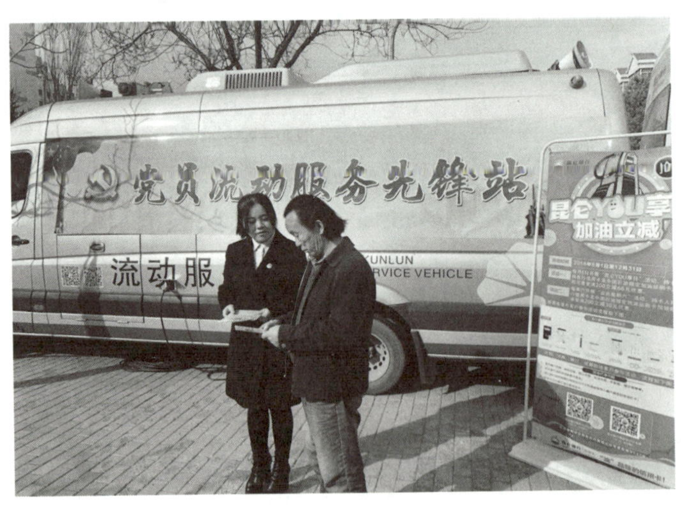

（三）贴心服务，温暖油区“千万家”

鄂尔多斯盆地幅员辽阔，崎岖的山路等恶劣环境是流动服务车行进的最大障碍，特别是偏远油区的矿区公路，山大沟深梁峁多，坡陡路险弯道急。为服务好一线员工，西安分行充分发挥基层党组织的战斗堡垒作用和共产党员的模范带头作用，把流动服务车打造成“党员示范车”。在党员骨干带领下，大家克服吃住不便等重重困难，翻山越岭，风餐露宿，逶迤前行，及时把最好的服务送到生产一线员工手中。

2018 年 1 月，甘肃庆阳突降暴雪，气温骤降使服务车半路抛锚无法启动。几名随车人员用电暖气烤、热水浇都无法发动车辆，考虑到山上员工焦急等待的心情，他们二话不说，采取人抬肩扛的办法，背上远程终端设备和补给用品，徒步上山送服务，受到油区干部员工的高度称赞。2018 年 2 月 10 日，西安分行流动服务车行驶到长庆油田采油八厂生产驻地，已是晚上 8 点多了，这也是春节前上门定点服务的最后一站，原以为作业区员工都在生产驻地为过年做准备，但发现驻地仅有一名生产调度员在值班，其余员工冒着严寒，在冰天雪地进行管线解堵抢险。一个半小时后，满身油泥的员工才回到驻地，看到他们顶风冒雪争油上产情景，大家深受感动，而此时距离系统规定停止办理业务时间不足 10 分钟，为尽快为他们办理完春节前最后一批业务，小李及时向总行和分行汇报现场情况，经西安分行协调，立即为员工开通了绿色通道，顺利办结了业务，员工们高兴地说：“你们不远千里上门服务，也是我们学习的榜样！”

一体化流动银行服务车的推广使用，为油区异地金融业务发展提供了新动力。2015 年以来，昆仑银行西安分行全体干部员工继承和发扬大庆精神铁

人精神，在近 40 万平方公里的土地上，穿高原、越荒漠、走戈壁，先后为一线 300 多个作业区、1000 余座加油站进行了上门服务，举办金融知识培训、理财方案推介、金融政策答疑座谈和“昆仑杯”文体娱乐活动 500 余场次，累计服务油田一线员工 3 万余人，办理业务 5 万多笔，总行驶里程超过 20 万公里，相当于围绕地球赤道跑了 5 圈。

【效果意义】

面对油区一线员工金融业务办理难题，昆仑银行西安分行转变观念，更新理念，打破三尺柜台束缚，创新移动式金融服务模式，为暂不设物理网点的区域人群提供有保障的银行金融服务业务，让更多油区一线员工享受到金融创新服务的便利，树立了“昆仑银行——石油人自己的银行”品牌形象，实现了服务效益双丰收。

执笔人：张　波　顾鹏飞　翟荔阳　王　茜